红旗渠精神同延安精神是一脉相承的，是中华民族不可磨灭的历史记忆，永远震撼人心。年轻一代要继承和发扬吃苦耐劳、自力更生、艰苦奋斗的精神，摒弃骄娇二气，像我们的父辈一样把青春热血镌刻在历史的丰碑上。实现第二个百年奋斗目标也就是一两代人的事，我们正逢其时、不可辜负，要作出我们这一代的贡献。红旗渠精神永在！

——习近平

自力更生

艰苦创业

团结协作

无私奉献

——

红旗渠精神

林县红旗渠示意图

红旗渠源

红旗渠

河北省

漳河

青年洞

阴针岭涵洞

总

白家庄空心坝

二千渠

红旗渠分水闸

任村

三千渠

分水岭水电站

南谷洞水库

姚村

石板岩

山西省

林县城

桃园渡桥

英

红英汇流

合涧水电站

合涧

弓上水库

断南渠

小店

元康

栗园岭庆丰大渡槽

茶店

跑马岭庆九功洞

进北干渠

要街水库

辉县

临淇

南淇

南沃余雷隧洞

泽下

汲县

丁冶岭曙光渡槽

东岗

扬水站

曙光洞

北角岭在险峰隧洞

朱砂陀反帝隧洞

凤门岭反修隧洞

安

阳

河顺

夺丰渡槽

二千渠

水磨山换新天隧洞

横水

米桑

东姚

豁子岭东风隧洞

鹤壁市

淇

白家岭风雷激隧洞

淇县

图例

道路
流水
库洞站城社界界路路
渠河
小隧电县公省
水
县公省铁公

县

中宣部 2023 年主题出版重点出版物

太行记忆——

红旗渠精神

口述史

马福运　刘建勇 ◎主编

TAIHANG JIYI

HONGQIQU
JINGSHEN
KOUSHUSHI

CS | 湖南人民出版社　岳麓书社

编辑说明

　　本书是红旗渠修渠劳模、普通民工及红旗渠精神传承人的口述录，为保持口述叙事的原貌原意，全书保留口语叙事的特点。

　　一、尽量保留方言，对个别地方特色明显的方言添加注释说明。

　　二、口语中省略的句子结构，在不影响语义的情况下，不做修改。

　　三、口述者用词不是特别妥当的地方，在不影响语义的情况下，不做修改。

　　四、个别因句子结构缺失而影响语义的地方，加括号，在括号内补充缺失的句子结构。

　　五、对部分历史名词、专有名词、红旗渠修建时的史实等，添加注释说明。

　　六、根据内容，添加相关历史图片。

前　言

　　20世纪60年代，10万林县英雄儿女在党的坚强领导下，"宁愿苦干，不愿苦熬"，立下愚公志、奋战近十载，凭借"一钎、一锤、一双手"，在万仞壁立、千峰如削的太行山上建成了全长1500公里的"人工天河"红旗渠，铸就了"自力更生、艰苦创业、团结协作、无私奉献"的红旗渠精神。

　　2021年，党中央批准了中央宣传部梳理的第一批纳入中国共产党人精神谱系的伟大精神，在中华人民共和国成立72周年之际予以发布，红旗渠精神是其中之一。红旗渠精神集中彰显了中华民族和中国人民长期以来形成的伟大创造精神、伟大奋斗精神、伟大团结精神、伟大梦想精神；尤其彰显了一代又一代中国共产党人"为有牺牲多壮志，敢教日月换新天"的奋斗精神。

　　习近平总书记多次提及红旗渠精神，充分肯定红旗渠精神的历史意义和时代价值。2011年3月7日，他在参加十一届全国人大四次会议河南代表团审议时指出："河南是中华民族、华夏文明的重要发祥地，自古以来中原大地孕育的风流人物灿若群星，产生的历史文化影响深远，创造了许多闻名遐迩的精神文化成果，培育了愚公移山精神、焦裕禄精神、红旗渠精神，这些革命创业精神是我们党的性质和宗旨的集中体现，历久弥新，永远不会过时。"2014 年 3 月 18 日，他在河南省兰考县委常委扩大会议上指出："焦裕禄精神，同井冈山精神、延安精神、雷锋精神、红旗渠精神等都是共存的。任何一个民族都需要有这样的精神构成其强大精神力量，这样的精神无论时代发展在哪一步都不会过时。"2014 年 5 月 9 日至 10 日，他在考察开封、郑州时要求："河南有焦裕禄精神、红旗渠精神等优良传统和作风，还有'四议两公开'工作法等一些先进经验，希望你们结合正在开展的党的群众路线教育实践活动，全面提高干部队伍建设和基层组织建设水平，为改革发展稳定提供坚强的保证。"2019 年 9 月 16 日至 18 日，习近平总书记在河南考察时指出："鄂豫皖苏区根据地是我们党的重要建党基地，焦裕禄精神、红旗渠精神、大别山精神等都是我们党的宝贵精神财富。开展主题教育，要让广大党员、干部在接受红色教育中守初心、担使命，把革命先烈为之奋斗、为之牺牲的伟大事业奋力推向前进。"

党的二十大闭幕不到一周，2022 年 10 月 28 日，习近平总书记来到红旗渠考察。他指出，红旗渠就是纪念碑，记载了林县人不认命、不服输、敢于战天斗地的英雄气概。要用红旗渠精神教育人民特别是广大青少年，社会主义是拼出来、干出来、拿命换来的，不仅过去如此，新时代也是如此。没有老一辈人拼命地干，没有他们付出的鲜血乃至生命，就没有今天的幸福生活，我们要永远铭记他们。他强调，红旗渠精神同延安精神是一脉相承的，是中华民族不可磨灭的历史记忆，永远震撼人心。年轻一代要继承和发扬吃苦耐劳、自力更生、艰苦奋斗的精神，摒弃骄娇二气，像我们的父辈一样把青春热血镌刻在历史的丰碑上。实现第二个百年奋斗目标也就是一两代人的事，我们正逢其时、不可辜负，要作出我们这一代的贡献。红旗渠精神永在！习近平总书记关于红旗渠精神的重要论述，为我们在新征程上继续传承弘扬红旗渠精神，用红旗渠精神教育干部群众特别是广大青少年指明了方向。

改革开放以来特别是随着中国特色社会主义进入新时代，红旗渠精神已经成为实现中国梦的精神路标、新时代理想信念教育的鲜活案例，已成为深入开展党史学习教育的思想资源、培育和践行社会主义核心价值观的思想宝藏。

为了更好地传承和弘扬红旗渠精神，进一步挖掘红旗渠精神的当代价值，河南师范大学中国共产党革命精神与中原红色文化资源研究中心于2016年7月起，在红旗渠干部学院的配合与支持下，对120多位修渠劳模、普通民工及红旗渠精神传承人进行了口述史采访与整理，努力为红旗渠精神研究、传承与弘扬提供更多的第一手素材。

红旗渠精神口述史的整理与研究，是一个建构红旗渠精神社会记忆的过程。我们在遵循口述史学术规范的基础上，坚持以下四个方面的创作原则：客观性与主体性的统一，口述史料与文献史料的互补，长时段与大空间的贯通，研究、宣传与教学的整合。

第一，客观性与主体性的统一。口述史的客观性指的是口述史学工作者以观察者的身份参与访谈记录，在整个访谈过程中以及后期访谈材料的整理中都尽量保持中立的立场。同时，口述史料的搜集要实事求是，体现客观性。口述史的主体性指口述史学工作者具有自己独特的主体意识结构，他们不同的性格特征、意志情感和政治立场，会导致在选择访谈对象上的主观性以及引导访谈对象表述上的随机性，在挖掘更多更深资料上的主观努力也会有差别。在访谈过程中，我们结合修渠过程中的重大事件和典型人物，针对访谈对象的具体工作岗位，有意识地引导他们畅谈自己熟悉的方面。例如，访谈对象当时是医生，访谈内容便侧重于了解当时的医疗保障与伤员情况；访谈对象当时是卡车司机，访谈内容便侧重于了解当时的物资运输与对外联系情况；访谈对象是领导干部，参与了发生的某些重大事件，访谈内容就侧重从宏观上多方面了解相关情况。此外，访谈中注重询问当事人的心理感受，涉及的话题注重联系实际。

第二，口述史料与文献史料的互补。一方面，口述史研究的重要价值在于生动地再现历史，填补重大事件和普通民众生活经历中那些没有文字记载的空白，并为历史研究提供新的视角、方法和启示，也可以表现出当时人们社会心理的发展过程。另一方面，访谈对象尽管参与了历史，但讲述的都是亲身经历甚至是一些鲜为人知的细节，由于生活环境、工作岗位、文化水平、价值取向的不同，对同一事件也会有不同的记忆，甚至有些个体记忆与文献资料记载截然相反，这就为建构社会记忆留下了学术空间。红旗渠口述史的整理研究，必须尊重林县人民建造"人间天河"的光辉业绩，颂扬自力更生、艰苦创业的英雄气概，确认和丰富红旗渠精神的历史意义和时代价值。如果出现口述史料与文献史料不符的情况，都以权威的文献史料为准，从而输出红旗渠精神社会记忆的正能量。

第三，长时段与大空间的贯通。社会记忆需要长时段意识和大空间意识，既要把每一个具体的社会实践纳入社会发展的历史长河之中，看其产生的时代背景、现实效果和历史价值，又要将每一个具体的社会实践放到更大的空间范围内，考察其在这一更大的社会空间中存在的意义。修建红旗渠在社会主义建设时期是一个小事件，却折射出当时社会主义建设的宏大历史叙事。其中许多人的命运，包括当时的县委书记杨贵和多位劳模，都与那段特殊的时代背景和历史活动有关。因此，在口述史访谈中，必须深入了解中国社会主义建设史，了解其中经过的曲折，辩证地看待人们对红旗渠的评价，从而理性地开展红旗渠精神口述史的整理与研究，更好地呈现中华人民共和国成立初期，中华民族在中国共产党领导下形成的鲜明时代精神，以及在这个伟大精神感召下抒写的壮丽诗篇。

第四，研究、宣传与教学的整合。红旗渠精神作为一种文化现象，距离现时代越远，人们对它的社会记忆就越模糊，甚至还会出现遗忘、误解和歪曲，这就需要不断重复、唤醒、强化红旗渠精神的社会记忆，延续红旗渠精神的代际传播。口述史研究并非书斋里的学问，而是具有鲜明社会性特征的学术活动，其研究范式呈现出明显的原生态、大众化取向。以口述史的形式呈现红旗渠的故事，可以起到重演过去、激发读者情感力量的积极效果。红旗渠精神口述史除了供科学研究之外，还可以广泛利用互联网、电视、书刊、报纸等大众传媒进行"记忆场所"的舆论建构，并且把关于红旗渠的"新故事"更好地延伸到课堂上。学校思想政治理论课教师可以将红旗渠的故事与教材内容有机融合起来，运用VR（虚拟现实）、人工智能等技术手段，从小故事导引出大时代，从小人物升华出大精神，深入挖掘红旗渠精神的育人功能，实现研究、宣传与教学的互融互促。

红旗渠被誉为"新中国建设史上的奇迹"。林县人民开凿红旗渠、重新安排山河的壮举，呈现了社会主义建设时期"团结一致战胜困难和奋发图强的社会风貌"。"自力更生、艰苦创业、团结协作、无私奉献"的红旗渠精神已经成为党和人民最可宝贵的"精神标识"、中华民族不可磨灭的"历史印迹"，具有穿越时空的持久生命力和历久弥新的强大感召力。书中真实人物故事展现的伟大精神，必将焕发时代生机，激励中华儿女凝聚起强国建设、民族复兴的磅礴力量。

目　录

杨 贵：红旗渠建设的回顾

人物简介：

　　杨贵，1928年5月生，2018年4月去世，河南省卫辉市人。中共党员。1942年参加革命工作。新中国成立后，曾任汤阴县委宣传部部长，安阳地委办公室副主任，林县县委第一书记，红旗渠总指挥部政委，林县革委会主任，洛阳地区革委会副主任，安阳地委书记兼林县县委第一书记，河南省委常委、省生产指挥部副指挥长，国务院"三西"地区农业建设领导小组办公室副主任、贫困地区经济开发领导小组办公室顾问等职。

星转斗移，岁月沧桑。红旗渠开始建设至今已33年。中共林县县委、县人民政府编纂《红旗渠志》，约我写一篇红旗渠建设回忆录。由于当时我在林县工作，参加了红旗渠工程酝酿、建设的全过程，所以对于此任务既不好推诿，同时也是责无旁贷。由于有关红旗渠的内容浩繁，牵涉面广，很难一一记述，所以本文所谈到的只是一些片断，难免挂一漏万，仅供参考。

———

① 三年困难：又指三年经济困难，即1959—1961年中国国民经济出现的严重困难。由于"大跃进"和"反右倾"的错误，导致国民经济结构比例严重失调，工农业生产秩序混乱，浪费严重，再加上从1959年起中国连续三年遭受较大的自然灾害，中国国民经济在1959—1961年发生严重困难，国家和人民遭到重大损失。主要表现在：财政收支失衡；粮食生产大幅度下降，人民生活出现严重困难。为了渡过难关，国家千方百计采取各种措施，全国人民也同心同德节衣缩食，共赴时艰。国家和社会仍然保持了基本稳定。

红旗渠（开始时叫引漳入林工程），动工于1960年2月，竣工于1969年7月。在中国共产党的领导下，林县人民发扬愚公移山的精神，奋战了十年时间。回顾这十年建渠历史，可谓是困难重重。林县人民虽然付出了很大代价，但创造的经验也很丰富，取得的成就更是为世人所瞩目。红旗渠的建成，充分体现了党领导的正确性、社会主义制度的优越性和人民群众无穷的创造力。

红旗渠为什么要在三年困难①时期动工修建呢？这是由于林县人民盼水心切、建设社会主义新山区的愿望强烈，同时也是尽快使林县摆脱贫困、走上富裕之路的必然选择。

来林县工作之前，我担任安阳地委办公室副主任。1953年秋，我曾带领工作组到林县帮助工作，作过缺水问题的调查研究。1954年四五月份调任林

悬崖峭壁上的红旗渠

县县委书记后，我就全县山区建设的问题作了多次调查。在分析林县县情时，我更加深刻地认识到，缺水是导致林县贫困诸多矛盾中的主要矛盾。林县解放后，全县人民群众在政治上翻了身，做了新社会的主人，因而迫切要求在经济上也能够翻身。但是，缺水仍像过去的"三座大山"一样，压得他们连气都喘不过来，还怎能进行社会主义建设？

　　人没水不能生存，有水便有生命，有生命就能求发展。缺水给林县人民祖祖辈辈带来了无穷的灾难。当时，全县的90多万亩耕地中，只有1万多亩水浇地，其他耕地全是靠天收获：小旱薄收，大旱绝收，种麦面积很小且亩产仅有七八十斤，秋粮亩产也不过百把斤。因此，群众仍然过着糠菜半年粮②的贫苦生活。全县550个行政村，就有305个村人畜吃水困难，有的村群众要跑5—10里才能取到水，还有的要跑更远的路程。一个区3万至5万人，只有3至5眼活水井。东姚方圆几十里，靠的就是东姚村的南大井及合顺厂、白象井等村的几眼活水井。茶店附近靠的是茶店、辛店等村的活水井。一到干旱年头，井旁的人和水桶就会排成长队，人们从早等到晚，每天只能挑上一担水。石头砌成的井口，因长年累月被麻绳摩擦而出现一道道深沟。为了取水，群众之间经常发生打架斗殴甚至伤人亡命事件。全县每年因远道取水而导致的误工约300万个。

当时，在林县群众中流传着"吃水如吃油"的俗

② 糠菜半年粮：指一年之中有半年用糠和菜代替粮食。

▲
缺水困扰着人们的生活

话。有人说这话过分，我说：没油吃日子能过，没水吃一天都不行。有一首民谣更是令人心酸：

　　咱林县，真苦寒，

　　光秃山坡旱河滩。

　　雨大冲得粮不收，

　　雨少旱得籽不见。

　　一年四季忙到头，

　　吃了上碗没下碗。

合涧小寨的荒年碑，记述了清光绪三年（1877年）闹旱灾的悲惨情景。碑文曰：

……回忆凶年，不觉心惨。同受灾苦，山西河南，唯我林邑可怜……人口无食，十室之邑存二三。夫卖其妻，而昨张今李；父弃其子，而此东彼西。食人肉而疗饥，死道路而尸皆无肉，揭榆皮以充腹，入庄村而树尽无皮，由冬而春，由春而夏，人之死者大约十分有七矣……

据《林县志》记载，从明初到民国九年（1920年）的500多年间，全县发生严重旱灾20多次，出现人吃人现象的有5次。

经过调查，我们了解到了林县人民千百年来因缺水而遭受的深重灾难。

民国初年的一个除夕，任村区桑耳庄村桑林茂去离村7里的黄崖泉担水，等了一天才挑回一担水。新过门的儿媳妇摸黑到村边迎接，不小心把一担水倾了个精光。儿媳妇羞愧难当，当即回屋悬梁自尽了。

采桑狐王洞村王老二的媳妇洗衣服用水多了点儿，婆婆说了她几句，她一气之下竟上了吊。后来，王老二含悲将家搬到有水的桃园村，从此狐王洞村就没有了王姓人家。

1942年，旱灾非常严重，夏、秋两季都没收成，加上日本侵略军疯狂"扫荡"和国民党顽军大肆抢掠，广大群众只得以树叶、树皮、

① 白甘土：又名观音土，一种白色的黏土。

草根充饥，后来竟然吃起白甘土①。这一年，全县外出逃荒者达1万多户，饿死1650多人。

原康西南山（区）的村民，一到旱年就携儿带女，去淅河畔的头道河村就水居住。因为缺水，很多山区小伙子娶不上媳妇。

同样是因为缺水，任村区牛岭山村的闺女都嫁到了山下，但山下村庄的闺女却不愿嫁到山上。当时，该村40岁以下的光棍汉就有30多个。

因此，长期以来，林县人民养成惜水如命的习惯。有些山村的农民，平时很少洗手、洗脸、洗衣服，多数人只在过年过节、走亲戚时才洗手、洗脸。初到林县时，群众不洗脸，我们下乡时总得洗洗脸，洗了以后人家再三要求，水可不要泼了。咱们平常洗脸的话，洗了以后要泼了它，他说不要泼，为啥不要泼呢？人家还要再用一用，再用它饮牲口。下乡时，我们亲眼看到，不少村庄的群众赶着驮着带盖大水桶的毛驴，跑十几里路取水，赶驴的人还要挑一担水。

为了得到老天的恩赐，山区群众就省吃俭用，捐资修建龙王庙，烧香叩头，祈天求神降雨。但结果是，想水盼水几千年，过了一朝又一代，干旱缺水仍像一把刀架在林县人民的脖子上。

在调查研究时，我曾一一察看了明代万历年间修建的水利设施。当时，合涧乡还保留着一条明代修建的小型水渠。该渠系明代万历年间知县谢思聪动员老百姓所修，只有1尺宽，将泉水从洪山寺引到山外，解决了18个村庄群众的吃水问题。村民们称该渠为谢公渠，还为他建了谢公祠，把他的事迹载入历代林县

远道取水

县志。我在县委会议上讲述了县志有关这条渠的记载后，大家很受启发，都说："在那样的社会制度和生产力落后的情况下，还能办点儿造福于民的事。在社会主义制度下的今天，我们共产党人更应该为民所想，为民所急，办更多、更大的实事。"

县委成员大多数是林县人，都遭遇过缺水带来的苦难，所以大家对解决林县干旱缺水有着一致的意见。于是，我们组织群众先后修建了淇南渠、淇北渠、英雄渠和南谷洞、要街、弓上三座水库等工程。但是，一遇长时间的干旱，上述渠道、水库就会干涸，缺水问题仍无法解决。

在天上无水蓄、地下无水汲的情况下，只好走出县境，引漳河之水。然而，从县境之外引水的困难无疑是很大的，加之当时我国正处在三年困难时期，国际上又受到敌对势力封锁，情况就更加严峻。是等条件好了再修渠引水，还是迎难而上创造条件劈山引水，这是摆在县委一班人面前的一个亟待解决的大问题。

经过反复讨论并深入基层同群众座谈，县委班子成员统一了认识。大家说："战争年代，我们为争取解放置生命于不顾；和平时期建设社会主义，我们也应该只争朝夕，不考虑个人安危。早一日动工，早一天引水，就能早得利，得大利。"同时，我们还认真分析了兴建引漳入林工程的有利条件：1.人民群众有引水的强烈愿望，这样做符合民意；2.组织群众引水，改变林县的贫困面貌，符合党中央的指示精神；3.建国前后，特别是合作化以来兴建的大大小小水利工程，为打好这场引水仗提供了经验；4.林县人民勤俭办社，经济上的积累为工程顺利进行提供了物质保障；5.党的正确领导，党群、干群的鱼水关系，是取得引漳入林工程胜利的根本保证。大家一致认为，目前的关键是县委一班人敢不敢率领群众出征。

我当时曾想：从实际出发搞水利，符合党的政策；创造性地搞建设，符合党和毛泽东主席的一贯教导。等上级表态，单靠上级物质上的支持，不考虑群众的最大利益，不考虑国家的困难，那不是共产党人应有的态度。县委绝大多数同志也是这样想的，我们就决定办引漳入林工程。大家共同抱着一个决心，冒点风险也要干引漳入林工程，只要引来了水，就不怕有人说三道四。在林县进行社会主义建设，就要首先做好"水"字这篇大文章，打一场彻底摆脱缺水、逃水荒、不能生存的翻身仗，从兴水斗争中，寻找加快山区建设的新途径。

二

规模宏大的红旗渠工程，是林县人民在党的解放思想、实事求是、自力更生、多快好省地建设社会主义的思想指引下，不断实践、不断认识，在干中学、在学中干而建成的。林县经历了从修建小型水利工程发展到修建大型水利工程的过程。

在一定意义上说，林县山区的建设史，就是一部辉煌的水利发展史。兴修水利符合林县县情，就是为林县父老乡亲办实事，因而就能够极大地调动人民群众的积极性。从兴办水利的实践中，人民群众进一步认识到，中国共产党是完全彻底为人民服务的党。因此，党指向哪里，群众就干到哪里。

在抗日战争时期，八路军太行军区第七军分区司令员皮定均领导军民一边打仗，一边开展大生产，在合涧乡河交沟淅河岸边修了一条小型引水渠，解决了几个村的人畜吃水问题。这条渠被群众称为爱民渠。

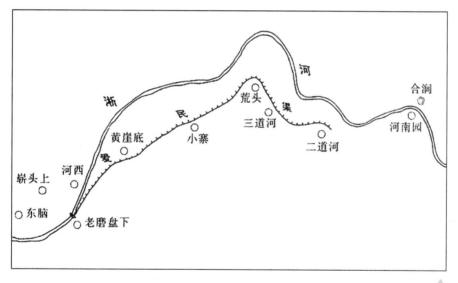

爱民渠渠线示意图

1944年，我抗日根据地军民曾动工修建一条从南谷洞引水的渠道，但因战事影响而未能完工。1957年，任村区委发动群众，将这条26公里长的渠道建成通水，取名抗日渠。

为了解决本村缺水的问题，任村区桑耳庄村党支部领导群众，引山泉入村，还安装了6个水龙头，使群众吃上了自来水。当时，这件事成为轰动林县的特大新闻，不少村庄的群众赶到那儿看稀罕。大家说：

"共产党会牵着龙王的鼻子走！"

1955年，河顺马家山村党支部率领群众修渠，引山泉进村入池，解决了群众的吃水问题，还使村里有了几亩水浇地，能种植萝卜、白菜。群众称赞共产党领导致富有办法，还编印了《马家山巨变》的小册子。

人民群众把推翻旧制度、赶走侵略者、建设社会主义紧密地联系在一起，是他们爱国主义觉悟的生动体现。县委抓住这些典型，在全县开展讨论：任村区、桑耳庄村、马家山村能办到的，其他区和社、村能不能办得到？

1955年，任村区委动员木家庄、卢家拐、盘阳、赵所等村的群众，修了一条长10多公里名叫天桥渠的小水渠。该渠的引水点地势低，质量也不高，渗漏水严重，能够灌溉的耕地很少。1956年，县委经过研究，决定扩建该渠，把引水点移到任村区与山西省平顺县的交界处，并派建设科副科长栗永祥带领技术人员前去测量。扩建后的天

▲ 天桥渠

桥渠，全长17.7公里，引水点西移至平顺县的马塔村，基本上解决了任村区露水河西北4个村耕地的灌溉问题，但渠水还是流不过露水河。于是，群众就编出一首顺口溜：

想天桥，盼漳河，

让咱林县人民解解渴。

昼夜不停拼命干，

漳河水过不了露水河。

谁要引来漳河水，

我们情愿给他把头磕。

这首顺口溜，充分反映了林县人民对"引漳入林"的强烈愿望。

1956年5月召开的中共林县第二届代表大会，总结前段山区水利建设的经验，讨论了林县12年山区建设全面规划草案。此后，一个以治山治水为中心，促进农业生产大发展的群众运动，在全县卓有成效地展开了。

1957年11月，中共中央、安阳地委通知林县县委，让其作为先进典型参加中共中央农村工作部召开的全国山区生产座谈会。参加这次会议的有国务院各部部长和各省负责农业的书记处书记或副省长，还有10位县委书记。河南省委书记处书记史向生和我参加了这次会议。主持会议的中共中央农村工作部部长邓子恢，让我在会上汇报了林县山区干旱缺水、地方病（特别是食管癌）防治和治山治水建设开展的情况。我汇报后，他说："河南省林县的例子很生动，'没有水群众就下山，有了水群众就上山'……"我的汇报受到了中央领导同志的重视。遵照周恩来总理的指示，国务院办公厅又专门让我汇报了林县山区建设存在的问题。会后，解决林县的缺水问题和食管癌防治工作，引起了周总理的关心和重视。

11月18日，朱德副主席到会作了《必须重视和加强山区建设》的重要讲话。他指出："……许多同志不重视山区工作，他们不懂得，如果不把山区的富源开发出来，中国的社会主义建设是有困难的。……山区的建设方向，应该是从山区原来的自给自足经济发展成为全国统一经济的一部分，同全国经济相交流。"

这次会议发出的要把现在贫瘠的山区建设成为繁荣幸福的新山区的伟大号召，对全国山区群众是一个极大的鼓舞。

在同年12月中旬召开的中共林县第二届代表大会第二次会议上，全体代表一致通过《林县1956年至1967年农业发展规划》。我代表县委作了《全党动手，全民动员，苦战五年，重新安排林县河山》的报告。报告进一步明确了全县水利建设的任务与要求，提出了"苦战五年，重新安排林县河山"的战斗口号，并要求全县党员、干部和群众要"下定决心，让太行山低头，令淇、淅、洹、露河水听用，逼着太行山给钱，强迫河水给粮，从根本上改变林县面貌"，要深入贯彻中央"以小型工程为主，以蓄水为主，以社队自办为主"的治山治水方针，让开渠引水、筑库蓄水、劈山凿洞、埋设地下管道、引山泉、打旱井等水利工程遍地开花。

▲
重新安排林县河山

会后，全县上下掀起了大搞水利建设和绿化荒山的群众运动，从而使已建成的以英雄渠、抗日渠、天桥渠、淇南渠、淇北渠为主体的中型渠道发挥了巨大的作用。这样不仅解决了部分村庄人畜吃水的问题，还大大增加了灌溉面积，使人民群众进一步认识到了兴修水利的好处。

1958年元旦，林县县委在庵子沟召开全体（扩大）会议，推广庵子沟水土保持工作经验，并作出在全县开展"一千个庵子沟运动"的决议。会议号召全县人民"鼓足干劲，苦战三年，为基本控制林县水土流失而奋斗"。接着，县委又召开了青年建设山区积极分子誓师会，对光秃秃的龙头山进行了绿化，对热爱山区、办水利的积极分子进行了表彰，还提出了"头可断，血可流，不建设好林县不罢休"的口号。

同年3月，国务院在新乡召开水利工作会议，讨论治理卫河问题。会议确定的卫河治理方案是：上游"摘帽"（即上游建水库把水蓄住），下游"脱靴"（下游疏通河道使水流畅通）。会议结束后，林县县委决定，修筑要街、弓上、南谷洞三座中型水库。我们想，只要有了这三座水库，全县南、中、北部就可以彻底解决农业灌溉问题。此时，全县群众情绪高涨，干劲很大，各社、队还建设了一批小型水库、水塘，水利建设取得很大成绩，因而受到了党中央、国务院的高度重视。

在同年9月召开的全国水土保持会议上，国务院水土保持委员会授予林县县委、林县人民委员会一面锦旗。

11月1日，毛泽东主席赴郑州召开中央工作会议（即第一次郑州会议），途经新乡火车站时在专列上召开了座谈会。参加座谈会的有中共中央中南局农委主任李尔重、河南省委书记处书记史向生、新乡地

①新乡地委：新乡地委前身是中共太行区第四地委。1949年8月，中共中央撤销太行、太岳、冀鲁豫区党委、行署和军区，成立平原省，省委机关驻新乡市。1952年平原省撤销，新乡、安阳、濮阳专区改属河南省。1958年至1961年，随着安阳专区合并到新乡专区，整个河南北部都归新乡专区管辖。当时林县在安阳，属新乡地委管辖。

委①第一书记耿起昌和焦作、新乡、鹤壁等市的市委书记，我和济源县委书记侯树堂等同志也参加了座谈会。座谈时，毛主席询问了大办水利和农业生产的情况，并说："水利是农业的命脉。要把农业搞上去，必须大办水利。"

12月，林县人民委员会荣获了国务院总理周恩来亲自签署的奖状。

然而，大自然好像专门和人们闹别扭。正当林县的水利建设取得重大胜利时，1959年又遇到了前所未有的大旱，淇、淅、洹、露水四条河流都干涸了，致使已建成的水渠无水可引，很多村庄的群众又要翻山越岭远道取水吃。事实证明，当时林县的水利工程还不能从根本上改变全县干旱缺水的面貌。群众说："挖山泉，打水井，地下不给水；挖旱池，打旱井，天上不给水；修水渠，修水库，依然蓄不住水。活人总不能让尿憋死呀！"

多年来领导水利建设的实践使县委认识到，单靠在县境内解决水源问题已不可能。于是，县委组织了三个调查组，分头到县外考察：县长李贵等赴山西省陵川县，县委书记处书记李运保等赴山西省壶关县，我和县委书记处书记周绍先率一个组去平顺县、潞城县。调查的结果是：从淇河、淅河上游的陵川、壶关引水希望不大，水量充足的还是浊漳河（常年有20多个流量，最枯水季节也有十几个流量）。在这次考察中，我们摸清了有关河流的流量，亲眼看到了一些泉水滚滚的源头。看到了希望，我们高兴极了。

1959年10月10日，林县县委召开全体（扩大）

会议,对兴建引漳入林工程进行了专门研究。会后,县委派出35名水利技术人员,沿浊漳河进行了测量。他们提出三个引水地点:一是平顺县石城公社侯壁断下,就是现在的引水地点;二是耽车村;三是辛安附近。辛安附近的地势比现在的引水点高得多。如果从那里引水,渠道可以经南谷洞水库大坝,穿过马鞍垴山的皇路峤,从姚村公社的水河村凿洞过来,还能建一座高水头、大流量的发电站,并把南谷洞、弓上、要街三座水库连贯起来,引水搞调蓄。听了测量队的汇报,大家都倾向于后两个引水点。我担心测量得不准,又让他们复测了三次。

10月29日,县委再次举行全体(扩大)会议,认真讨论关于引漳入林工程的有利条件和不利因素。会议决定,大家深入基层,发动群众,做好充分准备,待上级批准后工程立即上马。

　　11月28日，县委举行常委会议，听取第三次测量汇报，并对耽车和辛安两处引水地点作了比较。最后，大家都同意从辛安引水，决定按此方案进行设计。

　　12月5日，我同新乡地委第一书记张健民研究了引漳入林问题。他说："侯松林同志也谈过你们的请示，地委同意你们的意见。但现在国家有困难，粮食、资金都支持不了你们。是否搞引漳入林，你们应根据你县的实力决定。"

　　根据地委的意见，县委常委于12月7日专门研究了县里的实力问题。李贵同志说："现在县里只有290多万元资金（包括历年积累的全部）、3000多万斤粮食（主要是社队储备粮）。看来粮食没问题，主要困难是资金。如何解决资金的困难？请大家考虑这个问题。"

　　12月27日，县委委员张中和与县水利局副局长段毓波到新乡专署参加水利会议。我让他们向专署汇报引漳入林建设的问题，请求在资金上给予支持，并说明粮食由我们自己解决。此时，引漳入林的准备工作已进入紧锣密鼓的阶段，关键是如何做好群众的思想发动和物质准备工作。会后，兵分几路行动，一方面向专署和省委写请示报告，一方面派人到山西省委进行协商，一方面在家里做好群众思想发动和物质准备。段毓波、张中和回来汇报说，专署解决资金有困难，国家现在也很困难。听了他们的汇报，我们意识到靠上级解决资金问题已不可能，只能自己想办法解决。

　　1960年1月20日，我在郑州参加省委组织部召开的支部建设座谈会期间，向河南省委书记处书记史向生汇报了引漳入林工程的计划，请省委给山西省委写信，希望他们批准我们修建引漳入林工程。史向生书记当即表示同意，并以个人名义给山西省委第一书记陶鲁笳、书记处书记王谦写了亲笔信。信写好后，河南省委秘书长戴苏理正好去向史向生书记汇报工作。史书记说："老戴，请你也签个名，你和王谦同志也熟悉。林县要搞引漳入林工程，这是好事。"戴苏理随即签了名。

1月23日，我通知林县县委农村工作部部长等人来郑州，与他们谈了有关情况和意见，请他们持那封信去太原，找山西省委领导汇报、办理此事。这时已是农历己亥年腊月二十五，快要过春节了。我要求他们不急不躁，以办妥事为目的，春节前汇报不了就在太原过春节，别考虑同家人团聚，时间住得长点儿也可以。

1960年1月31日（农历庚子年正月初四），我和县委几位领导带领县直有关单位负责同志，各公社领导干部和工商部门的相关同志、南谷洞水库的优秀施工队长共百余人，到天桥断上的牛岭山，面对漳河查看引漳入林渠线经过的地方，动员大家做好开工前的一切准备，决心把漳河水引入林县。

对于林县从山西省境内引漳河水，山西省委第一书记陶鲁笳等领导同志非常重视。春节休假期间，陶鲁笳、王谦和副省长刘开基即于1月30日（农历正月初三）开会研究此事，并给河南省委复了信。由于山西省要在耽车村以下的赤壁断、侯壁断等几个大的跌水处修建水力发电站，所以他们同意林县从侯壁断下引水，并对红旗渠渠首的坝高作了限制，以免影响水电站发电。

2月6日（农历正月初十），我在郑州参加省委召开的四级干部会议时，省委书记处办公室将山西省委书记处书记王谦、副省长刘开基给河南省委书记处书记史向生的复信转给我看。我欣喜万分，当即给在县里主持常务工作的书记处书记李运保打电话，让他们立即进行筹备，做到领导落实、任务落实、施工地段落实、民工落实、后勤工作落实，并安排县委办公室和林县报编辑部撰写《引漳入林动员令》，作为告全县人民书，用红字刊登在《林县报》上，然后再召开动员大会，抓紧时间上马。

就这样，在党的领导下，旨在改变林县干旱缺水面貌的引漳入林工程，经过长时间的思想政治动员、勘察设计和周密组织，终于开始施工了。

▲ 引漳入林动员令

三

红旗渠建成后，很多中外客人前来参观。看到悬挂在太行山腰的红旗渠，他们都赞叹不已，不约而同地发问："这么宏伟的工程，兴建于20世纪60年代那样的困难时期，是怎样干成的？真叫人难以想象！"

的确，红旗渠的建设过程，风风雨雨，几经周折，一言难尽。总的来说，有了以下四条，其他一切困难就能迎刃而解了：一是党的正确领导和关怀、支持，技术人员和群众相结合，精心勘测设计；二是充分发挥社会主义制度的优越性；三是人民群众真正地发动起来了；四是有一个团结的领导班子和好的干部作风，干部与群众实行"五同"（同吃、同住、同劳动、同学习、同商量解决问题），并肩作战，共渡难关。具体地讲，我认为有以下几个方面：

（一）依赖国家还是依靠自力更生。

我们认为：只要是广大群众迫切要求办的事情，我们就抓住时机去办；只要充分依靠群众的力量，我们就能克服修建红旗渠中遇到的各种困难。

修建红旗渠，首先遇到的是经济问题。当时县财政的收入十分薄弱，靠国家给钱国家有困难，靠上级投资上级也缺款。如果等到形势好转后再修建，会出现什么情况就很难预料了。山西方面同意引水这个机会非常难得，错过机会林县人民可能要永远吃缺水之苦。那么，依靠自力更生，林县经济实力这张"荷叶"，能不能包住修建红旗渠这个特大的"粽子"呢？这是很多人担心的一个问题。但是，引漳入林是广大群众迫切要求办的大事，得到了广大人民群众的热烈拥护和积极支持。群众想出了许多解决问题的办法：社、队采取出劳力按受益面积摊工，做活按定额记工，回队参加当年分配；上工地民工各自带镢头、铁锨、抬筐，个人没有的由生产队负责筹备；吃饭由民工自带口粮，不足部分由集体储备粮补足，蔬菜由生产队统一送到工地，县里给每个工日补助2角钱；工具修理由各公社负责，自带小推车到工地记工分①，集体补助点儿磨损费；各队搜集废钢铁送到工地，供修理点使用；县里的近300万元钱只准用于买炸药、钢钎、水泥等大件物料，不准用于其他。

修建总干渠工程开始后，特别是修建一、二、三干渠时，资金需求的数额越来越大。经和社、队干部商量，决定抽调包括正、副科级在内的县、社干部30

① 工分：中国农村集体经济组织内部计算社员工作量和劳动报酬的一种尺度。又称劳动日制。为了计算方便，通常把一个劳动日分成10个工分。决算时，按当年每一工分值和每个人工分总额来分配劳动报酬。

它既是劳动管理制度的重要内容，同时也是一种分配方法，社员从集体所得的收入数量都以它作为主要的凭据。

多名，成立劳力管理组和驻外办事处，组织社、队工程队到国内一些城市承揽工程，劳力收入5%—7%上交县财政，作为建渠资金，其余按钱记工交集体作为水利建设投入。此举在很大程度上缓解了资金不足的困难。

此外，县里还派人四处求援。听说因省里经济困难，洛阳故县水库停修，留存有一些炸药，我们就请求省里拨给了500吨，由林县各部门的汽车和一部分平车①自出经费往回运，同时还运回了20万个雷管。没有钢钎，我们就请老红军团长顾贵山、县商业局局长牛占彪和部分转业干部到部队找老首长求援。他们在沈阳购买了一部分在抗美援朝战争中剩下的钢钎、铁锤，运回来后，我们把好钢钎截成几截，焊接在质量差的钢钎头上使用。

①平车：用牛、驴、骡子等大牲畜拉的两轮车。

依靠自力更生、勤俭节约，我们解决了许多问题。缺少炸药，群众就把国家分配给的化肥硝酸铵与锯末混合，套上牲口用碾子碾，制造土炸药，仅这一项就节约了140多万元。没有石灰，我们就自己烧。没有水泥，我们就自办水泥厂。施工需要的大量抬筐，都是群众从山上割来荆条自己编的。群众还坚持修旧利废，一物多用。例如，用炸药箱子做水

▲ 抬筐自己编

桶、灰斗、车厢；杠子折了当镐把使用，再不行了当锤把，一分钱掰成几瓣花，那才是真正的"老抠精神"哪！

总干渠、三条干渠及支渠配套工程，共投工3740.17万个，投资6865.64万元。其中国家补助1025.98万元，占总投资的14.94％；自筹资金5839.66万元，占85.06％（其中含投工折款，每工1元

工具自己修

钱）。这些数字，反映了林县人民群众为社会主义建设、为修建红旗渠不计报酬、忘我劳动的可贵精神。

（二）苦熬还是苦干。

我们认为，只要让人民群众懂得苦熬是没有尽头的，苦干是暂时的，只有苦干才能尽快摆脱贫困、走上富裕之路的道理，就能使群众最大限度地焕发出顽强的斗争意志和极高的聪明才智。

1959年冬季，进行红旗渠测量时，工程技术人员白天冒着严寒，在冰天雪地里跋山涉水，饥了啃口干粮，渴了吞口冰雪，白天跑一天，晚上回来还要计算到深夜，以便及时拿出实测数据。他们给县委的决策提供了可靠依据，立了大功。

一下子涌到山西3万多民工，哪有那么多民房可供居住？于是，大家就挖窑洞，住山崖、石洞，搭席棚、草庵。白天干了一天，晚上被子潮得不能贴身。在席棚里睡的民工，半夜醒来一睁眼，看见满天星斗，原来是棚顶早就被风刮跑了。

渠首大坝截流时，任村公社的男女青年奋不顾身，跳入冰冷的河水中，结成人墙，抗拒激流，才使截流成功。

▲ 住山崖

　　在征服石子山的战斗中，放炮后浮石直往下滚，那真是"猴子不敢上，飞禽也难站"。东岗公社发动群众上山割来荆条，编成几道防护墙拦住滚石，然后继续施工。

　　站在红石崭上，仰天只见壁立千仞，低头则是万丈深渊、滚滚漳河，而红旗渠就要从这齐整整如刀切的崭岩上通过。东岗公社组织了70多名强壮劳力，腰系绳索，凌空打钎放炮。这里的石质十分坚硬，每打一锤，钢钎只是在石头上蹦一蹦，半天也打不下1尺深。于是，他们就先打成小炮眼，再进行作业，打成了12个直径1米多、深18米、能装药1000公斤炸药的大炮眼，最后放"连环炮"（把12个大炮眼里的炸药一齐引爆），使得半个山头应声而倒，终于在悬崖绝壁上炸出了渠基。

　　鸻鹉崖是红旗渠要通过的又一天险。放炮后的鸻鹉崖，山石呲牙咧嘴，遇到刮风下雨就会有石块坠落。1960年6月12日，城关公社谷堆寺工地因山石坍塌，当场砸死9名民工，3名民工重伤致残，其中有的人才20多岁。城关公社社长、分指挥部指挥长史炳福向我汇报时失声痛哭，我也哭了。后来，总指挥部认真总结了经验教训，组织了鸻鹉

杨
贵

崖大会战。总指挥部的干部上工地时，把手表放在家里。他们说，这是唯一值钱的"遗产"，要准备应付一切不测事件。

开凿青年洞时，缺粮少菜，大家忍着饥饿苦干。青年们把豪言壮语写在太行山的石壁上："苦不苦，想想长征两万五；累不累，想想革命老前辈。""为了后辈不受苦，我们就得先受苦。"大家创造了"三角炮"等新爆破技术，改进了放炮时间和排烟办法，用蚂蚁啃骨头的精神干了一年零五个月，终于在国民经济十分困难的1961年7月底把青年洞凿通了。

引水的咽喉工程青年洞凿通后，红旗渠总干渠和露水河西支浊河在白家庄发生了交叉矛盾。怎么办？渠水、洪水谁给谁让路？指挥部的同志和工程技术人员就设计了一个空心坝，坝中过渠水，坝上流河水，使得渠水不犯河水。

▲
空心坝

①桃园渡槽：又称桃园渡桥，位于红旗渠第一干渠桃园村附近，横跨桃园河，故称桃园渡槽。长100米，宽6米，最高处24米，共7孔，每孔跨8米，拱券厚0.5米。渡槽两侧槽墙高2.7米，底宽2米，顶宽1米。渡槽上连涵洞长100米，下接涵洞长170米，槽下排洪水，槽中通渠水，槽上钢筋混凝土盖板通汽车，合理地解决了渠水与洪水交叉和通水通车的矛盾，充分发挥了通水、通车的双重效益。1965年9月25日动工，1966年4月1日竣工，由采桑公社南景色、南采桑、下川3个大队修建，共挖土石方5400立方米，砌石5600立方米，投工6万个。

②拱胎：拱形券洞的模型。

修建桃园渡槽①时，拱胎②和路架需要大量木料。在当时困难的情况下，技术人员发明了"简易拱

▲
桃园渡槽

架法"，节省了大量木料，建成了一个槽下走洪水、槽中过渠水、槽
上能行车的十分科学的渡槽。

夺丰渡槽全长413米，高14米，50个孔眼，能通过3.5立方米每秒
的流水量。所锻的石头，块块精雕细刻。没有吊装设备，大家就用游
杆当"吊车"上石料，克服重重困难将渡槽建成。该渡槽修得十分漂
亮，人们看后都称赞这是一个巨大的工艺品。

开凿近4公里长的曙光洞，开始时用两头对打的方法，进度很慢。
后来，大家在渠线上打了34个竖井，扩大了工作面，战胜了流沙、漏
水、排烟、塌方等困难，只用了一年多的时间就凿通了这个红旗渠上
最长的隧洞。

（三）修建红旗渠改造大自然的人民战争造就了一代英雄，一个英雄前面走，众多英雄跟上来。

红旗渠工地是个大学校，更是一个大战场。建渠的十年间，我们培养造就了领导骨干、工程师、技术员、铁木石各类工匠和烧石灰、造炸药、造水泥、除险、放炮能手等7747人。不仅保证了红旗渠工程的建成，还组建了一个民工工程团，参加了国防工程施工。

在改造大自然的战场上，涌现出了许多不怕流血牺牲的可歌可泣

烧石灰现场

的英雄人物，有81位同志献出了自己宝贵的生命。他们是林县人民的优秀儿女，将永远受到后人的敬仰。

年轻的工程技术人员吴祖太，当时是红旗渠工地上少得可怜的科班出身的工程技术人员。1958年修建南谷洞水库时，他负责设计，不知疲倦，解决了很多工程技术难题。小伙子长得很英俊，高个子，在工程技术上是挑大梁的。有一天，他去外边测量，因十分饥饿，中午

吃了27个小包子（每个1两白面）。我对他的印象最深。当王家庄隧洞施工出现塌方时，他明知有危险，但为了使民工安全施工，还是和姚村公社卫生院院长李茂德一起进洞查看。不幸洞顶坍塌，两个人光荣牺牲。当时，吴祖太年仅27岁。

妇女营营长李改云临危不惧，舍己救人。崖壁塌方时，她推开别人，致使自己的左腿被砸成粉碎性骨折。

除险队队长任羊成，每天腰系大绳，凌空除险，以保证崖下修渠民工的安全。有一次，他失足掉到圪针窝里，浑身扎满了圪针。还有一次，他被落下的石头砸掉了三颗牙，但他就是不肯休息。

转战在英雄渠和红旗渠工地的农民技术员路银，为人忠诚老实，施工中一丝不苟。无论组织上交给他的任务多么艰巨，他都要拼死拼活，克服一切困难，坚决完成。

凿洞能手王师存，在开凿曙光洞时被塌方堵在洞内。此时，洞里一片漆黑，空气稀薄。面对步步逼近的死神，他沉着冷静地与同伴拼命挖开了个窟窿，让同伴先出去，然后自己才出去。

放炮能手常根虎，胆大心细，每天像壁虎一样，腰系绳索，下崭点炮，（不管）哪里出现未响的哑炮，他都一马当先去排除。

副县长马有金，是红旗渠工地的第三任指挥长。在任时间最长，但一直任劳任怨，从不叫苦喊累。他母亲病重时，他曾"三过其门而不入"。直到母亲病故，他才向县委请假，回家奔丧。他跪在母亲的灵前，哭着说："娘，我不是你的好儿子，没有为娘尽孝。"我认为，他为人民立了一功，是林县人民的好儿子。

魏家庄大队支书魏三然，为了把水引进村里，明知自己身患癌症，将不久于人世，还要拖着骨瘦如柴的身子，坚持进洞施工。在弥留之际，他把孩子们叫到床前，再三叮咛："凿通……隧洞……引水……入村……"他的女儿魏秀花，是个年轻的共产党员。她女继父业，夜以继日地在隧洞里战斗，后因施工罐车发生故障而光荣牺牲，年仅23岁。

此外，还有韩用娣、郭秋英、张买江等后起之秀。这些英雄们的闪光品质，是金钱能够买得到的吗？正是因为有了这样一批冲锋在前、享乐在后、硬骨铮铮、一心为公、无私奉献的英雄，发挥了先锋模范带头作用，才使我们的水利建设队伍能够攻无不克、战无不胜。

（四）领导深入第一线和群众同心干，及时总结经验教训，从而保证了红旗渠建设工程顺利进行。

红旗渠动工之初，由于缺乏干大工程的经验，我们也出现过一些失误。但是，由于县委、各公社党委的领导同志都在第一线和群众一起参加修渠，所以就能够做到有经验及时推广，有问题及时纠正。

1960年2月10日晚，县委召开引漳入林广播动员大会。第二天，即农历正月十五，千军万马就奔赴工地。由于通往山西的路都是小道，汽车无法通过，所以我们决定修渠先修路，做到人进路成。从坟

杨贵（中）与群众一起参加修渠

头岭（分水岭）到渠首的70公里路，都在太行山腰上。我们上了3万多人修路，摆开了"长蛇阵"。这么多人上了山，到渠上看人又很少。搞了不到一个月，由于技术人员少，顾不过来，有的渠线开高了，有的错把渠底当成渠顶崩掉了，到处挖得像"鸡窝坑"一样。加上政治思想工作跟不上，使得少数人对引漳入林工程的意义认识不足，施工中一遇到困难就牢骚满腹、消极怠工、干扰生产，还说什么"这么大的工程靠人力一锤一钎挖掘，到驴年马月也完不成""现在生活这么苦，还劈山修渠，不如趁早收摊"。这时，原来就反对修建引漳入林工程的人，也到处煽风点火，说："县委过去搞水利搞糟了，现在又搞引漳入林，让农民带着干粮送远屎，屙的屎都不让肥林县的田。"他们还向中央、省委写匿名信，辱骂县委。

县委认为，共产党人为人民办好事还有人辱骂，说明立场不同对同一个问题就会有不同的态度，这些都是前进中发生的新问题。3月6日，县委召开了盘阳会议，决定缩短战线，将全线铺开的"长蛇阵"施工方法改为分段突击，先修山西段，集中力量打歼灭战，干一段，成一段，通水一段，以便让群众看到成绩，看到光明，增强胜利的信心。同时，此举既有利于县委对工程的领导，也可尽快减轻平顺县沿渠村庄群众的负担。于是，我们决定将全部人马集中在山西境内20公里的工地上。实践证明，这次调整部署对于红旗渠的建成起到了关键性作用。同时，会议还决定将引漳入林工程改为红旗渠工程，以表示我们要高举红旗前进的决心。

经过6个多月的艰苦奋战，到8月30日，县委、县人委和红旗渠总指挥部在河口村召开了庆祝红旗渠山西段通水大会。县委组织全县的大队支书以上干部，分批前来参观。大家看后劲头十足，兴奋地说："千年盼、万年想的漳河水，真的流到了咱县的门口，咋能让水再白白泄入漳河流走？"群众是最现实的。大家看到水来了，自然是欢欣鼓舞，建渠的积极性就更高了。

杨

贵

红旗渠总干渠①在林县境内的总长度为50公里，工程分为三期，我们都是采用建一段渠、放一段水、以水促渠、整体推进的施工方法。完成第二期后，我们暂时不修第三期工程，而是先修四期工程，使南谷洞水库的水1962年10月15日（提前一年）就流过了分水岭。通水以后有些人就讲话说漳河水过来了，漳河水过来了。实际这是南谷洞水库的水，叫大家先能够用上水。采取这个"隔三修四"的措施，既可大大鼓舞群众修渠的积极性，又可使姚村公社部分村庄的耕地得以提前浇灌。

再比如以渠带路的问题。当时县里强调，挖渠凿洞出碴后，要利用石碴垫路，拉直"月牙地"，做到出碴不见碴，渠成路成，扩大农田。例如，一干渠边的沿渠公路就是这样建成的；曙光洞中的石碴填直了"月牙地"，扩大了农田面积；县城通往桃园的路，也是用建渠挖出的石碴垫成的。这样做既便利了交通，又可以少占地，扩大农田，一举两得。

实践证明，一项工程计划部署后，领导必须经常深入工地调查研究。如果领导不在第一线，许多问题就很难被及时发现和解决。

（五）要实事求是、坚持真理，就必须有无私无畏的革命精神。

在修建红旗渠的过程中，县委一班人是铁了心的。只要是大家认准的道儿，我们就手挽手、肩并肩走到底，有福同享，有难同当，坚持真理，修正错误，全心全意为人民服务，因而起到了县委所应起到的领导核心作用。

①总干渠从山西省平顺县石城镇侯壁断下设坝引水，沿浊漳河右岸，经山西省石城镇和王家庄乡的崔家庄、石城、青草四、老神郊、克昌、豆口、东庄、苇水、白杨坡、王家庄、马塔等村，到牛岭北坪沟的南平村入林县县境；由河口到卢家拐村西穿越青年洞，经木家庄、盘阳等村蜿蜒向南，沿露水河左岸，过赵所、阳耳庄、圪针林、杓铺、石贯、石界等村，在白家庄村西以空心坝穿越浊河，过南谷洞十孔渡槽横跨露水河，转向右岸北行，经尖庄村到回山角折向东南，经西坡、南丰、桑耳庄、清沙等村至分水岭，全长70.6公里。

1961年，正是国民经济最困难的年头，人民群众处于饥饿之中，红旗渠的建设也受到了严峻的考验。由于资金、物资供应很紧张，致使一部分干部、群众对修建红旗渠认识不一致，有怨言，不满情绪越来越大，给县委带来了很大的压力。

有些人批评林县县委，坚持说红旗渠不该修建，应该下马。经过反复研究，县委认为，修建红旗渠是林县的百年大计，不能动摇，不能下马；但方法上可以灵活调整，农忙小干，农闲大干，干一段成一段，总有一天会完成。

1961年9月8日，河南省委书记处书记杨蔚屏来林县检查指导工作。他语重心长地对我说："杨贵呀，有些人对你们修建红旗渠意见不少，认为有盲目性。这么大的工程一旦出了问题，县委领导特别是你就不好交代。红旗渠是沿山巅过来的，测量得怎么样？水究竟能不能流过来？浊漳河泥沙很大，给你淤积堵塞了怎么办？过水量那么大，渠底坍塌、冲垮渠墙怎么办？诸如此类的问题，你有没有把握？一旦出了问题，这就不是一功，而是一罪，到那个时候就会有人责难你了。"

听了杨蔚屏书记的话，我夜里睡不着觉，不由得想起童年时祖母常给我讲的一个故事：家乡汲县一个村的百姓，兑钱兑粮修盘山小渠引水，因测量不准确，建成后水流不过来，修渠的主持者自愧不已，上吊而死。修红旗渠会不会出现这样的情况？我心里很不平静……

第二天一早，我将县水土保持局局长段毓波、副局长靳林年找来，又详细地询问了上述问题，并让他们组织力量进行复测，要求技术人员在设计时要考虑到防止泥沙淤积的问题。复测后，他们汇报说，水流过分水岭没问题，淤积问题可以采取工程技术措施解决。但是，我心里仍一直不踏实。直到总干渠通水，我才算放了心。

1966年秋，红旗渠三条干渠竣工通水后，党中央、中南局、省委、地委发出号召：学习林县坚持社会主义道路，建设社会主义新山区。林县人民情绪高昂，意气风发，全面铺开了支渠配套工程建设，确有势如破竹、无坚不摧之势。

就在这时，"文化大革命"的火烧到了林县。县直机关和各公社主要领导都被游了街、罢了官。有的领导干部被加上莫须有的罪名，受到轮番批斗。红旗渠也遭诬蔑，刚刚开始的支渠配套建设工程被迫中断了。

1968年4月，在周恩来总理的关怀下，林县革委会成立。广大群众明辨是非，拨乱反正，重整旗鼓，把以支渠配套工程为中心的水利建设转入了正常轨道。从1968年7月起到1969年7月，我们共完成支渠配套工程1180公里。红旗渠原计划1967年5月全面完工，因"文化大革命"被耽误了两年，致使8年的任务10年才完成。

实践使我认识到，要干好一件事，就应该无私无畏、忍辱负重，在任何情况下都要以人民的利益为重，实事求是，坚持真理，盯住目标，锲而不舍。如果遇到风险、困难就退缩，再好的事情也办不成。

（六）上级党委、政府的亲切关怀，友邻省、县及全社会的支持，鼓舞着林县人民将红旗渠建设进行到底。

在建设红旗渠过程中，我们虽然在经济上、技术上都遇到许多困难，在政治上也受到一些责难，但每逢关键时刻，上级党政领导都给予了很大的关心和支持。特别是1961年和1962年困难时期，我省的多数党政领导同志都来林县视察过。他们十分关心红旗渠的成败，视察后都表示放心，并给予支持。

周恩来总理对红旗渠的建设曾给予高度评价。1965年10月，他在北京农展馆很高兴地观看了《林县人民重新安排林县河山》的展览，对修建红旗渠连声称赞。他特意问农展馆负责同志："林县没有模型吗？"并随即指示说："林县要有模型，要加强宣传。"他还问讲解员："你到过林县没有？"讲解员答："没有。"周总理说："要亲自到林县看看，看了才能讲好。"周总理的指示传到林县后，使我们县委、全县党员和人民群众都受到很大的鼓舞。

同年12月18日，《人民日报》以《党的领导无所不在》为题发表了长篇通讯，记述林县人民在党的领导下重新安排林县河山的英雄事迹，并发表了社论。社论指出："林县，是一面大寨式先进县的红旗。扛起这面红旗领导全县人民在斗争中前进的，是林县县委。……林县也有一个马克思列宁主义的领导核心。"对于如此之高的评价，县委深感盛名难副、压力很大，觉得只有努力工作，多为人民办实事、办好事，才能不辜负党和人民的期望。

1966年2月14日，河南省委在传达中央召开的八省、市、区抗旱工作会议精神时讲到，在这次会议上，周恩来总理指示，搞水利和农田水利建设，要认真推广先进经验。林县红旗渠的经验很好。一个那样严重干旱的县，水的问题解决得好。这个经验现在还没有被大家所认识，也还没有推广开。周恩来总理称红旗渠是"人工天河"，是中国农民的骄傲。

1966年，当时担任山西省副省长的黄克诚（原任中国人民解放军总参谋长）说："我在高平地区搞抗旱工作，从2月一直住到5月底……这期间我去平顺看了李顺达，还到河南看了红旗渠，觉得红旗渠修得甚好，县委书记杨贵实在是做了一件好事。"

1968年7月15日，周恩来总理在一次关于外事工作的谈话中说："第三世界国家的朋友来访，要让他们多看看红旗渠是如何发扬自力更生、艰苦奋斗精神的。"

1970年，中共中央批准林县为对外开放县。此后，不断有外国元首和贵宾（到1980年止，共11300余人，涉及五大洲119个国家和地区）来林县参观。

1973年12月29日，我去北京人民大会堂参加会议。开会前，周恩来总理先问了我在公安部工作的情况，然后又问："杨贵同志，红旗渠引的是浊漳水还是清漳水？"我说："是浊漳水。"他说："那么红旗渠的水源就有保证了，浊漳水源充足，但必须管理好。"接着他又问我："林县食道癌发病原因是否找到？你还要多给县委谈谈，要把这项工作抓好，要解决好关系人民群众切身利益的问题。"当时我想，周恩来总理日理万机，全国的事情那么多、那么繁忙，还在惦念着红旗渠和林县的食道癌防治工作，我们一定要把红旗渠和食道癌防治工作的事情办好。

1974年2月25日，当时担任副总理的李先念陪同赞比亚总统卡翁达来林县参观。看了红旗渠后，卡翁达总统说："我感谢毛主席、周总理为我们安排了这样好的参观项目。"李先念说："周总理讲过，红旗渠和南京长江大桥是新中国的两大奇迹，是靠劳动人民的智慧，自力更生建起来的！"听取了红旗渠情况介绍后，李先念说："百闻不如一见。看过《红旗渠》电影，也听人讲过红旗渠，总的印象不错。来红旗渠一看，更感到工程雄伟，真是'人工天河'！不要说是在三年困难时期，就是在丰收年份，自力更生修通这条渠也是难以想象的。要很好总结经验。登山土路难行，来参观的人很多，红旗渠要流向全国，流向世界，路要修好，汽车能开上来才行。"在整个参观过程中，李先念副总理和卡翁达总统都十分高兴。

1977年6月2日，当时担任国务院副总理的王震找我谈工作。在谈到林县情况时，他说："红旗渠建成了。这是个综合工程。一个'水'字，它是一株摇钱树。如何更好地发挥效益，要很好地研究。农、林、牧、副、电、社、队、企业和卫生等要全面发展。这个观点不明确，钱从眼前过，也不一定能看得见、拿到手。"

1991年4月，我应邀参加了河南省委、省人民政府在林县举行的全国政协主席李先念为红旗渠题词揭碑仪式和全省农田水利基本建设"红旗渠精神杯"竞赛表彰大会。

回京之后，国家副主席王震于7月6日找我去谈工作。询问了红旗渠的情况后，他说："红旗渠建成20多年来，水源少得多了。要保护好、管理好，水源不敢再减少了，那是林县人民幸福的源泉。现在北方缺水太严重了，县委重视这个问题就好办。全国每年都要减少几百万亩水浇地，这怎么能行呢？我们是共产党人，要和人民想到一起才行。"

7月16日，全国政协主席李先念找我谈话。他详细地询问了红旗渠的情况，然后说："你代我向红旗渠劳模问好。听说红旗渠上游有些矛盾，要协商解决。红旗渠是个中外有影响的工程，要保护好。林县要很好地发挥红旗渠的作用。农业不能放松，发展乡镇企业没水也不行。山区群众讲卫生，要有个健康的身体，也必须有水。水是农业的命脉，我看也是人民生活的命脉。红旗渠的管理是一件大事，要合理用水，节约用水。"

全国政协副主席钱正英也曾多次问及红旗渠的建设和管理情况，并指示：要搞"长藤结瓜"，把大大小小的水库和池塘连在一起，把汛期的水蓄起来，充分发挥红旗渠的作用。

党中央和各级领导的关怀，为我们高质量、快速度完成红旗渠工程建设，以及后来的管理和保护指明了方向，同时也使我们增添了无穷的力量。

回顾红旗渠建设的全过程，我感到县委有这样那样的一些问题和缺点。例如：建渠之初，由于缺乏领导大规模工程施工的经验，对困难和问题估计不足，施工安排也不够周密，致使总干渠施工全面铺开，出现窝工、浪费情况，还出现了一些伤亡事故；在宣传方面，由于"文化大革命"的影响而对"土法上马"宣传得多，对工程技术人员的作用宣传得不够；在红旗渠效益的发挥上，当时也提出要"长藤结瓜"，大搞蓄水工程，一条红旗渠顶两条红旗渠用，彻底解决林县水源不足的矛盾，但抓的力度不够，蓄水工程少，效益差，"丰水季节水白流，缺水季节水不足"的情况依然存在。

风风雨雨，30多年过去了。回忆当年，在红旗渠建设的日子里，林县的广大干部都很辛苦。大家忍辱负重，任劳任怨，没休息过节假日，每天晚上都要工作到深夜，都很支持县委的工作。对于他们的这种精神和风格，我十分钦佩。借此机会，我谨向同志们致以崇高的敬意!

同时我也深深感到，创业艰难，饮水要思源。当我们使用红旗渠水的时候，永远不要忘记为建设、管理红旗渠而光荣牺牲的先烈、英雄模范和一切作出过贡献的人，永远不要忘记献出聪明才智的各级工程技术人员，永远不要忘记山西省委、晋东南地委、平顺县各级党

杨贵（前排左一）和县委一班人查看施工现场

委和广大干部群众给我们的支持和帮助，永远不要忘记红旗渠建设最困难的时候中国人民解放军的无偿援助，永远不要忘记新闻战线的同志对红旗渠建设的舆论支持，永远不要忘记党中央、毛泽东主席、周恩来总理和各级领导的关心和支持。

四

红旗渠通水几十年来，它所产生的巨大的经济效益和社会效益是世人有目共睹的。它不仅仅是物质的实现，更是意志的胜利。这种意志就是林县人民在修建红旗渠中所孕育的艰苦创业精神。

常言说，一方水土养一方人。我认为，一方水土也可以塑造一方人。正是林县人生活在太行山那样恶劣的自然环境中，才培育和塑造出了他们那种不畏艰苦、顽强抗争、不屈不挠、奋发向上的可贵品质。林县人民在20世纪60年代修建红旗渠过程中形成的，在改革开放的新时期又不断丰富和发展了的创业精神，正是中华民族的灵魂所在，同时也是党中央、国务院领导所倡导的艰苦创业精神的具体体现，是宝贵的精神财富。

建设红旗渠是一次思想的大解放，也是一次生产力的大解放。它让林县干部群众的眼界更宽了，胆子更大了。在后来向新的生产领域进军中，不管遇到多么大的困难，他们都会说："红旗渠在那么困难情况下都修成了，现在的困难再大也不在话下。"有了这种精神，没有的东西就可以变有，贫穷就可以变富裕。有了这种精神，就能一步一层天地步入小康生活。

依靠艰苦创业精神，林县县委、县人民政府把传统的建筑业作为支柱产业，积极支持，热情扶植，加强管理，十几万建筑大军走出太行，奔赴全国各地，让工匠们的建筑技术优势转变为经济优势，挣回了大量的票子。在北京我就听到，有些人一说是哪儿的，说林县红旗渠来的人，大家都愿意要，说红旗渠那儿的人可是能干的。在北京，我就遇到了来自林县的建筑工匠。他们住得很简陋，吃得很一般，但是，在他们的手里，一座座高楼拔地而起。他们为建设新北京出了力、流了汗，誉满京华，我也感到非常光荣。

近几年来，林县大力发展了县办工业和乡镇企业，由传统农业向工业化迈进，各乡村建立了自己的经济基地。1990年后，我几次回林县，故地重游，真为林县的新变化激动不已。

记得我们在1958年曾将林县发展的远景描绘为："渠道网山头，清水到处流；吃的自来水，鱼在库中游；遍地苹果笑，森林盖坡沟；走的林荫道，两旁赛花楼；点灯不用油，犁地不用牛；不缺吃和穿，不怕灾年头；生活日日好，山区人民永无忧。"三四十年过去了，那个时候认为遥远的事情，经过人民群众双手的创造，如今变成了现实。

在党的富民政策指引下，现在的林县县委、县人民政府又进行了新的宏伟决策，那就是要建设改革开放、发展经济的"红旗渠工程"，在20世纪的最后阶段努力实现"力闯百亿、争当百强、全面振兴、实现小康"的发展战略。这个任务更伟大、更艰巨、更光荣。只要林县人民重振雄风，再造辉煌，拿出当年建设红旗渠的艰苦创业精神，全党上下团结一致，咬定目标不放松，我相信这幅壮丽图景就一定能够变为现实，展现在林县大地上。

1993年8月，河南省委作出学习林县人民创业精神的决定，进一步肯定了红旗渠精神。这无疑是对林县广大党员、干部和群众巨大的鼓舞。同时还应该看到，林县有一个特殊的优势，就是党中央、国务院和省委、市委领导同志不断来林县调查研究、总结经验、指导工作，这将会使林县干部群众提高改革开放意识，走在其他地区的前头。自觉主动地把握这一机遇，林县的精神、物质双文明建设定会迅速而健康地向前发展。

艰苦奋斗、自力更生的创业精神是无价之宝，愿林县人民代代相传，发扬光大！

自古神州多豪杰，不尽长江万古流。林县，是我长期工作过的地方，也是我的第二故乡。我常常想起那里的山、那里的水、那里的人。愿林县英雄辈出，事业常新。林县每前进一步，我都会为之高兴的。

1993 年 12 月于北京

（本文由红旗渠干部学院依据杨贵回忆文章和采访实录整理）

魏德忠：用镜头记录红旗渠的故事

采访时间： 2021 年 3 月 31 日
采访地点： 郑州市金水区 21 世纪社区
采访对象： 魏德忠

人物简介：

    魏德忠，1934 年 6 月生，河南新蔡人。河南日报社原摄影记者，多年跟踪拍摄红旗渠工地的建设场景。

机缘巧合拍了红旗渠

新中国成立之初我就开始了摄影工作。当时我是《河南日报》的摄影记者，多次为来到河南的毛泽东、周恩来、刘少奇、朱德、邓小平等老一辈无产阶级革命家拍照，用镜头聚焦河南本土，可以说，记录了近半个世纪以来河南建设发展道路上的风风雨雨。说起拍红旗渠，其实是一场机缘巧合。

那是1960年，刚过了春节，《河南日报》组织采访团报道太行山抗日根据地的山区建设。林县当年是抗日根据地，八路军总部设在涉县和林县交界的地方。我们到林县参观，报道林县山区建设，县委书记杨贵带着我们去采访。有一天来到河南林县、河北涉县和山西平顺县交界的地方，有座桥叫"鸡叫鸣三省"，鸡一叫三个省都能听见。当时在那听到施工的声音，问这是干什么呢，杨贵说是引漳入林工程，就是把漳河水引入林县。后来这个工程改名为红旗渠。

林县历史上严重干旱缺水，因为是山区，山大石头多，地上无河，地下没水，一下雨洪水暴发，滔滔不绝，洪水过后，河水干涸。这里的人祖祖辈辈过着这种水贵如油的生活。为了吃水，旧社会逃荒、要饭、饿死人、人吃人的现象时有发生。林县老百姓眼睁睁看着漳河水从林县擦边而过，白白东流，但是又无力把它引入林县。只有新中国成立后，人民在党的领导下，组织起来才可以实现这个梦想，于是提出了引漳入林工程。我走到近处一看，一个个农民正在半山腰打炮眼。我就爬到半山腰，往底下一看，下面车水马龙，几百个人推着小车，形成一条长龙阵，将石料运往工地。我心里感到很震撼，这不就是当年的愚公吗？这不就是当年的鲁班吗？这不就是当年的大禹吗？这就是中国的民族精神，我很振奋，很激动。

当时我很感动，我想别的地方我不去了，我就在这里采访。其他记者都到别的地方去，我就留在红旗渠工地。当时的红旗渠工地在山西的平顺县石城镇，渠首在那里。工地指挥部照顾我，把我安置在农民家里，没和他们一块儿住山洞。

刚开始修渠时，正值国家三年困难时期。当时农民真苦，一天半斤粮食，那肯定吃不饱肚子。那时没有副食，没有油，他们就采些野菜（充饥）。他们的伙食是"早上汤，中午糠，晚上稀饭照月亮"。在这样的情况下，他们全靠一双手，一锤一钎地敲，经过10年的艰苦奋斗，终于在太行山上修成一条长达1500公里的盘山大渠。他们靠的是什么？是一种信念、一种精神——中国精神。

我多次到红旗渠工地采访。后来的采访中，他们给我介绍了除险英雄任羊成。晚上刚吃过晚饭，他到我住的地方，我看见他身上穿的棉袄很多地方都露着白棉絮，全身一片白，像鸡啄过的一样。他把棉袄脱下来抖一抖，抖出几百个野枣刺，原来是在山里除险的时候，野枣刺把棉袄扎烂了。当时，指挥长马有金开玩笑说："羊成，让我摸摸肚皮。别人的茧子长在手上、脚上，而你的老茧却长在肚皮上！那都是麻绳磨的啊！"看着这些，我眼睛都有些湿润了，从内心里佩服他们！从这个人物身上，我看到了修渠人不怕苦、不怕累、不怕牺牲、敢于争取胜利的精神，这种愚公移山的精神感动着我、激励着我下决心一定把这个红旗渠拍好。

那时他们也没准备修10年，没想到会修10年，也没想到50年后它还有这么大的影响。我下决心拍红旗渠的每一项重要工程，架桥、凿洞、劈山，我就是再忙，也要从郑州赶到现场。那时候生活很苦，交通不便，我从郑州坐火车到安阳，从安阳坐公交车到林县，从林县再到工地。工地在深山老林，我就坐牛车、马车、拖拉机，或者往渠首送菜、送物资的货车。我坐到车顶上，下了车以后，浑身是土，像个泥人一样。下了车就去采访，也不觉得苦，也不觉得累。我之所以能坚持不懈地去那里采访拍照，是林县修渠人的精神感染了我，教育了我，激励了我，给我以无穷的力量。

有人统计过，我拍照用了可能有几麻袋胶卷吧。10年来我去红旗渠起码有七八十次，但是我不觉得苦，摄影人就要承担起"为时代写真、为历史留影"的使命。

镜头里的凌空除险——任羊成

我记得在我拍摄的这么多照片中，凌空除险是最令我惊叹的。在修建红旗渠的过程中，总干渠大部分是修筑在悬崖峭壁上，险峰恶崭之上。这些险峰经过长年风化，特别是经过劈山爆破之后，许多被炸活的石头还挂在崖壁上，严重威胁着施工人员的生命安全，所以，除险是一件大事。开始由于缺乏经验，遇到险石后就用竹竿去排除，但是竹竿太细了撬不动，太粗了必须两个人抬着，既不方便也不安全。当时，以任羊成为首的凌空除险队，决心甩掉竹竿，凌空除险。红旗渠总指挥部从各乡抽调了三十多名身强力壮的民工，组成凌空除险队。（他们）腰系绳索，像打秋千一样，在悬崖上荡来荡去，用钩子把松动的活石头除掉。（他们）头顶上是不断下落的碎石，脚下是万丈深渊，奔腾的漳河水翻卷着波浪。

在红旗渠的这些年，任羊成一直战斗在排险的第一线。在梨树崖、老虎嘴、鸬鹚崖、小鬼脸等悬崖绝壁上，都留下了任羊成凌空除险的雄姿。我记得有一次，在虎山崖施工时，任羊成正在全力除险，很多碎石头从上面不停地掉下来，他躲避不及，有一块拳头大小的石头不偏不倚正砸在他的嘴上。任羊成感到脑袋"嗡"的一声，就失去了知觉。

▲
任羊成

随即，他便在空中旋转起来。但他很快又清醒过来。他想，你砸你的，只要砸不死，我就干我的。又仰起头准备向崖上喊话，但是他连续张口几次，怎么也张不开，觉得嘴是麻木的，似有东西压在舌头上，难以出声。他用手一摸，原来一排门牙竟被落石砸倒，舌头也被砸伤了。情急之下，任羊成从腰间抽出一把手钳，插进嘴里，钳住了被砸倒的门牙，用力往外一拔，就拔掉了两颗，他又用手钳把剩下的一颗也拔掉了，鲜血顺着嘴角流下来。想到崖下的民工还在等自己（除完险）上工，任羊成又坚持工作了六个小时，直到下工时，才从悬崖上下来。由于他长年累月地在山崖间飞来荡去，腰部被绳子勒出一道道血痕，经常血肉模糊地粘在身上，连衣服也脱不下来。工地上便逐渐有了这样一句顺口溜："除险英雄任羊成，阎王殿里报了名。"

我仍然记得，他们披坚执锐，众志成城。这些除险队员提出了自己豪迈的口号："鸻鹉崖就是张着老虎嘴，我们也要拔掉它几颗牙！"任羊成率领队员们每天下崭除险，为修渠大军开路。经过50多天的会战，红旗渠终于通过了鸻鹉崖。

在这十年里，开山者削平1250座山头，开凿211个隧洞，双手刨出的太行山石，可以修一条高3米、宽2米的"长城"，连接哈尔滨和广州。林州人都说，红旗渠里流淌的是精神。这条精神之渠，来自饱含中华民族气质的太行山脉。红旗渠，让磨砺千年的民族精神化为有形的"人工天河"，奔流至今。

镜头里的农民技术员——路银①

路银是最让我感动的一个人。修红旗渠前，他长期在林县修水库，（林县）修的这几个水库他都参加了，他是林县红旗渠的农民技术员，是个老石匠。

我记得他在总干渠施工中，钻研技术，严把质量关。红旗渠总干渠的渠线非常重要，如果落差达不到标准，那就白修了，渠水流不到林县就完了，所以落差必须得恰到好处。现在我们到渠那去看，从渠首到青年洞这个落差基本上达到八千分之一。八千分之一是什么概念呢？那就是现在一些专家，用现在的设备

路银（1910—1982），林县合涧镇东郭家园村人。1947年加入中国共产党。红旗渠建设特等模范。被称为"农民水利土专家"。

路银在施工

路银用"水鸭子"在测水平线

来施工，落差能达到千分之一也很困难。所以说劳动人民的智慧呀，可以说是"土"，但那也是科学的。

当时水平仪不够用，他就做了一种叫"水鸭子"的简易水平仪来代替。所谓"水鸭子"，实际就是在一个洗脸盆中盛上半盆水，再在盆里放上一只板凳，板凳上放上一根直棍，通过棍子两端的两点和要测定的点共三个点连成一条线，来测定水平是否准确。

那时候他都五十多了，是工地上比较年长的。这个榜样的力量很重要，对年轻人起到很重要的教育意义。别看他五十多了，二十多岁的年轻人都不能和他比。他每天勤勤恳恳的，一天到晚都在工地上。特别是接受总干渠皇后沟大渡槽施工任务后，没有睡过囫囵觉，整天为渡槽的质量操劳。

一天夜里，他刚躺下，天下起大雨，忽然想起渡槽还被泥土堵着孔眼，这么大的雨，一旦洪水下来，刚刚垒起来的渡槽即有被冲垮的危险。于是，不管天黑、雨大、风猛，他掂起铁锨就往工地跑。正在挖土时，渡槽下的河沟已经聚满了半人深的水。他坚持在水里挖土

皇后沟大渡槽

胎，可是土胎砸得很实很硬，累得汗水雨水顺身子往下流。这时，民工们也提着马灯跑来，人多力量大，很快挖通了渡槽孔，排走洪水，保住了渡槽。他累得吐了血，被送进医院治疗，还没有等到病好就又返回工地。

他在红旗渠二干渠工地，接受修建焦家屯渡槽的施工任务后，拿着图纸，到工地实地查看。根据当地的地理条件，琢磨着渡槽建在焦家屯水库坝基上不大牢固，一旦大坝沉陷，渡槽报废，就会劳民伤财，于是提出绕水库建明渠，在水库上游修建小渡槽的设想，既省工省料，还能保证渡槽坚固。红旗渠总指挥部同意他的意见，修改了设计。搭渡槽拱胎时，他采取土办法，像盖房子一样，以渡槽腿为支柱，三梁起架作拱胎，这个办法又得到领导的支持。他吃、住在工地，亲自搭渡槽拱胎，逐一检验，自己感到万无一失、坚固牢靠，才组织民工施工，群众称他是"农民水利土专家"。

红旗渠的许多施工地段都是他用洗脸盆、麻绳、皮尺测定出来的。可能有人不会相信，但这确是真实的历史。我一直对他很难忘，他没有什么惊天动地的故事，但在他身上却闪耀着修渠民工勤劳和智慧的光芒。

镜头里的"铁姑娘"

在我的印象里，红旗渠工地上的女青年总是乐呵呵的，不论什么时候用镜头对准她们，总是一脸春光。我给你们讲讲她们的故事吧。在我的印象里，有四个二十多岁的女青年，她们担负着红旗渠修建过程中的运料任务。她们需要走过羊肠小道，把料运送到民工手里。这些小道，不仅狭窄，而且陡峭，每迈一步都需要小心小心再小心，万一失足了，就会失去自己的生命。可是在这些姑娘们的心中，只要能把活干好、能把料运到，就是最快乐的事情。她们四个姑娘抬一个大石头。她们用铁链子捆住石头，用杠子抬着，肩膀上都有垫肩。因为那时候杠子磨得太厉害，害怕把衣服磨烂磨破，就用垫肩保护肩膀。她们四个人抬着三四百斤的石头啊！很艰难的，一步步的，把石头抬过去放在那里。然后我就说："来啊姑娘们，给你们照个相吧！"这张照片的细节里凸显了她们劳动的艰辛，但是你们看，她们仍然是豪情满怀，她们的精神状态都特别好，她们的精神可嘉、可敬、可畏！

你们看，照片里的她们穿着简朴、素面朝天；她们身背铁链、肩扛木杠；她们面对镜头露出略带羞涩又清纯自然的笑容。她们是工地上的女干将，她们仿佛是出征的女战士，她们是千千万万"人工天河"红旗渠建设者之一，她们有着让人动容的气质，有着鲜活灵动的气息，有着无比强大的气场。我知道她们的名字，四个"铁姑娘"分别是张爱田、张巧珍、刘爱莲、张相云。修红旗渠的这些年，对她们

抬石头的女青年

来说，一定是最值得深情回忆的岁月。我记得之前张爱田在回忆红旗渠上的日子时，说道："红旗渠、红旗渠，天天流过我家门前，也天天出现在我梦里。看到这张照片，我就想到在修渠过程中，我和南丰村的张相云、张巧珍、刘爱莲一起吃住、一起抬石、一起打钎，成了同甘共苦、形影不离的好姐妹。在参与修渠的5年时间里，寒来暑往，姐妹四人总是在一起相互鼓劲儿。"当年修渠时经常吃不饱，只能吃上糠饼和稀饭。抬的石头有几百斤重，抬石头的人必须挺直腰杆，否则力会往一边倾，压得人直不起腰来。她们肩并着肩、手搭着手，一步一步地挪移着，来往于修渠的渠岸上。

1965年4月5日，她们一起参加了红旗渠总干渠通水典礼万人大会。在大会上，她们被杨贵老书记亲自授予"铁姑娘"称号。你们看看这张照片里的笑容，我想，"铁姑娘"这三个字不仅是荣誉，更是这些女青年的勇气和担当。她们在红旗渠的浩大工程中，以少有的耐力和柔弱之躯，为自己塑造了女性的自尊、自信和自强。

她们那种不怕苦、不怕累、迎难而上的精神，深深打动了我。那种伟大民族精神的激励，那种忘我劳动的场景，总是给人一股暖流，给人一种力量。悠悠岁月，当年修渠英雄已进入暮年，有的已经辞世，但是他们的生命和汗水，能够永远定格在照片里，永远镌刻在红旗渠的丰碑中。我很幸运能够把他们拍下来，我希望这些作品能在几十年之后甚至更远的将来给后人不断的精神激励，让红旗渠的精神，代代相传！

（整理人：闫立超）

任羊成：在空中荡来荡去除险

采访时间： 2016 年 11 月 13 日

采访地点： 林州市任村镇古城村

采访对象： 任羊成

人物简介：

  任羊成，1929 年 2 月生，2023 年 6 月去世，河南省林州市任村镇古城村人。红旗渠建设特等模范。中共党员。1958 年踊跃投身林县的山区水利建设，在南谷洞水库工地干活。1960 年 2 月参加红旗渠工程建设，在总干渠主要负责放炮和除险工作，是有名的除险队队长。红旗渠工程完工后，留任红旗渠管理处负责渠道管护工作，直至退休。

从修南谷洞水库到修红旗渠

①要街水库位于新乡市辉县西平乡与林县交界处，连接淇北、淇南等干渠。1958 年 3 月动土兴建，7 月 10 日竣工，能够灌溉 12 万亩土地。弓上水库位于林州市西部，连接英红、淅南等干渠。南谷洞水库位于林州市石板岩镇北部，在红旗渠总干渠下游。1958 年 4 月 1 日，弓上水库和南谷洞水库同时动工兴建。弓上水库于 1960 年 5 月 20 日竣工，灌溉 17 万亩土地；南谷洞水库于 1960 年 7 月竣工，灌溉 15.2 万亩土地。

了解红旗渠得先从修建要街、弓上、南谷洞①这三大水库开始。我是1958年正月初九到南谷洞水库的，从家里出发时带了100个人。我们自己带粮食，自己带炊具，自己带铺盖，在南谷洞水库的一个山洞里住了下来。

首先是刨水渠，还没刨到一米，那河沟里就开始出水，水冒得太快，就人工往外舀水，舀也舀不完，用了水泵抽水才抽完。

排完水之后就开始垒坝基。可是垒坝基需要大石头，就需要到山上找石头。人工在山上怎么弄到大石头？撬又撬不动。需要放炮炸石头，需要炮手。

南谷洞水库

都是农民，都不会点炮。让报名做炮手，但谁都不报名。后来领导说："你们都没人会点炮，得想办法学啊。"领导来到我身边，拍拍我的肩膀说："你点啊，你就当爆破队长啊，给你抽几十个人让你领导。"我说："我都没有点过炮啊。"领导说："没有点过那就学习，我们帮助你。"既然领导说了，那就做吧。先去山上看看，在哪儿点炮。再准备做炮眼。我压根就没有见过没有做过，不知道怎么做呀。也没有钢钎，去的时候都是带的镢头，这咋整啊？那就在这儿捣吧。捣了一米深，这样捣了两截土，然后用锤，再一点一点往里捣。又摸索着装炸药，一下子装了80斤炸药。向领导请示，领导就说开始放。说要点炮了，可是群众都没有见过啊，这咋整呢？叫群众躲起来吧。得躲多远也不知道，谁知道石头能崩多远？领导说都躲炮，方圆两里以内一律不准有人。然后就让吹号了，号兵嘟嘟嘟一吹号，群众就都躲起来了，两里以内都没人了。就这样开始点炮。等了20分钟以后，嘭的一声响。由于做的那个炮眼比较深，群众都说点的是哑巴炮，都没听见炮响。但回头再一瞅，那个山头全部没有了，崩掉了。领导回来一看，说好，这个山头崩掉了，是这个炮手把这个山头崩掉了。群众都说没听见炮响，一个山头就没有了。就这样，后来领导研究决定："行，那你就负责点炮，再做！"

第二炮，准备把另一个山头炸了做南谷洞水库（用石）。于是就让我们做炮。我说这个炮不好做啊，需要钢钎，可是没有钢钎。就在这个山峰和那个山峰之间捣土，一直捣土，捣了一米多宽，一米五高。刚开始那个炮眼很小，离实际需要还差得远。要崩掉整座山头，装的药少可是不行啊。就接着捣土，捣了差不多两米高的土，然后开始装炸药。可是倒多少呢？没有经验，也不知道。就一直倒，一直倒，也不知道倒了多少。这时候领导过来问倒了多少，我说不知道。"那也得有个数啊，你们也没有过秤。把那个炸药袋拿过来。"一袋大约100斤，把袋子一算，倒了36袋，大约3600斤。大家都笑了。

那山上83米高的地方都有人活动，这可不好整了，要是炸到人了，那就不好办了。我就向领导请示。领导也没有办法了，就请示了法院院长、检察院的检察长。他们都来看，说已经倒了没办法了，就这样点吧，让群众都躲起来。那些群众都躲了三里多地。没有经验，该让人躲多远也不知道，就是不想让崩到人。人都躲好后，弄了四个炮捻，并到一起，这样子扯远点。一点炮，嘭的一声，就跟地震一样，崩了几尺裂缝，把山一撑撑开了。轰隆一声，整个山就倒了，石头哗啦哗啦就都塌下来了。领导一看，说："好啊，胜利了！胜利了！这个炮手行！"

就这样，我就开始点起炮来了。领导抽了30多人，让我成立爆破队，我当队长，管点炮，点炮崩山建水库。就这样，我们又做了许多炮眼。其他人抬石头，垒坝基，铺底。库底300米铺开了，就开始垒坝基了。

修水库就是要存水，可是天不下雨一点水也没有。杨贵书记说，这不行啊。就开始研究，决定派人去找水。分了三拨人，一拨人到陵川县去，一拨人到壶关县去，杨贵书记带着另一拨人到平顺县去。后来，县委研究，说自带口粮去山西找水。就都带着饭缸。可是一走动，饭在缸里边一活动就成糊儿了。大家就用手这样捧着吃。吃完也得喝水啊，一碰到自然水就跑过去用手捧着喝凉水。一个礼拜后都回来了，前两个组都没找到水，第三组找到了，说找到山西省平顺县石城镇，到那儿能把漳河水引到林县来。

后来就研究决定修渠。群众自己搞，自带工具自带口粮。毛主席说过，没有办法找群众嘛。就开会动员群众。一开会，叫群众想办法，想办法自己搞！这样一组织，群众说都要上去修渠。杨贵书记就把县里领导一组织，说干部要与群众同吃、同住、同劳动，发现问题后，干部与群众统一研究解决。这样一组织后，就开始修了。

可是修渠吧，群众没有技术啊。引漳入林，要在渠首建一个拦河溢流大坝把水截住。在封闭龙口时，由于河道变窄，1米多深的河水集中到一个口子上，水流湍急，放进去一个大石头"哗"就被冲走了。河底是坚硬的石头，根本打不了桩，无法顺利截流。有人说，人下去，结成人墙。于是手拉着手、手套着手下去了。可是不行，水"哗"就把人冲倒了。再下一层，这样下了三层，一层挨一层。前边三道人墙堵着，后边赶紧垒石头。大家跳进河里，排成三道人墙，用血肉之躯抵挡凶猛的河水，终于将龙口合住，让河水流进了红旗渠的引水涵洞。真是受罪了呀，那时候农历三月天，天还冷嘞。我个子低，人家个儿高的还能仰着头，咱个子低的水扑过来一直喝水，冻得身上都发紫了。有人喊我，说翘腿翘腿，我的腿已经冻成直的，

红旗渠源

翘不动了。我们这拨人就赶紧上去换另一拨。歇一会后就赶紧抬石头、扔石头。就这样人在前边拦着，后面把石头一块一块垒起来。可是没有工具，没有钱。去安阳拉了几车水泥，很贵，因为那东西太少了。把水泥倒到石头缝里就凝固了，然后把石头盖上去，这样才把拦河坝建起来。可是，拦河坝在这儿拦了水总得找个出路啊。这就开始打渠了，在这儿打一个3米宽的支渠，打一个洞，让水从这儿流出去。把水放出去以后，才在这边上打了渠，8米宽，4米3高，水再从这儿放出去。建设工程开始叫引漳入林，后来改成红旗渠①了。

要修渠，没有工具咋办啊？还是毛主席说的，没

① 红旗渠的命名是在1960年3月的盘阳会议上作出的。杨贵提议把引漳入林工程命名为红旗渠。红旗象征革命，象征着胜利。把引漳入林工程命名为红旗渠，就在党员干部和人民群众心中树起了一面旗帜；把引漳入林命名为红旗渠，既表明了林县人民不畏艰险征服自然的雄心壮志，也表明了县委要力挽狂澜，高举毛泽东思想伟大红旗前进的坚强决心。

有办法找群众。这就召开群众大会，让群众讨论。会上讨论自己烧石灰、烧水泥。群众说这都不会，没办法整。领导说咋也得想办法。然后就集中群众想办法，让群众想办法咋才能烧石灰、烧水泥。但是没有钢钎咋办？杨贵书记回县委一研究，（决定派人）去山东、去湖南求援。我们烧石灰，开始做的那个是石灰窑，后来就不这样做了，用明窑烧法。就是把石头堆到那儿，堆了400万斤石头。这样烧的石灰就能确保渠墙全部垒开。垒的时候，有人说这样究竟能不能把水引到林县？县委一研究，说先搞个实验，8米宽的渠墙先修一半，从山西到林县交界，渠墙高是两米五，渠道宽是四米三。这样一放水，真能把水引过林县来。让群众去参观，这样群众干劲都大了，男女老少都上去（修渠）了。都上去了得吃饭啊。三年困难时期缺少粮食吃，就去挖野菜。吃饭时，一顿还不能吃多了，不管群众干部都不能多吃，就这样一直坚持到1961年。

建红旗渠是我最难忘的事，不论修的哪个地我随便给你指，误差都不会超过1米。

不要命的除险队长

我刚开始管的是爆破，后来拿着命学的除险，成天在那空中飞来荡去。

放炮，崩山，石头到处崩，人在下面就可能砸着人，砸中了就得死。怎么办？就得想办法去除险。那么高的山，你去除险，哗的一下，石头就飞下来了，跑都跑不及，很危险呀。

后来有人说我是搞过爆破的，就抽调过来，整个爆破队都集中在一块儿除险。除险的人都是青年人。刚开始谁都不敢，但不敢不行啊。就这样，有的爆破，有的除险，还有的施工。当时，群众议论，舆论压力很大。有的群众说，在那山上，没有几天就死了；除险，不用几天，就牺牲了。杨贵书记压力也大了。杨贵书记说："羊成啊，这除险啊，能不能除了险？"我说："能。"当时把党员、干部、群众都集中起来讨论。问："谁管除险？谁管放炮？"我说："放炮，爆破，除险，我都担起来，我整，党员干部带头，哪里困难到哪里，哪里艰险到哪里。"我说："我是一个共产党员，要是不干了，怕死，就不当共产党员。坚决把险除掉!"于是组织12个人，死也干，不要怕死。我们12个人，坚持把险除掉。我对副队长说："你是副队长，你掌握放炮。一定要把爆破胜利完成，修成渠。"除险要完成，要坚持。我除险的时候，受了五回重伤，放炮后被埋在石头底下，被刨出来，或从石头堆里爬出来，没有让国家给一分钱。

我这腿是折腿，我这照片是最开始照的。

有一次，我问一个人敢不敢去除险，他说敢去。那就走。到工地了，往他身上套个绳子就让他下去，下了不

任羊成和队友凌空除险

到5米，他就大声喊道："不敢了，我是独生子，我妈还是个寡妇！"我说："下吧，没事。"他就吓休克了。把他弄上来以后我说："你就这么大的胆子？你说得好听但是不敢干。"我一闻怎么这么臭呢，才发现他屙了一裤子。

说实话，我真没想到活到现在。杨贵书记曾说："哎呀，你真是死里逃生呀。"我说："怕死不当共产党员。"群众吃水远的要去三十多里外挑水，最近的两里。现在家门口有水吃了，少受了多少罪。当时全县群众就是"宁愿苦干，不愿苦熬"。我们坚持要修，完全彻底为人民服务。我是不怕死，坚决要干。

空中的飞虎神鹰

石板岩有一个人叫王天生，经常上山采药。他家穷，上山采药卖掉才能过生活。人们都问他，放完炮以后，能不能把山上将要松动的石头给鼓捣下来。他说："我就是个老百姓啊，没干过这事。"有人把他请到南谷洞水库，让我也一起去了，领导都在那里。然后他说他能教我怎么干这项工作。就这样教了一天。放炮后把山上松动的石头都敲掉，下面才能施工。一拨三个人，一个人放炮，一个人敲石头，另一个人在下面看着，一次一共有七拨人。

有人问："你修了几年渠？"红旗渠修了几年，我就在工地上几年。除险时在那空中荡来荡去，谁想到活到现在。我活到八十多了，坚持，才活过来。群众种地，原来一亩地打三十斤五十斤粮食，修完渠以后，打到八百斤、一千斤，就有粮食吃了。过去林县连（公）路都没有，只有小道，现在都是柏油路；房子以前是草房，现在是楼房。这要不是共产党，哪有这个幸福呀。

我真没想到能活到现在。不管怎样，我活过来了，把渠修成了，群众得到幸福了。这就是说，通过"自力更生、艰苦创业、团结协作、无私奉献"，我们实现了目标。没有这个艰苦过程，就没有这个现在的幸福，就没有今天。

去江西巡回展览，我在台上跟下面的人讲，然后下面的人就说："这就不是人，是在空中飞的。"讲完课就让我站在车上，带着我转了一个圈。红旗渠劳模有好几百人，劳模们（现在）都在八九十岁以上。

再难也要支持修渠

说起后方是怎样支援前线的，很简单，那时都是生产队，家里面种点菜，赶紧往渠上送，生产队打点粮，赶紧送到渠上，支持我们，都是这样。

家里边有几口人，能到渠上干活去的，就都去。不能干活，就种种地，弄点粮食。那时候天不下雨，也打不来粮食，就采点野菜，就是这样艰苦。

当然也有不愿意的。去修渠很艰苦，我不去，你不去，叫谁去？你吃水不吃？要吃水，吃水谁给你修（渠）啊？河顺有个姓魏的大队支书到渠上后，生了病，不能吃饭，估计是癌症。每天在渠上劳动，都发现了他不太正常。大家说："老魏，你回去吧。""我不回去。"群众说："你不能吃饭，咋办？""我还能铲一些土，搬一块石头，我要搬，我回去我就来不了了，我就搬一块石头也行。"最后，一块石头也都搬不动了，坐到地上起都起不来了。群众都反映魏书记已经不行了，得叫他回去，但他不回去。后来跟杨贵一说，杨贵命令他回去。他不回去不行了，被送了回去。他就是河顺公社魏家庄的，群众硬把他送回去了。他有个小女儿，才23岁。他就说："你赶快往渠上走，你去修渠。"他女儿说："我在家照顾你两天。"他说："你不用照顾我，你赶快走。"他一直嚷她让她走，她就往渠上走了。一个月后，由于施工罐车发生故障，小女儿牺牲了。两三个月后，他也死去了。还有两个，也都是在渠上硬坚持，也没有坚持下来，死了。死的中有两个女的，一个20岁，一个19岁，这两个刚结婚，头一年十二月才结了婚，第二年二月份就牺牲了。到那一看，谁不哭啊，可怜哩。都是为了群众修渠牺牲了的。（修红旗渠）一共死的是81个，就像城关公社死的那9个人，一块儿牺牲了的。上面石头塌方，他们正在那干活，都牺牲了。

死的那些人，有的是党员，有的是团员。那也没办法，都是为革命，都是好同志啊。我跟法院院长两个人，不管牺牲的是谁，都得到场。因为我不识字，法院院长他识字，他管记，我管问。得弄清楚，叫啥，多大了，结婚了没有，有小孩没有，父母多大了，他是哪个公社，哪个村。该照顾就照顾，该救济就救济，该怎么办就怎么办，都得安置好家人。登记清以后，就把人运回去埋了。那时候，可真是怕出问题啊，一出问题就愁得没有办法，那安全看得可紧。除险、放炮，不敢出问题。我修了十年渠，一直当除险队队长、爆破队队长，没有从我手里牺牲过人。因为啥呢？我看他们看得紧。只要叫他们去哪，我就看着他们。你到哪？你怎样除险？你往外荡的时候怎样荡？可不敢乱荡。你要听我说，按规矩走，叫你咋整，你就怎么整，可不敢不听话。都是这样。从我安排除险队这个队，前后有20多个人。那时候都说，可别看他整天去除险，不用几天，走着去平着回来，不信你就看看。修成渠以后点名，杨贵也说，你点点名，看看这个除险队牺牲了哪几个。然后一点名，点谁都要说一个"有"，就举个手。我给他一宣布，他是哪一年哪一月几号参加的，（修渠）多长时间，看看有他没有。都说有。这么多年，从没有在我手里牺牲一人，一个都没有。在万人大会上，都拍手叫好。

当时也没啥吃啊，上工，吃着一点野菜，用筷子夹，夹多了再放回去。

那时候是真苦。有的女社员，20多岁，穿的那衣服，有黑的，有白的，衣服破了，在路上拾这么一块布，黑夜就赶紧回来补上补丁，不补就露皮了。穿的那鞋，补的也是三四层。生活困难得很。红旗渠修了十年，艰苦了十年。就这样，硬是这样艰苦下来，受苦受难，才把渠水引过来了。

修渠原来说是80天，乐观估计一个月就修成了，后来修了十年。杨贵说："一个月你们能修成，我请你们喝酒。"都说保证能喝上杨书记的酒。后来，杨贵说："一年，你们能修成，我请你们喝酒。"那就是说了一句话。去哪能修（成）？都是那悬崖绝壁。山上石英岩坚硬得很，打这么深的炮眼，都得三四个钟头。一个钟头，才打五分深。人家都不是不想出力，石头太坚硬，不怨人家。主要是石头太坚硬，导致工作太艰苦了，加上工具不管用，任谁也完不成任务，着急啊。怎么办？那时候，都是你一班，我一班，到十二点完工。到天黑，都要拿尺子量，谁没完成任务，谁超过了，非常清楚。完成任务的就打着锣，扛着红旗，端着铁盆，上面搁着火鞭①，咣咣咣，庆祝一番。没有完成的，都说不要学我，我偷懒，我没有完成任务，不要学我，我以后一定要好好干，要出力，噔噔噔，鼓励一番。进行红旗竞赛②，胜利者扛红旗，放火鞭。你背着红旗到你那工地，搁那一插，完成任务了，你的人都高兴，都笑

①火鞭：林州方言，指爆仗、鞭炮。

②红旗竞赛：总指挥部做了三面红旗，每十天开展一次评比，以比质量、比安全、比速度、比干劲、比巧干为条件展开竞赛，全工地形成了你追我赶的施工热潮。

了。我的人没完成任务，有的都哭哩。都是这样，谁也不想落后，就想争取下一次把红旗夺回来。（这就是）红旗竞赛。那个时候的工作就是这样紧张。

个人荣辱不值一提

1965年，总干渠竣工通水典礼时，我被评为红旗渠建设模范，1966年，三条干渠修好后，我是特等模范。劳动模范评选是这样，评三次一等才（被）评为特等。

当时让人去工地上，我一举手就去修渠了。都是我亲自干的，虽说经常受伤。我腿有伤，牙都（被）砸掉了。那一次，在虎口崖除险，当快要扑进凹檐里的时候，不巧凹檐顶掉下一块石头，砸在我嘴上。三颗牙齿横在嘴里，疼得很啊，鲜血顺着嘴角流下来。没办法，只能先取掉牙齿，忍着（疼）也要坚持到完成任务（再）从崖崭下来。

我负责的工地没有牺牲一个人。为啥？重活、危险活我都不让他们去，都是我亲自去的。光这个放炮，有人一看是哑巴炮，要去看。我说："你不能去。"他说："我去吧！"我说："不能去，要是崩死了算谁的？"我就去了。因为我自己一直整着这个事呢，我知道哪些该整就整，就这样我都处理了。让年轻人去，他不知道整，一整崩死了，怎么交代呢？别说向领导交代了，都没法向他家人交代。

特等劳模是没多少的，群众有评论，党组织也有定论。真正的特等劳模，你干了什么活，都经得起群众和实际的考验。但有些你是看不到的。就像杨贵吧，群众干，他也干。群众扛石头，肩膀都磨破流血了，他也是扛着石头，肩膀磨破流血。脚磨了好大的血泡，不能走，拄个拐棍。领导比群众更冲在前面。

在修渠工作中，我们把质量看得比什么都重。有专门检查的，第一检查原料，每天砌石头用的原料都有一定数量，没有用完就说明偷工减量了；第二是人工检查，拿着棍在砌好的石头上敲，空心的跟实心的声音不一样。

我不是专门做检查的，我还有其他任务，要管其他的事情。我从哪儿过，我就检查一下，如果检查到有偷工减料的，他自己就说写检查，重新做并且不加工分。

当时修渠条件确实挺苦的，劳动都完不成别说唱戏休息了。最多县委那边派宣传队下来，有说快板的，说相声的，说顺口溜的。你边劳动，他们边说快板、说顺口溜，表扬完成任务的好同志。

说相声、说快板

红旗渠的工地上，大家抢着干脏活、累活、险活。干部、党团员与群众争着干；牺牲休息时间偷着干；民工有病或受伤，隐瞒伤病坚持干。这种积极主动性，三天三夜也说不完。

李先念赠的呢子大衣

1974年早春，李先念来到红旗渠。天气很冷，他穿着呢子大衣。他说："羊成，冷吧？"我说："不冷。"他说："不冷你直打寒战，快穿上我的大衣。"我说："我咋能穿你的大衣呢？"他说："我走的时候再给我。"他把衣服给我，我穿上他的大衣，一直到我脚脖这里。别人说："羊成，你穿着总理的大衣。"我说："总理让我穿的。"李总理走的时候，我给他大衣，他说："你穿吧，我还有。"我说："你是总理呢，我咋能穿？我是群众，咋能穿你的大衣，快给你！"但是他就上车走了。

李先念还问："能不能修个路？"我说："能，到渠头上，修成台阶。"他说："行不行？"我说："行。"他说："从这里到渠首有多远呢？"我说："600多米呢。"我们找了20个人来修。整天抬石头，累得受不了。叫我到那里带队，别人说："这么冷咱们走吧。"我说："想办法克服它。天热就能，天冷就不能？"就这样，修了七天七夜，这条路修了666个台阶。

李先念来林县问的都是实际的，都是实实在在的。红旗渠从这里过去，这里有问题没有？红旗渠有多深？这一片有几十米，到哪里啦？如果有问题他就督促赶快维修，没问题他就走了。

任羊成

要实实在在地学习红旗渠精神①

我常说现在有的青年不知足。我常说，你在哪儿，在什么地方，都得实实在在的。你如何给群众干事？如何与群众同甘共苦？你没有实际经验，没有实际做，就不算一个好青年。有的人明明没有修过渠，也说修过渠。群众对他很有意见，说你在哪修的？七八十岁的群众，一揭发，就让他开不了口了。现在的青年要实实在在地工作，这才行啊。我给他们开会，介绍红旗渠精神时，就说真正的共产党员、真正的团员，就是说实话、办实事，不要欺骗群众，不要欺骗党。你在哪做的事情，群众都知道。你说你做了，叫群众考验你，真正把问题摆出来。我在那除险，搁那空中，荡开，很危险啊，这就是实干啊。我在绳上吊着，苦不苦？别人老茧长在手上脚上，我的老茧长在腰上肚皮上。粗绳在腰上磨了血泡，血泡磨成老茧。这才是真正的共产党员，真正为人民服务。前两天也来了几个青年客人，我要求他们，不要贪多，你只要实实在在把一件事给群众办好了，就是好同志。千万不要骗群众，也不要骗党。你实实在在，你好好学习，办实事，就是好同志。他说："对，我敢跟你写保证。"我说："你不要给我保证，我八十多了，我还能活几年？你就是为群众为党要办实事，当一个好同志。"

红旗渠精神刚开始没有宣传出去，没有实实在在地向群众交代。红旗渠对党，对人民有利没有？你说有利。一天放多少方水，如何放水，浇了多少地，打

① 红旗渠精神是党中央批准的中央宣传部梳理的第一批纳入中国共产党人精神谱系的伟大精神之一。

红旗渠精神内涵的概括要追溯到1985年时任林县县委书记的杜魁兴，他在1987年春的县委三级干部会议上大胆地赞扬了红旗渠。到了1989年，时任林县县委书记赵玉贤，同县委县政府领导一起讨论林县发展大计，认为一个地方要想有所作为，就得有一种精神来支持和鼓舞，将红旗渠精神精辟地概括为"自力更生、艰苦创业、团结协作、无私奉献"四句话。1990年，林县县委、县政府作出《关于宣传、继承和发扬红旗渠精神的决定》，这一决定先后得到中共安阳市委、市政府，中共河南省委、省政府，党中央、国务院领导同志的充分肯定。

了多少粮食，都要记载（好）。要把这些实实在在地摆到群众面前，如果有一点差错，那就不行。要是想学红旗渠精神，就要实实在在的。不管干什么工作，都要经得起党员、干部、群众的考验，经不起考验就不行。

（整理人：王安功）

张买江：接替父亲去修渠

采访时间： 2020 年 9 月 2 日
采访地点： 红旗渠干部学院
采访对象： 张买江

人物简介：

　　张买江，1949 年 7 月生，林州市桂林镇南山村人。中共党员。红旗渠建设特等模范。其父张运仁在修建红旗渠时牺牲，年仅 13 岁的张买江接替父亲，奔赴红旗渠工地，是工地上最小的建设者，人称红旗渠工地"小老虎"。

缺水的苦

　　1954年，杨贵老书记来了之后，一心想解决林县吃水的问题，所以先修了三大水库。但三大水库修成之后，干旱严重，那一年还是没水。以前林县缺水，全是靠老天爷下雨落到房顶然后流下来，所以，全村子里吃水完全是靠房顶上流下来的水。房顶盖得也必须有特点，就是房子上的水必须流到院子里，这样便于存起来。

　　杨贵老书记没有来的时候，林县人吃的那个水，到现在来说就不能吃。

　　我们家就有一个非常生动的例子。那时候到秋后没活儿啦，就去外边打短工。那一天早起，我大爷①和我父亲要往外面走，我奶奶发现缸里面没有水。前两天刷锅的水倒在一个盆子里面，不舍得倒，要喂牲口，牲口也还没喝。奶奶就澄了澄，给他两个儿子煮了两碗面条，让他俩吃完就走。我说："奶奶你就不能去别家要点水来，然后咱挑回来水再还给他们？"奶奶说："那时候你爹和你大爷有这个技术，去外面找活儿。找活儿或者找不到活儿，还模棱两可，你带的人多了，就操心得很，就不敢叫任何人，也不敢去别人家要水。一要水，他们也要去，不吃饭也要去。"所以在这种情况下，用恶水②下了点面条吃，吃了就走。正是这个原因，后来修渠的时候我们

①大爷：河南方言，指大伯。

②恶水：林州方言，指不宜饮用的水。

66

张买江在讲述林县缺水的故事

家就比较积极。修弓上水库的时候，我父亲就在那。正是这种缺水的困境把我的父亲"逼"上了红旗渠工地。

父亲的遗志和伟大的母亲

我的父亲张运仁是修渠民工，担任过林县小店公社南山大队施工排排长，石匠活儿和铁匠活儿都出类拔萃。在1960年5月13日晚工作结束时，通知工友躲炮被飞石击中了头部，不幸牺牲。我大爷也在渠上，也知道这个事。

我弟兄两个，还有一个小妹妹。那天，大队派人去喊我们，说出事了。天还黑黑的，早上五点多钟就把我们喊起来了，拉着我们往坟上走。四月的时候，天还冷。到坟上之后，给我们弟兄都穿上白衣服，这就算是孝衣，鞋没覆盖白布，孝帽也没戴。当时我12岁，我只知道哭，没了父亲，就只哭，也没看棺材。

俺母亲是一个坚强的劳动妇女，她曾经告诉俺，当年父亲奔赴引漳入林工地时她说给父亲的一段话："咱村没有一眼活水井，天天去康街担水，一趟要跑十几里，不知受了多少罪！遇着旱年，眼睁睁瞧着庄稼旱死，又叫咱流过多少泪！如今党给咱起了修渠的意，要治好咱那缺水的病。你这回上山西，可要把漳河水带回来！"父亲牺牲了，漳河水还没有带回来。父亲牺牲后，家里面剩下我们几个小孩和母亲。取水的池塘离我家有10里地，有一次俺母亲去取水，人太多了，一下子把她挤倒在池塘里。结果大冷天俺母亲穿着一身湿棉衣，担着空桶就回来了，一进家就把我赶上了修渠的工地。

上渠前母亲对我说："孩子，你爹没把渠修到底，你就去替他完成吧，不把水引回来就别回家。"她擦干泪把当时只有13岁（虚岁）的我送到了修渠工地，告诉工地负责人："你们不让孩子留在工地干，我也不走了，俺娘俩留在工地一起干活。"从此，我就成了红旗渠工地年龄最小的建设者。虽然我个小，但志气大，听俺娘的话，决心实现父亲的遗志，一直到红旗渠修好我才回来。中间连半天假都没有请过。红旗渠通水那天，我去挑了俺村第一桶水，在场的人没有一个不哭的。俺母亲坐在池边，喊着我父亲的名字："运仁啊，你家大孩儿把水引过来了，你也可以放心了。"

通水第二天早晨，俺母亲拦住了来挑水的老百姓。她说我父亲牺牲在红旗渠上，儿子自13岁就去修渠，她对村里人的要求是，她要在这个池子里打第一桶水。当时俺母亲提着一小罐水就去了我父亲坟上，她把那水往我父亲坟上浇了浇，在那里哭得休克了。后来，我好几次想要把母亲接到县城居住，母亲都拒绝了。之后的20多年，母亲一天也没有离开过家门前的那个池塘。

工地上的"小老虎"

那时我才13岁，年龄也小，在工地，别人看我还是个孩子，经常照顾我做些轻活。一开始给我分配的任务是担水，供和水泥用。我胳膊受过伤，是上树摘柿子时跌伤的，没有好利索。工地连长知道以后，还要给我换个活儿。我听到以后就找到连长说，担水又不用胳膊，我的腿脚没毛病，我能行。连长拗不过我，只好依了我。于是我担上两只桶，来回五里地，一溜小跑。规定每人每天14担水，我从来没少过一担。母亲给我做的布鞋不到一个月就穿破了，脚底磨出了血泡。没有鞋就把废旧的汽车轮胎制成鞋穿在脚上，时间长了脚板磨出了又厚又硬的茧子。直到现在脚板上的老茧每隔几天要用剪刀或刮须刀割一次，不然就疼得走不成路。

民工们锻石头的时候，钻头磨损得可厉害，需要经常到铁匠铺里去修理，也就是捻钻。连长知道我人小跑得快，就让我帮大人背钢钎，把用秃的铁钻收集起来送到铁匠炉上磨尖钻头，再背到工地让大家使用。得背着从远处捻了回来，你的东西我给你放到跟前儿。那时候都是自备工具。每天要走七八十里，在各工地之间穿梭奔波。说到这，我就有点小俏皮，我想赶紧弄完，去其他地方，我就能去摘些柳絮或者抠些青树皮充充饥。那时候，那一根钻比自己的生命还重要，因为东西短少。

我在工地看护过炸药，还管开山爆破。背钢钎一段时间以后，我觉得放炮更有意思，就想去当炮手，可是又觉得连长不会让我去。我就找了个有经验的炮手，叫郭毛的学习技术。经过一段时间的学习，我慢慢摸住了放炮那劲，我就找到连长要求当炮手。连长听了一个劲摇头。他说我还是个毛孩子，放炮那是大人的事，不让我去。我就找郭毛帮腔。郭毛对连长说，这孩子行，心眼灵，腿脚快。最后连长答应了。放炮是危险活，一点也不能马虎。我腿勤，放炮没出过事。另外，我还学会了咋样节约炸药，用牛粪、人粪、煤、盐搭配炸药的方法，学会了放炮的各种标号标记，学会了做炮引子、控制放炮速度，学会了响炮时数炮、防哑炮的方法，慢慢成了民工中的技术骨干。

我在工地上整整干了9年，干渠修成后，又修支渠、斗渠、农渠，又平整土地，把小块地合并成大块地，还建水库。毛主席说，水利是农业的命脉。我们一个大队光水库就修了两个。老书记杨贵把它叫作"长藤结瓜"，就是修个水库，涝天把水存下，旱天再把水放出来浇地。当时做到了村村有水库、池塘。

退休后发挥余热

俺现在的生活，就算是到共产主义了。什么叫共产主义？俺的生活就是共产主义。当年俺村里都是草房，只有几家住的瓦房。现在呢，谁家里还没有一辆小汽车？现在的日子好了，但俺是个闲不住的人。可能是在红旗渠上养成的习惯，退休了觉得跟红旗渠的感情更深。红旗渠建成后，俺受组织安排，在安阳师范中文系学习，1976年到林县第一实验小学工作，直到2009年退休。但是俺是个闲不住的人，退休后，俺先后到林州市机关事务管理局和红旗渠干部学院负责设备维护和绿化工作，还成了红旗渠干部学院的"编外教师"。退休前后，俺先后参加了红旗渠精神全国巡回展等活动，时常为到林州学习红旗渠精神的大学生讲述红旗渠的故事，有时还受邀到外地授课。在红旗渠干部学院，俺与任羊成、李改云等红旗渠特等劳模经常为来自全国各地的学员授课，采取多种形式与学员们互动。不管在学校、机关还是红旗渠干部学院，俺最见不得水管跑冒滴漏。水龙头没有关

张买江弘扬红旗渠精神

好，俺①会上前关掉；见水管破了，俺也会及时修好。前几年林州搞修整红旗渠的项目。红旗渠四五十年没有大的修整了，有的水库漏得不行了，该修整了。林州叫"珍爱生命线，重修红旗渠"。在俺看来，那白白流走的都是修渠人的血汗。俺把工资捐出来一部分，支持修渠。俺想提醒大家，一定要珍惜水，珍惜现在的好时光。

①林县方言称"我"为"俺"或"咱"，在采访中，被采访人有时用"我"，有时用"俺"或"咱"，在口述录的整理过程中，有些人物所用的方言"俺"或"咱"被整理人改为了"我"，因此书中有"我""俺""咱"混用的情况。

后辈们的传承

没有渠时，割麦子，麦子只有一拃②高，（一亩）打几十斤，最多的时候，也就一百斤出头。红旗渠修好后，我当过公社里的团委委员，方圆几个大队，搞试验田，我都去看，亩产一千多斤，再上点化肥，高的能打一千二三百斤。可以说，没有红旗

②一拃：表示张开的大拇指和中指（或小指）两端间的距离。

渠就没有我们今天的幸福生活。我们那时候修渠，是"头可断，血可流""能叫当日苦，不叫辈辈苦"，这都是修渠时喊的口号。后来说的是"自力更生、艰苦创业、团结协作、无私奉献"，这就是红旗渠精神。

我最大的遗憾就是没上过学。当时修渠的时候，除了我之外，别的大队也有小孩子，但都比我大。1974年，省里点名，推荐我去上大学——开始推荐我去清华大学。到那待了5天就回来了，文化低，跟不上。回来以后，就让我到安阳上中专，上了两年。毕业了，教委分配我去小学教学。我不会教，就给学校采购东西，还有像盖校舍、买纸、印作业本，我都干。我好跑步，后来，就让别的体育老师教我怎么教体育。

红旗渠精神鼓舞着林州人。家里头有个小孩儿不好好学习了，或者是考不上大学，大人都会说你都不会学学红旗渠精神，有了这个毅力，朝死里学，（定能）考上大学。在红旗渠精神的鼓舞下、指导下，啥困难都不是困难，都能解决。

如今，林州市发生了翻天覆地的变化，越来越多的人走进红旗渠（景区），向往红旗渠，我也乐意和大家分享红旗渠的故事。最令我欣慰的还是儿子张学义主动接班，继续守护着红旗渠。儿子1998年参加工作，被安排到青年洞景区管理处，一干就是10年。2008年，他调到合涧渠管所。我一直叮嘱孩子："前辈们用生命修好的渠，你必须看好渠、护好渠、管好渠，为老百姓办实事。"

在我看来，红旗渠是一条幸福渠。这几年林州市发展很快，许多游客都说红旗渠的故乡就是不一样，我听了心里格外自豪。如今，我经常对外宣讲红旗渠的故事，宣传红旗渠精神，用我的亲身经历和真实感受表达对家乡的热爱和对未来的希望。

（整理人：赵梦宸）

李改云：
「刘胡兰突击队」队长

采访时间： 2020 年 9 月 2 日
采访地点： 林州市龙山街道王家庄村
采访对象： 李改云

人物简介：

　　李改云，1936 年 10 月生，林州市姚村镇井湾村人。中共党员。红旗渠建设特等模范。红旗渠动工后，李改云带领本村群众来到工地，井湾大队与另外三个大队的社员组成姚村公社第一营，李改云被推选为妇女营长。1960 年 2 月 18 日，她在工地救工友，被碎石击中。通过医治，她的生命保住了，右腿却终身残疾。

逃荒的痛苦经历

关于林县缺水的记忆，要从我6岁之后说起。在我的印象中，1942年以后，整个林县一切都变得那么艰难。那时候，水甚至比命还金贵。老天一年不下雨，浇不上地，即使浇上地了，庄稼也长不出来穗，长出来的还没长大就被蚂蚱吃了，蚂蚱把庄稼吃得一点都没了。长时间的缺水使林县生存环境持续恶化，地里的庄稼长不好，家里一点粮食都没有。地里的野菜、树上的树叶都吃。现在你问我哪个好吃、哪个不好吃我都知道。那时候越是缺水缺粮，国民党越是成天催粮食催款，用这种方式压制着穷人过穷日子。没有粮食就要打你，用皮带，那么粗的皮带打。我跟我弟弟还小的时候，有一次他们来家收粮食，没有找到大人，看到我们在屋里睡觉。那时候我们又瘦又小，他们拽着胳膊就把我们扔到地上了。我们就赶紧往床底躲，等他们走了，才敢出来。当时逃荒的人都是晚上偷跑的，害怕被村上逮着不让走，又得回去遭受国民党的迫害。当时林县没水，也没粮食，但国民党成天催款催粮，穷人一天日子都没法过，只能往外逃荒了。

逃荒的时候我才六七岁。当走到一条不知名的山路、很窄的小路时，实在是饿得走不动路了，腿软得实在走不动了。我母亲拉着我一直走，我父亲用担子担着我弟弟。当时逃荒的人特别多，其中就有许多跟我差不多大的六七岁的小姑娘，还有许多好像还是刚刚学会走路的小孩子，都快饿死了，躺着不动，眼可以睁开，但就是说不上话。看到这个，我就在想，我估计也撑不到什么时候了。果然没有走多远，我的两条腿都不听使唤，就摔倒了。母亲一直叫我起来，我实在走不动了，就说："不走了，你们走吧。"我母亲看着我哭起来。可她还是走了。那会儿就真的是在等着死。后来，我碰到了一个姐姐，也是林县的，我就跟她们一起了。一路上要饭为生。穷人没饭给你，地主有粮食，想让他们给我们点，他们不但不给，还放狗咬我们。我们就这样逃到山西静乐县，见着了家人。

虽然到了山西，但是还是没啥吃的。当时（父母）借了人家5升粮食，就把我给了人家了，相当于把我卖给别人家当童养媳，那会儿我才六七岁。当时无论怎么我都不去，宁可饿死我也不去。比我小两三岁的弟弟也拉着我不让我走，当时姐弟两个痛哭了一顿。我母亲看着，没办法了，就说："你去吧，去了人家能讨个活命，到了好年景再把你领回来。"被带去人家的时候，也不认路，都是生人，山上都是石头。我被人拽着走，就开始记路，沿路我都靠石头记路。到那边以后，还有一个姑娘，她是长治的，比我大几岁。刚开始我一直哭，哭个不停。那个姑娘就说："你别哭了，再哭人家都要来打你了。"她一直说，我还一直哭。再后来没办法了，她说："你别哭了，等咱长大了我领着你跑。"她一个"跑"字反倒提醒了我。她问我是哪的，我说林县的。她又问林县离哪近，我说不知道。她说等可以的时候领着我一起跑，先跑到她家住下来再送回我家。当时我就在心里想啊，我可不能等着跟你一起跑。等了两三天，其间一直有人看着我。等到一天清早，趁着家里人都还没起来的时候，我先起来，发现那家也不是什么有钱人，只是在山西有粮食吃，门也不是什么大扫地门①，就是一扇很普通的门，于是我偷偷地把门错了个小缝

①扫地门：指没有门槛的门。

就跑出来了。

靠着对来时一路上石头形状、位置的回忆，我找到了回家的路。我回去刚推门进去，正在吹火的母亲一眼就看到了我。我就叫了一声娘。我母亲把手里的柴都扔了，就来抱我。她哭我也哭。我母亲说："我的孩儿啊，你怎么回来了！我的孩儿，你总算回来了！"我给母亲说我是偷跑回来的。我父亲在屋里，问我怎么回来的，我说没人看我，我就偷跑回来了。我父亲说："那人家一会儿就来找你了。"话还没说完，人家就过来了。人家找到我家后，我父亲也没有办法。本来我想去藏起来，但是在母亲的劝阻下作罢。我父亲看到人走进来，看到他穿的衣服不是很好，穿的羊皮袄，一块一块缝的，我父亲赶紧拿着衣服就给对面的人说："老哥，你穿我这新棉袄，比你身上的暖和。"来的那个人说："这件衣服真好，真的给我穿吗？"我娘连忙说："赶紧把衣服给他吧，等到了好年景再用粗布做一件。"这么一来，等于就是用一件新棉袄又把我换回来了。

引漳入林工程上马了

为了解决林县缺水的问题，县里后来建成了三大水库，弓上水库、要街水库、南谷洞水库。比较早修的有抗日渠、英雄渠。县村级干部都积极想办法修建水库，老天爷下雨了都储存起来，等天干的时候用。我们在村里修的水库现在还有呢。村里修的是那种大池子，平常蓄水。1957年的时候，大旱来了，池子干了，渠里也没水了，到处都是干的，地都崩裂了。乡里哪儿都寻不着水，只能去5里地或者10里地外取水。那时我们县领导班子很团结，县里组织了三个调查组去山西壶关、陵川、平顺调查水源。县里领导说去外县找水肯定很困难，

▲ 英雄渠

但是不去外县找水就全县没水，没办法儿。后来就找到了山西平顺县，也就是红旗渠的水源浊漳河，从这以后开始修渠。不按原来的老规矩，而是重新安排林县河山。在红旗渠工程动工的前一年冬天，我是大队妇女队长，到县里参加培训，听过杨书记做的报告。他说，咱们林县哪里都缺水，那么多年，修了那么多水库，也没有解决问题，准备搞引漳入林工程，把这个漳河水引到林县，以后林县就不会缺水了。

当时听了杨书记对引漳入林工程的远景规划，我们就觉得好。当时有人编了个顺口溜：

清水高山流，

鱼在水里游。

走的林荫路，

两旁赛花楼。

林荫路就是现在的市委那边的景象，路两旁都是梧桐树。可以说，这个顺口溜形象地表现出了当时人们对引漳入林工程的憧憬。

修渠工地上吃不饱饭是常事

我娘家是姚村公社李家岗的，到修渠工地时我24岁，成家了，没有孩子。我丈夫去部队当兵走的时候，我还不到20岁，就一直当大队干部。

老支书人很好，他知道这次工程大，本来是让别人去的，后来我给支书说三大水库都没让我去，这次我要参加修渠。书记考虑到村里平常的工作需要我，不想让我去。但我说我想去，而且全家人都支持我去。当时书记说修渠的活可重了，但是我说这次修渠我一定要参加。支书就同意我带个人去，这就又派了一个副支书。当时我想，副支书毕竟是男人，年龄也大一些，到工地上了，有什么事帮着把把关也可以，就这样我们两个一起去了。

我们第一批去的修渠人，青年和党团员比较多。当时是正月十五，天还没亮就走了，身上带的就是当时修渠之前村里给分的那些口粮，还是原粮①，一加工就不够了。修渠的时候饭根本不够，吃饭的时候男女一样多，一人就是一马勺，那么大的碗就是一勺。后来司务长说有人提意见说饭有的稀有的稠。那时候只有萝卜缨、红薯叶、野菜，把这些东西剁一剁熬成

①原粮：未经加工带有皮壳的粮食。

粥，有的菜搅不开，所以就有的人菜多，有的人菜少。菜少的就会显得比较稀，有人就会有意见，说这饭不顶饥。我这个人爱管闲事，司务长有事爱和我商量。他对我说："这可怎么办？咱真不是有意给谁多一点，给谁少一点，大锅做的饭只能这么舀。"后来我给他们想了一个办法，用一个木板在勺子上抹一下，每人一平勺，以后就没人再提意见了。要是最后还能剩点饭，就尽量给男同志加点。反正生活上真是困难。我在工地上，吃的都是玉米糁掺点菜，主要靠吃菜填饱肚子。原来说的是一人修一米，二月开始修，到"五一"通水。我到渠上了，叫咋干就咋干。咱到那，看到这任务这么大，心里就犯嘀咕："这会不会完成啊？"

当时修渠正赶上三年困难时期，国家粮食紧缺，没有吃的，我们就挖野菜，捞河草，摘杨树叶、榆树叶还有榆钱儿，都能吃。山上长的杨桃叶，在地上踏踏，一洗一淘，用刀切开，往锅里一扔，（煮煮）就可以吃了。放的盐很少。我当时忙得都顾不上吃饭，也感觉不到饿。有次我上渠的时候带了六个红薯面馍，这是两天的干粮，都没有吃完，后来还剩了一个（红薯面馍）。那时候年轻，这么大的馍咋不会吃了？也能吃完，但顾不上。姚村公社分指挥部指挥长郭书记说："姑娘，吃了饭没？"我说："吃了。"那时候年龄小，他就叫我姑

工地上的人挖野菜充饥

79

娘。他正在做红萝卜条的汤，让我们喝。当时很饿，我一下喝了四五碗，感觉可香了。我问建祥（音）喝饱了没，他说没喝饱。我说不能再喝了，再喝把人家锅喝干了。郭书记知道我小，对我可不赖，后来我就算饿着，也不开口了。

与男同志竞赛的"刘胡兰突击队"

到达工地的第一天，天黑了。营里选干部，我原来当妇女队长，忙得很，就怕领导相中我让我当。结果还是让我当了。过去的领导就是领着往上上，别人才会跟着你。我就远远地坐着个小凳子，一会儿选的时候恰好选中我。我就问郭书记："你找干部咋不找有文化的？我又不会说，什么也不会。"他说："主要是勤快，红旗渠要是说就成，咱坐一块说就说成了。"后来就选了四个妇女营长，北杨一个，西丰一个，坟头一个，井湾这边是我。我还得管营里的事情，还得安排连里的工作，这就事情多了。一个公社分好几个营，实行军事化管理，我们是第一营。作为妇女营长，我在工地上的主要工作跟大家一样都是干活，由于实行军事化管理，有团、营、连，所以我还是我们连的连长。第二天就开始组织工作。当时修渠是真的可难，任务都完不成，于是我就在工地上组织第一支女子修渠突击队——"刘胡兰突击队"，并任突击队队长。"刘胡兰突击队"每天要和男人们进行劳动比赛，看一看每天谁的进度快，一个月内谁扛的小红旗多。后来"刘胡兰突击队"还受到了新乡地区的奖励。当时国家穷，就奖励了一个奖状。

那时候"刘胡兰突击队"主要的工作是开石方，就在石块上抢锤打钎。我们那是土石方，土里包着石头。北杨村的任务更难，全部是石头，全都得系着（绳子）从山上下来，你可以想象修渠是多么危险的一件事。刚开始，修渠的大都是未婚的，没有带小孩。后来又去

李改云的特等模范奖状

一波，有带小孩的。等到孩子两三岁了，就把孩子扔在家里头。哺乳期的妇女是不让上工地的。在这么难的情况下，当时也没有害怕，去的时候只想着把水引过来，再大的危险没想着可怕，只是自己鼓励自己往上上了。作为党员，再困难你也得上，顾不上考虑，要有"明知山有虎，偏向虎山行"的英雄气概。

修渠的时候，都想提高工作效率，看谁出的土多。白天干，晚上汇报出土量。我们就听别人的出土量，谁出土多，我们就会问他们用的什么方法，然后学习他们的方法去提高工效。

修渠工地上舍己救人

我当时除了带领"刘胡兰突击队"完成当天的挖渠任务之外，还要负责本村的修渠工作安排，更重要的是负责好这200多号劳动力的人身安全。那时候总指挥部针对近期发生的几起安全事故，（要求）每个连（村）必须要有一名领导，每天负责安全检查。这项任务，就落到了我头上。我每天利用干活休息时间，手里拿着简易喇叭，到每个

①掏空：指掏空作业。从山根往里面劈土石。

②癔症：林州方言，吓呆、吓傻的意思。

工作面上去检查一遍，危险地段还要亲自指挥。

有一次中午十一点半左右我去检查工作，我是从东面过去的。我那天走到那，大家正好在那掏空①。我就没吭声，我只要一说话，人都想停下听听，就当休息了。我到那就没敢吭声。我瞧了瞧，也还早，（就想）我也在这挖一会儿吧。我就在边上挖了一会儿。我瞅到上头那一直在掉石头。刚开始我也没当回事，后来掉的石头大大小小的都滚到脚跟前了，这时我就当回事了。我仰脸一瞧，上头都裂了缝了，我就赶紧呼叫。我说："赶紧赶紧，上头已经快塌了！"人都把工具往地上一扔就跑，有的往西跑，有的往东跑，互相两边就跑开了。正好中间有个小姑娘，她就不动。我就在东边，我一瞧这姑娘，当时她就癔症②了。当时哪还顾得上想啊，我就往她那跑。我手里还拿着工具，也不知道什么时候扔的，就光顾着跑着推她了。结果我给她推出来了，我正好站在那一批跌下来的土石的中间，（把她）推出去以后土石正好下来了，连土带石头，连着我一起滚到沟底了。当时沟底可没垫过，可有好几丈高。

我是露了头顶和脊梁，黑点就是头发，从腰以下就全部被土埋着了。当时我也是沾着那土的光了，要不那石头砸下来可不知道会怎样，那可能一下就把我砸死了。后来，我就一直昏迷着。刨开土以后，大家把我的左腿抽出来，当时就是棉裤烂了。后来大家又刨我的右腿，我的右腿被轧着，断成好几截，只拉出来上半截，下半截拉不出来了。下头在挖，上头在拉。当时我们那个青年支书，他当过兵，赶紧把我的

82

腿给捆住，防止大出血。后来就抬着我送到盘阳。眼前是黑洞洞的天，我就醒过来了。当时我就听医生说："就没见过这么严重的伤。"那里是县里准备的临时医院。后来没办法，都说可能要截肢了。

我当时听到了，但我都不觉得是我。因为我全身都没知觉，只觉得上不来气，本来感觉动动会好点，但哪都动不了。医生说截肢比较好。我一开始没有知觉也没有意识，后来我喘不上来气，不舒服，我就想可能就不行了。4月18日，省委派直升飞机来林县，接我到郑州进行治疗。在上级的关怀下，我的命保住了。现在头上身上都是伤疤，因为当时条件差，也没缝针，主要是腿伤。

当时我受伤了以后，几个月都没跟我老头说，他那会还在北京当兵。咱县组织部和连队的连长、指导员打电话让他回来。他回来没先到郑州，先回县里组织部，然后回家来看了看我，就走了。当时在林县医院里，我就想着自己可能不行了，一边这样想又一边一直想着渠上的事情。渠上还留着好多人呢，我这管生产的不去不行。当时连上四个人送我，我说："你们回去吧，我要把渠修好，把水亲自带回去，带回咱林县去。"后来我越来越喘不上气，心想自己不行了。我就对他们说："我在信用社存了十块钱，取出来，把党费交了。"当时我就想，一个是把渠修好，把水带回去，一个就是把党费交了，最后我要是死了就把我埋在渠岸边。这就是我安置（自己）的三句话。有人说我命都顾不上了，还交党费，问我为什么。我说我是共产党员，我是从旧社会过来的，要不是共产党解放全中国，就没有我了，所以我什么时候都不会忘了共产党对我的大恩大德。我住院的时候有很多人去看望过我，很多厅局的领导都来看望我了。

我在医院住的时候就一直想着工地上的活。后来回来了，应该是在1961年。1962年的时候我拄着拐，当时县长去医院检查他的病，我看领导去了，就说要回去看看。他说不中。我说我一定要回去看看。没办法，就让去了。当时人民医院的书记和一个护士长陪着我去了。

渠上没有车，工地上就两个小车，当时新乡也没有几辆车。后来用小车带着我去了。到那以后，指挥长说："姑娘，回来了。"我说："嗯，回来了。"他说："吃完饭咱就上渠。"当时我挂着拐，走一步，棍就插到石头缝里，不能走，然后我就没去成。

　　自从发生事故以后，我这条右腿就留下腿伤了。现在天冷了，我就用卫生纸包着，过几天就要用塑料布包上。要没有修渠的话，没有红旗渠，就觉得疼得不值得，但是现在修成了红旗渠，一想到下一代不用再受逃荒、要饭这样的罪，别说一条腿，我就是拼上命也值得。

把红旗渠精神一代代传下去

　　现在的青年党员应该向当时的老党员学习。比如杨贵老书记，他当时和修渠的人都是吃住在一起。如果有外地的记者来找杨贵书记，他就把手里的石头放在地上，用手拍拍身上的泥土。他跟我们普通老百姓一样，都是分着饭吃。他有时候把分的东西就给病号吃了。（给）他喝的那个稀汤（他）也没有喝，也给病号喝了。杨贵书记长得很高。到晌午的时候，正做活的时候，他突然倒了。有个老人说，看我们的书记是饿的呀。后来旁边的人就把他身上揣的粮食，混了一点水给他喂了下去。就这样，喂了杨贵书记吃了东西后，他就缓过来了。当时有一个司务长，看他一直在这里干活，就给他舀了一碗米饭。杨贵书记知道这是私下里给他做的，所以他就问："这是都有呢，还是只给我的？"但谁也不敢吭声。后来他就自己端着，混到了大锅里，跟大家伙一起吃。杨贵书记还有一个优点就是敢想敢干。他是一个实干家，他只要认定的事情就一定要干成。当时我们在哪睡，他就在哪睡。反正都是一样的，也没有特殊的。你们要学习杨贵书记的优良品质。

现在的青年应当向当时的青年学习。青年洞[1]是红旗渠的重要一部分，那都是从悬崖上穿过去的。当时修青年洞的时候，总共有300名青年突击手，用了一年多的时间凿通了隧洞。那时候的青年根本吃不饱，有的青年人还奉献出了自己的生命，比如吴祖太，母亲生病，妻子去世他都顾不上，天天在工地上，最后也牺牲了。现在的生活好了，青年人都在奔小康，但是红旗渠精神还是不能忘记，一定要敢想敢干，不能怕吃苦，不能怕受累，要敢于奋斗。

我们靠着红旗渠过得很幸福。我现在过得就很幸福。我觉得更要回报组织，回报社会。我的生命与红旗渠紧紧连在一起。在职时和退休后，我经常到机关、厂矿、学校讲述当年修建红旗渠的故事，并教育人们要将"自力更生、艰苦创业、团结协作、无私奉献"的红旗渠精神一代一代传承下去，为建设美丽林州、幸福林州作贡献。

（整理人：赵梦宸）

[1] 青年洞总长616米，高5米，宽6.2米，位于豫、冀、晋三省交界处，修筑在太行山腰的峭壁之上，是红旗渠建设最艰巨的地段，也是红旗渠总干渠的咽喉工程之一。因参加凿洞的突击队是从全县民工中抽调出来的300名优秀青年，故取名叫"青年洞"。

▲
青年洞

郭秋英：『铁姑娘队』队长

采访时间： 2020 年 9 月 2 日

采访地点： 林州市桂园街道长春大道站前街

采访对象： 郭秋英

人物简介：

　　郭秋英，1950 年 9 月生，林州市陵阳镇水磨山村人。红旗渠支渠配套建设模范。在红旗渠支渠配套工程中，曾任红旗渠"铁姑娘队"队长，带领一帮女青年参加一干渠十二支渠的战斗，并跟着男同志学会抡锤、捣炮眼、放炮等技术。

把青春献给红旗渠

我老家在水磨山村，是姚村公社东南最偏远的一个小山村。我父亲在县里工作，家里姊妹七个，我是老大，要挣工分，没有工分就吃不饱肚子。我只上到五年级，后来我就不上学了，十三四岁就加入生产队劳动，（对）于农业和修水利自己都有体会。在工地比在生产队挣的工分高，主要工作是推小车、抡锤、放炮、打钎，这些活都干过。

红旗渠修总干渠的时候，我很小，还上小学，没赶上参加，三条干渠，也都没赶上参加。经常也听到（有）自己家里长辈到渠上去修渠。那个时候都是生产队轮流上工地干活，一拨人去那里劳动几个月，然后再换一拨人。到农忙的时候，少数人从渠上下来，来家里帮助收秋，收庄稼；农闲的时候，多数人集中力量到渠上搞会战。红旗渠三条干渠建成后，还要在全县修建很多支渠，来实现直接灌溉的目标。我当时一听要参加修红旗渠，高兴极了，立即报了名。

我是1968年参加了红旗渠第三期配套工程，主要参加的是十二支渠的配套工程。红旗渠的配套工程，这也是一个主要工程，这个工程也是非常艰巨的。1968年以后，全县开始红旗渠的配套工程建设。因为它要分布到全县每一个大队，每一个村庄都要受到益，这里面困难就很大了，有些（地方）是需要架桥、架渡槽，有些（地方）需要钻一个隧洞，有的是平地的，就修大水库，所以说当时（修）这个配套工程也是很艰巨的。

我参加配套工程时18岁。当时整个林县都沉浸在修渠的氛围中，在我们这代人的心中，环境再苦也要去修配套工程。红旗渠总干渠、二干渠的建设，引漳入林到了水磨山村，使期望变成指日可待的希望。所以那时候一听说我们村上需要挖一个隧洞①，有400多米长，就能把水引进我们村，就能解决吃水的问题。（当时）人们的心情没法形容。那个时候人的积极性很高，一说起这件事大家都是积极报名。因为我们知道，渠道凿通之后，我们大队的大部分土地都能得到灌溉了。所以这个配套工程就是哪个村庄受益，哪个生产大队出工。

我参加的工程要钻一个隧洞。我们一个大队，2000人，六个生产小队，去凿四五百米长的隧洞。不凿通这个隧洞，水就过不去。我当时就只有一个信念，我去引水，再苦再累也要把水引回来。我就成了大队从报名的男人、女人中选出来组成的突击队的成员了，开挖这个隧洞。

从太行山凿通这一隧洞很艰难。修渠所需的各类物资都运到了工地，有的群众把自家的石头、木材、灯泡、电线都献了出来，小推车、铁锤、铁锨等工具都由民工自备。生产队当时就是一个人（一天补助）四两粮食，并且当时林县大小生产队都有储备粮，修渠时县委就拿储备粮来补充到工地给群众。林县青菜很紧张，很少有新鲜蔬菜，最多就是萝卜、白菜。我们吃的是储备粮，仍是集体吃饭，不用从家里带粮食就能够吃饱，上夜班还能吃上加班饭。当时每一生产队的每一个人的任务（都）很艰巨，当天任务当天完成。祖祖辈辈多少年来，林县人民尝够了缺水的痛苦。为了饮水，不顾一切，献出生命，也要去打（通隧洞）。当时再苦，也没人说我不去修渠了，我完不

①这个隧洞就是"换新天"隧道。

成任务，我回去。修隧洞时，任务很紧，男女的任务一样。我们离村子不远，吃饭有伙房，统一安排。由于施工面小，人多难以展开，影响工程进度，所以领导决定把民工分成两班，每班干12小时，中午十二点交接班，三顿饭，昼夜不停工。到1968年8月，这个隧洞两个月就打通了。凿隧洞得打竖井，扩大工作面。那个时候有技术员来安排，绕着整个渠线来安排。

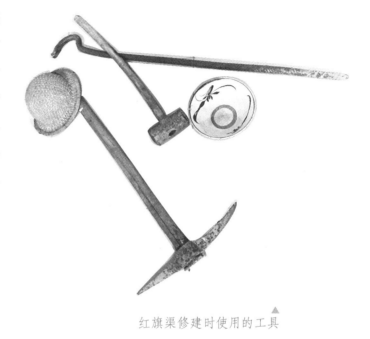

▲
红旗渠修建时使用的工具

▲
竖井示意图

与男同志竞赛的"铁姑娘队"

我和其他几个姑娘一起，同男同志共同开凿隧洞。工程开始时大队（干部）说，女同志别参加了，让咱们男同志参加吧。我们女同志说，不行，如果不让参加，（会）感到终生遗憾。我们都是积极报名参加。我们村六个小队，去了十六七个女的，抢锤、打钎。（刚开始我们）什么活也不会干。当时林县人盖房子、砌石墙，都是男同志干，女同志干这种活就少了些。我们去工地就是往外面运石头，用小推车推。一小车至少有400多斤。那时候也都是十八九岁，到了工地，人家就不当我们是小孩了，大家同时干。那时候任务很紧张，一年之后这个配套工程就结束了呢。男同志在那里挖洞，我们往外面运石头，一天一人往前多少米，按人头分，有专门的施工人员给你量，（看）你完成了没有。

之所以叫"铁姑娘队"，（是）因为刚到工地，和男同志一起干活。我们跟男同志一样干，在施工期间，男同志捣炮眼，也教我们，指挥我们。刚开始我们还不懂技术，特别是放炮，女同志会害怕，需要男同志干，但当时人员紧张，不能一直依靠男同志。女同志不想拖后腿，所以就利用休息时间，人家都在外面休息了，我们就把钢钎插到平地里，专门练习抢锤，慢慢就掌握了。其实也是有技巧的，比如捣炮眼、抢锤，要用巧劲，扶钢钎，你得要一直转，要不炮眼就成扁的了，炮眼不圆，炮的效果就不好。不小心就会伤到手，包扎一下伤口，咬咬牙接着练是常事儿。慢慢掌握技术后，女同志一个班，成立了突击队，负责一个工作面。放炮、打炮眼我们都干过。女同志毕竟没有男同志体力棒，但我们在施工过程中也不甘落后，每天的任务要想办法完成。

男同志到休息的时候就去休息了。放过炮的那个硝烟要排出去，才能进里面去施工。为了能够尽快出碴，不影响施工进度，我们女同志就尽力地想办法排烟。我们几个女同志排着队进里面，拿自己的上衣往外扇。主要是炮的浓烟如果不排出去，就会呛得你昏倒。后来我们就分成几班，不休息，轮流进洞，提高功效。这种土办法还真有效，硝烟散得快多了，工效大大提高，每天的任务也都会完成。后来，打竖井也是靠我们女同志打。后来竖井就是用辘轳把石碴子从竖井里面一筐一筐地绞上来。冬天我的手崩得都是裂口，抓着辘轳，刺疼刺疼的。手上到处都是血泡、老茧。那时候谁最能吃苦耐劳，谁就会受到大家的夸奖和尊重。

领导们看到我们也付出了，称我们真不愧是"铁姑娘队"。我当时是突击队的领导。（一些）女同志没怎么干过苦活，因为我的家庭环境（差），在家里一直推小车，经常干重活，我就当了队长。后来就被大家称呼为"铁姑娘队"队长，这是给我的鼓励。所以说，通过修渠，也锻炼了意志。林县的许多女同志都参与修建总干渠，我就只参与了配套工程，但还是很荣幸。当时我们苦了一点，累了一点，现在想起来都很值。

我们"铁姑娘队"和男民工们一道，大干、苦干了60天，钻通了400多米长的隧洞，它是红旗渠一干渠十二支渠最后一道坎儿。历时一年，红旗渠水自此流到了水磨山村。隧洞起名"换新天"，寓意深刻。

红旗渠精神永流传

配套工程一结束，就开了总结会，我被评为红旗渠支渠配套建设模范，调到红旗渠管理处。（在）管理处主要负责护渠，管理水源，在那里干了两三年，到1973年，我就调到团县委了，任团县委副书记。2002年我退休了，但我依然想尽我最大的努力让更多的人了解红旗渠，只要我活着，我就要宣传红旗渠精神。

红旗渠在全国和全世界是有名的，我一生之中能参与红旗渠这样的工程，也感到很荣幸。那时候遇到了很多困难，这些困难现在想起来，确实是锻炼了我，也增长了才干，关键是锻炼了意志。

红旗渠带给我们的变化，最直接的就是解决了人们的吃水问题。现在不仅是解决了人民吃水的问题，可以看到林县几十年的变化也跟红旗渠水分不开。首先是工业，工厂用的就是红旗渠水。红旗渠还锻炼了一部分人，通过修总干渠，培养和锻炼了林县的一大批民工，磨练了思想，锻炼了干部。在苦难的时候，领导能够担当，群众就能够打在前头。

过去修渠的精神，一直在传承着，所以林县人都是积极向上的。林县发展的几十年，也（可）看出来红旗渠精神起了很大作用。大多数老百姓对红旗渠都是爱护的。在我看来，红旗渠精神，具体讲就是无私奉献。这个内涵就很多了。年轻人就是（要）多一点奉献精神，错过一些（奉献）机会，会终生遗憾。我那时候就是想这个机会就不能错过，一定要参加修渠，一辈子也不后悔。

通过修建干渠和配套工程，改变了林县缺水的面貌。现在的人都有这个信念，红旗渠精神在永放光芒，红旗渠精神鼓舞着林州一代又一代人来发扬光大。在当时处于"一穷二白"的时代背景下，去干修渠这件事，红旗渠的精神就在这体现。红旗渠精神永不过时，要把红旗渠精神传下去。

（整理人：邢淑莲）

王春山：
我们做了一个非常伟大的工程

采访时间： 2018 年 7 月 12 日
采访地点： 林州市陵阳镇北陵阳村
采访对象： 王春山

人物简介：

　　王春山，1934 年 10 月生，林州市陵阳镇北陵阳村人。中共党员。红旗渠建设特等模范。1960 年积极响应县委的号召，主动投身于红旗渠修建，主要负责红旗渠工地上炊事工作，工作之余也积极参与工地劳动。红旗渠通水之后他一直在红旗渠管理处工作，直到退休。

在工地上当炊事员

相比之下，我参与修渠的时间算比较早的，我基本上亲眼见证了红旗渠的整个建设过程。咱林县修红旗渠不容易啊，苦得很，都是被逼出来的。咱这地方缺水可以说由来已久，以前缺水，那时候都不怎么洗手脸，也很少洗衣服，只有在重要的时候才舍得用水，而且用过的水都舍不得倒掉，都是留着用到别的地方。记得1959年林县遭遇大旱，本来林县就干旱缺水，无疑雪上加霜，全县所有河流几乎都断流了，整个林县受灾都非常严重。林县的水塘干得像旱地一样，蓄水池池底的污泥都裂成一块一块的，生活用水都成了头等难事。怎么办呢？

咱是普通老百姓，对当时的好多事情也不了解，很多事情也是后来听宣传报道才知道的。为了彻底解决林县缺水的困境，有人提出了引浊漳河水进入林县的建议。这个想法听起来是不错，但浊漳河流域大部分都在人家山西省，不知道人家让不让挖渠引水过来。要是人家答应让咱取水还好，如果不答应咱也没啥办法。听说当时山西的领导还和林县有一点渊源①，他对林县缺水的情况比较熟悉，能够体会到咱林县人缺水的苦，当时就同意了林县的取水要求。后来商定的取水点定在山西境内的侯壁断下面600米处，也就是红旗渠的渠首所在地，从山西境内的侯壁

①时任山西省委第一书记陶鲁笳在战争年代曾经担任中共太行区第五地委书记，这个委员会就设在林县。因此陶书记对林县缺水的情况十分了解，也非常重视。

断那边开始开凿水渠，把水引到咱林县来。

商定好之后，接着就要动手修建引水渠了。不过说起来容易，做起来难得很。从山西侯壁断到林县都被大山阻隔着，而且那时候不像现在有机械设备，只能靠人徒手一点一点地开凿、爆破、锻石、垒砌，那种工作难度和劳动强度可想而知。为了早日成功取水，县里召开动员会，号召人民群众积极参与引漳入林，记得当时的口号是"重新安排林县河山"。林县人被缺水害苦了，所以大家参与修渠的积极性是很高的。当时听到修渠的消息，我是二话没说就积极报名参加了。那时候大家想法差不多吧，谁也不想再过这种缺水的苦日子了。多少年一直缺水，生活过得太艰难了，如果能自己动手把水引过来，解决咱林县人吃水用水问题，自己感觉很光荣，咱们的子孙后代也不跟着再受苦了。

修渠那时候，一切都要服从指挥部的安排。指挥部下面又有公社成立的分指挥部，每个大队编成一个连，每个连负责一段工地。每个连内部也分工明确，打炮、锻石头、垒石头，各个工种都需要人手。当然，老话说得好，兵马未动，粮草先行，后勤保障也是很重要的，没饭吃的话，啥活也干不了。因为工地需要做饭的，刚到工地我被安排到我们连的炊事（班）上工作，主要负责为大家做饭，做我们一个大队的饭，大概有七八十个人吧。

不要以为做饭轻松。我每天都是早早地起床准备早饭。夏天的时候基本上是天刚蒙蒙亮的样子就起床准备早饭了，冬天的时候起床做饭的时候天还是黑的。起晚了可不行，如果不能按时准备好早饭，就会耽误工友们吃饭，也耽误了修渠工程进度，那麻烦可就大了，要受批评的。你想想啊，他们都是一早就去工地了，如果不及时吃点东西，哪有力气干活啊。

那时候早饭非常简单，每天基本上都是稀饭加杂面馍。因为供应的粮食有限，做的稀饭都是清汤寡水，稀得很，尤其是刚开始那会。

杂面馍都是几样东西混在一起的，什么玉米面啊、红薯面啊，有时候里面还有糠，也配上一些野菜什么的，也就是尽可能的能多一点东西吧。因为当时粮食太少，能多掺点东西就能让大家多吃一点。当然，那时候也有白面，只是数量特别少，我记得只有给民工改善生活的时候才用白面做点面条啥的。搁到现在白面条都不稀罕了，那时候大家难得吃上一回。

　　刚开始修渠那会儿正赶上三年困难时期，地里生产的粮食本来就少，很多地方都遭灾了，粮食供给非常非常困难。在那个时期，说实在的，能有这点吃的已经算不错的了。就这个实际情况，谁也没有办法。大家都吃不好，工友们几乎每天都会忍饥挨饿地去干活。那时候大家都一样，领导干部也没有谁搞特殊的，领导吃的和工人吃的都是一样的。吃饭的时候，弄个小米，大家都是分着吃的，盛饭用铁勺子，每个人几勺子都是定量的，不是想吃多少就吃多少。这个也没办法，就那么多吃的东西，如果给你分得多一点，别人就只能少一点。所以，一碗水端平，大家分量都一样，不分职位高低。我是负责炊事工作的，对这个情况比较了解。那时候大家都不容易，大家都遭罪了。

　　老话说得好，巧妇难为无米之炊。因为上面分配的粮食有限，我负责伙食工作也很为难，如果不控制量的话，那可能就吃了上顿没有下顿了，所以每顿饭做多大量都是计划好的。我也想让工友们多吃点，我也想过不少办法，挖过野菜、捞过水草。那个电视剧《红旗渠的故事》里面就说过这个事，什么树叶啊、树皮啊、野菜啊等等，只要是能吃的，都尽可能找来，比那个吃糠还（是）好下咽一点。就这也不是一直都有，数量也很有限。挖完野菜就去捋树叶，捋完树叶就去捞河草，反正能吃的东西都尽可能弄过来。尽管说可以增加点吃的东西，不过那些东西确实难吃，把肠胃都给吃坏了。

　　当年在炊事（班）上工作时，基本上是安排了上顿要想着下顿，要计划好剩下的口粮还能吃几天。这个都得提前想好,有情况得及时向连长报告,让连长想办法安排粮食。后来好一点了,县里帮助解决了一些口粮,比开始的时候能吃得多一点,但也不能保证都能吃饱,不过比刚开始修渠那时候好多了。后来我开始开荒种菜,从播种、施肥到收割等等,都是我自己想办法做,虽然辛苦点,但总比挖野菜、捋树叶子要好多了。这样就可以帮助工友们改善生活,吃得好一点,能使他们更有力气去修渠,也算咱为修红旗渠作贡献了。

不做饭的时候就主动上工地干点活

虽然做饭不轻松,但不是一整天都去忙做饭,做饭是看时间点做的。只要不做饭的时候,或者不需要我去安排饭的时候,我就会主动上工地干点活。只要在工地上,就没有啥闲人。不做饭的时候,总不能一直坐那干等着做下顿饭吧。你想想,人家都在工地上辛辛苦苦地忙,我咋能坐那闲着呢?也闲不住啊。那时候大家都一样,没有哪个人搞特殊,大家都是一起上工,一起下工,干一样的活,吃一样的苦。可以说修渠工地上的许多工作我都做过,只要是我能干得来的,啥活都得干。

修渠那时候我还是年轻小伙子呢,所以也不怕吃苦受累,什么累活重活都能干得动。因为我是做饭之余上工地干活,所以都是见缝插针,工作内容也不固定,都是哪里有需要就去哪儿,所以我比一般人干的工作种类都多。我在红旗渠工地上当过炮手,搬过石头,垒过石头,只要我力所能及的,我都尽可能去做,能帮的忙都帮,能干的活就下劲干,绝不会偷懒耍滑。

那时候施工和现在不一样。过去穷,工业技术也落后,修渠的时候根本没有啥现代化机械设备，都是徒手干的，而且用的工具基本上也都是自己从家里带来的。大家都是自己背着铁锹，背着钢钎，推着小推车到红旗渠工地上来。不过山上的石头还是太硬了，全是坚硬的花岗岩。我们从家里带的工具有时候也不好使，比如那个钢钎，自己从家带的钢钎硬度不够，钢钎竖在石头上面，几铁锤砸下去也只是留下几个白点，而且用不了多久钢钎头就钝了，耽误不少事。听说后来有人到部队上搞到了一批钢钎，那个质量比较好，帮了大忙。尽管有了坚硬的工具，那还是要一锤一锤地敲，一锹一锹地铲，费劲得很。记得那时候一天下来，大家手上磨得都是血泡，被锤子砸到、被石头碰伤都是司空见惯的事。可以说，凡是上过工地干活的，没有哪一个不受伤的。整个红旗渠都是这样徒手干出来的。刚开始每天都会见到各种各样的伤情。不过轻伤不下火线，有些不严重的就在工地上简单包扎处理一下就接着干活了。伤情比较重的就送到工地医院或者到县里医院治疗。伤员在伙食上会适当照顾下，但那时候也没啥有营养的东西，有点白面做的面条或者白面馍就不错了，就那都稀罕着呢。

去工地上工的时候大家都是统一安排，每个连负责一段修渠任务，各段都是同时开工，这样同时修节省时间，劳动力也可以都利用上。当然每段任务都是有时间安排的，每一段都修好了，整个渠就连起来了。如果你这边拖拖拉拉，进度缓慢，影响到整个修渠的进度，你可能就要挨批评了。所以，在渠上就得好好干活，就是饿着肚子也得干，不能随随便便坐下来休息。说实在的，那个时候为了修渠，大家都受苦了。过去人也能吃苦，搁到现在，真是不敢想。

那时候，工地日常管理非常严格，平时不能随便请假回家休息，请假时间上也都有严格要求，即使批准你请假，也不能请假时间太长，不让回来住的时间太长，怕影响工期。不过工地不严格管理也不行，如果大家想干啥就干啥，那不乱套了，估计红旗渠很难修成了。

没有规矩不成方圆，对领导干部和人民群众都一样，所以大家都能理解。

做饭也好，修渠也罢，虽然革命分工不同，大家的目标都是一致的，那就是早日把漳河水引过来，我们的生产生活用水就解决了。林县人被缺水害苦了，不改变缺水面貌不行了，我们的子孙后代不能再这样受苦了。所以，不管吃多少苦，受多少累，我都觉得很值得。红旗渠通水之后，我没有回去，而是选择继续留在红旗渠，做点力所能及的工作，直到前些年退休。回忆起当年修渠的岁月，看着如今林州人脸上幸福的笑容，一种幸福感、自豪感就油然而生。我们做了一个非常伟大的工程。

杨贵还来过俺家呢

说到杨贵书记，大家都比较熟悉。从山西引水来咱林县他可是大功臣，林县人都记得他的好。那时候杨贵还比较年轻，敢想敢干，很多人都佩服他。听说他为了修渠是下了很大决心的。那么艰苦的时候修红旗渠，没胆量真不敢拍板，出了事他有责任啊。你想想，这么大的工程，一点事情不出也不大可能啊！修红旗渠的过程中大小事故出的不算少，也因为事故原因，红旗渠工程中间还停过一段时间。特别是开始修总干渠那会儿又赶在三年国家困难时期，所以受到的阻力很大。听说那时候确实存在不同意见，打退堂鼓的人也不少，不过后来他还是顶着压力继续修渠。

那时候干群关系处得比较融洽。我觉得干部群众都一样，从县委书记杨贵到每个大队和生产小队的队长，都和群众一样，甚至干部的口粮补助标准比民工的还要低一些。那个时候没有哪个干部搞特殊化，也没有一个干部叫苦叫累。我印象当中，县委书记杨贵没有一点领导架子，穿着也非常朴素。他只要来到工地，都是和修渠群众同吃、同住、同劳动、同学习、同商量解决问题，没让人感觉到他是县里领导。可以说，杨贵书记给干部群众带了个好头。领导干部以身作则，对自己要求严格，对大家也都是个约束。人家领导干部都和咱们同甘共苦，咱们还有啥说的？而且人家还是为了咱林县人能吃上水。无论是干部还是群众，大家每天都很辛苦，住得不好，吃得不饱，但大家都一样，该干的活还得干，而且一点都不马虎。

杨贵书记和其他一些当领导的不仅搞管理，也直接动手参与修渠工作。杨贵书记忙完手里工作后也跟我们一个锅里吃饭，不存在给领导干部开小灶的情况。后来，杨贵书记还来过俺家呢！杨贵书记人很好，为了修渠真是遭罪了。很不容易啊！当时大家都很不容易！

幸福生活来之不易

现在生活比过去幸福得太多了，想吃啥都有，住的也都是好房子，村里面自来水都用上了，林县人再也不用担心没水吃了。尽管红旗渠还在用来灌溉农田，但（作用）不像过去那样了，现在都用高科技设备打井，吃水不用发愁了。红旗渠实际用途有点降低，但精神价值却不断提高。在那个艰苦的年代能搞出红旗渠，不简单。想当年是啥条件？吃不好，住不好。吃的都是杂面窝窝，住的都是野地里。基本上都是施工到哪里就临时住到哪里，都是住在野地里，什么河滩上、山崖边都住过。大家都是想方设法克服困难在那种地方住下。没办法的事，离家那么远，总不能每天都跑回家去住，那样来回几个小时，算下来哪还有干活的时间了？所以，大家只能临时凑合着住。加上白天修渠活重，累了一天，晚上入睡都很快，也不管在哪睡，都能很快睡着。

为了修渠，可以说咱林县人流血流汗不流泪，关键的时候都挺下来了，付出的代价不小，受的损失也不小。过去也没有什么补助，不像现在一样，政府给你补助多少钱。但没有人去计较这些，工地上的活该咋干还是咋干，无论是多重多累的活，没有谁偷奸耍滑，大家都憋着一股气呢，只要能把渠开通，把水引过来，造福子孙后代，无论付出多少，感觉一切都是值得的。

（整理人：麻陆东）

付黑旦：

吃得苦就是艰苦奋斗

采访时间： 2018 年 7 月 13 日

采访地点： 林州市东岗镇东卢寨村

采访对象： 付黑旦

人物简介：

    付黑旦，1940 年 11 月生。林州市东岗镇东卢寨村人。中共党员。红旗渠建设甲等劳模。1960年在总干渠修渠，也修过三干渠，负责挖洞、填井、和泥、背水泥等工作，在三干渠担任副连长职务。

吃苦耐劳，当了模范

我是1960年去修渠的，当时是20岁。很早我就加入了共青团，后来红旗渠修好了，总结大会之后，我就入了党。当时表彰的劳模，那全县就很多了。[1]

刚开始我是在山西修渠，是在渠首那，一截一截地往下修。总干渠修完之后就分到了三干渠[2]，干到最后修成，到曙光洞。因为这个三干渠就在我们村。

修总干渠的时候我还小，我就铲泥、搬石头、和泥。那时候是全员出动。主要当时是什么苦呢？主要就是吃不饱。就去山上挖些（野）菜头，配上点粮食吃吃。修渠的时候我们住的是那种临时搭的棚子。那一般都是有男的有女的。（有时也）有现成的房子可以临时在那住住，没有了就全部住棚子。反正是很困难。我们统一是一天（吃）多少粮食，统一在那吃，是大锅饭。那饭也确实是吃不饱，因为我们当时年轻，有力气，饭量也大。我们就弄些玉米，弄些糊涂[3]，再配上些野菜。三干渠修好之后，吃得就比以前好些了，粮食比较多点。三干渠边上种了些红薯，可以随便吃，反正可以吃饱。

在三干渠上，从其中一头到另一头是五里地，搁两头挖，很困难。隔一段弄一个竖井，推进的速度就快了。当时，吃得苦就是艰苦奋斗，主要是这个，宁愿苦干，不愿苦熬。其他也没有什么。一开始的时

① 1965年4月5日，庆祝红旗渠总干渠通水典礼大会在分水岭举行。中共林县县委和县人民委员会向修建红旗渠的33个特等模范单位、42个特等劳动模范发了奖，表彰了74名修渠模范，并发给劳动模范每人一套《毛泽东选集》。

② 三干渠从总干渠尾（分水岭）上游560米处的右侧分出，伸向东北，经仙岩村到下燕科村南穿越卢寨岭3898米长的曙光洞后，到东卢寨村东，全长10.9公里。有各种建筑物65座，主要建筑物有曙光洞和仙岩渡槽。共灌溉面积约4.6万亩，其中任村镇5170亩，东岗镇33332亩，河顺镇7430亩。

③ 糊涂：用玉米面熬的粥，河南人常吃的一种主食。

①指中国人民解放军9890部队和驻豫部队。当时他们在林县进行汽车拉练和培训时，抽出时间给红旗渠工地拉煤、水泥等施工材料。

候，国家或者省里边没有支援我们，后来有部队来支援过①，大部分都是我们林县人自力更生。石灰、炸药、铁钎都是自己弄的。我也能干，吃苦耐劳，当了模范。

修渠途中危险常在

就我个人而言，在修渠的时候就遇到过危险，特别是在修三干渠曙光洞的时候。我们那个洞，有两米多宽吧，高也是两米，进去以后，石头经常往下掉，但是没有出过什么事。我们当时所有上渠的男女劳力，都是轮换着去的，有的是一个月一替，有的是半年一替，但我是长期干的，是一直坚持下来的。我娘也上过渠，她就几天。我兄弟两个，兄弟早就不在了，兄弟没上过渠。现在70岁往下的，就没有去（修）过红旗渠，他们当时都还小。我现在都78了，当时就算是年龄小的。修渠过程中我没有受过什么伤。当时一块儿修渠的人，现在有的还活着。我们这个庄没有多少（人活着）了，这（庄子）西面就只剩下我一个了。

当时在曙光洞打洞，好打的，一天能打接近一米，不好打的，有石头，有水，有时候有水就不能工作了。打洞的时候里边黑呀，都是提着灯。特别是放炮后还不能（马上）修，等到没有烟了才能修。放完炮，可多浓烟，不好弄。人就甩着衣服啥的往外赶烟，而且地上有水，得先把水弄了，才能工作。我们是两班倒，一班十几人。中午12点到夜里12点（一班）。不像现在八小时工作制。那时候早上七点起来开始工作，两班倒，一边完了，另一边接班。在渠上，最危险的是放炮。在地上点着导火索，赶紧跑出来，停一会儿，炮就都响了。一班有一个放炮的，炮手最危险了。我没有点过炮。有一回有一个人点炮死了，他可能是算错了导火索（燃尽）的时间。他点着以后，没听到响，就拐回去看了看，就听到"咚"一声，就再也没出来。一般都是点着导火索到爆炸就几分钟。所以说点炮是非常危险的。我跟常根虎不算在一块儿工作过，我们是两个班，他是另外一个班。曙光洞上没有女的，修总干渠有。当时的工业不发达啊，要是现在干，几天就成了。

怀念王师存[2]

　　修建红旗渠，党员发挥的作用很好。红旗渠开建时，正值三年困难时期，缺吃少穿，大家生活都很困难，但党员干部不能搞特殊。1959年县委在全县干部中大力推广"五同"工作法，就是在施工中，干部深入工地与民工同吃、同住、同劳动、同学习、同商量。党员带头干，但补助上却比民工少。和我搭档的是王师存，当时我还是共青团员，我们一块儿在曙光洞（工作）。王师存他是连长，和我们一块儿砸石

　　[2] 王师存（1930—1995），林县东岗乡东卢寨村人。1951年9月加入中国共产党。是在曙光洞开凿过程中涌现出来的凿洞英雄，时任东卢寨施工连连长。他被群众称为红旗渠上的"凿洞能手"，1966年被评为特等模范。

▲
王师存

头、放炮。炮放了之后，洞里面烟大，连呼吸都很困难，为了赶进度，节省时间，他带头把自己衣服脱下来，到洞里扇，把烟快点排出来。有一次，在打26号竖井的时候，发生了塌方，我和王师存都被堵在了隧洞里。洞里一片漆黑，马灯也灭了，呼吸越来越困难。我心想这次可能出不去了，会死在洞里。他就鼓励我："拿工具挖，只要还有一口气，就要挖出去！"一会儿听到外面有人喊我们，我们赶紧回应。他们在外面挖，我们在里面挖，很快就挖出来一个小豁口。最后我们得救了。我们一直关系很好。他是党员，为了施工安全，他把家里的马灯拿来，把家里的鸡蛋卖了买手电筒。那时候干活都是实干。我记得冬天天冷得很，他腿上的伤口都流脓了，但还是继续干。我们算是过命的好朋友、好战友。现在曙光洞那儿的牌子上都还有我和王师存的名字。

（整理人：冯思淇）

106

采访时间： 2018 年 7 月 11 日

采访地点： 林州市合涧镇小付街村杨家庄

采访对象： 傅开吉

人物简介：

　　傅开吉，1940 年 3 月生，林州市合涧镇小付街村杨家庄自然村人。红旗渠建设甲等模范。1960 年 2 月开始参与红旗渠工程建设，曾在总干渠负责挑水、出碴等工作，直到红旗渠全线通水。后留任红旗渠管理处工作，负责渠道管护。

在总干渠山西段的点点滴滴

修渠一开始我就上渠了，从1960年开工一直到退休，都在红旗渠。刚开始在总干渠山西段，住在山西的村民家，白天来工地上，晚上回去睡觉，和房主的交集不多。山西段住地就那几个村。林县几万人上渠，山西那几个村，民房住完了，有的还在土窑住。最不好的，就是挖个小土窑，外边吊个草袋，以前那种装土的稻草袋。自己打的小土窑有能住两个人的，有能住三个人的。从卢家拐到青年洞，当时那里的大窑，多了能躺十几个人。我在工地上挑水、抬石头，技术都是营部来抓的。你不知道当时那个苦和累。

吃住在工地上。我是住在当地人家里，房东对我们不错，冬天还给我们留柴火取暖。有的把自家的房子腾出来，自己搬到马棚里睡觉。不过也有冲突，因为炸山影响了他们的生活，养的鸡、鸭也不下蛋了，牛也受惊了。一开始晚上也点炮，（让他们）睡不好觉，不过后来就不在晚上点炮了。后来我们与平顺县签了个用水协议①，给了他们补偿，双方不再因为水起矛盾，林县就可以一直用漳河水了。

在山西那时候，粮一个人（一天）不到一斤，成天就吃野菜、河草，配上红薯叶，还有玉米面、红薯面、高粱面，吃白面也很少。油也不多，有盐，不

① 1962年8月15日，林县与山西平顺县就红旗渠在平顺县境内的问题，共同研究，签订了《林县、平顺两县双方商讨确定红旗渠工程使用权的协议书》，文中明确规定对在修建红旗渠中毁掉的一切财产，林县给予全部补偿；对渠道占用平顺县境内的土地，"确保河南省林县人民群众永远使用的权利"。这体现了林县县委领导的高瞻远瞩，体现出林、平两县的友谊，也体现了全国一盘棋的制度优势。

多，没了盐不行。不能说（修）红旗渠不艰苦，肯定艰苦，成天起五更到黑。

早上一明都开工了，早起吹号。各公社都有吹号员，一吹号就要起床吃饭去工地。中午不回来，（一般）都在食堂吃饭，有的时候到指挥部吃。在队上，一个大队一个锅，几百人。晚上从工地回来吃饭，吃完饭还得加班。不是每天都可以从工地回家，那都是工地上吃住。山西段总干渠在山西石城王家庄。开始那一年，我在大队当保管员。总干渠有指挥部，县里也有总指挥部。当时我只是一个民工，民工只顾每天吃了去工地上，当小工的一吹号就开始干了。指挥部有具体管质量的，都在工地每天瞧质量，哪点弄得不好就要返工。总干渠一通水，我们就被分配到各个管理队了。我哪都去，总干渠那几个村，采桑、河顺、合涧我都待过，北小庄我也待过，桃园、黄华我都待过。

当时国家困难，运输也不行。咱这个石灰，修渠需要得多，就自己烧。那时候从地下垒个小稻草棚子，垒起来石头，上面铺一层柴火也就是木料，一层石头一层木料，圆圈用石头垒住。我们这儿山区石灰岩很多，正好就可以就地取材。大的窑每次可以生产几百吨，甚至上千吨。烧石灰一般选择质地比较好、块体大小均匀的石块，一块就是10公斤左右，堆好后选择一个地势平坦的，通风良好的地方。料的底部留有通风的地方，砌一个不到1（立方）米的底座。板面与砌石平行，底座两侧围墙的内壁用麦秸泥封住。烧的时候先铺上一层草，以利于引火，上面再铺一层煤饼，煤饼上再用石灰石砌成一个不到半（立方）米的小洞洞，周围拍均匀，这样有利于引火。一层煤饼，一层石料，层层这样堆着。烧的时候有专人日夜看守，如果有裂缝漏气的就用泥糊住。烧好后还要留几个人值班检查。一般烧七八天才能弄好。

青年洞里的"四雷战"

青年洞在任村公社卢家拐村西边，左边是一条深沟，西面就是悬崖绝壁。那地方石头硬，最难的就是打炮眼，当时主要的使用工具是钢钎、铁锤。工具一部分是自带，也有部分是公用工具。1960年建了工具仓库，主要有各公社仓库、指挥部仓库、大队仓库。青年洞里工作的难度在于打平眼，胳膊平着使不上劲，一锤下去只能见个斑点，有的没有动静，很使劲才行。一开始用的是8磅的锤，后来换成12磅的锤。另一个就是点炮、放炮。炸开悬崖壁，人腰上得系上绳索，挂在悬崖上抡锤、打钎、放炮。尤其是在冬天，由于洞深，点完炮后洞里的烟雾久久不散，呛人得很。为了赶进度，我们用自己的衣服扇，把烟扇出去。青年洞分为七个洞口，于是就把人分为七个连队，主要分布在马牙沟和四眉崭附近。打通青年洞很不容易，难度大，一天就打个不到1米。当时发明了"四雷战"，就是先炸开四个断面，同时施工，叫"四雷战"。后来增加到12个工作面，进度快多了。洞里黑，就用马灯照着继续打钎，但是亮度有限，基本上是摸着黑打钎。后来用柴油机发电照明就好多了。（有人）还在山壁上写上："苦不苦，想想长征两万五；累不累，想想革命老前辈。""为了后辈享幸福，再苦再累也心甘。"据说洞壁上还留下了诗①，我没有见到。

①据考证，当时打通青年洞的青年留下的诗为："小鬼脸，把渠挡，革命青年当闯将。凿条山洞流渠水，力量来自党培养。闯过千难和万险，当今愚公斗志昂！千山万水我指点，定叫山河换新装！"

久久为功的护渠人

当时有300名工人负责开凿青年洞，于1961年7月15日竣工。而护渠队是1964年成立，同时也成立了漳河库区管理所，挑一些家庭成分好、思想进步、劳动好、年纪轻的组成护渠队。一个公社分有名额，有十来个的，有七八个的。公社把任务分配到受益大队，各大队管委会本着自愿、大队同意进行选拔，民工拿着大队证明信到漳河库区管理所报到。人可以调换，但在工地负责施工的技术人员不得调换。护渠民工也有工分，按照本人在工地干活的好坏给工分，吃的粮食由大队统一解决。修渠之后我就开始护渠，到1998年退休。

1965年总干渠通水了，1969年全县支渠配套（工程完工），那就完工了。1960年，从山西段修到河口段就完工了，河口到分水岭是后来修的。修成以后红旗渠就通了水。1966年以后总干渠加固加高，它原来是二米五（高），加高到四米三。还有配套工程，配套工程都是各公社的事，我没有参与，我一直在总干渠。

当时护渠主要分为几个小组，我担任小组长。护渠，主要是防止淤泥堵住（渠道）。浊漳河水含沙量比较大，到了渠里，流速减小，水里面的泥沙就慢慢地沉到了渠底，形成了淤泥，需要定期清理。有人专门值班调节水量。尤其是在渠首，要用大水把淤泥冲下去。在修渠的时候，有些地段由于削坡不够，山坡比较陡，要把它削宽，防止石头碴掉到渠里。还要定期清除掉下来的石头碴。有的地方也有漏水的现象。先用装土的袋子做成挡水的墙圈，然后找到漏的地方用水泥抹住。我在渠首管理段护渠的时候，常年都备有胶鞋、雨靴、雨衣、救生衣，每天都要来回走个十几公里。每天要上报两次水位，一次是早上七点半，一次是上午十一点半。下雨天的夜晚，每隔两小时就要观测和报告一次水位。后来在渠的旁边也种种树，搞绿化。政府还制定有《红旗渠灌区管理条例》。（依据条例）对做得好的有奖励，做

傅开吉的劳模奖品——笔记本

水利电力部颁发给傅开吉的荣誉证书和奖章

得不好的还要给予处罚。1960年山西段完成，这时主要有三个护渠段，分别是渠首、王家庄、河口段，1961年又增加了两个护渠段，分别是2号闸门、谷堆寺。1966年全县通水，我在桃园工作两年，主要负责植树、修路。当时没固定在某个护理段工作，直到1979年才有了固定的护理段，主要是在采桑公社南峪所，负责区域内渠道管护。

我的劳模证没有了。记者来问过我，因为我家房子弄了好几次，奖状什么的都没有了，到后来水利部给了一个奖状。那当然得留着，那是国家给的。

（整理人：冯思淇）

采访时间： 2018 年 7 月 11 日

采访地点： 林州市开元街道下申街村

采访对象： 贾改荣

人物简介：

　　贾改荣，1947 年 12 月生，林州市姚村镇西牛良村人。中共党员。红旗渠建设甲等模范。1964年 6 月开始参与红旗渠工程建设，在井湾、邢家墁等工程中主要负责挖地、挑水、运沙、拉灰、抬石头、和泥、铲泥等工作。

被吓哭的小姑娘

　　我家是兄弟姊妹四个，修渠时姐姐出嫁了，我和哥哥、弟弟三个都在工地上。姐姐嫁到田家沟，她也修渠，那里离渠近，渠就在她家西边。我哥哥很早就去修渠，他是在山西渠首那里。我哥哥是出了大力的，推石头、推沙都是过秤的。有一回他推了很多石头，在全大队出了名。我是1964年6月上渠，在井湾工作，干的主要是挖地、挑水、运沙、拉灰、抬石头、和泥、铲泥等工作，做这些用的工具主要是扁担、铁桶、小推车、拉绳、小锤。我干得最多的是挑水的工作，因为这项工作相对劳动强度大点，对年轻人而言，这是一项光荣的任务。在工作中，我积极冲向最前方，就像队里的一块砖，哪里需要往哪里搬。我每天以最饱满的干劲全力以赴地去完成队里安排的任务量。挑水中遇到的最大的困难是，需要去两三里地开外的地方挑水，完全依靠个人的肩膀和一副扁担将满满的两大铁桶水挑回来。只要工作不喊停，每个人就不停歇地坚守在自己的工作岗位上。我也在姚村的付家河、坟头岭等地推过沙。由于渠建在很陡峭的斜坡上，主要是让驴和人一起拉沙。由于路途遥远，一天只能拉一趟，起早贪黑是再正常不过的。我印象最深的是推着空车下坡。当时我和哥哥们一起拉沙，我只敢推上坡路，不敢推下坡路，因为坡陡车子跑得很快，如果把握不好，容易翻车。哥哥们想歇息时，他们会让我推空车返程，（下坡时我就害怕），当时我十八九岁都被吓哭了。

　　我有一个工友张改芹，她跟我一起搬石头的时候，不小心砸了手了。那时候有医生，赶紧给她包扎。她哭了。回来后工友说，砸了手了还哭呢，前方有人受了伤还没哭呢。她被一起工作的工友们开玩笑似的嘲笑了一番。

积极学习向上的小青年

当时我积极进步，思想觉悟高，踏实能干，比较热心，干活上也不惜力气。我们在工地上，都以会议上大队长的口头教育为主。受到思想教育，我在挑水工作中很积极。因为工作比较突出，还受到当时工友们的夸奖，说："这个小妞挑水真厉害啊！"在工地上，最休闲的时刻是晚上休息之前。那时我们都年轻，都爱看王杰、雷锋的故事，都想成为他们那样的人。就这样，我们的思想就进步了。也想着，也许咱当不了兵，咱就入个党，咱这辈子就满足了。入党吧，咱倒也没有很争取，也没有怎么去找干部要求，咱主要是干活老实。

在所住的村民家中，我借过一本《苦菜花》的书来看。工地上不定期放电影，我也看过电影，主要演的是关于社会主义教育的电影。看次电影很不容易，要去井湾的北面，北边的村里，很远。

1966年参与桃园大桥修建受表彰的时候，我获得一个笔记本和三本书：《战天图》《旱井世界》和《重新安排林县河山》。

获得的奖品——笔记本

人踏实、能吃苦的小党员

别的地方都是男人挑水，我是一个小姑娘，我管挑水，还有抬石头、和泥。我没有闲的时候。当时我们队里男人少，就一直把自己当男人干活，靠这点赢得了队长的好感。我是在1966年3月入的党，这是因为我在修红旗渠过程中立了功。我入党的时候不到20岁。2016年，50年以上党龄的党员都收到了纪念章[①]。参加修红旗渠到现在有50多年了。

当时我们食宿条件很艰苦。在井湾时，我是住在队长家里，两三个人睡一张土坯炕。以前老百姓住的都是土坯房。

修渠任务重，那时候都是活。一个大队差不多三十多户，每家都出人去修渠，我家是三人。一家出三个人的有很多家。在大同时，生活条件好了一点。在邢家墁，我们早上走的时候，我娘总是让我们每个人拿一个糠饼，一人吃一个糠饼。到中午的时候烧一锅水，把糠饼一泡，吃了抵饿。反正以前吧，干活我们都不怕，就怕没吃的。到那里大队再补助一些，补助到食堂上，统一的大锅饭，光靠家里带的吃不饱。

后来到圪针林[②]，我负责挑水，走两三里路挑一担水。两个铁桶，从早到晚都没停。住的地方离工地两三里远，天一明我就到工地了。伙房在井湾，到晚上也是天黑了才回家。中午吃的，他们说那叫"三面糠"，是玉米面、高粱面、红薯面做的糠饼，中午的时候一人吃一个。我们也喝蒸水——上面蒸着糠饼，

① 2016年，适逢中国共产党建党95周年，为鼓励广大老党员继续保持经久不变的共产党人本色，为激励新时期广大党员传承党的优良传统和作风，增强党性，树立正气，在实现中原崛起、河南振兴、富民强省中积极作为、建功立业，河南省委决定，以省委名义向50年以上党龄的老党员颁发中原先锋"七一"纪念章。河南全省共26.7万名党员获得"七一"纪念章。

②圪针林在任村镇。当时在此修建了圪针林隧道。

下面是蒸水。晚上我们喝稀饭，稀饭里面会放点红薯叶。早上也是吃糠饼和蒸水。队里十来天给我们改善一次伙食，吃一次白面馒头，配菜主要是萝卜、白菜条。我们起床吃饭的时间都以哨声或响铃为依据。我们每次回家时间不定，都听队里的安排。

我们那时思想都进步。我就一直负责挑水，挑的水都是队里面要用的。队里填渠线，就是用泥把它糊住，往里面补石头，用的水多，要不停地挑水。有时也会抬石头，用的大荆条筐子，圈住两条绳子，用比较粗的杠子抬。当时男人负责打石头、垒石头，女人负责抬石头、和泥、挑水。那时候挑水下劲，累得背都有点直不起来了。

在邢家墁修渠，那时候还得跑回家睡觉，回到家就傍晚了。早上天不亮就起来了，歇不过来。

拉车送沙，整整送了一冬天。我们总是天不亮从付家河那里铲沙，（送）到山坡脚下，有领导安排的驴，在车前套上一个套，人拉着，往山坡上面拉。每天送一趟沙，送到坡上过秤、检验质量。我们那时候没有手表，天亮了就去工地，这种活干完了还有下一个活，没有闲着的时候。

也会因工程任务引起争吵。队与队之间的工作分了边界线，（有一次）6队与3队之间的边界明明是6队社员挖的，3队有个人不讲理，非说是3队社员挖的，引起了争吵。6队社员中有人说："你们拿着人家的脸装你们的屁股。"这么一说引起很多人哈哈大笑。50多年了，这句话是对是错我没翻清①。

修渠一定是要检查质量的。有一个工友往垒的

①翻清：林州方言，弄清楚的意思。

117

石头缝里塞白灰，塞得不很规范，检查的领导用小锹一别，就给别掉了，让他重垒。（修渠质量）要求是很严格的，如果要求不严格，水就会顺着石头缝裂口往外边流。

以前人少，任务大。我还去曲山那边拉过车，往坟头岭送过石灰。全县都是用小推车往工地上推，那时没有现在的这种汽车。石灰很烧手，戴上手套也很烧手，再说那时也没手套。以前的人是得做什么就做什么，没有闲的时候。现在生活好了，比以前好很多。我现在感觉没活干，光想干活，不干活，这心里不好受。

腼腆的小劳模

1966年4月20日，三条干渠通水，在县里召开劳模代表大会。出席劳模会的时候，大家都交流经验。任羊成讲起了他的英勇事迹。当时，我做了事，但不会说，也不敢说。我代表妇女们，在会上被评为甲等劳模，县委书记杨贵和我握手。这是我一生最大的光荣。记者当时问我，怎么担水，怎么抬石头，还有怎么拉车……这都是以前的事儿，这都是受表彰以前的事儿。那个时候的奖状现在都没有了，都没留下了。

（整理人：冯思淇）

采访时间： 2018 年 7 月 11 口
采访地点： 林州市长春大道环保局对面 16 楼
采访对象： 傅银贵

傅银贵：
伟大水利工程锻造了红旗渠精神

人物简介：

　　傅银贵，1939 年 5 月生，林州市东岗镇后郊村人。中共党员。红旗渠建设甲等模范。1961 年正式调入红旗渠总指挥部，主要从事物资运输工作。红旗渠建设完工后，留任红旗渠管理处工作，直至退休。

到工地上搞运输

我叫傅银贵，1956年参加工作，1958年被调到县里交通局工作。1960年2月红旗渠正式动工，1961年被正式调入红旗渠总指挥部，一直到2000年退休。当时修渠过程中，司机比较紧缺，县里向交通局提出需要几名司机。交通局的领导与我谈了话，我没多想，就同意了。我觉得自己是党员，不能跟组织谈条件，到哪里都是工作，关键是要把工作干好。

应该说，我是红旗渠建设的参与者，没有作多大贡献。1961年调入红旗渠总指挥部以后，我是在红旗渠总指挥部下辖的交通运输股工作。总指挥部下辖1个办公室和7个股，即办公室、工程技术指导股、宣传教育股、福利股、财粮股、物资供应股、交通运输股、安全保卫股，每个股设股长、副股长以及办事员若干名。各股都是从县里各部门抽调人员组成的，我当时就是从县里交通局抽调过来的。交通运输股主要负责修渠的物资运输和供应工作，比如钢钎、石灰以及煤的运输和供应等。除了红旗渠总指挥部外，在劳动组织方面，实行军事化的营连编制，成立了以受益公社为单位的15个公社分指挥部，一个分指挥部相当于一个营，分指挥部下面的生产大队还建立了连队，连队以下建立了作业组。

自制炸药、石灰以及水泥等工程材料

　　1960年红旗渠开工建设之际，正值国家经济困难时期，炸药、水泥以及石灰等修渠工程材料供应十分紧张。在这种情况下，为了修渠，林县人民充分发扬自力更生的精神，自主制作炸药、石灰以及水泥等工程材料[1]。就拿炸药来说，随着修渠工程的展开，炸药用量急剧增加，并且运输也比较困难。在这种情况下，我们林县人民决定自制炸药。自制炸药主要包括硝酸铵和可燃物混合炸药以及黑色炸药两种。硝酸铵和可燃物混合炸药的制作相对简单，主要包括干燥、粉碎、混合、包装等步骤。硝酸铵和可燃物混合炸药由于受压受潮，容易结成硬块，不容易起爆，因此，使用前需要把硬块揉成粉状才行。同时，由于这种炸药敏感度比较低，爆破前需要用雷管以及导火线来引燃。黑色炸药又称黑火药，黑火药主要成分为硝酸钾、木炭和

① 其中炸药自制了1215吨，占总量的44.3%；石灰自己烧制了14.5万吨，占总量的100%；水泥自制了5170吨，占总量的77.1%。

自己造炸药

硫黄，黑火药容易受潮，存储时必须保持通风干燥。在红旗渠建设过程中，硝酸铵和可燃物混合炸药主要用于大型爆破作业，黑火药主要用于开采石料。对石灰而言，在红旗渠施工中，由于砌石结构较多，对石灰的需求量特别大。在修渠初期，各个工段建了许多小窑来烧制石灰，但是这种石灰烧制方法成本较高，并且随着工程的向前延伸，这种石灰窑的弊端就凸显出来了。这种石灰窑由于是固定的，不能移动，不能移动就涉及到石灰的运输。当时石灰运输的任务较重。后来河顺公社的修渠社员发明了"无窑堆石烧灰法"，用这种方法烧制石灰，每次可以生产几百吨，甚至上千吨。就水泥而言，当时水泥如果仅仅依靠外供也是远远不够的，林县人民发扬奋发图强的精神，把原来废弃的水泥厂重建，并且大搞技术创新，不仅为红旗渠建设提供了大量的水泥，还培养出了一支技术工人队伍。

①鸽鹉崖位于山西省平顺县石城镇境内，浊漳河南岸，谷堆寺附近，该地段地势险要，到处是悬崖绝壁。城关公社分指挥部接受修建任务后，在山顶打上3根钢钎组成的绳桩，人系绳索，在上无余物可攀、下无立足之地的峭壁上，凌空施工，抡锤打钎。

工地上的指挥长"黑老马"

马有金是林县合涧镇三阳村人，他于1958年5月出任林县副县长。

在施工之初，先后出现了三起伤亡事故，伤亡事故的发生迟滞了工程进度。鸽鹉崖①工段非常险要，是块难啃的硬骨头。为了克服这一天险，1960年8月林县县委派马有金到工地协助当时的指挥长王才书攻

鸹鸹崖大会战场景

克难关。

　　红旗渠建设资金十分紧张，修渠民工自身的生活口粮标准也十分低。为了鼓舞修渠群众的革命斗志和激发革命激情，马有金身体力行，和修渠工人同吃同住，同甘共苦。经过50多天的奋战，终于在鸹鸹崖建成了8米宽的大渠。1961年10月，马有金接替王才书担任红旗渠总指挥部指挥长。

　　这里有三个细节与大家分享。一是马指挥长几乎很少请假回家，

▲
马有金在工地干活

▲
马有金在打洞

特别能吃苦。马指挥长既当指挥员，同时又是战斗员，注重科学施工，可以说是忙而不乱。他组织成立了爆破、除险、垒砌等专业连队。马有金与修渠工人同劳动、同吃野菜、抡锤打钎。他性格直率，干事特别有活力、有劲头，并且在工地上经常和一些比他年轻的修渠工人搞竞赛。他力气大，满手长满了老茧，可以连续抡锤几十下，连一般的小伙子都赶不上他，被工友们称为"黑老马"。我是负责开车的，按照规定，每年可以请两次假，一次假不能超过三天，但马指挥长却很少请假回家。记得有一年过年他初一回去，初二就来了。还有需要讲的就是，马有金的母亲双目失明，长期卧病在床，他委托爱人照管，三过家门而不入。直到1963年8月，接到母亲病故的消息，他才请示县委回家安葬，安葬后当即返回工地。
应该说，为了修渠，马有金尽心尽力，作为领导，深
得修渠工人信服。二是对工程质量严格把关，对不合
格的工程坚决要求返工。作为指挥长，马有金还承担
着工程监工的责任。他抓工程质量是出了名的，他多
次召开动员会，反复强调质量问题。每天早上他吃过
饭后便上工地了。他对修渠质量的要求非常严格，一
旦发现个别工人垒渠不好的，便要求重新返工。有时
他还会掂着撬棍撬开垒砌的渠墙，看看泥浆是否充足
以及垒砌得是否结实。在修建三条干渠时，为了使渠
墙既坚硬又美观，他要求先锻好（石头），再垒砌。
另外，对那些弄虚作假和偷工减料的行为，马有金会
给予严肃批评并要求重新返工。他曾说："我们现在
干的是祖祖辈辈的千秋大业，即使我们以后过世了，
我们的子孙还要吃水浇地，必须提高工程质量，绝不
能让他们受二茬罪。"马有金是第三任工地总指挥
长，他在红旗渠工地一干就是9年，一直坚持到红旗
渠全线竣工，包括三条干渠的通水，支渠和毛渠②的
配套（工程完工），为红旗渠建设作出了巨大贡献。
1965年和1966年红旗渠总干渠和三条干渠竣工通水
典礼时，马有金（分别）被评为"红旗渠建设模范"
和"特等模范"。三是自我治愈恐高症。马有金有恐
高症，这是工地上大家都熟知的。由于恐高，他一到
高处就会发生眩晕，严重的时候还会休克。为了克服
自己的恐高，马有金有一次试着帮着除险队员任羊成
放绳，可任羊成完成除险任务后，上来却发现马有金
休克了。马有金醒来后，还说，这种事以后还要多

②毛渠：灌溉系统中，从干渠引水送到每块田地里去的小渠。

125

来，多锻炼就不恐高了。的确如他说的那样，他后来又多次上山，慢慢习惯了高处作业环境，他的恐高症也治好了。

给修渠受伤人员报销医药费

红旗渠修成后，红旗渠总指挥部就撤掉了，后来成立了红旗渠管理处（简称"红管处"），我也就留到了红管处继续工作，担任财务股股长。1984年开始担任红管处总支部委员会副书记直至2000年退休。1990年12月，红旗渠管理处更名为林县红旗渠灌区管理局，实行企业化管理，受林县人民政府直接领导。进入领导班子后，我负责红管处办公室工作，其中有一项工作就是处理修渠受伤民工的医疗报销事宜。关于医疗报销，当时政府有相关文件，文件上说，对于因修渠受伤的人员，可以解决他们的医疗费。当时各个乡都有档案，这些档案中记录了受伤人员的具体情况，档案里记录受伤人员有100多人。

由于医疗报销开支比较大，后来我们就担负不起了。最后想了一个办法，设定报销标准上限，如每年每人报销几百块等。其间，也发生了一些特殊情况，我们也根据具体情况酌情处理了。

众志成城，共渡难关

红旗渠修建是个系统工程，需要大量的人力、物力和财力，可以说没有足够的毅力是完不成的。林县县委发布修渠任务后，人民群众的修渠热情是高涨的。当时修渠，为了加快进度，总指挥部将渠首到分水岭的70多公里的总干渠任务分到15个公社，各个公社再把修渠任务分到各个村。在收到修渠任务后，每个村需安排人参与修渠。当时有很多青年妇女也积极报名，主动参与修渠。1960年2月11日黎明，15个公社的三万七千多民工自带干粮、行李和修渠工具，行进在通往漳河的道路上，道路两旁贴满了标语，如"愚公移山，改造中国""重新安排林县河山"等。修渠伊始的三万七千多民工在住宿用房严重不足的情况下，毫无怨言，心里想的都是修渠。大家克服重重困难，有的住在山洞中，有的住在山崖下，夜晚把一些杂草铺在石板上便是床，几个石头支起来就是烧锅煮饭的伙房。当时修渠面临技术

民工们积极去修渠

指导缺乏、物资缺乏以及后方支援跟不上等情况，为此采取了集中力量、分段突击的方法。红旗渠总干渠分为四期施工，彻底扭转初期施工全面展开的被动局面，即第一期修建渠首至河口山西平顺县境内20公里长的渠线，第二期修河口至木家庄段，第三期修南谷洞至分水岭段，第四期修木家庄至南谷洞段。1965年4月5日，在红旗渠分水岭举办了红旗渠总干渠通水典礼，当时，红旗渠通水影响很大，《河南日报》对此进行了大量的宣传和报道，较大程度地鼓舞了林县人民的干劲。

红旗渠总干渠以下还分一、二、三干渠。红旗渠总干渠工程完工以后，林县人民立即转入了三条干渠的修建。三条干渠修建过程中，修渠群众广泛开展劳动竞赛，出现了千军万马战太行的壮美图景。1966年4月，三条干渠全部竣工。三条干渠竣工后，林县县委决定展开渠道配套（工程），如支渠、斗渠和农渠等。红旗渠工程历时近十

▲
红旗渠通水典礼

年，是林县人民在党的坚强领导下完成的巨大工程，在修渠实践中孕育形成了"自力更生、艰苦创业、团结协作、无私奉献"的红旗渠精神。

就"自力更生"来说，红旗渠修建的时候，国家正值困难时期，无论是资金还是物资都非常紧张。在这种情况下，林县人民不等、不靠，在生产力水平比较低的条件下，在缺少大型机械设备的情况下，依靠双手和钢钎、铁锤，凭着一身志气，以大无畏的革命精神，修建成了长达1500公里的人工天河，创造了人类改造自然的伟大奇迹，真正诠释了自力更生的伟大精神。

就"艰苦创业"来说，红旗渠开工之际，几万人在工地上吃不好、睡不好、住不好，处境十分困苦，但是大家没有任何怨言，精神抖擞，白手起家，并且大家始终注重节俭，废物重新利用，抬杠断了当镐把，镐把断了当锤把等。在渠首截流时，有几百名太行山汉子跳进冰冷的河中，架起人墙，之后垒上巨石，贴上沙袋以及贴上石砫，最后截流成功。此外，为了多渠道筹集修渠资金，县里还组织部分劳力外出承揽工程，县里从所得收入中提取部分作为修渠经费。红旗渠修建总投资6865万多元，其中国家资助1025万多元，仅占总投资的14.94%。

就"团结协作"来说，红旗渠修建是一个宏大的工程，参加施工的人员众多，关系到社会的方方面面。如果不以大局为重，而是谋取私利，将会功亏一篑。红旗渠修建的成功得益于林县全县人民的紧密团结，无论是受益地区还是非受益地区，都在为修渠贡献自己的青春、智慧和力量。林县县委带领林县人民群众改造山河，团结一心，众志成城，共渡难关，参与修渠的领导干部与群众同吃、同住、同劳动、同学习、同商量，在一起干活时，很难分辨出谁是领导干部，谁是普通群众，因为领导干部与群众已经完全打成一片，领导干部与人民群众在修渠过程中建立了深厚的情谊。领导干部与人民群众同心同德，才能创造工程奇迹。

就"无私奉献"来说，在修渠过程中涌现出诸如马有金、李改云、李贵、任羊成、李运保、周绍先、秦太生、王才书、乔尚林等修渠模范。据《红旗渠志》记载，在红旗渠建设中共有81名干部和民工献出了宝贵的生命，其中年龄最大的是60岁，最小的仅有17岁。红旗渠修建的时候，国家比较困难，当时修渠的人可以说是不讲报酬和好处的，出现了一批批一心为公、舍己救人的干部和群众。最终，经过林县人民的不懈努力，红旗渠修建成功了。应该说，在红旗渠修建过程中，处处可以看到团结协作、无私奉献的场面。

林县十年九旱，水不够用，红旗渠的修建有效解决了林县人民吃水和用水问题。有了水，农民手里有了较多的储备粮，人民群众的生活得到了较大改善。此外，作为林县经济支柱的林业生产也得到了快速发展。同时，水量的充足也为畜牧业、养殖业、电业的发展提供了有利的条件。总之，红旗渠的建设对林县来说，受益是巨大的。红旗渠是林县人民在悬崖峭壁上建成的"人工天河"。周恩来总理曾自豪地告诉国际友人："新中国有两大奇迹，一个是南京长江大桥，一个是林县红旗渠。"红旗渠精神是伟大民族精神的代表。如今，这种精神仍然具有强大的影响力和号召力，激励着一代又一代人前行。

（整理人：陶利江）

郭宏福：

保证把物资送到工地上

采访时间： 2018 年 7 月 11 日

采访地点： 林州市陵阳镇水磨山村

补充采访时间： 2020 年 9 月 2 日

补充采访地点： 林州市陵阳镇金阳社区

采访对象： 郭宏福

人物简介：

郭宏福，1937 年 8 月生，林州市陵阳镇水磨山村人。红旗渠建设甲等模范。1960 年参与红旗渠修建工作，直至全线通水。在红旗渠修建过程中，主要负责开车运输物资，为工地提供后勤保障。红旗渠竣工后，一直在红旗渠管理处工作，直至退休。

部队归来的汽车兵

我1955年在汽车连当志愿兵，在这期间学习了开车技术。1959年4月份转业回来。那时林县交通局有车队，过去司机少，就让我过去了。开了几个月车，我们局长说："马县长让把你的户口弄上红旗渠。"当时我年纪还不大，也知道马县长脾气不好，很能骂人，所以有点小情绪。后来在局长的劝导下，1962年七八月份调到红旗渠。从此，我就到红旗渠开起了那辆嘎斯车①。主要就是给渠上运输物资，哪里需要往哪里送，送粮食、木料、钢材、煤啊等一些材料，保证把货按时送到，不影响工程。

我们运输物资经常在浮桥上过。在部队学开车的时候，教我们的班长特别好。班长总是很（有）耐心，手把手地教我们。除了一般的开车技能，他还给我们讲遇到什么路应该怎么走，特别是当遇到陡峭的山路时该怎么走。我很感谢我的班长，我至今都还记着他教给我的开车技术。比如说山路上下坡比较多，在下坡的时候控制车速是非常重要的，下坡本身受到坡度的影响就会比较大，坡度大的时候，惯性也会让车跑得特别快，带着刹车下坡是很有必要的。如果下坡比较长，坡度看着不是很大，在这个时候要更加小心，速度也要慢，要不然速度起来的话，（被）忽略的惯性在下坡中会（让车）加速，安全隐患就会变得

①嘎斯车："嘎斯"是对苏联高尔基汽车厂生产的汽车的称呼。高尔基汽车厂，中国人叫它"嘎斯厂"，1956年之前称为莫洛托夫汽车厂，是苏联汽车工业的支柱。

非常大。除此之外，他还注重训练我们的心理素质——开车不仅需要技术，也需要过硬的心理素质。开车要沉稳，遇到危险也不要怕，胆子要大，心要细。不管是技术上还是锻炼心理素质上，我都从班长身上学到了很多。他教得非常好，也正因为这样，我们在红旗渠那么陡峭的山路上开车的时候几乎没有出现什么事故。

不畏艰险搞运输

在红旗渠上搞运输，我主要感觉有两大难。第一难是汽车少、物资不足。汽车少，每天能运输的东西就少，数量上就会赶不上要求。为了解决这个问题，我们领导就从安钢的厂里面买一些几乎要被淘汰掉的不好用的汽车，然后修一修也能继续用。还有缺乏物资，比如说煤、炮等，在当时都很缺少，不够用。就算是这么难，我们林县人也要自力更生、艰苦创业。没有现成的炸药，我们自己找材料造，什么困难也挡不住我们要修红旗渠的决心，这就是我们林县人。第二难就是山路危险，开车难走。山路不像平路，山路弯弯曲曲，比较难走。走山路很考验司机的开车技术，还考验司机的心理素质。再看那些山路，之所以危险，除了路陡峭，还有就是路太窄，有的地方就只有一个车宽，这时候要过去，也是很危险的，所以说没有过硬的开车技术和心理素质是不行的。

当时汽车很稀有。一开始工地上只有七八部车，后来领导们去安钢厂，买人家那些开了很久、不好用的车，回来之后买点配件再组装组装，修 修。工地里组装车，这个修（好的）车质量要合格。车修好后就可以投入使用了。反正没有木料就要送木料，没有粮食就要送粮食。那时候的煤多得很，整天去拉干煤，拉完以后把这个煤成块地堆一边，碎的压成煤饼。煤饼的制作过程到现在我都记得，做一个框框，把和好的煤放到里面，用泥板把它泥平，干了以后，把它擦到一块。擦到一块以后，这个石灰窑从底开始先上煤块，一层煤块一层青石，红石不好。没了煤块就改用煤饼，上了这一层煤饼，再上（一层）石头，青石，擦了11米高。擦好之后，外边用上红泥一封闭，泥光它。给窑下边点着方木，点着它，它一直往上着火，烧烧烧，烧到上边，煤饼也烧透了，石头也就都烧好了。烧好以后掀开上边，给它凉温度，冷却以后，然后就倒地上和石灰泥了。过去水泥很紧缺，曲山那边专门弄了个水泥厂。咱这用量大嘛，也不是用得少，一担半担的，用量很大的。

除了汽车少，物资不足，再一个就是走山路危险。我这人有胆量，反正不管路有多难走、任务多艰巨，我都会去完成的。运输过程中也会有很多危险。整天在山沟里面跑，没有好路，而且路面沟沟坎坎，有时会有掉下来的石头挡着路，需要下车清理路障。每天都是在这种环境下开车，轮胎经常被碰坏。特别是遇到点炮的时候，山上的人会喊"点炮了"，底下的人会注意躲开，反应慢的就容易被滚石砸到，很危险。要是遇到那些还没有完全打通的公路，这些路段别说是汽车，马车也不敢上这条路。当时我们领导就跟我们说，为了保障我们前线的物资，遇到这种情况要边修路边行军，如果真遇到危险了，宁可弃车，也要保证我们司机的安全。特殊时期，人车都很关键。每次遇到这种路的时候，汽车刚走十分钟左右，我们就要停车铲土、搬石、填坑，就这样一边修一边走。领导还主动要跟我们司机一起送货，这就给我们吃了颗定心丸。大家都保证：人在车在，保证把物资送到工地上！要是走到特别窄的路的时候，我们就高度戒备，我自己就在心里给自己加油打气："坚持住就过来了。"刚开始过的时候我也害怕，就是那种坡度很陡，道又很窄，左边车轮轧着路边，其实就是悬崖边，右边车轮擦着山壁。这样的险路一段接着一段，每过来一段险路，大家就增添了一份勇气，慢慢地也不害怕了。

老话说得好：兵马未到，粮草先行。我们按照领导分配的任务，每天往渠上运输煤炭、水泥、石灰、炸药、生活用品等，我们不怕苦不怕累，就怕物资不能按时送到。不管遇到多大的困难，我们都想办法克服，这就是大家说的自力更生。

过去山东有个县委书记带领工会干部来到红旗渠，他们准备对接工作，来到这一看："哎哟，这山这么高，咋上去啊？"然后这个县委书记去找了我们领导，给领导说："我们这的司机都是开平路开惯了，来到山区不适应，让你最信得过的司机收拾一下跟我走。"后来就叫我去了。我感觉整天跑这路也很平常，一路上"叮叮咣""叮叮咣"开着。回来以后，他们跟领导说："你们这司机技术真过硬，这路让我

往红旗渠工地运送物资

们看了都害怕，他跑了一路都没事。"其实咱这整天都干，也都很平淡了。

当年修红旗渠时走的道路十分艰险，可是我们这支运输车队，没有出现过一次交通事故，我们做到了人在车在，人车安全，也算是运输史上的光荣事迹。

运输过程中互帮互助

我在跑运输的过程中，经历最多的就是开车的时候经常碰到别人的车坏到路上。我们车队的车大多都是买的旧车，自己再组装修一修，所以出现半道车坏了的情况也是有的，再一个也是山路不好走，也费车。我在运输过程中遇到别人的车坏了，这个时候我就会下来帮他们修车。能修就修，不能修好的话，我就用钢丝绳帮他们（将车）一起拖上山来。大家互相搭把手，这个时候自己也很开心，因为助人为乐自己也很快乐。我在自己开的那辆车里放着两样东西，一是修车的工具，遇到小毛病自己可以及时修理，不耽误运送物资；二是钢丝绳，用来帮助路上的车。车上备了这两样东西，我心里踏实。我们搞运输，在这山路上跑来跑去的，每天精神都是高度集中，弦绷得很紧，不敢有丝毫松懈。我们为了完成任务，按时运送物资，都不怕苦。吃饭在总队吃，不管跑多远去运输都回来吃饭。在路上跑车的时候不能吃饭，不管多晚都要回来吃饭。有时候赶不上饭点就不吃饭了。因为都是开车的，我也能感同身受吧，所以每当看到别的司机遇到困难，我总会帮他们一把。有时候我遇到困难，他们也都帮衬着我，这种互帮互助的精神，让我们相互激励着前进。

郭宏福

去开封市买马达

水泥厂重要的设备就是那个十几米长的球磨机^①，用那铁蛋慢慢磨出了水泥。过去物资紧张，像那种大马达全都是国家定点厂家制造的。我和路双林（音）带着介绍信到开封的一个工厂去买马达。到开封以后，见到了一个女科长，又让她看了看信。她当时就说："知道你们很需要，但现在没有货。"她当即拿出好多大领导写的条子，让我们看了看。路双林说道："红旗渠在全国都是有名的，到哪里大家都支持，相信你们这里也会很支持的。"那个科长说："我们倒是很愿意支持你们，现在确实是没有货。"路双林又说："俺们领导说了，你要到马达你就回来。"只见他往桌子上一趴，呜呜地就哭了起来。最后感动了那位女科长，她说道："同志别哭了，我今天破例给你一个。"

当时从上海弄回来一辆130车^②，再加上分水岭紧挨着井头村，每天从那里过也和村里人混得很熟。村里老百姓坐车一两回行，但后来坐车的人越来越多，实在没办法，领导才说坐车都实行买票。当时规定，任村到林县县城是8毛钱，我对他们说你们给个5毛钱意思一下就成。可谁曾想一说要钱，大部分人都不坐了。民工那可是一分钱都不用出。他们在工地辛辛苦苦的哪里有钱，所以对民工开绿灯。其实这卖票也就是针对任村公社井头村的人。想想一个村5000多人，到县城办事的就没有断过，你只要往县城走，什么时候都有坐车的。

① 球磨机：物料被破碎之后，再进行粉碎的关键设备。书中这种类型是磨矿机，是在其筒体内装入一定数量的钢球作为研磨介质。

② 130车：载重在两吨以上三吨以下的轻型货车。

137

当上红旗渠建设甲等模范

　　红旗渠通水后，大家都聚集起来观看这壮丽的景象。林县人民祖祖辈辈盼望的水来了，再也不用靠天收成了，再也不用因为没水喝而发愁了。男女老少在这一天都站在这里，来见证伟大的奇迹——红旗渠。大家脸上都露出了久违的笑容，（还有）那种发自内心的欢呼雀跃。看着奔腾的漳河水，我也流下了激动的泪水。吃水不再是一件天大的难事，农田也可以很好地灌溉，我心里有一种说不出来的感动与自豪。

　　红旗渠修成后我成了红旗渠建设甲等模范。当时我也不知道怎么当上的，估计他们是觉得我成天东跑西窜的，人老实又肯吃苦。当时奖励了什么？记不清了，可能给了一张奖状吧，早找不到了。可以说我在红旗渠上，不管是（与）领导之间，还是（与）下面护渠队之间那关系可是相当不错的，因为咱做工作都做到他们心坎儿去了。我给你们举个例子。在王家庄渠首段的护渠人，好多都是家在林县南边，如东姚、临淇、小店等地，他们家孩子和老婆既要吃又要喝的，如果他们在当地买个玩意儿啊，都巴不得让你给捎回去。每次到那之后，他们都会说："我们这里有点东西，你帮我们给捎回家吧。"我还能怎么办？肯定会说中①。要是过县南边的话就给他们带过去，不到县南边的话先到分水岭卸到一边，什么时候去（的地方）离他们家不远了，就带着东西帮他们送到家里，之后我再去完成其他任务。

　　要说在红旗渠上下工准时不准时，我跟你们说，

①中：河南方言，即好、同意的意思。

顺利的话你可以按时回来。但是去安阳拉货，到那之后不是保管员不在，就是找不到搬运工，直等到搬运工有了时间之后才能来给你搬货物，什么时候上完什么时候往林县走。虽然搬运工给你上材料，但是系绳子捆绑还得自己来。你要是不系好，万一走到半路上掉下来，一个人根本抬不动，所以说一次系好回来还是那样，这样才算中了。有一次，一个人开车到县城去拉钢筋，搬运工给搬上去了，他也是个大马虎，简单地绑了几下就开车上路了。走了没多远，就看到那些钢筋前长了、后短了，甚至还有一些都拖在地上。后来我卸完之后又去完成其他任务，走到冯家口看到他在路上停着捡钢筋。然后我就上去帮着教他如何绑钢筋。绑好之后我对他说："走吧，这次保证不掉。"就这样他才运回了钢筋。

冬天不下雪倒是没什么事，一下雪成了冰雪路，那可得操心。有一回，冬天下的雪很大，好像是开年终总结会，让我和傅银贵去红旗渠渠首接一位所长。到豆口①，那个上坡的地方，因为路滑光溜车上不去，有时就溜到墙边的沟里去了。幸好，我们去的时候就带着铁锹和镐头做足了准备。后来，我们把雪给铲掉，从路边铲了点土垫到地上才过去。有一回，我们到潢川拉电机时，地上的雪都淹没到膝盖这里了。已经到腊月二十二了，我们在那个地方走不了了。后来到路上看了看也有车碾的轮胎印，我想就照着轮胎印走，于是专门买了铁锹，遇到不好走的路段就下车铲雪，走走停停，一直到腊月二十四才回到分水岭。

我对车比较熟悉，知道这车跑几趟没有问题。开

①豆口，山西省平顺县一个村。

车的人对车的脾气不一样，认知不一样，看法也不一样。假如车有了问题，我在家就要把它处理完，我轻易不在半路上修车。由于保养车上心，我开的车轻易不在路上抛锚。说到培养徒弟，我们会开车的每个人都培养过一个徒弟。因为当时的年轻人都很精干，也肯学、上手又快，直到培养他们领了驾照，单独驾驶。

我开了一辈子车，不磕不碰的倒真是少见，只要你别撞到人，别给人家轧坏东西就算是不错的。可以这么说，如果车稍微磕碰了一下，或掉了点儿漆这都不算啥。这一辈子，直到丢了这个方向盘不开车了，我才敢说这一辈子平安过来了。

苦干创造新天地

我退休以后，我的儿女们都很孝顺，经常会开车带我到红旗渠转转，他们知道我很怀念这个地方。每回站到分水闸那，我眼前就出现之前修渠的情景，一幕又一幕，就像是演电影一样。想着想着我就感动得掉泪了。

从当初整个林县来说，红旗渠报道的刊物不是写着"林县是十年九旱，天旱把雨盼，雨大冲一片，卷走黄沙土，留下石头蛋"？就是这种环境，就是山区这种情况。所以我们要修渠，为了生存，更是为了子孙后代。现在的条件好啊，有吃有喝的。想想当时修渠的时候，大家都吃得很糙啊，比如说你从村上去，你从家带一斤粮食，到渠上再补你半斤，要说平常不干活的话完全够吃，但当时到红旗渠上干活，那时非常辛苦啊！山高坡陡，上上下下搬东西，吃得少了根本不行。干活都是起早贪黑干的，天长了，赶明就得吃了饭，冬季已经冷了，在天不太亮（时）就吃了饭，吃了饭就往工地走，稍走走就一二里地，甚至二三里地。到那以后呢，天还不太亮了。冬天这个钢钎冷了就容易坏，先点着火把它烤烤，给它加加温，等它有了韧性，再锻石头。黑乎乎了，才往回走。有的时候没有完成任务，给你规定的这个任务你没有完成，点了个灯笼完成你才能回去。虽然我只搞运输，但是面对这么艰苦的条件，大家这种干劲、这种精神我一想起来就很感动。

　　除了大家有干劲，不怕吃苦，还有一方面就是咱们党领导得好啊。杨贵书记、马有金副县长他们领导我们修渠，还颁布了一些政策，比如说"五同""军事化管理"等，都起到了很大的作用。说说这个"军事化管理"。就是开始修建红旗渠的时候，那时候都是公社，一个公社为一个营部，一个村为一个连部，总指挥部给营部布置了任务，营部分配到各连队，给各个村上的连队布置任务，哪一个公社修哪一段，多少里地。这样的管理方式非常高效，每个村每支队伍都有自己明确的任务，干起活来也有奔头。我们的领导干部，都是实行的与工人同吃、同住、同劳动、同学习、同商量的"五同"政策。我们的副县长马有金，他人特别好，跟人民群众很亲。这个人很能吃苦，经常带头跟工人一起干活。马有金是合涧人，这个人的一生都是奉献给人民了。每天起五更，天不亮就去干活，整天是起早贪黑生活。他从不搞特殊，即使在粮食困难的时候，他仍是跟工人的伙食是一样的，自始至终都没有加过小灶。工人们看到领导干部都带头干活，吃住一样，大家怎么会没有干劲呢？领导干部都发挥先锋模范作用，工人也打心眼里愿意跟党走，铆足了劲要苦干一番新天地。苦干也不是蛮干，工地上对修渠质量的要求也是很高的。营连干部经常会去渠线上走走，看看垒的质量好不好，有没有偷工减料的。比如说，一个石头，挖开以后，底下平不平，底下填的泥浆，填满了没。他们检查得很仔细，万一要是一下雨或者一放水之后漏了，那是要坏事的。对于那些不合格的工段，也会直接推翻，让这些人重新返工。正是这个严肃认真的工作态度，才能建出高质量的红旗渠。后来有一次开车从东姚回来的路上，碰到了马有金，说了会儿话就走了，这也是我们最后一次见面。

想想当时修渠是多么不容易，再看看我孙子、孙女生活的这个时代，真是翻天覆地的变化。现在的生活比起以前好多了，就像在天上生活一样。自从红旗渠修好了，我们也有水喝了，地里的庄稼也有水浇了，人们解决了温饱问题，才能追求更高品质的生活。党的政策好啊，我们退休后一直有补助。就拿我自己来说，现在补助每月有3300多元。我们现在不讲究工资有多少，只要报答人民就行了，我们还是有这个精神的。不是说修了这个红旗渠，我们这一帮人就有多么大的功劳，要求多么大的回报，我们是不会去讲条件的。我们是快乐的，我们是个整体，把青春都献给红旗渠，我们感到非常光荣。

红旗渠精神永流传

关于这个红旗渠精神，要我说就是很平凡。水来了，换来了收益，大家能吃上水，庄稼能有水浇，这就算不错了，让说它的意义有多大，我也表达不好。总的来说，万里长征是一个奇迹，红旗渠又是一个奇迹。可以这样说，没有杨贵就没有红旗渠，就像没有毛泽东就没有新中国。杨贵书记深入我们林县了解贫困的情况，他说过，林县贫困的根源就在于缺水。没有水打不下粮食，没有水困难修不了路，没有水生活困难，就必然要生病，所以要下决心解决水的问题。现在大家都学习红旗渠精神，就是"自力更生、艰苦创业、团结协作、无私奉献"。可能没亲身经历过体会不到，你真去干干也真的是够辛苦的，无名无利，起早贪黑。每个工人一来工地就分有任务，大家都干劲十足，就算是踮着脚板儿也要完成。再一个就是填石工人，要看你填实在了没有，没有填实在，就给你推了重来。水走四层，那针尖大的地方漏出来就了不得。这个红旗渠修建过程中质量把关是非常严格的。这种不完成任务不罢休的精神和严谨的工作态度，都是红旗渠精神的一部分。

让我用自己的话来说，红旗渠精神都体现在我们修渠过程中。比如说自力更生，当时杨贵书记要引漳入林，从根本上解决林县缺水的面貌，他向国家报告这一工程，得到了上头的批准，但是当时国家也困难，不能给这个工程投入很多物资，也没有人力支持。这个（时候）怎么办？林县人民很倔强，没有人我们就自己上，除了老人、孩子这些不能干活的人，男女都去。很多女的都跟男的一样去修渠、打钎，这就是自力更生。没有物资怎么办？我印象最深的是那时候少炸药。没有炸药就没办法炸山，那就没办法修渠。敢想敢干的林县人民就自制炸药。炸药不够了，就把细煤面往里面填，煤面没有了就掺咸盐，经过试验，大家就决定把煤粉和咸盐添在炸药里。实在不行，就往里掺点木炭灰，甚至是晒干了的牛粪和人粪碾成的灰，这就是我们自制的煤炮。煤炮有三好：省钱、省药、功效高。有了炸药就能继续修渠。任何困难都难不倒我们，这就是自力更生，自己创造条件也要修渠，就像当时大家传唱的一样："一颗红心两只手，自力更生样样有。"

再一个是艰苦创业。其实自力更生和艰苦创业是分不开的，红旗渠是靠大家的一锤一钎修出来的。那时候条件艰苦，也不像现在科技发达，啥工具都有，还缺粮少菜，大家经常吃不饱还坚持干活，这个条件确实很苦。比如说修渠是正赶上国家困难的时候，当时人们连最基本的温饱问题都很难解决，更不要说干活了。当时杨贵书记落实中央提出的"百天休整"的计划，留了一小部分人在渠上继续施工，其余都回家了。为了减少不必要的体力支出，修渠工作也变成一边修渠，一边休息，干一天休息一天。没有粮食，就去山上采槐花、榆钱、杨桃叶，把这些叶子煮一煮就是饭菜。即使条件这样艰苦，大家都没想过放弃。当时杨贵书记就说："引漳入林是一个大工程，现在国家困难，拿不出物资，但是我们要是等到情况好转后再去修渠，那又会出现什么情况？很难预测，错过这次机会，林县人民可能将永远受缺水之苦。"所以不管条件多艰苦，大家也咬牙把这个工程干好，渠不修成决不罢休，这就是艰苦创业。

还有一个就是团结协作。一方面体现在领导干部身上，以杨贵书记为首的领导班子，目标坚定，同心协力，始终站在人民的立场上，审时度势，团结一致作出科学的决策，并发挥党员的先锋模范作用，亲自参与其中，获得群众的拥护；另一方面就体现在领导干部和群众的团结上。领导干部经常深入第一线工作，实行"五同"政策，修渠的工人们都看在眼里，记在心里。正是这些党员干部走"为了人民、依靠人民"的群众路线，才能产生强大的号召力，与工人们齐心协力，团结协作。

最后一个就是无私奉献。修渠是一个很艰苦很危险的事，林县县委以及党员干部，不图名、不图利，心里装着人民群众。人民群众也舍身忘己，一心扑在红旗渠的建设上。在红旗渠修建过程中出现了许多可歌可泣的英雄人物：为了救工友被落石砸伤的李改云，因为忙于工地而没能对母亲尽孝的马有金，采桑公社的十二姐妹以及无数个舍小家为大家的普通民工，他们大无畏的奉献精神让人感动。

（整理人：陶利江）

马雍喜：
当连长必须以身作则，带头干

采访时间： 2017 年 12 月 19 日
采访地点： 林州市桂园街道大菜园村
采访对象： 马雍喜

人物简介：

马雍喜，1938 年 9 月生，林州市桂园街道大菜园村人。中共党员。红旗渠建设甲等模范。在修渠工地上，先是被选为司务长，后来当了民工连连长。

一不小心被推选成司务长

修渠前，我在河南省豫林七地质队办公室工作。当时中央提出"调整、巩固、充实、提高"八字方针，规定只要是1958年参加工作的，全部回家，支持农业生产。我在办公室工作，单位领导不想让我回来。我知道中央文件精神，就多次向领导请求，于是我就回来了。回来以后，红旗渠已经开工修建了。修红旗渠非常困难，非常艰苦，生活条件非常不好。当时，自己刚入了党，就主动去找生产队党组长要求上修渠工地。于是，我和小队的杨明德一块上了渠。因为我年龄小，没在农村干过活，他的年龄比我大四岁，我父亲托他照顾我、关照我。

崩山首先得打钎，再一个就是往外出碴，干了十几天就到冬天了。连长、司务长、伙夫都是一月一换。工地上吃饭吃不好，从家里带基本口粮，县里补助一点，早上吃的玉米糁、稠饭。稠饭当时就是筷子捞起来流水，喝起来自己感觉是稠的，一人一碗。中午红薯稀汤，晚上稀饭照月亮。干了十几天，司务长也该回去了。选司务长的时候，害怕有人选我，我就不声不响溜了出去，结果却选上了我当司务长。大家都同意让我干。

刚开始，没有粮食只得去借，后来我就想法子。工地的条件不好，要想留住人，首先得改善生活条件。人是铁，饭是钢，能吃好大家干的活也就多了，也就能留住人了。我当司务长以后，回家弄民工的口粮，我一家一户给村里的人解释，红旗渠上是非常艰苦的，你家的子女、丈夫都在那干活，都是自己家的人，家里面少吃些，也得给渠上凑一点。做通了家里的工作，凑了粮食，还解决了食盐的问题，吃稠饭的时候放点盐就好吃多了。再一个是（用好）补助的粮食和生活费。生活费很少，我下乡用这些生活费买了些萝卜条，这样就改善了民工的生活。为了留住人，我把上级补助的生活费除了买萝卜条之外，还尽量节省一点，每月都要盘盘账，计划着每人每月能够得上一块钱。由于我精打细算，临走的时候发给每个民工一块钱。这一块钱作用很大。有的人就想，我在这儿一月一块，三月就三块，三块我就可以买一车煤。当时我们大队的民工连长比我大四岁，工作上很多事情都是我给他出谋划策。

在工地上当连长

第二年，连长不去了，推荐我当连长。那时候条件比一开始好多了，吸引着年轻人愿意来这儿干活。村上有一个人叫田保增（音），他对我说："雍喜，你是当连长的，咱这儿换了几个连长了，都没有弄好，你能弄好吗？"我说："试试吧，尽量弄好。"在农忙季节，工地上最少有十几个人，大部分都是年轻人，只有两个上年纪的人，叫马来增（音）和马恩增（音）。工地上最多时可达到200余人，人拥挤得很。有一天碰见田保增，他说在渠上能吃饱饭，比在家里吃得好，还能一个月挣一块钱。我们大菜园村的年轻人大部分在工地干活，长期不回来，后来就不存在轮换了。

在工地上最危险的就是放炮。因为自己是连长，责任大，开始是自己点炮。一下工，别人都回去吃饭了，我在那点炮，一点点十几个炮。有一次点炮，十个炮响了几个，还差一个没响。我只好上去检

①瞎炮：林县方言，就是没有点响的炮，哑炮。

查，看看是啥情况，是瞎炮①，还是没有点着？如果没有响，下午干活还是问题，如果是瞎炮，下午还得刨瞎炮。刨瞎炮也是非常危险的。刨瞎炮刨不好，民工都在工地，炮要是响了怎么办？就会伤害到人。一次，我刚往工地上走，突然嘭的一声巨响，碎石就漫天飞过来。幸亏我当时戴着安全帽，赶紧蹲到了地上。我想这次完了。还好我命大，没有被砸住。

当连长必须带头干

当连长必须以身作则，带头干。越危险的事情你越得带头干。有一次，我们在半山上打钎，突然从山上滚下来一块大石头，躲也没地方躲，因为旁边是悬崖。那时候真是吓死我了。石头正好从头上滚过去，又躲过一场灾难。

以前我们村一直是落后连，后来就改变了。上边的人还来采访过我。虽然我是连长，但在工地上重活自己带头干，危险活自己抢着做。工地上安全第一，绝对不能出事，一出事，工地人心就散了。出碴、放炮、崩山都要注意。后来到了垒砌渠岸时，因为垒渠的石头大多是从山上面用车子推下来的，为了给民工做好定额②，我就先去推，看看一天能推几车，做到心里有数，不会出现偷懒现象。下山挑水、和泥，我也去做定额。一天挑几担，各个工段都有人管，都有人看着你，在工地来回检查。我告诉民工，只要你挑

②定额：指本着多劳多得的分配原则，总指挥部根据工作难易制定统一劳动定额，以定额工补助生活费及粮食。

够水，背够石头，你就不用干了，营部来检查看见了，我管负责，我给你顶着。后来营部都知道我们这个政策，也就不管了。不到下工时间，我们连就完成任务了。因为还没有吹号，不能走，走了会影响整个工地，可以在自己的工地歇会。上级领导也表扬大菜园民工连，说大菜园来了一个年轻人，办法多，还行。

工地上的石灰都是自己烧的。烧石灰得用青石，去河滩捡石头。民工抬着筐子，一筐一筐抬，那是非常累的。画开方格，一家一格，放满了也就完成任务了。我们村去的人很吃苦，我和他们一起抬石头、捡石头，很快就完成任务了。我们村主要挑选那些身强力壮的人。因为活儿重，在生活上给予照顾，吃饭的时候给他们多盛，他们可以多吃。所以他们干劲很大，都不甘落后，所以大菜园当时在整个营部都很有名。

修红旗渠结束的时候，评选了模范。特等劳模有路银，是工程师，管整个工程的，还有除险队长任羊成，也是特等劳模。我被评为甲等劳模，我们连被评为模范连。修一干渠时人数最多，得安排大量劳力，老人有老人的活，年轻人有年轻人的活。再一个就是修南谷洞水库，修成了（但）就是一直漏水，又补了一个大坝，大坝用土补的，从别的地方运土。下坡特别陡，车子前面要用两个杠子别住，不然就翻车了。坝得从下面往上起，很高，很陡。土是用荆条筐子运下来的，都是人一筐一筐背下来的。因为那个时候我正年轻，民工背多少筐我也背多少筐，但是我也比他们早完成任务。我还帮上年纪的背了好几筐。

在工地上，上下工都听号声，只要一听见上工号，我就醒了，背上工具就往工地上走。我从来没有催促过民工："还不走，吹号了。"我一背工具就说："我走了啊。"大家就跟着走了。我们连的人好领导，都很听话，大队照顾得也很不错。我非常感恩人家，大家知道我吃饭有一个特点，不能少水，伙夫经常给我盛一碗水，对我很不错。

　　当时根本没有想会不会修成渠。关于修渠也有不同的声音，也有人担心渠水会不会流过来。以前没有红旗渠，小麦一亩地打几十斤。有了红旗渠水，麦子每亩打粮上千斤。

（整理人：崔国红 王勇 李俊生 李雷）

付新顺：修渠需要以鼓励为主

采访时间： 2019 年 7 月 11 日

采访地点： 林州市第五人民医院

采访对象： 付新顺

人物简介：

　　付新顺，1935 年 4 月生，林州市东岗镇后郊村人。中共党员。红旗渠建设甲等模范。1959 年参与南谷洞水库建设，随后加入到红旗渠工程建设之中。在红旗渠修建时，曾担任司务长，主要负责后勤事务保障工作。红旗渠修成以后，留在红旗渠电站工作，直至退休。

在部队里当扫盲员、卫生员

我有一个姐姐，两个哥哥，我和二哥、三哥三个人都是当兵的。没有当兵前，我在家学了赤脚医生。我的学历是高小①，其实当时也算是有点文化的。进了部队才知道，很多人是没有上过学的，在家里有条件上学的也不多。因为我是高小毕业，所以去当扫盲教员。当兵的时候，因为我们学历都比较低，部队就安排大家学习文化知识。从认字开始，每天学习十个字，都是手把手教学。当时一个营有1000多人，教员又比较少，所以在一个广场上弄一个小黑板，教员在黑板上面写上字儿。当时我们教学的时候就是通过举例子的方式，比如说给你一个枪，然后把枪拆开，告诉你什么是枪杆，什么是枪托，然后再来认识字儿。两个小时学习十个字，大家学习得还比较吃力。条件很苦，但是大家还是很愿意学的，毕竟学习比站岗好得多，也很有用处。不过总是学着忘着，但是一看见东西就想起来了，有时候忘了咋写，还可以互相问问。

当时的扫盲教育也是有时间限制的，说的是半年完成任务，但是由于当时时间紧迫，两三个月就完成了任务。但是三个月的效果并不是很好，因为三个月并不是一直在学习，还有军事训练。因为每天识字儿学习的时间只有两个小时，其余的时间都是在军训。

当时部队里面也缺医生，做完扫盲教员之后，我又到了卫生连。到卫生连之后，每天还得学习，但是学习的时间比较少，学习时间结束，就干其他的工作了，比如说扫地、洗刷，干各种各样的活。卫生连里面有病号，就得跟着医生去帮病人看病，帮医生端着器械等。医生对我说，看了这次之后，第二次就该你自己来了。就这样，我就帮病人换一换药，打一下针。第一天才看了医生怎么操作，第二天自己就要实践。

我愿意去修渠

1960年开始修红旗渠，一动工，我就加入了。准确说，先去的是南谷洞水库①。我们上渠的时候，渠上已经在测量了，已经着手准备开工。那时候我刚从部队回来，当时修渠缺人，我又是农村人，大队去找我，我就去修红旗渠了。当时参与修建的是山西豆口和东庄段的渠道，就住在那里。当时县里让社员自己带工具和干粮修渠，还不发工资，确实有人有意见。我是想着国家投了资，做这么大工程，我们就应该积极响应。

修渠人员大都是林县人，有的干部是外地人，还有山西人。当时所有的青壮年都上去修渠了，人数很多。那时候的口号是"抢晴天，干阴天，下着小雨是好天"。但是修渠的主要还是林县人，从外地和县城来的主要都是技术员、工程师这些领导们。那个时

①指的是修南谷洞渡槽。渡槽位于南谷洞水库大坝前700米处，任村镇白家庄、尖庄之间，横跨露水河，渡槽长130米，宽11.42米，高11.4米，另加基础2—3米，单跨9米。石砌拱形结构，拱券厚0.5米，共10孔，故又称"十孔渡槽"。渡槽1960年2月15日开工，1961年8月15日竣工，由茶店、河顺两公社修建，共挖石方5264立方米。

▲
南谷洞渡槽

候缺人，有的村把孩子送过来修渠，但是大人和孩子的工分是不一样的。之前有一个村送来了十个小孩儿，是因为村子上没有劳动力了，所以才送的小孩儿。最后他们看到是小孩儿过来了，把他们村支书叫到红旗渠上教育了半个月，才把小孩送回去。

负责记工分、管伙食

当时在指挥部工作，我们每个人都有任务，听领导统一指挥。那时候我是管工程的，因为我会计算，那时候也不算啥技术员，其实就是负责记工分的。里面还有一个比我上岁数的人，人家懂得多少是一方，一方是多少工分。在地里干活一天能有七八个工分，在红旗渠上工作，一般都能做出十几个工分，去种地挣不了这么多的工分。在地里干活，回到家还需要做别的活儿，在红旗渠上工作，下工后不需要做别的活儿，该吃饭的就吃饭，该睡觉的就睡觉，该休息的就休息。修渠的时候，每天有任务数，完成任务数，回到家就可以马上算出工程数。修渠的时候有三四个人一起劳作的，一块儿做活儿，就都是十二工分。有的人工作效率高，工作效率高的能得到十四五工分。傍黑都下工的时候，我回到休息的地方就赶紧给他们算工分。满一个月的时候，把记的工分跟本人核对一下，要是没有差错，就到指挥部去盖章，然后到所在大队记上工分。1960年，我在卢家拐就当司务长了，司务长主要是管伙食的，管粮食的。

1960年调到红旗渠总指挥部，因为粮食短缺困难，没有经济支持，不得已进行了"百日休整"，这个工程就暂时停下。修红旗渠的人就剩了300人，任务就是修青年洞。青年洞因为任务大、时间长，所以请示了剩了300人来继续修建青年洞。后来棉织社又调了300人，组织大家一起上青年洞上钻洞，要不然青年洞工程量太大，就修不出来了。

修渠的时候有唱戏的节目，那其实是山西人要求唱的。山西人好唱戏，想要看戏，要求我们在村里住的几千人为他们修一个戏台。因为红旗渠是在漳河的南边儿，漳河的北边儿浇不到水。他们要求从红旗渠的主渠上钻一个洞，引一条管子，把水引到他们那边儿浇地。后来我就留在山西，我在那边儿是管两边儿协商，最后为他们建了戏台。山西石城下面有几个村的戏台，都是修红旗渠的人给弄的。我们给他们修了戏台之后，带着林县一个出名的剧团，又去那边儿给他们唱了三天的戏。新戏台一般得唱三天，然后这件事儿就算完成了。我们平时晚上吃完饭之后，会有人上去表演唱戏。

灌水凿石效率高

抡锤的工人中也有的是好样的，他们一天能打七八寸，那可是老红石啊！老红石比较硬，打一个（炮眼）是非常费劲的。他们是两个人一组，一个人管扶钎，一个人负责抡锤，这个场景电视里讲过。打钎的时候，弄上水眼，往水眼里注入水，把钎往里面一戳，一打，水就往外一溅，弄得脸上哪里都是。往石头上打眼，往里面注水，作用就是快！注上水之后石头就会变得没那么结实了。没注水之前，打一锤下去会比较浅，注上水之后，打一锤下去就会比较深，这样有利于把石头敲开，效率就高。凿石头的时候，找有缝隙的地方凿，会容易很多，但是有的石头不能随意凿，需要用钻来开，因为负责看工的施工员说有的石头会有别的用处，不能乱开，这时候有人会告诉你该怎么弄。有专门的技术人员负责这项工作，他们说不能把石头都敲破，有的石头稍微锻锻，就成材料石头了，往渠岸上一放，就行了。凿石头的时候，扶钎的人要是想把石头碎末从洞里弄出来，就"哼"一声，打钎的两个人就会停下来。注入水之后石头碎末就会粘连在一起，那样就更容易从洞里弄出来。如果不将石头碎末弄出来，会影响你的功效。

那时候，连推车也少有，更不要说机动车了，120斤的石头都是靠人背的。背着石头走8里地，背到目的地后会给你一个收条。

牺牲的人

我记得有个贫农，是东岗东冶大队人，在炮窟窿里（被）烧死了。很多人都来了，但是谁都不敢下到炮窟窿里。我那时二十来岁，连长瞧了我好几眼，说："新顺，你下去。"我就下去了。那个人往炮窟窿里装火药，捣的时候用的是铁锨，捣的边儿上正好有点儿黑火药，一碰上，火药就燃烧起来了，随后火就蹿上来了。

当时有上千人都放下手边的活儿，过来看发生什么事了。我下去的时候，闭着眼不敢看。他还在那儿站着。我对王连长说："他还在那里站着，只剩下骨头，没有肉了。"连长说："那咋办？"我说："放下一根绳子，用绳子拴着拉上去。"那时候我也忘了害怕了。拴好之后，我先上去，然后把他拽上去了。拽上去之后，我把他放到墙根儿，四五个人看着，我去找衣服，弄木头棺材。到红旗渠上弄了棺材，给他穿了衣服。医生用那白纱布往他那脸上一贴，拿出笔画了鼻子和眼睛，最后下葬在他家墓地。他死了之后，他媳妇哭得没气。有人负责看着死者的媳妇，担心她做什么傻事。下葬之后，我们就赶着马车，赶紧回红旗渠了。当时他还有一个儿子，大概一岁左右吧。过了一周左右，我又回到了公社，目的就是说那个死者的事情。我说等小孩长大了让他接他死去的父亲的班，给人家一个交代。爹死了，孩子咋办呢？要是让妇女改嫁，嫁哪一家？咋样安排？要是不改嫁，该咋安排？都需要写成文字，在红旗渠上盖章，再到公社盖章，最后要落实。老贫农的后代都得给人安排上事情做。那死者的孩子咋接的班，我是知道的，长大后也上红旗渠了。因修渠而死的，他们的孩子基本上都接了班了，都安排上工作了。

没有菜，我们吃河草

最大的困难是没有菜。我们吃河草，这没毒。山上有些草是有毒的。当时在山西的一个山上，有一种野韭菜，那种韭菜可以吃。把韭菜和河草煮熟，然后切碎搅到一起，就能蒸成包子。如果在蒸大米和小米的时候，碗里只放大米和小米，蒸出来就比较少，但是如果把河草和韭菜都放到碗底，然后在上面放上一层小米或大米，蒸出来就比较多。蒸红薯面或者玉米面的那种疙瘩也是这样，放点韭菜、河草一块儿蒸，蒸出来会看着比较多。

修渠的时候，我们都是修到哪里，累的时候就睡到哪里。我在办公室，住的条件稍微好一点。有的人住工地上，条件不太好，还有的住麦地上，或者在山崖底下。去老百姓家是免费住，不给他们任何东西，领导提前已经跟老百姓做了工作，乡亲们都让住。当时山西人也比较好，有的说不让住，跟他好好商量一下，也就让住了。

那时候自力更生。家里所在的村的队上有粮食，但是那时候粮食紧缺。虽然还有储备粮，但这个储备粮不经过政府是不能动的。粮食上都有政策，如果你想多吃，那是行不通的，多吃你就会犯错误的。干活的时候一天最多能吃上一斤二两粮食，要是计算成工分的话，你想想一天得抡多少下锤子？只有活儿干得多，才能多分一些粮食。（打炮眼）一天的任务是八寸，要是打一米就能多分到许多粮食，那样就可以多吃一些。一开始修渠的时候，渠上没有粮食，只给你粮票①。饿的时候

①粮票：中国在计划经济体制下实行的供城乡人口购买粮食和粮食制成品的票证，发行粮票是对粮食实行统购统销政策后为保证粮食按计划供应所采取的一种措施，1955年开始实行。分为全国通用粮票和地方粮票，全国通用粮票由当时的粮食部印发，在全国范围内通行，地方粮票由各省、市、自治区粮食局印发，在地区范围内使用。

你还需要掏钱去买粮食，再加上那时候粮食紧缺，很难买到粮食，就是有粮票也没有粮食可以换。

修渠的时候是需要以鼓励为主的，你今天教训一下这个，明天教训一下那个，就会有很多人跑回家。修渠的活儿很累的，再加粮食缺乏，肚子都是扁扁的，所以一天能凿一米二是很不容易的事情。一米二是啥意思？是凿石头的深度。

粮食不够还有其他的方法，粮食不够就用菜来代替。自己种一部分菜，再到县城买一部分。红薯不用买，农村有，去县城主要是买萝卜。到后来大队就负责送了，主要送红薯和萝卜。萝卜是不代表粮食的，红薯是代表粮食的，四斤红薯顶一斤粮食，红萝卜、白萝卜原则上是不顶粮食的。

"百日休整"的时候，我在卢家拐村做司务长。有一个人去找我，想吃点东西。喝了七大碗稀饭，我赶紧制止说再喝就出事了。你想那肚子再大也盛不下七大碗呀！当时没啥吃的，就光喝稀饭，吃的就只有野菜。我说的野菜其实就是河草，把河草切开放到锅里煮。河草的根茎硬得跟木棍似的，在嘴里来回咀嚼，都咽不下去。有人说，你觉得这菜不好吃就赶紧咽，咽进去就不饿了。

老百姓都很支持修渠

修渠前线那么困难，后方老百姓都很支持。当时青壮年都上去修渠了，留着小孩妇女老人在家。小孩有幼儿园，组织到一块，有人专门负责看着，找几个妇女看着剩下的小孩。山西虽说不受益，但是他们也支持。当然也有反对的，大部分还是支持的。有的百姓把摘的柿子和挖的红薯送到渠上，我们饿了就吃两口，人家还说就只有这点了，省着点吃啊。

当时修曙光洞的时候，老百姓给的支持比较多。洞里没有灯，老百姓就把家里的煤油灯拿过来给他们用。放炮之后洞里会有烟，老百姓就把家里的破旧衣物拿过来上下扇动，让烟出去。

农忙的时候，大家轮流请假。修渠刚开始的时候是队里集体种田，农忙的时候不用自己收，就是谁在家里谁收。后期轮流请假，家里有急事，也是请假。如果请不了假，就晚上赶回去，不耽误第二天上工，第二天早上赶回来。

在工地上入了党

1960年"百日休整"的时候，红旗渠上剩了300人的护渠队，其他老百姓都回家了。那时我就当了护渠队的司务长，管护渠队的生活和吃饭。当时渠上还有二三十个干部。半年多后，护渠队又增添了300人，驻扎在卢家拐。护渠队增加到800人的时候，光换粮票就换不过来了，司务长就有六七个。那时候是粮票制，拿粮票来，才给人家换粮食。当时，一共多少人，多少面，多少红薯面，一个馒头二两需要蒸多少馒头，我心中都得有数。我当司务长之后，做饭的事情不用别人管。一到傍晚，民工快下工了，我就赶紧到河里去捞河草，捞完之后，就在河里洗洗。民工都吃过饭的时候，差不多都半夜了，锅都腾出来了。我赶紧把河草扔锅里，开火煮菜。煮熟之后，把菜扔到席子上晾干，第二天清早起来就炒这些晾干的菜。工人们饿的时候就吃这些野菜，不吃说明你不饿。

1962年，我在工地上入了党。当时入党选了八个人，那时候有人给你做工作，问你愿不愿意入党。我当时是一位叫李成吉的给我做的工作，他是国家干部。我想干部都找我了，说明我干得比较好，人家一说我就赶紧答应了。当然，我也认为，入党是一件光荣的事情，以前是不敢想的。我当时在工地上表现比较优秀，一心想着修渠，没有时间休息。自己从来都不休息，一直想着提前应该干什么、工作干什么。领导看我比较积极，所以（推荐）我入党了。入党程序现在还能记住，主要是写入党申请书、举手表决、考验三个月、入党宣誓。

找领导帮忙解决困难

东岗有个叫冯增生（音）的，是个书记，我去向他要粮食，他不给。那时候，书记挂帅挂的是钢铁，社长挂帅挂的是水利，水利排第二，钢铁为第一。

有一次，我去找冯增生书记，我跟他说："书记，那这样吧，我从红旗渠上给你找几个你相中的人，让他们来钢铁厂帮你给看两天，咱们一起去渠上转两圈。"他说："中啊！"我又对冯书记说："我在你跟前连个小卒都不算，你可是书记，你说话可得算数。"冯书记说："你这个小孩怎么这么牛？"他还嫌我说话冲。我说："冯书记，之前你不也冲我吗？我现在就不能冲你一下？咱们都是干革命工作的。"最后他还是来了，俺俩一起去的红旗渠。他做书记的，其实啥都知道。他来了之后，每人每天加两斤红薯，红薯不够的时候就用萝卜代替。他说："粮食不能动，粮食上面有政策。"

有一次下雨了，水库水很大，我们坐车和马县长（马有金）一块儿，大晚上往南谷洞水库走。路过一个桥，桥上有人拦着说雨太大，不让我们往里走。然后马县长让我们用工具把拦住我们的栏杆撬开，继续往里头走。马县长让把拦住我们的那个人也拉到车上，在南谷洞

水库劳动了半个月。马县长比较厉害，要是没有他，我们也修不成
渠。马县长去世的时候，我也去了，真是一位好领导。

　　听人说姚村的人聪明啊，山上有藤条木板，人家就把树上那个藤
条木板给砍下来，做成推土罐车，每次都是用那个小推土罐车推土、
推石头。冯书记听了以后就找马县长，和马县长商量，能不能想想办
法咱们也有几辆罐车推土块。然后，马县长就开会，把姚村的人召集

▲
推土罐车

▲
推土罐车轨道

到一块儿，意思说让他们也帮我们生产几辆罐车。后来冯书记、马县长两个人就研究决定，晚上下班的时候直接去他们村里，把他们的罐车推回来用。拿回来之后，大家白天晚上都不敢休息，一直在干活，生怕人家把车推走了，逼得姚村又生产了几个推土罐车。这些推土罐车确实很有用，帮了大忙，省了很大的人力。

红旗渠改变了我的命运

我们这个地方不好，穷。我也不说什么大道理，就是穷，没有什么发展前途。在这里待一辈子，连吃水的井都没有，吃不上好的，自然条件太差。我在部队的时候就不想回来，没办法就回来了。在这儿的农村，你就干到八十、九十，还是这样。

红旗渠修好后确实解决了很多问题，尤其是水的问题。就拿我的老家来说，我老家比较缺水，之前没有修红旗渠的时候也没有机井，只能靠老天下雨来吃水。没有修好渠的时候，麦子只能种一季，红旗渠修好之后，可以种两季。以前的人连糠都吃不上，现在大家连馒头也不想吃。

红旗渠修好之后，我记不清楚是哪一年去的分水岭，在分水岭当的也是司务长。再后来，到了坟头电站，我们16人表现比较好，从临时工人转成了正式工人。我们这些人成为正式工人之后，在红旗渠上面都分开了，我在那儿是管发电。1969年我就在红旗渠电站工作，一待就是17年。我没有修过分渠，我修的是总干渠，修成之后就去上面发电站，一个月40块钱。

（整理人：陈小娇）

王章吉：艰苦的红旗渠生活

采访时间： 2020 年 9 月 2 日
采访地点： 林州市陵阳镇杨家泊村
采访对象： 王章吉

人物简介：

　　王章吉，1938 年 11 月生，林州市陵阳镇杨家泊村人。红旗渠建设甲等模范。参与红旗渠总干渠建设，担任队长。总干渠完工后，继续参与南谷洞水库的修缮工作。

王章吉

带头把活干好

我今年82岁了，往山西去引水修渠是1961年还是1960年已经记不清楚了，那时候我才20多岁，还是个小伙子。开始参加修渠是在山西省平顺县王家庄村①，那主渠就是从这个村下凿洞穿过去的。我是主动要求去参加修渠。当时俺们林县太苦了，吃水难，日子过得艰难。

到那以后就给你发各种开山的工具，让劈山了。我们都是一点一点地抠。光渠首从哪起头开始挖就分了三次找（地方）。一开始从山头找，觉得困难太大；后来就移到半山腰，还是不行；最后才移到了山下头，第三次才定了下来。当时修渠条件可艰苦，工程量特别大，活又多又累，开始给俺们分配的任务大多都干不成。但是你是队长啊，得以身作则。所以，当天一分好任务，发了锨，我就去渠上跟工友们一起抬石头、垒石头、推小车。每天我都是早早就完成任务，公社里面的领导都说我可真下劲儿。我们修渠每次分的任务是不一样的，每次任务都是根据当天的修渠情况重新安排，有时候抢锤，有时候点炮，有时候装炮，反正是让干啥咱就干啥。

修渠当然会遇到困难。当时我们在洞里干活，没有灯，大白天里面都是黑乎乎的，啥都看不见。咋干活了？你不能啥事都去找队上给你解决。条件差我

①浊漳河有"九峡十八断，九十九道弯"之称，在第七道弯南侧的山坡上有个王家庄村，红旗渠总干渠是从王家庄村下凿隧洞通过的。

165

吴祖太

①吴祖太：河南省
原阳县白庙村人，1933
年生，1956年从河南省
黄河水利专科学校毕业后
被分配到新乡专署水利局
工作，1958年被调到林
县水利局。1959年10月，
红旗渠初勘选线开始，参
与红旗渠工程设计。后任
总指挥部工程技术指导股
副股长，和县水利局工程
技术人员一起每天工作到
深夜，解决了渠拦河坝、
青年洞、空心坝等设计中
许多难题。1960年3月
28日，与姚村公社卫生
院院长李茂德进入王家庄
隧洞查看险情时不幸遭遇
洞顶坍塌，终年27岁。

们就自己想办法。我们就去找那种玻璃镜，追着太阳
找个位置把光照进洞里干活。这边一个玻璃，那边一
个玻璃，把太阳光从这个玻璃照到另一个玻璃上，那
块玻璃再把光反射到洞里头。太阳落山以后太阳光就
没有了，我们就去王家庄路边以西找发电的小机器，
在河边利用水流导着机器发电。但那个水流弱，带不
动，电量不行，有时候能用。灯不明吧，反正比摸
黑强。

　　修渠除了遇到困难当然也会遇到危险。我最讲
究安全了。你不能说你去干些活就给你磕了、碰了，
是不是？那不就给领导增加负担了？所以我当队长的
时候每次上工前就给他们开会，先说安全是第一位，
后面才说谁去弄灰，谁去推石头。不管说啥，都先说
安全。就说放炮吧，那时候全营就一个总点炮的炮
手。忙的时候炮手顾不上，我们把炮领回来以后就自
己安排在哪放炮，谁去点炮。那就是安排队长上，你
不能因为点炮危险就让别的工友干，自己躲到一边。
点炮就看你胆子大不大，敢不敢去。最开始弄的是单
眼炮，后来太容易出事，吴祖太①让改成双眼炮。你
去那里面点炮，比如放了五个炮，只响了三声，那就
是有两个闷炮。你要去闷炮跟前掏炮，那可是很危险
的。有的时候你一动，炮就爆炸了，那人就没命了，
太容易出事。后来就规定，不允许掏闷炮，不叫点回
头炮。如果点的炮没响，那就继续干别的，把它留到
那，等过一晚上再去看，这样过了一晚上再爆炸的可
能就小了，这样就能更安全点。

能吃饱的糊白汤

俺们这地方缺水，大旱绝收、小旱薄收。俺们当地常说的话就是"光岭秃山头，水缺贵如油，豪门逼租债，穷人日夜愁"。修这个渠就是为了能吃上水，过上好日子，所以一说修渠引水了，俺们林县周边几个村，十几个公社的人都扛着工具、推着小车来了。本来说是打算干三个月把这个总干渠修好，但打算是打算，实际上光找这个渠首从哪开始都分了三次找。不光修渠难，光这么多人吃饭就是个大难题。

我们当时修渠都是走着去的，谁去修渠就管谁一顿饭。每个修渠的人都能领到发东西的证，就像现在打的发票一样。有了这个证你沿路走，到有支着大锅的地方就都能吃上饭，吃饱为止。其实也不是什么好饭，就是糊白汤啊。

那会很艰苦，修着修着就没有啥吃了。杨贵他们在林县修渠的时候，就是胆大得很。在渠上，刚开始都是去漳河里面捞河草，捞出来，淘淘，剁剁，就吃这个。吃饭的时候那也是很难的，这么大一个瓢，一瓢这个河草汤，给这么大一个小窝窝头。你要是能喝两瓢汤，给你两个。可谁能喝得了这个？后来杨贵为了修好这个渠，就提了储备粮，就是备灾备荒的那个储备粮，让供应着渠上，叫吃饱。一开始都是份儿饭，后来就是吃多少放多少，叫大家都能吃饱。不吃饱不中啊，干的都是出力的活，吃不饱没力气咋干活了？那时候真是苦，但大家都想办法克服了，没有一个人说因为这不干了，回去了，没有！

我这点事不算啥，有人献出了生命

虽然我不是党员，没有入党，但是我家里头也都有党章，没事儿我就拿出来瞧瞧。咱就是跟着党的指示往前走了。俺们家四口人，我父亲、母亲和俺们弟兄两个。我跟父亲都去修渠了，父亲先去修渠，我是后来去的，但我父亲去世得早。我父亲去世以后丢下我母亲。俺老母亲高血压、偏瘫，躺着起不来，每天得扶着她吃点喝点才行。但是我能咋办呢？只能白天上工，黑夜了就回来。晚上回来了就看看母亲，不能耽误上工。那个时候我当连长了，要是说走就走了，那工程就没有办法有序进行了。反正每天天黑了就回来了，天亮了就走了。早上上工还得安排人干活。我就带头干。你当连长了，光动嘴不办实事不行，你得带头干，领着大家把活干好。修完渠以后，我就又到南谷洞翻修南谷洞水库了。俺老婆跟俺开始一起在这修，她叫王和英。后来她生病了，肺结核，57岁就走了，丢给我三个儿子，两个姑娘。我那个时候干活也是累得腿上发炎了，就一直抹着药，也花了不少钱，也没治好。后来就有医生说，你这就不是疮，你这是静脉曲张，你到医院里看看吧。后来我这腿就做了手术，就这一条腿，静脉曲张，现在我这个腿还有伤疤。这都是因为年轻的时候干重活干的。但我这都不算啥，为了修渠有的人牺牲了。

修洞那会儿有一个大学生，他大名就叫吴祖太，那小伙子长得很帅，水利学校毕业的，后来调到林县。提到他这个事情确实很伤心。当时王家庄隧洞正在掘进，但这个地方容易塌方。当时从队里抽调到这工作的一个是吴祖太，还有一个叫李茂德。可谁也没想到会出事故。他俩是去查看洞里的情况，是为了排查险情，谁知道正好出事。出这个事故之前我就在那，吴祖太、李茂德就被活活地埋到大石头里面去了，头都挤成扁的了。活生生的一个人，工程师，可痛心，现在想起来还可伤心。还有李改云，她是舍己为人。我那时候当连长了，组织了50人，就在那洞里往外推罐车。

我现在老了，都83岁了，有三个儿子两个姑娘，但我不用他们管。儿女也不用给我钱。我身体可以，一个人照样能自理。我就是爱劳动，闲不住，现在负责在村里管理树木，每天自己做点饭吃吃，我自己还感觉是好生活呢。

（整理人：赵翔）

吴财拴：
红旗渠工程需要统筹安排

采访时间：2019 年 7 月 12 日
采访地点：林州市采桑镇舜王峪村
采访对象：吴财拴

人物简介：

　　吴财拴，1929 年 4 月生，林州市采桑镇舜王峪村人。中共党员。红旗渠建设甲等模范。修建红旗渠时，任民兵营长。

干得好当选模范

去修渠之前，我们（村）水很紧张，村里打的（有）旱井，下雨的时候在旱井里存上雨水，吃旱井里存的雨水。我们没水吃，所以也不嫌雨水脏，有时候把水里边的脏东西澄一澄，就把雨水吃了。大家都这样，不嫌脏。旱天的时候就去别的村挑水，有的五六里，有的十几里，最远的时候得跑十几公里。

修渠是大队安排的，队里派谁去，谁就去。大家也不讲条件，都很服从安排，一个村去三四十个人。

在修渠过程中，我比较卖力气，也肯动脑筋，不怕吃苦，还算是表现优异，没有犯过错误，这样就被提拔当了民兵营营长。一般情况下，我们都是一个月从修渠地方回来一次，但是我时常代替别人，基本都是三个月回家一次。为什么替别人呢？一方面，自己思想上比较积极主动，想要干出来一点成绩，也想做个表率。因为我是营长，要管理安排任务，自己不在就不放心。我主要负责分派任务，当然不是啥也不干，只安排任务就行了。我也搬石头、垒石头，往回运石头，这些活都干的。另一方面，那时候比较年轻，别人一给我说，我就抹不开面子，感觉不答应别人不太好。我属于比较好说话的那种人。那时候家里的事情也不多，家里人比较理解，没有说必须得赶紧回家干嘛，就是这样我不经常回家。

我给干活的人安排活儿，有人负责垒，有人负责打炮眼，有人负责点炮。年龄大的管垒，年纪轻的管起石头、锻石头。点炮的活儿，我自己干，交给别人嫌操心。点炮的时候，接触黄火药腐蚀皮肤。在工地上走到哪里，看到年龄大的垒不动的时候我就替他垒。我不爱多说话，管事那么多年，没有跟别人发生啥矛盾，一直当选模范。劳动模范的评选，是上级一级一级选拔出来的，先由连部选拔，再由营部选拔，我就是这样一级一级被推选上去当劳模的。

专门派人挖野菜

那时候生活很艰苦。我们都是不回家住的，全部住在修渠的地方。开始在王家庄，第二段在卢家拐，第三段在任村，第四段在坟头岭①。一开始住在老乡家，后来一般都是自己搭房子住。那时候住的条件也不好，但我们不是最差的。我听说有的住工地上，有的住田地里，夏天还好凑合，冬天可不行。你是不知道冬天多难熬，林县的冬天真长呀，冷得骨头疼。我们有的时候自己搭帐篷住，还算能够凑合，虽然跟在家里住比不上，但不管怎样也算没有冻住，比住野地里好得多。有时候，修渠修到哪一村，就住在当地居民那里，如果实在找不到住的地方，就搭帐篷住。

吃得也不好。我们都是自己带粮食去修渠的，吃的是红薯面、糠和专门派几个人挖回来的野菜。粮食经常不够吃，平时吃的粮食类的食物是小米和红薯面，小米一般都很少吃。所以我们要经常吃这些杏树叶和榆树叶，吃叶子，不吃皮，叶子是比较软和的。吃的时候，要用开水把叶子烫一烫，然后再泡几天才能够吃，因为如果不泡的话，它会有毒。各种树叶都

① 坟头岭村处于林州市西北，处于任村镇和姚村镇交界处。1965年4月，红旗渠总干渠通水以后，在这里一分为三，改名为"分水岭"。

172

吃过，桑树叶、榆树叶等等，叫上名字和说不上名字的都吃。先拣我们知道名字的吃，实在没有什么吃的再去吃别的。吃得多了，就总结出来哪些好吃，哪些不好吃，什么时候摘好吃，怎么做好吃。这些树叶中比较好吃的是杨桃叶。杨桃叶子比较软和，也没有什么怪味，不怎么苦。不过放到现在是没人吃了，白面馍馍都不想吃、扔掉了，多可惜。杨桃叶子比其他叶子好吃点，慢慢大家都知道了，树上先光的就是这些好吃一点的叶子。

空运线印象深刻

修渠的时候，小渠两米高，大渠四米宽、二米二高，过了坟头岭渠就需要变窄。修一天两三毛钱，渠修好之后也没有什么补助。干活的工具大都是公家的，主要有洋镐、镢头、钎和锤等。我们都明白这是给自己修渠，所以就算是很苦，也没有偷工减料的现象。我们村除了我以外，还有一个劳模，叫李天军，他去世得早。修渠的时候，他的工作是拴着绳子除险：手里拿着一根粗木棍，木棍两边带着钩，看到悬崖峭壁上可能掉落的石头，就赶紧把它弄掉。

用炸药崩了山，石头崩开了，但还没有掉下来，就需要人去把那些已经活动了的石头弄掉，这时候就需要除险队。除险队一般由两三个人组成。除险队的人是比较少的，危险也比较大，因为太高了，有任何闪失，掉下去就没有命了。说白了，这些人都是提着脑袋在干活，生死都是随时的事情。当时工作条件也不好。为了保险起见，除险队都是挑一些身材比较矮小、偏瘦的人，腰间系着大绳，双手掌着挠钩，空荡荡地挂着，用力把活动的石头弄下来。没有胆量的人是不敢的。

　　空运线是印象比较深刻的事情。这是修渠人为了方便运炸药，用铁丝做成的空运线，其实就是在悬崖边上扯出来的运输线。扯绳的时候，人抬着绳往悬崖上爬。它的两端由一台机器连着另外一台机器。空运线距离地面大概10—20米那么高。如果不小心掉下来，就会摔死的，我见过，不过死的人不多。它的作用是炸山的时候运一些炸药，因为人是过不去的，太陡了，又没有路，不太方便过去就要用空运线来运。

▲
空运线

点炮时腿受伤落下病根

我们村目前就剩我一个劳动模范。干活儿出力的就评上了模范称号，有县里选的、公社选的，还有村上选的。

修渠的时候，我们肯定要炸石头。崩山的炸药是县里统一弄的，用多少调多少，根据难易程度来配，不能随便浪费，这都是紧缺物资。盘阳洞、青年洞比较难修，工程量大，用得比较多，其他的地方相对少一点。有的时候，上边分配的不够用，实在没有办法，自己也造一部分，尿素配锯末，大家都会做。但是自己做的炸药没有买的好用。我自己这边没有因为用炸药出过事故。我也做过点炮的，因为这现在的腿落下了毛病。那天外面的炮点着了，我还没有出来，于是就赶紧往外跑，跑的时候不小心跌倒了，腿碰到了石头，给划破了。第二天需要装一个1000多斤的大炮，受伤的腿让火药给腐蚀了，流了好几年的脓水，腿上就落下了后遗症，走路不太方便，天一下雨，或者天冷的时候，就很容易腿疼。

钻洞最难最苦

对于我来说，垒渠不好干，弄不好就会漏水，和不好灰就会漏水，需要再掺水泥和一下。支渠垒好之前会先放点儿水，看看漏不漏水，漏水的话就会再弄点水泥补上去。领导每天要检查，垒石头垒得不好了，领导就给你掀了，不掀的话就说明没有事。

钻洞最难，但是山比较多，不管怎样，还是得钻。为什么说这个活最难呢？主要是那时候条件太差，什么工具都没有，说白了全是靠人力。想要钻深一点是需要花大力气的，而且不出活，忙活半天了，

175

钻得也不远。不像现在，弄个机器，一会儿就弄完了。太行山的石头不是一般的硬，有红石和青石，红石比青石硬，一只手拿着锤，一只手拿着钎，胳膊用足力气，一点一点钻出来的炮眼。都是大石头，钻半天没有动静一样。虽然难，还是都干下来了。

说起这，妇女也很厉害。十二姐妹就是钻洞的。我们离得远，我不认识她们，但是有很多她们的故事。这些女的真是好样的。在工地上，妇女们干起活儿来一点儿也不比男人差。男的推车，女的也推车，男的打钎，女的也打钎，男的排险，女的也排险。听说后来修好渠以后，都成了劳模。其中有一个叫郝改秀的，也是很厉害的女人。她家解放以前过得可苦了，不过这女的不是个软绵人，很硬气，有闯劲，干活也舍得下力气。修红旗渠的时候天还冷，那时候一听要修这个，都还感觉不大相信，工程量太大，不是一时半会就行的。最开始想的是让男人去，女的在家看孩子、种庄稼、照顾长辈人。

一听说修渠，郝改秀自己找到村（党）支部书记，说想去渠上锻炼，自己以前修过水库啥的，也算是有经验，想到引漳入林工地上去。其实说白了，就是没水的日子过够了。她家里人也不愿意让去，一个女人受那份罪，不是一时半会的。尤其她娘很不乐意，在家里说她，闹别扭。村支书刚开始没有答应，可能想着女人力气不够吧，就跟她说让在村上养猪，这也是光荣的事业，也是为村里、为修渠作贡献的事情。她说不过支书，就回去了。后来又跑去找支书，跟支书说："养猪是光荣，不过我还是想去修渠，就让我去吧。"没办法，支书就答应了。她娘也没有办法，不再拦着她，就让她去了。凤凰山很高，高出地面300多米，光站在上面就让人发抖，好多人站上去不敢往下瞅，更别说干活了。这一段的渠是从半山腰挖，把山上的石头凿开，凿成渠，该是多么不容易。郝改秀也是个胆大的女人，去修了这段，跟她一起的还有十几个女人，男人干啥，她们干啥，一点不比男人干得少，也不比男人干得慢。她们这十来个人很出名，大家不管见过没有，都知道她们的事。

还有个女的也厉害，叫李改云，她是队长，干活也认真，也不怕吃苦。听说为了救一个姑娘，（被）石头砸着，掉到了山崖下边，山上的土顺着带下来，埋住了，经过急救才保住了性命。后来，在医院治疗了快一年。再后来，在她受伤的地方，建了一座桥，名字就是改云桥。还有个女的，不知道叫啥名字，钻洞是一把好手，能吃苦，比好多男的都强。抡锤一口气抡了上百下，胳膊都肿了。一般情况下，抡几十下就该休息了，那女的一下子抡这么多下，胳膊（肿得）又粗又大。打钎、抡锤都是很废胳膊和手的，虎口很容易受伤，基本上没有囫囵的。冬天的时候更是厉害，崩了很大的裂口，一冻又肿了起来。从手背上打消炎药，大家基本上都是这样的。所以说，钻洞是真难、真苦、真不容易。

领导和我们同吃同住

由于人比较多，基本上是自己管自己的人，不过领导们也会干活，不是只会指挥不出气力的那种，都是以上率下的模式。管理上基本都是一级管着一级，上一级管着下一级，这样层层相扣的管理模式。一个公社管理自己的社员，公社领导由上级管理。领导他们也很忙，要干活，还要开会，还要解决各种问题。如果领导在，监督的时候看到谁垒岸垒得不太好，也会当场批评他们。他们和我们同吃同住，没有什么特殊的待遇，大家都是一个出身，为了同一个事情。一个队的领导和一个队的人员在一起。

在渠上见过县里的领导，比如县委书记杨贵、副县长马有金，他们经常在渠上开会，具体的事情我不记得。工地上有毛主席语录，开会的时候给大家念。有时候晚上还得加班，没有时间唱歌、娱乐。

红旗渠对林县人作用大

　　最开始修渠的时候，没打算修那么久，听说打算几个月就修成，说是大家都动员、都参与，很快就行。修的时候发现不行，一下子修了十年，前前后后好几万人都参加了。

　　刚修好红旗渠的时候，流水都会有人看着，因为害怕有人偷水。不是怕偷回家，是怕引到他们自己地里，我们自己的庄稼就浇不成了。粮食是命根子。当时是分队的，比如说让这个队浇水，然后这个队就会派人来看着渠，让渠水流到他们村田地里。水特别珍贵。

　　红旗渠确实对林县人民起了很大的作用。修成之后，就解决了很多人吃水的问题，再也不用跑很远去挑水了。浇地灌溉基本上就覆盖了全县，干渠下边有支渠，支渠会流经各个村庄。能够灌溉地之后，粮食产量就上去了，大家就不用饿肚子了，就富起来了。不过后来有了机井，就不怎么吃渠水了，浇地还是用的渠里的水。现在好多人都不种地了，但是不种地，他还是富起来了，这就是国家政策好，不用卖苦力就可以让老百姓过上好日子，这是社会发展的好处。

　　修完之后，我一直没有再去过那里。修完红旗渠之后，我就回家种地，不怎么出门。有了水，确实生活也方便了，庄稼收成也好了。不过也奇怪了，再也没有遇见过大旱年。我不爱出门，也不怎么跟别的人联系，一直没有见过工友。以前修渠的差不多都去世了，我们村还有健在的老人曾经修过红旗渠，但是剩下的不多了。

（整理人：陈小娇）

侯水金：
红旗渠修下来是咱的幸福

采访时间： 2020 年 9 月 2 日
采访地点： 林州市桂林镇王街村
采访对象： 侯水金

人物简介：

　　侯水金，1930 年 12 月生，林州市桂林镇王街村人。红旗渠建设甲等模范。修渠过程中彻过墙、打过钎、除过险。

在渠上当匠人、除险

开始修红旗渠的时候，我们就是到圪针林修一个涵洞，后来到山西东庄。到东庄呢，是六月天下雨的时候。那时住的就是随便在山上掏出来的土窑，在那个里面住着睡觉。修渠呢，在漳河的南岸，这个地方很艰苦。山呢，很高。在这山底下修这个渠，山上松动的石头会往下落。我们就是（被）挑出来的几个人，在这儿除险。人家上了班，我们就休息；人家下班以后呢，我们就除险。除险就是从上面下来这么粗一根绳，下面挽着小绳，就是一个人的腰上绾一根。

接着就是到卢家拐等地方，就一直继续下来了，一直修了八年。

开始去的时候，我是管挖沟的。之后呢，我是管垒砌的。当时砌墙要求是很严的。外边用大石头垒开，中间（用）小石头填。填了之后把这个石灰兑上（水和）土，搅成糊涂，灌到里边。灌好，用水泥把（外面）这个缝给糊上。垒砌主要用的还是白灰多，因为水泥贵，价格高。水都是民工往上担的。能担就担上去，不能担的就用那个滑轮绳装上滑轮，在半山坡弄个支点，用钢丝绳勒紧水桶，绞动滑轮，顺着钢丝绳把水桶给绞上去。能担上去的人就顺着担上去了，不能担上去的就用这种方法往上绞，就这些运法。不管是运水还是运灰，大致都是这样的运法。

修渠一开始不用砌墙，不垒渠以前就是备料。垒渠以前，石头都得备好。比方说，这段需要一百方，你就要把这一百方石头准备好，需要多少你就需要准备多少，完成以后你就该垒砌了。

我除了砌墙当匠人，也除过险。在山西东庄那儿除险，就顺着绳下到那半山腰。放了炮，你如果不除险，下边的人一直担心，害怕砸着了。（除了）在东庄除险，之后我就再没干过这个，就一直当匠人，备料、垒墙。

评上劳模

过年前，别人都下工回家过年了，我们村在白甘泉还差200方料石（才完工）。后来我们村的大队干部李长顺，在我换班回来第三天下午，他来（我家）了，说咱往渠上走吧。然后，拾好红薯，就上工了。

到渠上，见着了公社副书记张立根，我说："我们差200多方料石，我们还得一直修。可是一天一个人才弄一寸多石头，还不到两寸，那怎么能完成呢？"张书记说："回去研究研究。"我说："中。"后来研究了一下，我对书记说："一天完成八寸。"他说："会不会？"我有信心，说："会。"张书记仍有疑惑，这么大的工作量怎么能完成呢？我就立下军令状说："俺如果完不到八寸，俺过年不走。"回来之后，其他人说："咋办？"我说："编组吧，这样胡乱整肯定不行。三个人一组，一天必须得完成八寸，谁完不成八寸谁不能收工。"傍晚开会，编了组。第二天就去干了，大部分都完成了八寸，极少数人完成七寸。就这样，后来照这种办法干下去了，到腊月二十七，正好完成所有任务。

到第二年春天，有个过路桥要修，让我们大队修这个桥。修这个桥要锻石头，锻石头这个活都不愿意干。因为红岩石太硬，锻不动，人家都不愿意干。有人说："你说修这个桥不修？"我说："领导让修我就修。"后来领导跟我说："把这个任务给你了，把这个桥就交给你了。"我说："中。"后来这个桥也开始修了。

红旗渠（总指挥部）召开劳模会的时候，张书记亲自推荐的我。他说，不管咋样，你得去。后来，我就去了。

吃的用的自己带

那时候从家带着一份粮食，到红旗渠之后补贴半斤粮食，一天就是一斤来粮食吧。那时候吃的是自己带的，用的工具也是自己带的。带着锤、钻、瓦刀、泥板，从家里带。当匠人就得带匠人（的）工具，一般这个普工就是用的这个钢钎、洋镐、铁锹。抬的那个筐子啊，那都是工地领的，领出来用的。

当时修渠有说过80天修好，但是80天过后没有修好。修渠时想着不容易，不会修下来，不会引来水。到后来水下来了，到林县来了，群众心里高兴。这算把红旗渠修下来有水了，不管是出力还是咋，总算没白费，有价值。那时候该咋干咋干，让咱干啥，咱干啥。修下来是咱的幸福，修不下与咱无关，咱还是该干还得干，那时候就是这样想的。之前"百日休整"的时候都停工了，停工了之后，回来接着种地。修青年洞时，我没有回来，我一直在修。我在青年洞南头，没有进里头。

修渠修了8年，（这）8年不是一直都在渠上，也是换班干活，轮到你了你就去。修够一个月就回来，再轮到你了就再去。

有问题解决问题

修渠的时候，人多，吵架什么的是避免不了的，但是问题不大。有问题，那想办法给他们解决。一般都是那几个工地领导解决。修红旗渠8年里，也有修到中间就不想再干了（的人），人多避免不了。渠没修好的时候，又失望又累，想偷懒啊，也是避免不了的。（遇到）这样的情况，那就教育他们，领导教育他们，说服他们，动员他们。"咱们来到这儿修渠都像你一样，多长时间才能修成，是不是？""那咱当一天和尚撞一天钟，来一天咱就干一天活，不能这样学懒不动。"我们村没有说不干的。

修渠的时候，也有死人的事。我们大队没有发生这样的事，没有这样的问题。其他大队有。南山死了个人，具体哪个地方记不清了。南山那个人死了后，他小孩又接了他的班去修了。当时我听到死人事件时，也没有不想干，还一直在那干。

修渠中，工友之间在休息的时候，也会有娱乐活动。宣传员们拿着喇叭宣传好人好事，有的还说快板，各种活动都有。也会评模范，一是干活好，再是表现好、思想好，就是这样来评的。干得好、干得快的就表扬表扬，宣传员广播广播，谁谁谁干的怎样怎样。

红旗渠修成之后，最看得见的好处是，吃水不困难，种地不靠天。

（整理人：王会民）

苏安菊：
决心改变贫困面貌

采访时间： 2018 年 7 月 13 日
采访地点： 林州市任村镇任村村
采访对象： 苏安菊

人物简介：

　　苏安菊，1945 年 1 月生，林州市任村镇任村村人。中共党员。红旗渠建设乙等模范。在修建红旗渠中主要负责扶钎工作，参与完总干渠修建之后又参与三干渠修建，直至工程结束。

工地上的十六岁小劳力

我16岁就去修红旗渠了。16岁，也就是小学毕业不久。我是红旗渠开工后第二年去修渠的，刚开始是在木家庄。我这个人干活也不挑拣，人家派我干啥我就去干啥，人家问我啥，我就跟他叙家常了。

我到渠上主要是扶钎，不过不只扶钎，我还去拉石头，推着那小车就去拉石头了。我主要干的是扶钎，一天干十个小时，早上开始一直到晚上，吃了早饭就上山了，一直干到中午12点，中午在工地吃饭。有的地方是在村庄吃，离村庄近一点的话，可以在村庄住呀，吃呀。有的离那个工地远一点儿，那就是担着桶送饭。送到工地，让工人们吃饭。中午12点开饭，大致一点半就上工了。一直干着活儿。就看太阳吧，太阳就是时间，太阳落山就下工。晚饭是回到住的地方吃饭，住的地方大致六七点开饭。吃罢饭，如果没有什么特殊情况就不上工，就开始休息。但是如果有特殊情况的话，有些人就得回到工地，回去放炮，放完炮再回。那炮啊，都是连环炮，基本上这一段儿都是轰轰轰，就是一连串的开始放炮，放半个钟头左右。放半个钟头之后，如果出现了什么危险情况的话，那就不吃饭也要去抢救。放炮崩的石头，能抬的抬，能拉的拉，从那山坡上弄下来。

这个妇女啊，大致16岁、17岁都可以去（修渠）了，妇女也有30来岁的。把她们分成3班。一班都是10个男的，10个女的，这算是一班去修红旗渠。劳力（被）分成几组，一组去干一半时间，另一组再去接着干。指挥的应该一直在渠上，人家成立了指挥部。一个大队就有一个指挥部，然后分成了生产队，也就是作战小组。

决心改变贫穷面貌

当时吃的跟红旗渠上的其他民工一样，保证一天是一斤半粮食。每个生产队都有仓库，五间或十间仓库，装有小麦、玉米、谷子。生产队就赶着小毛驴或赶着排子车①送来菜，主要是萝卜，有红萝卜、白萝卜。各队的人各队去送，基本上就是各个生产队的民工，吃自己大队的粮食。会把麦子、谷子、玉米，还有些蔬菜往渠上送，十天半月送一回。

当时是这情况。红旗渠上这活，它比较劳累。县委的领导也非常关心民工的生活。当时是在悬崖峭壁上干活，尤其是在这个陡峭的坡上干活，干的活特别危险。林县县委为了保证修渠的质量，就保证民工一人一斤半粮食。当时供应的粮食不是大米、白面，主要是红薯，一个人四斤红薯顶一斤粮食。在红旗渠上修渠的时候，早晨吧，有窝头，有红薯，民工就这样吃一吃，喝点稀饭。中午基本上就吃点小米饭就是高了②。弄点小米饭，炒点菜。那菜，就是南瓜啊、胡萝卜啊。再一个就是去山上挖点野菜，和点野菜吃。那个大米是从外地弄过来的大米，那时候大米很少。

俺们说吃了这个干饭，也就是小米饭吧。（再）用萝卜条熬点汤，汤里再下点面条，那就叫干饭汤。（隔）两天三天也会吃一顿面条，有时晚上跟早晨也会蒸点白馍，配点红薯。再一个就是蒸点小米，黄窝头，再配点红薯，也算是改善一下生活。今天吃这

①排子车：一种人力双轮板车。

②高了：林州方言，指的是吃得很好的意思。

个，明天吃那个。可以这样说，林县人是为了修红旗渠，艰苦，但不叫苦。因为林县十年九旱，林县人深受干旱的痛苦，已经是尝够了痛苦。所以一说修红旗渠，能喝漳河水了，能把漳河水引进来浇地，老百姓们从上到下都盼着把水引到林县，能浇上地，吃饱饭。所以说宁愿苦干，不愿意苦熬，不能再让子孙深受这干旱之苦。所以说，就是吃不很饱，也不叫苦，再累点也不叫苦，所以说拧成了一股绳。从上到下，从老到少，都攥着一股劲儿，一个心，决心改变贫穷面貌，所以就有了红旗渠。

"凤凰双展翅" 的扶钎姑娘

当时是在跟石头作战，可以这样说。因为当时没有这个现代的工具，没有电锤啊、电钻啊，就是全靠铁锤或铁钻，砸这个石头，把它砸成一个洞。用那些炸药，把巨大的石头把它崩碎了。为了提高效率，我们这些女的也去挖红旗渠了。我们是扶钎的。扶钎的时候（刚开始）都是摇摇晃晃的，有时候这个锤头就砸在手上。那不是一天两天就学会的功夫，得10天或20天才弄得比较成熟，成熟了砸的时候才不会砸到手。

我主要是管扶钎。除了扶钎，后来啥都干，比如和灰。当时人家叫干啥就干啥。他们打钎的抢的是八磅锤，八磅锤大概有个两三斤，握钎的大部分都是女的。也有不同，有的地方打钎是女的。谁说女子不如男？女的也有生产力，也有体力，也可以打钎。有的地方就不是，红旗渠这么长，有的地方就是男的打女的扶，到另一个地方，可能就是女的打男的扶，每个地方可能不一样。为了提高工效，当时就说咱就成立起来扶双钎的队伍吧。忘不了的就是当时负责人培养我们

①在红旗渠的修建
过程中，需要在太行山上
打出炮眼儿、装药放炮，
而太行山的石质非常坚
硬，需要反复打钎，才能
凿出炮眼。工地上的铁姑
娘们巾帼不让须眉，双手
握着钢钎，供四个人抡锤
打钎。这种劳动场景像极
了凤凰展开翅膀，这种打
钎法也被称之为"凤凰双
展翅"。

扶双钎。大家在打钎或扶钎时，也有受过伤的，我也
受过伤。

当时我们都是按队分的段儿，人很多，各队各公
社都分有任务，都是一段一段地分任务。总干渠修完
了，还有一些配套工程，还有一干渠、二干渠。我是
1961年去木家庄修，在木家庄修的是总干渠，接着修
了三干渠。

那时候拍电影，《红旗渠》那个电影我也上了。
那里面有我，就是扶双钎的那个。四个男的，一个女
的，扶双钎的就是我。"凤凰双展翅"①那个照片展
览馆里头留了有。说实话，咱不求啥名呀利呀，修红
旗渠也不是光咱一个人去修了，修成红旗渠是大家的

▲"凤凰双展翅"姿势

功劳，不是咱一个人的。拍电影的还说了，采访我会有个镜头，给我宣传到林县，宣传到中国，宣传到世界了。

把红旗渠精神传承下去

我18岁就入党了。修完渠之后，我就在生产队里当妇女队队长。那时我爹是个队长，也是个老党员，一九四几年时的一批老党员。后来我就一直在妇女队里。俺爹是党员，就得带头修红旗渠。在生产队，你得带头劳动。

继承红旗渠精神就体现在对子女的要求上，让他们终身不忘红旗渠精神。红旗渠精神就是"自力更生、艰苦创业、团结协作、无私奉献"。因为社会主义是个大家庭，你不团结协作，搞什么东西都不行，要用集体的力量和集体的智慧。再一个就是无私奉献，干工作不能光图功名，就要有无私奉献的精神，必须有这种精神。我就说只要把红旗渠精神用到自己身上，你就是个成功的人、有才能的人，就是干啥事业都能干成的人，我主要体会就是这个。

子女也受红旗渠精神的熏陶。我们经常给他们讲，你爸你妈都是修红旗渠的，也算是有点名，说你们当子女的，一定要用这红旗渠精神来指导自己的思想呀、工作呀、生活呀、待人处世呀。红旗渠精神总结得相当好呀，是"自力更生、艰苦创业、无私奉献、团结协作"。我给几个子女经常讲，这4句话，16个字，都是常年修红旗渠凝聚出来的。你们每个人多瞧瞧这几个字，只要能把红旗渠精神继承好，你就可以成人，你就可以成才，你就可以成大业。

经常给这三个子女讲，三个子女也比较听话，都各自事业有成，还是不错的。干什么工作不得靠自力更生，靠自己努力？但是（同时）一定得坚持。自力更生，艰苦创业，咱先吃苦在前，享乐在后。学习得刻苦吧，没有吃苦就能修成红旗渠吗？反过来说就是要艰苦创业。你首先要有这一种以苦为乐（的精神）。过去毛主席还说："与天奋斗，其乐无穷！与地奋斗，其乐无穷！"你看这个红旗渠修成以后，林县十年九旱的面貌大改变。你瞧，红旗渠沿路沿线，只要是红旗渠过的地方树木葱葱。不用说，它稍微渗点水，就滋润着周围的树木都很茂盛。所以说，这个是林县人与自然和谐共处的结晶。可以说啊，修成红旗渠以后，林县确实发生了很大的变化，精神面貌啊，各方面的都有。

教育子女这不就用这教育了。要说开家风啊，我根据这个红旗渠精神联系家庭的发展史，我给总结的家风就是：励志勤俭。作为咱家世代的传家宝，总结的就是励志勤俭。第一个励志，主要是在青少年时期能够磨砺志气，树立个志向，不折不挠，不怕苦难。第二个勤俭。勤，勤能补拙，种地只要勤就能五谷丰登，工作只要勤就能使工作出彩，呆人只要勤奋也能精干点；俭，勤俭节约，家有万贯，不注意家法，就不能物尽其用，人尽其用。把丰年当成差年过，差年来了不发慌，记住这个肯定可以一辈子平稳度过，遇到困难，遇到灾难都不怕。这四个字与红旗渠精神是一脉相承啊，精神一样，只是提法不一样了。我就希望咱们共同把红旗渠精神发扬光大，用红旗渠精神把好家风树起来。

（整理人：冯思淇）

高先巧：
天天都干活也不觉得累

采访时间： 2020 年 9 月 3 日
采访地点： 林州市振林街道常青社区绿苑小区
采访对象： 高先巧

人物简介：

　　高先巧，1946 年 9 月生，林州市原康镇南觅村人。中共党员。红旗渠建设乙等模范。1965 年 10 月开始参加红旗渠工程建设，参与了红旗渠一干渠修建，主要负责抬石灰、和泥等工作。

那时候的人都能吃苦

我是1965年去修的渠，在那铺渠底。铺渠底就是把下面先弄平，再把沙灰铺上，再把石头放上。铺渠底那个石头都很大，铺的也很厚，这样的话就结实。需要垫的或者支的（地方）都得弄好。像有的地方就需要用小石头给支住，如果不支住的话不会那么平。石灰配沙和起来就能糊缝。那个时候很少用水泥，几乎不用水泥，也没有听说过要用钢筋。渠岸表层那个平面用石头弄得非常平。修的渠不会漏太多水，流水里面的淤泥，也会把缝给糊住，不会漏。垒的渠岸特别结实，特别宽。

我去的时候就20岁，大队让去，自己也愿意去。女的都是干小工活，男的都是干重活。石头重，咱也担不动。铲灰、和灰，女的就是干这个。去的时候，从家里带个洋镐和铁锹，不像现在有搅拌机，人都不用出力了，那个时候都是用锄头和铁锹和石灰、和沙子，以前就用这种土方法。

①黑疙瘩：用红薯面捏成的上头儿窄、下头儿宽的饼子。

②黄疙瘩：用玉米面做的饼子。

那时候吃得也不好，成天就是黑疙瘩①、黄疙瘩②、玉米糁稀饭，就那样吃。菜也不够，就是吃萝卜、白菜，除了吃那个也没啥吃。不像现在，都是新鲜的菜，哪儿都是，啥都有了。那时候吃饱就算不错了。现在社会好了，那时候的人天天吃苦，那时候的人都能吃苦。也不回家，那儿离家远呐，就在平板桥那，下面叫拐连池。我们在那里修的时候很荒凉，现在都成了旅游区了。在马家坡，就住在当地人家里。屋子很小，十来个小妞都挤在那住。盖的是自己家带的被子。在那专门有做饭的，有司务长，有伙夫，吃了还得着急去上工呐。上工不休息，除非今儿身体不舒服，其他都不休息。清早在天明前吃过饭去，一天要干十来个小时。

我去修的时候总干渠已经通水了。我就修那四支渠、五支渠。五支渠就是咱们村里面的小渠。我也打过钎，也抡过锤，修五支渠的时候抬过石头。石头都是红砂石。石头不是齐整整的，有的是三角形的，有的是四方形的，什么形状都有。需要大的时候，用大的石头，需要用小的石头就用小的石头。石头都是就地取材，撬起来，然后往那儿运。工匠们会把石头锻一下，哪儿多出一截儿就会把哪儿砍掉，也要整一个差不多，差不多了之后就可以往那铺了。不像现在一样，什么都是机器，那个时候都是人工弄的。有时候装石头的时候会碰着腰，手会磨茧。那时候一直锤石头有点累，手都锤肿了。那时候反正天天都干活，也不觉得累，就算累的话也因为年轻歇歇就好了。

那时候在渠上都出力了

（当时）有干这个的，有干那个的。公社给村里分任务，这个村这一段，那个村那一段，都是一段一段的。也不清楚一个村多少米，村子大的话可能多一点，村小的话少一点。有专门的队长，你是铲灰的，你是干这个的，人家会安排。石头烧了，晾起来，（再）放到池子里，用水一浇，它就糊起来了。石头一烧就成石灰了。

那时候真的受罪了。现在什么都成了机械（做），就很轻巧了。现在社会发展得真是好了。咱们村里有三十多个人去修渠，不同的年

龄组成（不同的）的小队，水方队、土方队……我不是配料的，但是
人家都知道多少水配多少石灰，就那样配的，和的。和得稠了，不中
的就再添点水。

　　挖石头和扛石头用的工具是集体的，大的工具（集体）发，小
工具是从家里带的。这个铁锨，就是拌石灰的。修渠的工具坏了，都
是自己整。自己整坏了自己再修修，一般使不坏。大石头一般都是抬
的，小石头是背的。大石头就是拿一根杠子，伸进铁环里抬着。两个
人抬过，四个人抬过。大石头很大，反正两个人抬不动，四个人抬的
差不多就有两百斤，两个人抬的估计有一百多斤，我还是在修五支渠
的时候抬过。石头用铁链拴住，再用钩子勾住，才能抬。肩膀都戴着
垫肩。垫肩就是一个圆的东西，中间有个洞，特别厚。不戴垫肩的话

▲
抬石头

衣服都顶不住，真的顶不住。

修渠的时候，一直有人每天管统计。那个时候是按公社统计的，每个公社会统计，今天出勤了几个人，干了多少活，都会进行统计。那个时候干得不到位，或者是质量做得不够好，会一直进行检查。那么大的渠，不进行质量检查是不行的。

那时候在渠上都不假干活，你要是干的轻活，人家还笑你。没有偷懒的。有的干活累了就去旁边坐坐，擦擦汗。我们都是手上有毛巾直接擦。反正咱在那挣（的）工分多，女的里面最多的。女的八工分，男的嘛更多。

通水典礼我去了，在上庄红英汇流①那儿，离

① 红英汇流是红旗渠十大工程之一，也是红旗渠标志性的景点之一。红，指的是红旗渠一干渠；英，指的是英雄渠。红英汇流，就是红旗渠一干渠和英雄渠汇合的地方。红英汇流工程为合涧公社 1966 年 4 月修建，位于合涧镇西，上庄村西南。

红英汇流 ▲

咱这儿比较近，就在合涧西面。我是劳模，俺村就只有一个两个修完之后（被）选的模范，当时我也不在场。反正我这人老实，修的时候啥活重就干什么活。选我当模范，是看咱实在吧，不挑肥拣瘦，做活不挑。最后铺渠底了，有人抬石头，有人搅灰，有人垒砌。我管担石灰桶。石灰桶脏，我都是干的脏活。咱都是干的脏活累活，不是油嘴滑舌的人。修好红旗渠后，我没有去过青年洞，去过平板桥那边。平板桥当时是我们修的，所以我们特意去看了一下现在平板桥是什么样子。变得非常好。渠上面的那些石头都会写上，这是谁修的，这是哪儿修的。

发扬好红旗渠精神

现在修渠的人在世的不多了。虽然我不是队长，但是干活的时候我都是带头干的。后来三条干渠通水那一年我就入党了，就1966年那一年，我成为预备党员，1967年就转正了。党龄50年的时候发了一个奖牌。

我知道红旗渠精神。在家也会说修渠的事儿，就是说得少，说多了像在摆咱的功劳一样，就不好意思说。现在倒都知道了，红旗渠精神说的是"自力更生、艰苦创业、团结协作、无私奉献"，学习这个精神的书都有。我觉得年轻人应该发扬好红旗渠精神。

（整理人：刘永强）

党员就是为人民服务

采访时间：2020 年 9 月 3 日

采访时间： 2020 年 9 月 3 日
采访地点： 林州市任村镇任村村
采访对象： 杨银芬

人物简介：

　　杨银芬，1948 年 2 月生，林州市任村镇任村村人。中共党员。红旗渠建设乙等模范。1964 年 4 月开始参加红旗渠工程建设，曾在盘阳、赵所一带修渠，主要负责抬石灰、和泥、锻石头等工作。因抬石头时腿部受伤，留有后遗症。

一心只想着修渠

我19岁入党，已经五十多年党龄了，在红旗渠有我的老底①。修红旗渠就是因为吃不上水，受罪，一心只想着修渠。要不是红旗渠，我们这个村吃哪儿的水？现在从红旗渠引（水）到东山的大水库，引到那里头，我们全村人都吃的这（里的水）。

我开始修红旗渠的时候15岁。我14岁就不上学了。女孩不上学的十个里头有九个，男孩大部分都是指望种地、修渠来维持生活，上学的可少了，十个里头有三个。都是劳动人民在种地，吃水都吃不了，都可艰苦。那时候都叫去修渠了。修渠艰苦，但都想着赶紧修通渠到家里就有水吃了，这样想心情就好了，就都愿意修。当时一个月回一次家，晌午12点回去，回家拿些衣服和鞋。那时候都是步行，都是背着铺盖，背上钎，背上大锤。那时候人可艰苦，去哪都是步行，谁还跟现在一样都坐车？那时候的车就缺，现在你们光年轻人就有多少车，是吧？

到渠上，刚开始就是管铲土，后来就在清沙抬筐，抬石灰，（用来）砌墙。男的管垒，我们当小工，和石灰和红泥。那时就是用红泥和石灰修红旗渠岸的。那个时候修渠的人特别多。找见那坡边的石头，用锤去打钎，弄出那个石头块，抬到渠岸上。在南岸，男的管锻石头。先用大锤，再用小锤，锻石头。锻开以后还得抬，拿着杠和铁绳往渠岸上抬，四个人，把它抬到渠上。

我修渠的时候好几次见过杨贵，他经常去渠上检查。你们知道杨贵长啥样么？可高。那时候有人在那说笑，说杨贵修渠好不好？人们都说好。杨贵和马有金都笑得哈哈哈。杨贵个可大，是我见过个最大的。那时候就感觉领导把水引入林县是为人民服务，都说人家领导好。

锻石头用的工具就是铁钻。匠人给我们截好，每个人两根，一个小锤子。那里放着还有大锤。就像一个石头一边是齐的，一边不齐，男的用大锤一敲，那边就齐了。大锤敲齐，小锤修理修理，得会把石头凿合格呢。东山上面那些男的要撬石头，用铁撬一别就别开了。

当时锻了的石头有村上干部和领导每半天检查一次，看你锻得合格不合格。不合格就不行，就把材料也毁了。领导半天就要转一个圈，半天锻好的石头，锻到几米，要一直量。领导都要验收这些工作。

红旗渠精神造福子孙后代

当时和我一起去的有三四个女的，其他都是男的。她们锻的（石头）不合格，比如说一块方石头，有角的她们锻得没有了，就不让她们去了。石头有角有棱的，她们给锻得连角都没有了，你说是不是？就像咱墙上贴的瓷砖一样，都对不齐了，就不让她们去了。我锻石头锻得合格，不然怎么当模范呢？我从清沙，也就是我家东山这，到后峪，一直凿到南谷洞水库。领导给我的任务我都能完成。对领导对劳动人民忠实可靠，不能虚虚假假的，要实实在在地为劳动人民服务。就这样当了模范。领导们信任我，人品好，心眼好。我这个人就是实实在在地干活，不搞那些虚假的东西。就是这样，领导才把活交给我。我在那里干活，领导让我干嘛我干嘛，不会马马虎虎偷懒。你想想，男的挣十分工，我挣九分五。然后领导让我入党，我那时候都不知道啥叫入党。领导就这样给我说，党员就是为人民服务，不能虚虚假假的，要踏踏实实的，人品好才能入党。后来就让我写申请，让我入党，就这样我入党了。作为党员经常开会，还去开了劳模会。现在咱全县还有78个劳模，有的老了，有的八九十了，身体好的七八十了。我是劳动模范，能吃苦，但是也没有奖状。

作为党员，自己的品质要好。作为一个人，人品、性格好，他这个人人人都会尊重他。有的人，实际上就是只想着自己好，到哪都是心胸狭隘，小心眼。我心里一直想着让咱们年轻人越来越好。

什么是红旗渠精神？红旗渠精神不就是把水流到全县城，造福子孙后代，传下来幸福。怎么传承红旗渠精神？想办法把红旗渠每一点漏都治好，把红旗渠保护好。记住啊！年轻人，都记住啊，咱们吃水吃的还是红旗渠的水，要艰苦奋斗，好好干，一代一代把红旗渠精神传下去。

（整理人：刘永强）

采访时间： 2019 年 7 月 13 日
　　　　　2020 年 9 月 4 日
采访地点： 林州市任村镇前峪村
采访对象： 石和成

人物简介：

　　石和成，1946 年 4 月生，林州市任村镇前峪村人。中共党员。红旗渠建设乙等模范。1965 年参与红旗渠修建工作，主要修总干渠与三干渠。修渠过程中担任连长职务，主要负责运料，也参与垒砌，直到工程结束。

驻守后方的生产队长

回想起红旗渠修建过程，很多事情好像昨天刚刚发生的一样。红旗渠开工后，由于家里情况特殊，我没有被批准参加修渠，按照生产队的安排，留在村里协助队长劳动。我就是村里留下的几个劳动力之一。队长全面协调留下的人，有负责喂牲口的，有负责放羊、喂猪的，还有负责与前线（联系）送物资和信息的。我就是负责运送物资和带口信的那个人。

村里还有照顾小孩的妇女，身体不好的老人，以及上学的孩子们。地里活不多的时候，家里的事情，大家互相搭把手，倒也可以过得去。收割的时候，我们这几个人就招架不了了。修渠的人就回生产队参与收割，忙活几天，完事后就赶紧去上工。这时候，妇女把小孩都聚在一起，轮流看管，节约出几个人去劳动。为了能多为修渠的劳力腾出时间修渠，大家在家里互相帮助，想出各种办法，让老人和哺乳期的妇女看孩子，让尽可能多的妇女参与农业劳动。

由于工地需要，队长也上山修渠了。17岁，我就在村里当上了生产队长，带领大家搞生产，种地、喂猪、喂牲口……那时候种地没有化肥，主要靠沤肥和人畜粪便。沤肥主要把杂草、秸秆等放到一个大坑里，加水后，夏天自然发酵，变成草肥。秋天种麦子的时候，就把这些草肥从坑里挖出来，作为底肥。人畜粪便是比草肥更好的一种底肥，只是数量有限，还要靠草肥作为补充。

种出的粮食先交公粮，然后就是余粮。集体开支靠卖余粮。粮食卖给国家，卖粮食的钱，集体开支精打细算：喂牲口的饲料钱，庄稼打药的钱，农具修缮的钱，买生活用品的钱，等等。还有其他东西，都需要精打细算，就这么维持着，和现在没法比。

当时的牲口不仅耕地，还帮助往山上运物资，生活用品、粮食等。当时没有车，只有牲口驮着，像毛驴、骡子、马都负责运输，不用牛，牛太慢。渠上需要什么，有人负责送口信，村里面就去送。那时候交通不方便，主要靠牲口驮和扁担挑。

当时的老师和学生也参与修渠。不能因为修渠影响学校的正常教学。老师和学生该上课上课，但是他们放学的时候，也到工地上搬几块石头才回家，尽自己最大的努力为修渠做贡献。也有个别学生周末或者假期主动到渠上搬石头、抬沙子等，这对学生的教育意义很大，对他以后的成长有好处。这些孩子长大后都很能吃苦，不能说有多大的出息吧，起码在各行各业都能立脚。

不怕干活儿，就怕饿

在村里做了两年的生产队长，由于红旗渠总干渠需要增加劳动力，我就毫不犹豫地参加了总干渠的攻坚战。由于年轻力壮，干活卖力，不久就被提拔为连长。在修渠的时候，我最难忘的事情，就是一个字"饿"。出力是小事，主要是吃不饱。当时我总在想，等渠修好后，有水浇地了，庄稼丰收了，我就使劲吃，天天吃的是"饱了溜大圈——撑着了"。那时候大家就是靠着这种"吃饭"的信念，饿着肚子干活也不觉得艰苦。什么想法都没用，只是想着快点通水，快点浇地，快点打粮食，快点吃饱饭。

修红旗渠是很艰苦的，我感觉最艰苦的主要是"饿"。玉米心、

①玉茭皮：玉米剥
下来的皮。

玉米棒、玉茭皮①都吃了。当时感觉玉茭皮还是很好吃的。由于僧多粥少，大家都饿，只能定量，一人一小碗。当时（吃起来）香得很，现在瞧瞧都不想吃。那时候山上能吃的野菜都吃了，有的野菜是苦的不能吃，能吃的都想方设法要把它采下来吃掉。当时就不知道吃饱是什么感觉。

总干渠通水后，我参加了红旗渠三干渠修建工作，这时候生活条件好些了。但是我个子大吃得多，比以前是好一些了，但还是感觉吃不饱。集体供应的粮食不够吃，就找杨桃叶、薯头菜吃，凡是能吃的野菜基本都要薅了吃。当时水里面长了一种很大的草，

②苲草：水里面长的
那种青青的成团的草。

老百姓叫它苲草②，大家都在薅着吃。

生活最艰苦的时候，我在村里搞生产。1960年底，中央提出"百日休整"，所有工程项目停工，让老百姓不要上工，在家歇着。杨贵顶着压力，灵活响应中央政策，（让）绝大部分民工回生产队搞生产，留下300名青壮年劳力，组成青年突击队，继续开凿红旗渠二期工程的咽喉——600多米长的隧洞青年洞。没有青年洞，红旗渠的状况将不堪设想。

领导干部带头干

我从17岁在村里当村干部，19岁参加修渠当连长，渠修好后又回到村里当村长，差不多当了五十多年的村干部。

　　前面已经给大家介绍了参加修渠前的情况，现在给大家重点介绍一下修红旗渠的经历。每天天不亮就起床，小哨一响大家就赶紧起。一般哨子吹三遍。如果迟到就做检查，自我批评，到伙房门口都不敢抬头，所以一听到哨子响就赶紧起床。白天劳动一天，人很累，一停下来倒头都睡。有的人中间歇一会儿的工夫，赶紧眯一会儿。有的小姑娘，白天担一天水，累得晚上偷偷哭。一般不休息，有什么特殊情况可以歇半天。

　　工具有的是从自己家里带的，比如铲子、锹、小锤子等基本工具，都是个人拿去的。像炸药啊、大锤啥的都是工地的，这些家里没有，工地配送。有这些工具后，工程进度提高不少。

　　我从1965年参与修三干渠，后来修支渠、斗渠、毛渠。因为我年轻力气大，而且在村里当过干部，一参加修渠就被指定为小组长，很快就被提拔为连长，负责全面工作。上级布置任务我就安排下面执行：先找一个副连长，再任命几个小组长，进行分组作业，有运料组、爆破组、起料组、垒砌组、担水组，每个组的具体活动由组长安排，他们进行分工，规定施工细节和质量。如果质量不过关，要挨批评。每天晚上开会，总结白天的工作情况，再把第二天的工程计划安排下去，责任到人。谁都不想挨批，大家尽力做到最好。当时也没偷懒的，领导干部带头干，大家互相监督，有点劳动竞赛的感觉。

　　爆破组先破开石头，然后锻料组就把石块儿锻好，运输组开始运输，垒砌组就开始垒了，基本上是同时作业，各组都有任务，而且不窝工。这样工程进度才能加快。

　　我当时主要在运料组。由于是连长，其他组的活也参与一下，主要是运料。一方面运废料，一方面运材料。那时候全是人工，最好的工具车是小独轮车。（用）独轮车只是把石头运到另一个地方，人要把石头抬到车上。从石窝运到渠线上，一天要来回好多次，晚上还要加班两个小时。加班的时候，给一个红薯面小疙瘩。红薯切成片，

▲
用小独轮车运石料

晒干后磨成粉，然后再做成馍馍，很硬，如果放点野菜就会口感好一点。如果红薯面里能放点小麦粉就是改善生活了。有时候小疙瘩里放点白萝卜片，填不饱肚子但是能顶饥。

起石块是个技术活，主要（有）两种情况：一个是支撑起来，第二个是炮崩。前面打开眼装上药，崩开后出来石头块儿。大块石头从山上起来之后还需要再锻。壁面上的石头都是（经过）锤锻的，根据石头的大小和形状来锻，都是手工锻的，就是拿着锤子和钻敲出来的。一个锻、一个锤，一天锻几个平（方）米。每个人都有定额，要求整个石块儿表面齐，四个面都要齐，朝外的面要平整，按最平的一面算平（方）米。如果完成了定额或者超额的就表扬，减额的批评。谁也不愿意被批评，觉得批评败兴，就拼命干。

做活还和工分挂钩，如果任务完不成，当天工分就少了。虽然那时候工分工资很低，但老百姓还得依靠这个生活，换点粮食，买个火柴，买点油盐……一切都得靠工分，可能这就是劳动积极性的来源之一。

我也说不清楚红旗渠精神是什么。艰苦奋斗年轻人的确应该学习。工程需要怎么做，上级都有布置。工程管理很严格，营部每天都有人检查。每天晚上开会，开会的基本精神就是检查工程质量。修红旗渠发生死亡情况一般是两种原因，一种是除险，第二种是回头炮。回头炮有多种原因，有的是导火线没有做好，该炸的时候不炸，回去看怎么回事，结果刚走到前面，它炸了。这个伤了不少人。后半段就研究回头炮，明显好了很多。想想那些死去的同志，他们更不容易啦！我们活着就很幸运了！

红旗渠修好后我就回村里当村长，领着大家搞生产，谁有事都管。有时候去渠上进行维护，清理渠底的淤泥，保证水流畅通，方便浇地，这样庄稼才能高产，老百姓的生活才能更好！后来和一起修渠的几个同志在一起聊天感叹：红旗渠真是林县人民的幸福渠啊！现在的年轻人真幸福啊！

劳模的心愿

1969年7月，历经九年多的工程终于竣工了，林县55万人民的生命之渠通水了，祖祖辈辈的缺水问题终于解决了。那种心情简直无法用语言来形容，在县城召开的表彰大会更多的意义是庆祝大会。井会的人可真多，可以说人山人海。每个人都想见证这历史性的一刻。为庆祝红旗渠的全面建成，县里除了表彰劳模，还演电影、唱戏……大

家非常开心。省领导和杨贵都发表了讲话，肯定了大家的努力，希望
再接再厉，把人民的生活搞上去。后来红旗渠拍成了电影，全国人民
都学习红旗渠精神：自力更生、艰苦创业、团结协作、无私奉献。

我们这些在世的修渠人的心愿就是把红旗渠精神永远传承下去，
把红旗渠工程维护好、千万别有问题。

怎样传承红旗渠精神？就依靠有文化的年轻人好好做。杨贵、马
有金、路明顺、郭兴泰这些干部，都是真心实意地为老百姓办事。他
们当时确实费心为大家做事了。修渠确实费事，它掺杂着省与省之间
的矛盾。这么大的工程这么多人干，干了这么长的时间，领导如果没
有公心，没有毅力，没有对人民的高度责任心，那是不可能实现的。

领导的超前意识也是红旗渠精神需要传承的。红旗渠修好以后，
人民的生活发生了很大的变化，粮食增产了，生活用水也方便了。做
干部不仅要有超前意识，也不能有私心。县里的干部和村干部一样，
都不能有私心，一私就不行。杨贵、马有金、路明顺，这些人在吃喝
方面是非常艰苦的。他们都去营部，和民工一起吃饭，一起劳动，能
不受百姓的爱戴吗？现在的干部都应该向他们学习。

（整理人：胜令霞）

宋海苏：当时的人就有那个韧劲

采访时间： 2019 年 7 月 13 日
　　　　　2020 年 9 月 2 日
采访地点： 林州市开元街道和苑小区
采访对象： 宋海苏

人物简介：

　　宋海苏，1947 年 12 月生，林州市原康镇宋村岗村人。中共党员。红旗渠建设乙等模范。1965 年 12 月开始参加红旗渠一干渠的工程建设，主要负责抡锤子、抬石头、筛沙、打炮眼等工作。红旗渠一干渠修成后，继续修支渠和毛渠，

响应号召先报名

我18岁参加修渠，20岁加入中国共产党。我父亲是村干部，修红旗渠的动员大会一结束，为了支持父亲的工作，我什么都没有想就报名了。每个大队都有任务。我父亲是老共产党员，干啥事他都要处处带头，也要求我们带头。如果有人不想去修渠，我父亲就给他们做思想工作，跟他们说说没有水吃的困难，让他们想想有水的日子有多幸福。一做工作，有些人就愿意去了，有的人开始不很愿意，但最后都还是去了。虽然有人不是很愿意去，但并不是说你不愿意去就不去。大队把任务分开，比方说每个小队是出三个人还是两个人，是按这个说的，不是说一家就一定要出多少，按生产队出人。剩下的是直接大队点的，有未出嫁的姑娘，也有刚刚出嫁的媳妇，我们以大队为单位一起去。去的时候有男的有女的，男同志多女同志少。我们那个大队有十几个女同志，这十几个女同志里面评上劳模的就我一个。咱这个人到哪儿都不想让人说闲话，不愿意让别人说咱偷奸耍滑，力气又不是用了就没了。那时候劳模都是靠力气和贡献评出来的。

我们年轻时啥力都没少出，大渠、小渠、毛渠都修过，打炮眼儿、抡锤子、抬石头、筛沙子，啥都干。现在我还会抡，抡圆锤和抡直锤都会，这都是修渠的时候练成的。搬石头不只是力气活，也需要一些眼力活。比如，大石头填表面，里面的缝隙需要用很多小石头填住。它不填里面墙就不结实，那水一冲，它就崩开了。当时用的不是洋灰，都是石灰配泥土搅拌的，用石灰泥把这石头与石头之间的缝隙填满，墙很厚很坚固。不然，水一大就把墙给冲开了，可不行。先把石头拉到山上，然后再把石头修得方方正正，用石灰泥，一层一层往上砌。在渠上干活时，虽然没有规定工作量，但是也不偷懒、不休息，不能干一会儿不干了，那就不行。也有偷懒的，找借口去游逛一会，趁机歇一会。咱不想让人说闲话，就没有想过要偷懒，有多大劲使多大劲。我那时候就想着人家休息就让人家休息吧，咱不偷懒耍滑，一心做活，咱带头干活儿的话，别人就不好意思不干活儿了么！

当时我们和男人一样，夏天睡在地上，冬天在地上铺些干草，早晨用一口水洗洗脸。上工的地方经常换，干的活也经常换。一些很危险和很重的活女同志不干，其他的和男人没什么区别。在生活上，女人和男人一样，干部和群众一样。

狼来了怎么办

在修渠时也没有什么有趣的事情。早上天不亮就要出发。从山坡的林子里穿过，林子里的野生动物比较多，人员稀少。有一次特别害怕：有一个老狼一跳一跳就从前面穿过，我们一股脑儿的就赶紧蹿到人家旁边那个大队伙房里。老狼吓得不敢来了，钻到树林里去了。受到这次惊吓后，清早再上工的时候，谁也不愿意在前面走。我们几个胆大的一起在前面喊着口号走："下定决心——走！""排除万难——走！""争取胜利——走！"狼听到了就会往一边躲躲，不敢直接往人身上扑。壮着胆走了几次，以后喊着口号上工，就不怎么害怕了。比如："鼓足干劲，力争上游，多快好省。""下定决心，不怕牺牲，排除万难，争取胜利！""早日修好这渠，打造林县河山。"那时候啥都不想，就想着快成了没？啥时候完工啊！啥时候有水呀？可以说盼水的心情超过了一切。那时候没有专门的宣传队，在我们休息的时候没人表演节目。大家一般累得都不想说话，想节约力气。

在山西修总干渠时人最苦，除险、爆破，没有吃的。（人家地里的）野菜、树叶又不敢吃。后来干部打报告，才能吃人家地里的野菜。那时候累不算什么，主要是饿。有的人饿得都晕倒了，当然人数不多。后来生活就好一些。我吃住就在姚村西边的村里，住的就是洋灰地，就是水泥给它刷一下。我们就十来个人在里面住。那时候早上起来还冷呢，吹了号子就要往伙房走了。伙房离红旗渠边没有多远，一个大队一个食堂，都没在一个地方。中午吃的就是稀汤加黑疙瘩。隔几天会改善一下伙食。改善伙食就是在黑疙瘩里加点细粮，稀汤里多了一些菜，偶尔吃一次白面，大家都开心得不行。吃了午饭稍微歇一会儿，就又开始干活了。当时的人特别能吃苦，就有那个韧劲，累了也不休息还继续干，一年四季不管春夏秋冬都要不停地干。下雨下雪的时候，为了安全，会歇一下，雨雪一停就接着干。下雪就得小心点，安全很重要。当时有人干不动了还要干，走不动也要咬着牙走，鼓足干劲向前走，没力气了也要干。并不是说有人拿着小棍儿打你逼你干活，那时候的人有耐力，大家都不休息。现在的人都不会吃那时候的苦了，但那时候的我们不觉得辛苦。

白天干活，晚上在小学的教室开会，学习毛主席语录，总结当天的作业情况，布置第二天的工作计划，激励大家完成工作。那时候批评只对事不对人。如果有人偷懒，干部就说："今天有人在某些地方稍微有点松……"大家都很辛苦的，批评就不能对人。老实干活儿的人还是很多，批评就不能对人，要不然会降低干活的积极性。

红旗渠修完之后的生活

1965年4月5日，红旗渠总干渠通水典礼万人大会召开，当时去了好多人，真是万人空巷。大家趴在渠岸上等着水下来。红旗渠水第一次下来的时候，好多人都高兴得哭了。那时候盼水跟盼油一样。后来浇地可得劲了。那时就在脑子里幻想这样一个场景：家里的水缸永远是满的，庄稼地里的水流得到处都是，每天起来都可以洗脸，洗脸水还可以洗脚，全家人一人一盆水，衣服一周洗一次，真是幸福极了。

当时修渠为什么群众没有感觉特别辛苦？主要是党员干部的先进性，他们吃苦在前享受在后。修渠时，他们和群众干一样的活、吃一样的饭。修完渠回家种地时，还要带着我们进行民兵训练：号手一吹号，拿着一根锄头杆就当枪训练。总而言之，当时的干部就是一句话，闷着头干活，不怕累。那时候党员带头干活儿，带头出力、带头开会、带头吃亏。

当时修渠的动力是什么？修渠前，每天吃饭前背毛主席语录，给人有鼓舞作用。修渠开工后，就想怎样才能有水，怎么让地里的庄稼长得更好，庄稼长好了人们就不挨饿。啥时候水下来了，就有好日子过了，起码也能吃面条和馒头啦。

女人没有男人有力气，但我也不想让人说不行，不服输，一起跟男人干活。用铁链拴着石头，抬不动也要硬抬，弄不动使劲弄，没有觉得自己干的事儿有啥特殊，从没有会不会把身体累坏的想法。就不往那儿想，一心干活。

红旗渠修成以后干什么？我修完干渠以后，就修家里的毛渠。打打炮眼，搬搬石头。毛渠修好以后就在家里种地。就跟打江山一样，上一辈把底子打好了，小辈就享福些。就像我们常说的，"前人栽树，后人乘凉"。现在的年轻人不用出这个力啦，吃水、浇地都方便得很。现在红旗渠又变成景区了，县里的收入增加了，老百姓的日子越来越好。

（整理人：胜令霞）

马文生：不奋斗就不会胜利

采访时间：2020 年 9 月 3 日
采访地点：林州市河顺镇马家坟村
采访对象：马文生

人物简介：

　　马文生，1945 年 6 月生，林州市河顺镇马家坟村人。中共党员。红旗渠建设乙等模范。1960 年 4 月响应号召参与渠首修建，在工地上主要负责打炮眼、打钎、搬石头等工作，同时还搞宣传工作。

修过渠首的"学生兵"

我父亲一直是村上的老干部，没有解放之前就成为党员了，还当过连长。他是老石匠，会锻石头、砌石头、垒渠，他和我弟弟都去修了夺丰渡槽。

我是1966年8月入的党，入党已经有54年了。现在乡里边也没几个劳模了。

1959—1961年发生了自然灾害，比较干旱，只有下雨的时候才会有一个大水坑。我们就把水澄清，脏东西沉淀下去了之后再吃澄清的水。我们林县有个说法，十年九旱。一旱就颗粒不收，得去逃荒要饭。旧社会时，去山西和其他地方要饭的人有很多。后来杨贵来这儿当县委书记，决心要改变林县缺水的面貌。他去山西找漳河水，勘察出来了一个线路。考察了好长时间，考察好之后，1960年开工。好在杨贵书记提出了要引漳入林，我们积

夺丰渡槽

极响应。我们背着被子，备点儿干粮，就去工地了。1960年的时候都说10万大军战太行，其中我们林县有8000名"学生兵"，我就是八千分之一。我们是高一年级。那个时候初中生都已经很宝贝。学生们有一些是自愿去的，另一些是号召去的。

青年学生在修渠那儿做的工作主要是打炮眼、打钎。当时我才16岁。高二以后我就到了渠首，到那以后一直住在王家庄。分指挥部都在山西，步行到那儿要一百多里地。那个时候都是按照公社分配任务，每个公社分一段修。我们公社当时分到老虎嘴，大概分了有五六里地那么长。接到分配的任务之后，我大概是4月份到的工地。老百姓都是轮流住在工地，我们在上面住，干部在红旗渠附近的山洞里住，还有一些民工住在寺院里。收完工以后，跑到五六里地外的王家庄休息。每天都是到天上有星星才收工；天不亮，天上还有星星，就开始上工。中午就在漳河边支一个大锅做大锅饭。

夺丰渡槽我修了半年的时间。县委副书记来剪彩，还给我发了奖品，有奖状、本子。除了夺丰渡槽之外，我也修过总干渠。修红旗渠时吃住都不方便。到了阳历5月份，天一下雨，路就更难走了。领导考虑到学生跑五六里地山路又远又累，就让学生们在离指挥部很近的地方，搬些石头垒墙。学生只能住进这种简易宿舍里。有一次，天突然下起了雨，可是都没有防雨棚，最后被子都被淋湿了。每次外边儿下雨里边儿也会跟着下。我们一百多个学生的被子都被淋湿了，指挥部就让我们都去晒被子，一直晒到天黑被子也没晒干。我们都听党的话，党让干什么我们就干什么。我们吃的，每天只有一斤半粮食。当时吃的都是小米、红薯面、玉荚面这些粗粮，根本吃不饱。记得有一次学生到那里之后没有菜吃，就只能自己进山里弄地皮菜、野菜苗，用开水一泡就直接吃了。那时冬天冷得手都被冻裂了，但是还必须要把活干完，再艰苦的情况也要完成自己的工作。

因地制宜，攻克难关

我们把艰苦创业和技术创新结合起来，因地制宜，根据不同的施工要求，创造不同的施工方法和工具。其中简易拱架法和土吊车就是两项典型的技术创新。我给你们简单介绍一下简易拱架法吧。在修建红旗渠一干渠上的桃园渡槽时，由于做拱架的物料短缺，我们大家伙就发明了简易拱架法：将两根大梁端部穿进拱墩上预留的孔内，下面用两根立柱从地脚支撑两根大梁。在两根大梁上再架次梁，做成拱胎，可以承载70吨重的拱券重量。这种方法不仅克服了在堆砌拱胎过程中需要大量物料的缺点，而且还省时省工省料。

拱架法、土吊车

①彭士俊，1933年
出生，任村镇盘山村人。
他曾在红旗渠总指挥部办
公室工作三年多时间，历
任办公室主任、工地党委
组织委员、副书记。

我记得林州市红旗渠纪念馆有一个黑色木箱子，那是上世纪60年代修渠时的炸药箱。盖子内壁则贴着一张字条，发黄的纸页上，"收据"两个字隐约可见。这是时任红旗渠党委组织委员彭士俊①的。他常年驻守工地，衣物无处存放，后来由财务部门作价，买了个废弃的炸药箱让他放衣物。彭士俊怕影响不好，干脆把收据贴在箱子上。这张收据条，是红旗渠账目明晰、制度严格的一个小的体现。按照账目记录的具体的数字，可轻易算出人均消耗多少。当年修渠物资分类管理，出入有手续，调拨有凭据，月月清点。粮食、资金补助的发放程序也很严格，根据记工表、伙食表、工伤条等单据对照执行，几乎不可能虚报冒领。

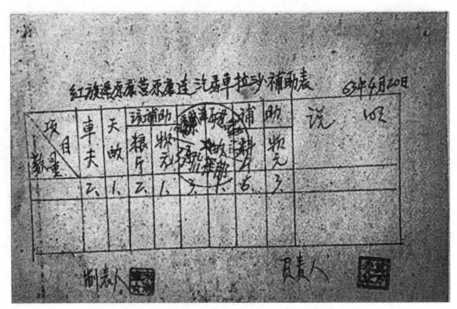

▲ 记工表

积极修渠的劳模

当时指挥部给我们分了四个营，我在四营工作。做饭的时候，他们用大锅熬一些小米粥，弄成稀米汤就喝。我们基本上喝水都喝饱了。指挥部在四营抽了20个学生做广播、搞宣传，我被抽中了。当时我们分开采访哪个民工干得好，了解一下他的情况，然后看谁干劲大就编一套顺口溜表扬他，用广播宣传，号召大家向他学习。那个时候我们要打两米多深的渠，渠里都是很硬的红石头，两队之间还有一个竞赛——在半天时间里比哪队干活又快又好。

1962年时我还在阳耳庄，那时一个村是一个连，我在阳耳庄当的连长。当时公社有40个连长，数我年龄小。营长因为我有文化，很器重我，一直想让我来营部、指挥部，但是我没去。在阳耳庄修完渠以后，我也一直在修红旗渠。后来复课的时候我想着林县世世代代没水，想把红旗渠修好，让大家都有水吃，就下了决心没再去上课，最后拿到了高中肄业证。

1963年我在阳耳庄，1964年我就到了木家庄。木家庄修完以后，1965年我到了河湾大桥，1966年我到了夺丰渡槽。我到的时候就下定决心一定要修成红旗渠。1994年红旗渠技术改造时，乡里又组织到阳耳庄（劳动），回到原来我们在山西修渠的地方给红旗渠清淤，我们在那儿干了半年多。

修渠的时候我以集体利益为重，把集体利益放在个人利益前面。由于我修渠修得好，干活又积极，后来被评为乙级劳动模范。红旗渠总干渠通水的时候，县委在分水岭召开庆祝红旗渠总干渠通水典礼大会，安阳地委第一书记崔光华到会剪彩，河南省委第一书记兼河南省军区第一政治委员刘建勋也来到红旗渠视察通水情况。

红旗渠精神要走到全国，走出中国，走向全世界；红旗渠精神要代代传。精神精神，精神是支柱啊。我们在修渠的时候遇到过很多比较困难的事情——吃不饱，穿不暖，晚上睡不好觉。那个时候冬天冷的呀，手上全部都是崩的口子，但是必须把活给完成，再艰苦的情况也得把工程完成。下定决心不怕牺牲，排除万难坚持胜利。不奋斗就不会胜利。

林县这边是干旱地方，只有下雨的时候那会才有一个大水坑。我们就把那个水抬回来，然后放一放，脏的都沉淀了，就这样吃水。林县人民就是这样过来的。红旗渠通了以后生活就好多了，有水就什么都好了。红旗渠牵着我的心。红旗渠是我们这老一辈一锤一钻一钎一镐修出来的。幸福生活来之不易！我们要有艰苦奋斗的精神。

一心牵挂红旗渠

修红旗渠我一点都不后悔。红旗渠修成之后，我特别高兴，因为它实现了多年以来我想修成红旗渠的愿望。当时修红旗渠的时候我也是宣传员。当时有人编了很多诗，比如：

红旗渠，宽又长，弯弯曲曲绕太行，共产党送来幸福水，人换精神地换装。

千军万马战太行，人民群众志如钢，劈山引水为革命，手牵漳河还家乡。

啥时劈山引漳水，啥时漳水进林县，千年想来万年盼，不知何时才实现。

男女老少战河山，决心开渠引漳河，如今青年立大志，决心改造大自然。

千沟万岭人行动，披星戴月不停工。引来滔滔漳河水，栽下幸福万年根。

炮震山河气势凶，漫烟四起直入云。建渠英雄意志坚，日日夜夜立奇功。

2016年夏天，发生了暴雨灾害，山上的东西把红旗渠都填满了。我老朋友后来在林州当了市长，我给他打电话询问红旗渠的情况，他说这场大雨破坏了红旗渠，造成很大损失。听到这些之后我心情很沉重。红旗渠是我们一点一点修出来的，现在红旗渠出问题，我们的心里都很难受。当时我老婆住院，家里钱花得差不多了，我就借了我好友2000块钱，又托人把其中的500块钱送到红旗渠灌区管理处。送过去以后管理处的同志还给我开了个条，我又把条送回去了。过了不久，红旗渠修好通水了，我才高兴起来。红旗渠通水的时候，我们还种了五六年水稻，后来红旗渠水小了就没办法种。种水稻时一个人一年能分100斤稻子，种出来的大米特别好吃。通水之后我们的生活好多了，基本算是小康水平了。红旗渠通水彻底改变了林县面貌。

红旗渠精神要代代传

修渠的时候我们没少受罪，打了锤，修了地。我觉得全县都要宣传红旗渠的精神，发扬红旗渠的精神，不能让红旗渠精神被磨灭了。红旗渠精神要走到全国，走出中国，走向全世界。红旗渠精神要代代传，它是我们的精神支柱，到什么时候都不会过时。

（整理人：周义顺）

秦贵有：
只有团结一致才能成功

采访时间： 2020 年 9 月 3 日
采访地点： 林州市东岗镇西岗村
采访对象： 秦贵有

人物简介：

　　秦贵有，1946 年 2 月生，林州市东岗镇西岗村人。红旗渠建设乙等模范。1963 年去修渠，修完总干渠修干渠，一直修到红旗渠全线通水。在红旗渠工地主要负责抬石头、砌石头等工作，也负责村里和渠上的沟通传达。

不怕吃苦开始修渠

　　1960年，我们林县人民开始不惜一切代价修建红旗渠。在修渠的过程中，我们团结一致。只有团结协作，依靠所有人的力量才有可能取得成功。修建红旗渠可以说是林县人民改造自然的一个大战场，红旗渠工地为战场的前线，那些机关、工厂、农村为战场后方。前线负责克服一切修渠过程中遇到的困难，然后开山修渠，后方各行各业全力支援。机动车辆不够，后方就靠牲畜拉车、小推车，人挑担子、驴驮重物的方式往前方运送物资。前线战场需要席子，县直机关的工作人员就把自己床上铺的席子拿下来送到工地上。商业系统的负责人派出专门人员，把那些民工们所需要的各种日用品都送去工地上，为民工服务；工业系统的负责人派出专门人员，在工地上设立了专门的工具修理队以及缝纫组；卫生系统的负责人派出专门人员在工地上设立了工地医院，专门负责给那些伤病员治疗；文化系统的负责人派出专门的戏剧团和电影放映队，主要沿着修建红旗渠的路线进行巡回演出和放映，以此活跃修渠民工的文化生活；新华书店的负责人专门派人把书籍搬运到工地上，为修渠民工提供各种的精神食粮。虽然当时的物质条件异常匮乏，但是大后方总是会绞尽脑汁想办法满足前方战场的各种需求。前后方配合得亲密无间，这样红旗渠的修建才能够更快地完成。这种无私支援、团结协作的精神不正是我们倡导的精神吗？

　　我当时是16岁，刚毕业。我们当时是轮流上山修渠的，凡够16岁的都上山。我们村是分配了三个小队，每队10个人，每次修两个月，也就是说我们村不管如何轮换，山上总要有30个人在修渠。根据测量，修好渠以后，哪个队的地能够（被）浇到就多出几个人，哪个队的地势高，修渠后地浇不到的，分配修渠的人就少。

我当时才初中毕业，母亲去世了，两个哥哥在南谷洞水库工地，公社分配父亲去护路。按说我和父亲应该轮流在渠上，但我没有离开过工地，一直到1966年5月6号才回家，1968年才结婚的。

引漳入林战役打响后，我们像战争年代支援前线一样，精神振奋，意气风发。当时有很多党员、团员纷纷提出"红军不怕远征难，我们修渠意志坚，为了实现水利化，铁山也要创半边""山不低头心不死，水不听话誓不休"的豪言壮志。在整个修渠过程中，民工们在革命精神的鼓舞下战胜种种困难，保证了各项任务的顺利完成。

当年因为我年龄小，个子矮，又肯吃苦，受到修渠领导们的一致认可，评选修渠模范时，就选上了我。当时在县城领的奖，还有中共林县县委奖的硬皮笔记本。后来也就成了连长。当时一个村算一个连。

当时修渠模范全县有500多人。李贵是县长，杨贵是县委书记，主抓修渠的是马有金。马有金可勤快了，天不亮就到工地上转了。他个子比较大，抡起大锤来毫不含糊。

当时吃得不好，条件不好，天不明就起来吃饭，天亮就到工地了。修渠时一般都是就近住的，用玉米秆儿搭了棚子，上面有石崖挡着，淋不到雨就不错了，但下雨时间长了也会渗进水来。

从始至终参加了曙光洞修筑[①]

三干渠通水后，一直到1969年曙光洞配套工程才完工。曙光洞从1964年11月开始一直到1966年4月5号完工，我一直在那儿。

从东头一直修到西头，曙光洞一共有30多个天井。一开始我在4号天井打，当时技术条件差，就只打天井，这里一个，那里一个。首先要把这个深度给测量好，然后画一条直线，等从天井下去以后，所有的天井都要沿着这条直线向两边挖。当时没有水平仪，就只能用这个方法来。修通了以后就要把天井（口）给填了，然后用一些东西把那个内壁给罩住，让它不掉土。

在修渠过程中，有时候会失误。比方说有一次，这边修了50米，那边修了70米，按理说早就应该相遇了，为啥还没有打穿？然后用那个自制的水平仪一测，发现这边的往下挖了，那边的往上偏了。如果一边高一边低，也没事儿，都是石头，不会塌，把那些往下的给填了，两边就平了。

修完红旗渠回来，我在小队当了几年干部。

听党指挥，不为私利

我是老党员，1970年入党，入党50年啦。我入党早，没有什么目的，就是忠心耿耿为党工作，让干

[①] 曙光洞是三干渠上的大型隧洞，地处卢寨岭，全长3898米，是红旗渠最长的隧洞。为便利施工，挖凿有34个竖井，其中20米以上的竖井有23个，最深的18号竖井深61.7米。利用竖井建提灌站5个，发展灌溉面积4500余亩，其中18号竖井建有曙光扬水站，提程62米，浇地2000余亩。该隧道工程于1964年11月17日动工，由东岗公社承建，经历一年四个月，至1966年4月5日凿通。共挖凿33.08万立方米，砌石料0.9万立方米，投工25万多个。

啥干啥。当时一直工作来着，我一直是积极工作，从不要滑头。

当时修渠整天都要干活。工地一直有领导，有施工员，还定了任务，今天要完成什么明天要完成什么。就比方说打曙光洞吧，一天的进度必须是多少多少，都是有定额的。比如说垒渠岸吧，这一旬你垒多高，下一旬垒多高，到几月几号就得垒好，你得干完这些活儿，这都是给的任务，不是你想干多少就干多少的。

我当时是连长，连长才干得多了。那时候毛主席教育的干部都是带头干活的，你不干下面的人也不干。全村的任务都是我分的，分任务那也不能一个村的都在干活你不干呀，领的任务是什么就得干什么。

当年让修红旗渠的时候，在村上动员的时候村上都在说什么时候去呢？都是自己拿着锹、锄头、羊角锤、铺盖，都是自己拿的，不跟现在去打工一样。

修渠的时候愿望也不高，当时想的是能吃饱，吃上玉米面就差不多了。那时候不像现在甜的不吃咸的不吃。现在不一样了，现在人的想法、条件都不一样了。再说现在中国这个电子工业发展很快，你像这个手机什么的，不管什么在手机上就都办成了。过去有点事都是拍电报，你要是离乡政府近点能及时接到，像山沟沟里得好几天才能送到。你想想是不是？现在打一个电话就可以。

当时我是连长。各连干完各连的任务，你完不成任务就要点谁的名，谁谁谁进度差，这一旬差多少方没有完成任务，谁谁谁超额完成任务了。不管怎样你都得把活儿完成。完不成自己想办法，去村里叫人或者什么的，反正你得把任务给完成。那时候谁干得好了就喊一喊，就是表扬谁谁谁超额完成任务了，口头表扬，没有什么实物表扬。那时候白天劳动晚上学习，就没时间干别的。

幸福生活来之不易

没有渠水浇地时，粮食亩产连400斤产量都到不了。当时提的是农业要"458"①。有了渠水浇地，产量高了，村子也就成模范村了。

我记得有一部电视剧叫《红旗渠的儿女们》，我当时还看过呢。我们林县人勤劳、质朴。在当今的市场经济大潮中，竞争无处不在，人才、技术、资金、价格等都有竞争，而我们林县人始终本着"宁愿少挣一毛钱，绝不给林县人丢脸"的信念，凭着自己的智慧和才能，凭着林县人独有的坚韧和拼搏，在全国建筑市场上大显身手，全国都留下了我们林县人民的足迹。如今林州的建筑市场已经遍布全国各地，甚至在外国的建筑市场上都能看到我们这里人的足迹。我们就是靠着自己勤劳的双手造就了今天的辉煌，也正是当年的牺牲才换来了今天的美好生活。今天的幸福生活来之不易，你们可要好好珍惜啊。

（整理人：周义顺）

① 黄河以北亩产 400 斤，黄河至长江亩产 500 斤，长江以南亩产 800 斤。

申海顺：领导干部是榜样

采访时间： 2019 年 7 月 11 日

采访地点： 林州市横水镇南屯村

采访对象： 申海顺

人物简介：

　　申海顺，1945 年 6 月生，林州市横水镇南屯村人。红旗渠建设乙等模范。1961 年开始在红旗渠总干渠分水岭隧洞参与修建工作，一直到各支渠通水。刚到工地时和别人一起抬筐和担水，后来被指派去锻石头。

十六岁去修渠

红旗渠是1960年开始动工，我是1961年开始去修渠。1960年春天，我还在学校上学的时候，学校老师通知晚上集体收听县委的誓师大会。收听完之后，大家很热闹地讨论，说的就是修渠的事儿。反正大家都挺高兴的，觉得是个好事儿，能够改变林县常年缺水的情况。当时学校学生的年龄也不一样，有年龄大的，估计二十多岁的都有，也有年龄较小的，像我就算是年龄小的。年龄大的同学积极表示，愿意去修渠，甚至愿意自带工具去。我们其中一些年龄小的也不落下，大家都愿意为修渠出一份力，毕竟这是改变林县面貌的大好事儿。

修渠的时候我好像是16岁，初中刚下学。那个时候家里生活条件是很差的，粮食产量低，根本吃不饱，几乎都是饥一顿饱一顿的。不像现在，党的政策好，老百姓吃得也好穿得也好。后来听说修红旗渠管饭吃，比在家里吃得饱一些，就积极向大队长申请去修渠啦。后来我给家里说要去修渠，一开始家里不太愿意让我去，但我坚持要去，最后还是去了。

记得当时吃住都在山上，每天都有起床号，很像现在的军营。起床号一吹响，大家都起床了，没有再睡懒觉的。起床号吹响的时候，天还是黑的。不过大家伙儿在一起，也不觉得特别辛苦和寂寞。我们起床后就一起往工地上赶，大概五六里地的样子。一干就是一整天。中午就在工地上起灶做饭吃，下午接着干，下工的时候天就已经黑了。当时年纪小，没让我们干啥特别危险、特别重的活，就是让我们做搬运工，任务不是太重。一开始我们都是抬筐，两个人抬筐，也不觉得太累，每一天都是超额完成任务。修渠的时候需要把石头垒上

抬筐

去，需要好几个人合力推上去，有的拽拉，有的往上抬，我就是在下面抬石头。除了抬石头以外，往工地上担水也是我们要做的活。

当时还用独轮车推石头。当时我们比较年轻，虽然农村人力气大，但毕竟我们只有十六七岁，还没有长全。石头装上小车后太沉，我们推不动。然后就好几个人一起推，一个人在后面推，两边有两个人帮忙扶住小车不让往两边倒，同时也得加把劲推，前边还得有一两个人用根麻绳拉拽着车子，一般都是好几个人吧。可能你们想象不到，石头往小车上一装满，还怪沉了。工地上的路也不好走，不用心和不用劲这个活肯定是干不好的。当时的小车子装满以后一般也在一两百斤。大家分工不同，光是抬石头的都分好几拨人，你一趟我一趟的。当时大家干得都特别起劲，也没有觉得特别累，反而大家在一起说说笑笑感觉还挺高兴。可能也是我们比较年轻吧，话多，你一句我一句的，大家聊起来的话感觉时间过得比较快。

在负责抬石头的时候，为了表现自己，我每天除了要提前完成四趟、每趟三四里地抬百斤石头的任务，还把自己的休息时间也利用起来了，每天在完成任务的基础上，多抬两趟石头。

工地上当石匠

我记得自己当时修的是分水岭隧洞。由于我抬石头比较卖力，踏实肯干，然后被抽派当石匠，主要工作就是锻石头。我们那时候起早贪黑，锻造石头的活一干就是好几年。工地上的主要工作就是锻石头、垒渠墙，石料工地就在分水岭那块。一开始由于技术不熟练，每个石匠每天的任务量是1平（方）米，后来，任务量提到了两平（方）米。为了提高工作效率，找到干活的窍门，每天晚上还召开会议。每个人都谈谈自己今天干的活，总结一下经验。干得好的话还能在会上得到表扬，落后的人在会上就得接受批评。那个时候我为了不被批评，干活可起劲了。由于我干活又快又好，我一直是被表扬的人里面的。

石匠成天就是在石头堆里干活，与石头打交道，一双鞋穿不了多长时间鞋底就磨穿了。对石匠，工地上多少会有点补贴，但是也不多，补贴的钱就是让用来钉鞋、掌鞋的。现在生活条件好了，鞋子坏了就直接买新的了。那个时候的人可吃苦，鞋子坏了，一般是不会扔的，都是修修继续穿。有时候需要修好几次，除非是实在不中了，才把鞋子扔了。当时鞋子坏了以后一般都是花几毛钱买点汽车废旧轮胎，去找修鞋的给掌掌鞋。掌一双鞋能穿两三个月。掌过的鞋子底子特别厚，跟现在女孩子穿的高跟鞋一样。虽是这样，当时感觉就非常不错了。

石匠跟别的工种不太一样。抬石头、沙子的或者干什么其他活的一般都是自己从家里拿工具上工地，但是石匠的工具都是集体配发的，有大锤、小锤和好几根钻。集体发了以后交给个人保管，谁丢了谁自己负责。钻磨损了以后一般还需要去铁匠铺捻捻，让变得好用一些。为了不让自己的钻丢了，还给自己的钻把上做上标记。

分水岭隧洞基本完工之后，我们就在涵洞里用小推车往洞外出土碴。当时好像是刚开春吧，天气还可冷，洞里水冰凉刺骨，我们冻得够呛，没办法只能是往腿上抹上凡士林油抵御寒冷。那时候年轻啊，现在都很佩服那个时候的自己。一个人推车，两个人拉车，一车的土碴最起码也得有千把斤重。还有垒石头、砌渠墙，是个技术活儿。用大锤夯，用小锤砸，石头与石头之间的缝隙都必须工工整整。缝隙里顶满石头，这都是有着严格标准的，绝对不允许豆腐渣工程。领导时不时过来检查工程质量，根本不能马虎，也不敢马虎。工程质量不合格或者偷工怠工都是要挨批的。一般都是一下来就是好几个人过来检查，检查的时候就说了，该垒成啥样，灌浆要灌透。灌浆就是将沙加上石灰倒进大锅里搅拌一下，用桶抬着，倒进渠墙渠底的缝隙里。灌浆灌得稠了不行，必须全部灌进去灌到位。检查的人会取一个工具，把你灌的那部分撬起来看看漏水不漏。人家一看你的是漏的就不行，你需要重新再灌。检查得很好，很严格。垒石头也是，用工具刮好缝儿，弄得很好。渠岸都是两三米宽。人可以从上面走。如果不合格就撬掉了，重新再垒，要求很严格。当时锻石头都有规格，一天锻多少石头都是有数的。咱们特别有上进心，到哪里都想干好，每天都是超额完成任务。有时候干活着急，一不注意就砸着手了。主要是刚开始不熟练，等时间长了，慢慢熟练了就不太会砸着手了。我们锻石头，有时候上面会有石头往下面掉。有一次我就被石头撞到了。别人在上面撬石头我们在旁边锻石头，然后就被撞到了，好在只是撞破了一层皮。那个时候害怕，看着血一直在流。在工地上歇了两天，就又开始干活儿了。

困难时期不言苦

我开始去修建红旗渠的时候，三年困难时期基本上快过去了，但即便这样，还是缺衣少吃，条件还是比较艰苦。当时我们没有啥吃的，村里每户都是好多口人，粮食根本不够吃。当时去修渠，一方面确实是想改变现状，另一方面也是听说管饭吃。当时我们没啥吃的，家里人都是去挖野菜吃。当时修渠的时候，好像每天每个人的粮食供应量是一斤半粮食，按说该差不多了，但是对我们修渠的人来说可不行。为啥呢？你要是在家休息不咋干活，这些粮食基本上是够吃了，没啥问题，但是，对一直在干活修渠的人来说，根本吃不饱。劳动时间太长，掏力①太多。

①掏力：林县方言，出力的意思。

每天早上天不亮就得听着起床号出发，吃点饭就往工地上去，到工地之后就不停地干活。当时修渠的时候，每天天还不明的就有人专门儿吹起床号，嘟嘟嘟嘟。集体吃饭，吃完饭天还不明呢。然后干到天黑才往回走。现在的人可受不起那样的苦，像抬水、担水，光工具都那么粗，现在的人可没人干这个。那时干活干到一半都饿得快没劲了，但是好在也都挺过来了，不像现在的人这么金贵。不过比较好的是，我们那时候修渠的时候，就可以轮班了，中间还是能够喘口气的。记得当时吃的都是红薯面儿捏的疙瘩。吃的都是老百姓收的红薯，叫红薯稠饭，就是红薯跟小米掺在一起煮的。

虽然条件比较苦，但那时候生活本身就比较苦。大家都是农民出身，都是干活人，所以也都很习惯，不觉得有啥接受不了的。那个时候的人都愿意去修渠，因为那个时候的人不像现在的人，就那个时代，也是每天吃完饭就去地里，成天就这样地干活。要不然你吃什么呢？那个时候我们也没有车，伙夫去弄粮食还得两个人去抬粮食，还得去公社，去粮店里面，把粮食抬回来。

干活勤快留下好名声

我不是党员，后来我入了团，不是党员。后来县里开会，又让我去领什么奖。家里的老人说："你就光图了一个名声。"咱就是这种人，到哪儿就这种心思，就光想给人家干好。像我这种性格，工作都是超额完成。别人都已经下班了，我们还一直在那儿干。有的他也完不成呀。干活没有奖励，有什么奖励呀，那个时候的人都是图一个名声。

党员干部那个时候都是干活儿的，我们在工地的时候经常见。修渠的就有马有金，马县长我们经常见人家去渠上。

村里修红旗渠的模范就两个。当时说要选模范去县里开会，就在村里选了，后来我和连长去了。当时选模范的标准也是比较严格的。那时候就是去开个会，连长说选劳动模范去开会。咱那时候就是活做得好。我们全村开会选拔，当时整个连队参加修渠的总共大概有六七十个人，只选了两个，我是干活勤快选上的。有的人态度消极，比如不想干了或者想慢点儿，但是咱不是。咱就得不停地给人家干，主动要求加班。有的人就是在那站会儿或者停会儿，但是咱不是，咱就是一直在那儿给人慢慢抬，一直在抬。在锻石头的时候，有人觉得锻够了，就那样了，但是咱就是一直给人家锻。咱们到哪儿都出力。那时候的思想觉悟并没有多高，就是觉得要多干一点儿。我们不落人家的话柄，要做就做好，咱们就是这样的人。

红旗渠影响了我

修建红旗渠，对我的影响非常大。首先，从共产党员和连队干部身上学会吃亏、吃苦。领导干部就是榜样，你冲锋陷阵了，老百姓就会跟着一起冲，领导干部怂了，老百姓自然也会往后躲。修渠的时候，绝大多数领导干部都是跟着老百姓一起干活的，可接地气了。当时领导跟着我们一起干，就是离我们最近的榜样。你想吧，人家大小是个领导，都还这么辛苦地干活，不偷懒怠工，你说咱老百姓怎会好意思不好好干活呢？这个道理其实很简单。当时的领导干部都是坐镇，合理计划和安排，给大家合理分配任务，然后还与队员一起同吃、同住、同劳动。最让人感动的是，工地上的领导很多活都是抢着干，干活的时候是冲在前头，下工的时候是走在后头。哪里活儿重，领导干部一般就到哪里。抬石头的时候，杠子短的一头石头重，领导总是抬杠子短的一头。有的领导下工迟，队员们都吃过饭了，他才来，常常吃冷饭，有的都病倒了，有的还没有看到红旗渠通水就死了，太可惜了。你想吧，这样的领导，哪个老百姓不服气？你看到他们当领导的这么拼命，这么辛苦付出，你能不感动吗？对我来说，做人就应该这样，要肯学会吃亏、吃苦，只有这样，你就没有办不成的事儿。

我在修渠过程中学到了手艺。1963年，按照安排，我开始学锻石头。锻石头是个技术活儿，看着容易做时难。一开始，用手把钻光打虎口，一锤下去，手肿血流，出力不见效，锻个石头不成型。在老匠人的指导下，我才知道，抡锤打钻不光用胳膊劲儿，更要用肩上功；锻石头也得找平打线，以线带面打平线。经过一段时间锻炼，熟能生巧，我锻石头那是手到擒来，经常受到表扬。还学会了烧石灰、灌泥浆、打炮眼等等。后来就一直修渠修到了乔家屯儿，后来就到了小渠上了。不修渠之后，我就被大队抽调去搞副业了，就让我去鹤壁锻石头去了，就是因为我会锻石头。咱这种人到哪儿就是服从领导。那个时候搞副业，人家也不是给你钱呢，也是挣工分的。当时是大队派去的，在那儿干完之后，又在别处干了两年，后来脚就受伤了，就不想干了，觉得不便利。但是人家也不愿意让咱回来，因为人家也知道咱们在哪儿干活儿都干得踏实。

艰苦环境练就了我的吃苦本领。修渠时，我睡过山崖、山洞，自己住在半悬空，编草绳接成草门帘，防风雨。地面潮湿，夜里小虫子非常多。我们就在地上铺些干草防潮，在枕头旁洒些烟末防小虫，还采连翘枝条防长虫①。刚才我说了，还在一次劳动中受伤，只休息了两天就又上工了。这就练就了我吃苦的本领。修渠的时候是这样的，你喊累的话，你肯定就觉得你很累。只要你的心里没有其他的想法，你只

① 长虫：指蛇。

想着干活儿，把活儿做好，就不会觉得累。即使你嫌累，去喘气的时候，你也要想着赶紧把它做好，不要有埋怨的想法。这就是为什么我到哪领导都会信任，主要就是这种思想。当时只记得要好好干活，没有想过以后到底会不会通水，就想着既然人家修了这个，就肯定会通水。像咱们这种干活的都不会去思考这种事情，这都是上面领导的思想，下面干活的人只会操心自己所干的活儿。咱们干活的，心里就想着这一天干好这种活，明天干好那种活，渠又离咱们村近了一步，快到咱们这儿了。到了乔家屯就到了咱们这儿，离咱们村四五里地。我的孩子就随了我的性格。

不能忘记红旗渠，这真不能忘了。浇地、吃水都受益了。通水的时候，我们村的老百姓看到水都很高兴。村里面以前没有水，非常旱，吃水特别困难，都去人家的地下活水井担水。人们都希望不下雨麦子也丰收。现在各村都有了机井。我们现在都有地下的水管，1月放两次水，15号和1号，现在吃水很便利。

古人说，万两黄金带不走，只有业随身。我已经75岁了，回想这一辈子，吃了不少苦，但是能够参与修建红旗渠，我觉得挺荣幸的，也感到对我影响还挺大。现在做梦有时候还能梦到和村里人一起在工地上修渠的场景。可惜呀，时间不饶人，当时同村和我一起修渠的很多人都已经不在了。

（整理人：李东明）

李根山：
红旗渠能修成离不开党的领导

采访时间： 2019 年 7 月 13 日
采访地点： 林州市东姚镇老里沟
采访对象： 李根山

人物简介：

    李根山，1945 年 3 月生，林州市东姚镇老里沟村人。中共党员。红旗渠建设乙等模范。1962年开始参加红旗渠工程建设，曾在任村河口一带修渠，担任连长，直到红旗渠全线通水，后又积极参加红旗渠支渠及配套工程建设。

没有党的领导就没有红旗渠

我是1962年开始参加红旗渠工程建设，曾在任村河口一带修渠，担任连长，直到红旗渠全线通水。我是红旗渠工地上年龄最小的民工连长。

红旗渠工程非常伟大，任何人来了一瞧确实是伟大。从内心来讲，林县缺水，这个红旗渠是"逼"起来搞的。这山上面修了一道渠，很不容易。当时还没有机械，那时候修1500公里的渠不是很容易的事。红旗渠是在困难的时候建成的。在那种情况下，为啥红旗渠能修成？这里面就说明了一切必须有中国共产党的领导。

首先，没有中国共产党的领导，红旗渠就不一定能干成。共产党是为人民的，人民当家做主。毛泽东就是依靠群众，团结群众的力量。人民群众是社会历史的创造者。群众分得了土地，当了主人了，自己干自己的事业。在这个情况下，大家就利用集体经济（干事业）。要不是人民公社化，要不是集体经济，红旗渠根本搞不成。

其次，没有林县人民，红旗渠确实也搞不成。林县人民吃苦耐劳，下定决心，艰苦奋斗。这就是"宁愿苦干，不愿苦熬"。林县在最困难的时期，就是三年困难的时期，没吃少穿，在那种情况下，苦干出来的。

最后，没有林县县委的好领导，红旗渠也不会修成。杨贵是个带头人，这是杨贵书记带领林县人民干出来的。杨贵是26岁的时候到林县当县委书记。来到林县以后，他把全县跑遍了，发现东姚、东岗、小店，这都是比较缺水的地方。重新安排林县河山，引漳入林，没有个带头人是不行的。周绍先是杨贵的助手，那时候确确实实给杨贵办了事了。这样的人还有李贵、李运保，这都是确确实实跟着杨贵办实事的，在修红旗渠上面起了作用的。像马有金，他是后来的，他来上面当了指挥长。所以有一帮人，有一帮由杨贵领导的人，再加上人民群众一锤一钎一双手，这样，红旗渠干出来了。在这个困难时期，红旗渠能够建成，我觉得不例外这几个因素。这几点总结是我学习的结果。

简单来说，红旗渠精神就是"自力更生、艰苦创业、团结协作、无私奉献"。没有党的领导，没有集体经济，没有人民群众，没有一个好的班子，红旗渠就修不成。红旗渠的修建也符合林县人民的心愿、林县人民的要求。杨贵就是想到了这一点，红旗渠才能修成。为什么说红旗渠好，谈它伟大？如何发挥和学习红旗渠精神？我觉得就要谈群众怎样想的，是怎样要求的。群众想的事情就是党需要做的工作。

干好工作领导要带头

15岁我毕业以后，就参加工作了。当时，我去山西盖过房子。17岁的时候，就到村委了，村上想让我当会计，后来经过讨论，不叫我当会计了，叫我当青年支书。当了青年支书以后，又当了民兵连长。

我当时领导民工修渠，都是实干的，连长就是实干的。我既担石灰，又抬土、抬石头，后来又学会了垒砌、锻石头，我都会干。我不干下边谁会干？你是领导，你就得先走一步，不干能行？后来垒石头等活儿，都是我的事情。我就这样一直干到红旗渠通水。我在红旗渠上总共干了六段工程，阳耳庄、尖庄、柏树庄、南谷洞、坟头、白草坡。你在红旗渠上干活，你当领导不带头，你会干好工作？我担石灰，担到山上，担到河沟。从山上担石灰，一次担120斤或者150斤，每天都超额完成任务。

动脑筋想办法提高工效

红旗渠修建的时候，上面都有任务。那么大的工程没有计划不行的，都得完成自己的任务。起早贪黑的，中午吃点稀稠饭、黑疙瘩，吃的也不好，你说艰苦不艰苦？真的很艰苦。

我这个人当干部办法很多。我就告诉他们，你干得多，挣的钱就多，国家给你的补助就多，给的粮食多，给的钱多，你就吃得好。群众都拥护我，都愿意跟我在一块，都愿意跟着我干，因为吃得好。我是善于研究如何提高工效的，工效高了才能创造奇迹。

1964年4月，我当时担任东姚公社老里沟大队党支部副书记，只有19岁就带领老里沟大队30多名劳力前往任村公社阳耳庄村参加红旗渠第四期工程建设。老里沟大队的任务是垒砌阳耳庄村北山上一段长30米的渠墙。这段渠线有个大溶洞，需要用石子、石灰、黏土和成的石灰泥浆填平后再铺底，工程量很大。

填埋渠底那个大溶洞需用大量石料，必须到远处的山上开采。如何保质保量按时完成任务？年轻的我比较爱动脑子。我当时想，从山上往下抬太吃力了，坡度也比较陡，抬着石头在陡坡上行走也相当危险。如果能组织大家从山上往下滚石头，可能要省工省力，工效也可能会有很大提高。说干就干。于是，我就叫抬石头的民工从山上把石头往下滚，结果一个小时就堆了半渠沟，使工效提高了几十倍。但是，滚下的石头把部分垒砌好的渠墙给砸坏了，有的铺底石被砸坏了，有的封顶石被砸掉了。偏偏在这个关键时刻，工地总指挥长马有金沿着渠线过来检查。他发现刚刚垒砌好的渠墙被砸坏了，十分生气。他让人把我找来，对我进行了严厉批评。我跟在马副县长后边，瞅准一个机会解释说："马县长，我虽砸坏了一些渠墙和渠底，可咱的工效却提高了几十倍。我省了多少工？民工又少受了多少罪？至于砸坏的渠，我马上安排人补修好不就行了啊！"马有金是一位最讲实效的领导，听了我的解释，觉得有道理。从此，马有金在全渠线召开工地会议时，多次表扬我："东姚分指挥部老里沟有个小连长，特别能干，办法多，工效高。"

1964年7月，南谷洞水库溢洪道进行加深施工，同时对大坝背水面进行护砌，东姚公社承担了此项施工任务。工程干了三个月，民工们一个月轮换一次，我几乎一直坚持在工地。当时上下两层施工，其实很危险。上边开挖溢洪道，往外出碴，往往是乱石滚滚，而下边就是民工们在抬滚下来的石料。有时因为躲避滚下来的石头，下边抬石头的民工不得不时常与滚石赛跑，一有疏忽，就有被乱石砸死的危险。但是，我抓安全工作很有一套，老里沟大队在施工中没发生一起伤亡事故。

1965年9月，红旗渠三条干渠全面动工建设，我带领老里沟连来到姚村公社的白草坡村。工程任务在村西的山坡上，主要是挖渠出碴。这里虽没有悬崖绝壁，但是渠基全是黄甘土夹石头，铁镐刨不动，放炮也只能炸个像鸡窝一样的小坑，工程相当艰巨。为加快工程进度，民工们就在开挖的基础上凿几个像瓦罐一样的肚大口小的坑（口）。这种瓦罐坑深的不足1米，最浅的也要在半米以上。先将生石灰块装在里边，然后往里边灌水，再用土堆在上面，将口封好。等生石灰遇水膨胀后，就会将周围的黄甘土撑松，民工们把石头捡掉，再加水就可以堆在一起闷成破灰泥①了。这种方法既省工省力，又省炸药，还可

①破灰泥：把土和石灰按一定比例加水和成泥。

以提高破灰泥的质量。

修渠时，除了要想办法、讲究工作效率，还要不断地做思想工作。修渠的时候会有很多困难，吃喝方面困难很多，干活也很累。当时有一部分领导对那些偷懒的人都有方法。有的人就是看人下菜碟儿，看你吃哪一套。好领导下面没有孬兵。干活儿不是谁不想做就不做了，总有办法对付那些偷懒的人，但是也不能一眼看到底，做了好事情也得表扬他，把他推上去以后他就下不去了，不能盯住他的坏。这也是很有效的方法。

（整理人：韩艳）

石用生：
那时候的人有改天换地的气魄

采访时间： 2020 年 9 月 3 日

采访地点： 林州市任村镇仙岩村

采访对象： 石用生

人物简介：

　　石用生，1946 年 4 月生，林州市任村镇仙岩村人。红旗渠建设乙等模范。18 岁参与王家庄、河口等渠段的修建，结束后继续修建三干渠，直至工程结束。在工地上主要负责抬石头、锻石头等工作。当时父亲是共产党员，在渠上做饭，哥哥也参与了红旗渠的修建。

一家三口上工修渠

我和哥哥、父亲都参与了修渠。去修渠的时候我还小，也就是十四五岁吧。修渠去过好几个地方，像王家庄、白羊坡，都是在山西。后来继续修建三干渠，直至工程结束。在渠上主要工作是负责抬石块、锻石头、出石碴等。去青年洞修渠时，带班的一直说我小，不让我去，二十五到四十岁之间的壮劳力才能去青年洞钻洞呢。生产队派工都是轮流着上，在渠上干一两个月，换下来再换上去，再干一两个月。

那个时候咱们林县一共是15个公社，每个公社一个营部，一个大队开一个伙房。我父亲在工地做大锅饭。要说那时候的生活吧，吃三顿，吃的根本不是现在家家都能吃到的大米、白面，主要是红薯面、玉米面、洋槐叶，配点野菜，多是吃不饱的。要说吃馍，十天八天才能吃一回。干那么多活儿又吃得不好，工地的人得浮肿病的就多。

条件这么艰苦，当然也有人当逃兵。有的人趁天黑了就逃了，但这只是极少数。不管再苦，大多数人还是坚持了。那个时候的人就有改天换地的气魄。

领导干部发挥模范带头作用

修渠的时候，领导发挥了带头作用，领导干部和群众一样干活儿。说老实话，那时候当干部的作风就是好，干活儿是干部带头，领下边的人干，吃苦受累和老百姓一样。比方说人家杨贵，还亲手抬石头、抬杠啊，这些场景电视里都演过。那时候包括县、公社领导都亲自上工，成天在工地上。在小队当个组长，天一亮都出来了，比别人起得早，在那儿给大家派活儿。开会是天黑了才开，干部比群众还辛苦。那时候老百姓的干劲主要靠干部带头带出来的。

受伤后继续坚守在工地上

工地上工种很多，有抬石头的，有修渠基的，有砌石头的，还有炸洞的。在工地上干活儿，是记工分的，一个工分也才五六毛钱。（干一天）以十分为标准，妇女才八分，小孩大点了就八分，你要是干得好了，就得十二分，更好的得十三分，一天十三分就很多了。抬石头的出力大，工分多。

我大部分的工作是抬石头。石头在河沟里，旁边都乱糟糟的，路不平，又滑。抬石头和搬石头在那样的路上走，有的时候一滑就趴地上了。修渠过程中，一天受伤的就多得很，有的搬石头磕着了，有的砸石头被小锤砸着手了，有的打钎伤着了。我在修这个渠的时候，一次抱石头，石头大没抱好摔着了，把指头砸折了。我在公社的营部那包了包，也没做手术，让它慢慢就好了。那年代没有现在这么好的条件。

受伤后，我就停了半天还是一天的工，又到工地干活了。我受过伤不能搬石头了，就去干糊缝的活儿。渠上垒好的石头，有缝隙，我整点沙灰糊严实了，再施点水湿湿，这样太阳一晒干就结实了。我可能是因为干活老实、肯出力，受了伤以后又没有停工，人家后来评选时才选我当的模范。

石用生

老实干活儿的人才能评上劳模

那个时代的人出力早，现在二十来岁的人还抵不住那个时代十五六岁的人的耐受力。我十四五时已经开始干活啦，一开始队里嫌我小，让我干点轻活儿，后来发现我干得还行，就分配我重要的任务了。我十八九岁去修青年洞，这样的年龄在钻洞队伍里是比较小的。

红旗渠完工后，各村都要评劳模，我被评上了。各营部选模范，有的营选上五六十人，有的营选上七八十人，俺这营里有三十多人评上模范了。那时的模范是村里按照修渠时出力大小评的，评出来的都是老实人，肯干活的人。谁老实，村里人让谁当劳模。

评上劳模表彰咱也不怎么懂，叫咱去咱就去，叫咱回来咱就回来。当时我也不知道评上啥等级，给劳模发的有奖状，有证书，表彰会上戴了大红花，还发了个硬皮本。这些奖状、证书我也不知道有用，时间太长了，都丢了。那个硬皮本让弟弟妹妹写字用了。那个时候谁也没有想到要把这些荣誉证书保存下来，也没有明白有啥用处。物质奖励也是有的，都和劳动有关，奖的主要是农具。修渠表现好了，领导给家里发锨、镢头、洋镐、锄头这些东西。

修渠是为了咱林县人吃水浇地，过上好日子，我在修渠中吃的这点苦和受的这点伤就不值得提。

（整理人：米庭乐）

247

张百川：
条件艰苦，大家都坚持下来了

采访时间： 2020 年 9 月 4 日
采访地点： 林州市合涧镇上庄村
采访对象： 张百川

人物简介：

　　张百川，又名张广庆，1934 年 12 月生，林州市合涧镇上庄村人。中共党员。红旗渠建设乙等模范。1960 年 2 月开始参与修渠，直至红旗渠修完。曾担任本村队长，带领一百多人修渠。

再难也挡不住修渠的决心

修红旗渠的时候已经成立了集体合作社，就是把上庄、合涧和南窑三个行政村成立了一个金星社，各大队各公社都抽人去搞修建。那时候也没有好的工具，也不知道修渠需要用什么，就是凭着一腔子热情，背着一个扁担，背着一个小铺盖就上渠去了。

当时的条件很艰苦，跟现在没法比。现在都有大型的挖掘机，大卡车，还有先进的爆破技术，那个时候都是靠人手提肩扛。在最困难的时候，杨贵书记做出了修红旗渠的决定。修红旗渠是个伟大的壮举，但也确实很受罪。那时候每天吃的就是红薯叶、米糠，玉米面很少，一份玉米面，两份糠，往一块儿搅，再拌上红薯叶。不仅在吃上，住的也很艰苦。当年修渠的时候住在山崖下面，有时候也在其他老百姓家住。杨贵经常讲，虽说现在苦，但是将来甜。忆苦思甜，和现在没法比。

当时条件那么艰苦，大家都还是坚持下来了。我当时带领我们的这个大队，一百多号人没有一个说不愿意去的。在修总干渠的时候，我们一共干了好多个洞。修每个洞的人数不多，基本都是三班倒，一班十来个人，才用六十多个人。要是修明渠，用的人就会更多了。条件再困难，任务再艰巨，大家心里那股子劲儿没变过。

艰辛的修渠历程

我从1958年修这个英雄渠以后，就是我们这个社的负责人。1960年的时候，英雄渠修过之后，我就去参加了修红旗渠。当时我是人民代表，动员令一发出来，我就代表我们大队去县里开了会。开了这个会以后我就回来发动群众上红旗渠。我当时就是给群众开会，说咱们要修红旗渠，一是为了吃水，二是为了灌溉。虽然当时修了英雄渠，但灌溉还是不行，水量很小，根本不够用。

我去参加修红旗渠以后，一直是大队的代班长，当时还有正副连长、司务长。到那儿以后，我就被抽到了总指挥部，（后来）被抽进了青年突击队去修建青年洞。

当时修青年洞的时候是非常艰难，也是非常危险的。我在青年洞上干了两年，我的腿伤就是在青年洞上留下的。开始去的时候，我就跟着特等模范任羊成在除险队，一起上山下山。那时候是把你调到哪里你就去哪里，后来才进行了分工。

杨贵经常在工地上给我们开会，（告诉我们）该怎么样修，要怎么样干。那个拍修红旗渠的纪录片里面有个镜头，杨贵背了个洋镐，戴个安全帽，他前面第二个就是我。我在红旗渠上，一共修了六个隧道，像青年洞、阳耳庄、赵所，要是算上支渠的洞，一共是七个，在二支渠上有一个洞。

我在1960年2月就开始参与修渠了，从修总干渠到支渠，一直到红旗渠修成，一共干了将近十年。我参与了修渠的全过程，一直干到了开庆祝大会。

青年洞上这六个口，干得是很艰难的。在半山腰中间，光除险上去，就用了两天多。当时是张汉良领导的除险队。青年洞西边第二个口，我们12个队员包括任羊成光上去就用了一天半。有时上去二十多米、三十多米，有时上着上着就上不去了，就退下来了。现在比以前好多了，虽然有些地方大型的机器还是上不去，但是当年全靠人力。当时老百姓没有任何设备，就靠两条大绳想办法往上爬，很不容易。现在开着汽车，"呼呼"就到那里了。那时都是小推车，最好的也就是有个马车拉着，跟现在比不了。

说老实话，我这个人在村上比较先进。当年在修红旗渠上，我也不错，指挥啥服从啥，干劲大，任务完成得快，又安全，进度搞得快。领导让锻一块石头，咱锻了两块，工作搞得也比较出色。

第一次评劳模的时候，我就上到了三本书上，我记得其中两本是《今日红旗渠》和《林县志》。当时还有很多奖状，都是修红旗渠表彰发的，但是后来都让小孩儿毁了，都没有了。

（整理人：石晓倩）

李楼生：
在营里面管质量监控

采访时间： 2019 年 7 月 9 日
2020 年 9 月 2 日
采访地点： 林州市河顺镇前庄村
采访对象： 李楼生

人物简介：

　　李楼生，1938 年 1 月生，林州市河顺镇前庄村人。中共党员。红旗渠建设乙等模范。1960 年 2 月开始参加红旗渠工程建设，曾在天桥断、清沙等工段修渠施工，担任河顺分指挥部的工程质检员，主要负责检查施工质量和进度统计上报工作，直到红旗渠三干渠完工。

"直顺平稳"——红旗渠的质检标准

红旗渠开工的时候我就去了，1960年开始就去了，主要修前楼、任村往上、天桥断上面、河口往下。那时候都是以公社为单位建立的营，我在营里面管质量监控，就是检查垒砌得合格不合格。不合格就返工，全部给它别了，全部掀掉重新再垒。修渠就是修缸呢，保证不漏才行，一点不漏。

那个时间都是自力更生。国家有困难，林县的经济也困难，都是就地取材。去河沟里拾个石头，垒个窑加上煤一烧，一窑就是几万斤、几十万斤（石灰）。石灰加红土，没有土就是沙，配上沙。石头都是从河里面捞。有的石块不好，烧不成，有的是能烧成的，那都是就地取材。烧了以后弄成灰。那时候大部分都自力更生。炸药，都是用秸秆跟木料锯成的末，再配上硝铵，做化肥用的那个硝铵，放炒锅里一炒，一炒就是炸药。

垒这个渠整体质量就是要求"直顺平稳"。直呢，你从正着看是直线；顺呢，是上下按照质量规定的坡度；平呢，把这个石头放到这不动平展展的，不能这个石头往这边歪那个石头往那边歪；稳呢，它不会动，还有一个填不进泥。

修渠质量要求相当严。修水渠就像修水缸，不能漏水，从开始垒要求就特别严。砌石头，大石头，要求匠人垒的这个渠岸直、顺、平、稳，每一块石头都是直、顺、平、稳。这是县里的统一标准。当时奉行的是统一检查、统一标准。当天垒当天别，当天就检查。

那时候也抓先进的，不是光抓落后的。也有先进的也有落后的，有好的也有坏的。哪个村哪个连，质量怎么好都给它写上去。村里面没有负责质量监督的，由公社统一领导。红旗渠工程多，一个队干不成。

现在浇地用的都是红旗渠的水。红旗渠现在正在复修，今年红旗渠投资工程大着呢！多少年都没修了，去年倒的倒，塌的塌。去年就开始修了，今年年底还不知道完成完不成。这次工程量大，不仅量大质量也高。渠沟一般都是两米高，全部是钢筋，两边都是钢筋再用水泥，下面再铺底，不用石头了。

以前是石头结构，现在是水泥结构。现在你要说结实，可石头那倒是万年也烂不掉，但是时间一长，石头中间缝一开就漏水。钢筋水泥时间长也崩，也不中。什么时间长了都不行，都有一定的耐用性，过了那个时间也不行了。

当时有返工的，管质量就管那个的。刮墙大部分用的是石灰。搅红土，搅沙，和泥，匠人垒好了那一层，小工必须把泥给弄足。不能漏水、透缝，我们就管这个质量的。等他垒好了用个铁锹一别，看看里面空不空、透气不透，透气你这一段就都得返工。就选一段来检查，看看厚度够不够。抽重点做检查，不可能所有都别开。成了就成了，不成就返工。

以点带面，你抓住了这一点，就教育了全面。一检查几个村庄都来了，哪不合格就召开县里面的质量会，这样一说就都知道了，就全都注意质量了。

那个时候检查质量的很难。人家垒好了，你给他别坏了。有的人知道你是来检查的，可以理解，但是有的人不讲理，不愿意，说你一来就给我毁了工作了。检查质量的人不好当。

领导在前我在后

我见过杨贵，他经常上红旗渠开会，人很不错。他经常在工地，拿个锹。书记都干了咱咋能不干啊？杨贵对林县贡献还是很大的。千军万马战太行，那时候工程相当大的。

那时候大部分人都愿意修。有的不愿意修，是觉得苦。生活不好，住宿艰苦，体力劳动重，艰苦不想受[①]。整个大局定了，领导还是听上面指挥的。领导吃的国家饭，干活干的国家事，他不干怎么办？他不干失业。都不想失业，所以跟着领导，领导让他干啥他干啥。

那时候不允许在外面搞副业，没有修红旗渠的时候大家都在搞大寨田，劈山开沟填地。红旗渠一开工，大家就开始修红旗渠了，男女老少大家都开始修红旗渠。很小的不去，很老的不去。那个时候红旗渠一开工，渠上哪儿都是人。这么大一个工程，土石方绕着地球能转一圈。

营部的都是自带口粮。一个营里一个食堂，一个大队几十个人是一个食堂。那个时候艰苦奋斗，没有什么好吃的东西，红薯面就是好饭。玉米面、马齿苋、红薯叶送到食堂当饭吃，没有啥菜，玉米面、菜疙瘩都是好吃的。那时候也没有住的地方，民工大部分都在半山腰上住着。俺老伴他们还有的在牛棚里住。把牛一牵走，牛棚那都是好地方。还有的在山洞里住。那时候艰苦得很。

杨贵这个县委书记他经常去渠上，哪儿修得差

①受：干活的意思。

不多了，他就去检查检查看看。杨贵是个好书记。那时候他还年轻着呢，才30多岁。他是卫辉人。他胆大，有些山是悬崖陡壁，在半中央的，他看了就要在那开渠。那时候技术还不先进，不像现在，那时候都是土办法。那时候修渠工作量大，生活又艰苦。

马有金是红旗渠总指挥部指挥长，经常召开各部门会议。如何办，如何搞，都传给你办法了。马有金是一个实干家、好县长。刘银良是公社领导，抓安全相当硬。马有金在焦家屯设立总指挥部，这儿都是在半山上通的渠。有一次决口了，红旗渠的水下来了，水大着呢，冲了渠岸，大家都不敢下水。马有金先跳进水里面，抓住渠岸在划水。扑通扑通，大家都跳下去了。大家都站在岸边，好几层的人挡住水，让水往东流。马县长真是个干家，成天不是在渠上就是在岸上，艰苦奋斗。

红旗渠的好处说不完

红旗渠给老百姓带来的好处说不完。一个最大的好处就是全县不缺水，生存有保证了；第二点呢，十年九旱的地方变成水浇田了，基本上全部灌溉了。这两大好处全县人都感谢不完。

现在红旗渠修好了，林县人民的困难解决了。红旗渠是全国乃至全世界的一个奇迹——人工天河，知名度很高。每年十月份总有好多的人来旅游，这解决了大问题了，不仅解决了吃饭穿衣，生活问题都解决了。你看红旗渠逐步加固建设得更好，参观的人更多了，收入也越来越多了。这个时候国家提倡旅游消费。提高消费才能促进国家经济的发展，带动发展。

（整理人：郑蓓）

杨发有：

采访时间： 2020 年 9 月 3 日
采访地点： 林州市任村镇尖庄村村委会旁
采访对象： 杨发有

人物简介：

  杨发有，1936 年 3 月生，林州市任村镇尖庄村人。红旗渠建设乙等模范。在红旗渠建设中当炮手。

响应号召战太行

我是林县任村镇尖庄村人。我们尖庄村地理位置好，四面环山，村里有山泉，吃水比其他村里好点。去修渠是响应当时杨贵书记的号召。那时候杨贵书记说千军万马战太行，我那时候才二十多点吧。

我1959年修过南谷洞水库。修成南谷洞水库以后，到了红旗渠上，主要是参与红旗渠总干渠的修建。

在工地上经常能碰见杨贵书记跟马有金，特别是马有金。那时候马有金是工地指挥长，他就在工地上跟民工一起劳动，就是实打实地干！在工地上我们都叫他"黑老马"。不是因为他天生就长得黑，而是因为他经常在工地上跟大家一起干活，晒黑了。马有金抡锤抡得好，抡锤砸钢钎是为了在那岩石上打炮眼了。有时候为了赶工程他就跟工地上的工人比着干，经常是民工不上工他就上工了，人家就在那真正地干着哩。有时候不在干活，也是在忙其他，反正就是脱离不了工地。我可以说马有金对公家作出了贡献，真的是出了力了。

因为领导干活都是实打实的，没有做过虚，咱都看在眼里的，那咱心里也是干劲十足。咱也不能落后啊！所以我们在工地上也都没有偷懒的，都是比着干。

点炮的故事

我在山西石城，白杨坡、任村河口都干过，主要是炸石头。我是我们村唯一当炮手的，工地上的其他活我不管，光管手雷，就是炸炮的。红旗渠总干渠可以说是用炮崩出来的。放炮全靠人工点燃，说没有危险那是不可能的，但你不能说怕危险就不干了。点炮还是有讲究了，先是装炮，每天早上我们小炮队就找那个没炸过的钎眼儿，我们就装炮，装炸药、雷管。装上药但是不点，等到民工收了工，我们那时候点炮。点炮的时候也得注意，得按着流程来，不然会有危险，不但自己不安全，而且工友也不安全，整个修渠的进度都受影响。那时候条件不好，头上戴的只有柳条编的安全帽，点炮都是用香去点。点炮的时候谁站哪儿都是事先勘察过了。你准备好以后，只有等吹了点炮号才能点。一吹点炮号，该谁点就点。而且点炮顺序也都是有规定的。每次点炮我们都会提前开会。开会有个说法，谁在前谁在后，总得让前面的人先点了，后面的人才点，得让点炮的进了安全洞才能响。谁点的炮提前响了谁就需要负责，也就是说，点炮从上往下，必须这个人点完之后让他安全地跑到安全洞里面后面的人才能点，你不能提前点，要不然后面的人就危险了。这点炮都是有严格的顺序。点过炮以后，等它响了以后，人要在安全洞里头停半个钟头，吹了解除号，才能出来。因为点炮以后山上的石头都炸松了，有的石头滚下来，人马上出来有可能面临安全问题。

我们点炮最怕碰见哑炮。点炮的时候并不是一个炮一个炮点的，炮跟炮之间是有炮捻儿连着的，它是一连串的，有的是七八个炮连在一起的。这个炮连着那个炮，哪个炮先响，哪个炮后响，必须按顺序，该哪个响就哪个响。所以一遇到哑炮，为了安全起见那一块修渠的活就得停一停。你不知道这个是不是真的哑炮，你要是着急过去看，或者不在意让人都继续干活，万一炮又响了，那可是要出大事的。

我没有干过其他，就是点炮。当炮手唯一的心得就是胆大心细，沉住气。

（整理人：赵翔）

李启明：给集体干活不邀功

采访时间： 2019 年 7 月 12 日

采访地点： 林州市采桑镇新西岗村

采访对象： 李启明

人物简介：

　　李启明，1934 年 3 月生，林州市采桑镇新西岗村人。中共党员。红旗渠建设乙等模范。1960 年参加总干渠建设，主要负责搬石头、垒渠岸。

李启明

全靠一身力气搬石头、锻石头

我是林县北采桑镇人，1959年入的党。修渠的时候，我27岁的光景。当时去修渠的时候，已经有了6个孩子。我走了以后，媳妇就在家种地。修渠的时候，我是我们村修渠队中管事的，主要工作是搬石头、垒渠（岸）。修完渠之后，就在家种地，一直到年纪大种不了地为止。

修红旗渠是从石城阳高开始的，阳高是个村名。我们住在青草凹。我们是一段一段地修，青草凹到王家庄到谷堆寺再到卢家拐。刚去的时候说是80天的工期，80天修成红旗渠。很多口号都很大，说"五一"就能通水。正月去，"五一"就能通水，结果修了好几年才修通。当时我们干活儿的地方叫姐妹大桥，没有了那一段（姐妹大桥），红旗渠就断流了。桥需要修两个桥墩，隔四米修一个桥墩。

我们施工的地方不算太危险，但是非常费劲。桥都是用石头垒起来的。男的什么活都干，搬石头、垒石头、锻石头、放炮、排险什么的都干。女的力气小，有些干不了，主要负责抬石头。石头虽然大小不一，但都是很重的，有几百斤的，也有一百多斤的。最开始抬石头的时候，女的说肩膀疼，后来抬着抬着也就习惯了。大部分的石头当时是两个人合伙抬，推车也是两个人一起。推车上坡的时候我们就管拉，下坡的时候我们就拽着一点不让它溜下去。运石头全靠下力气抬，小石头一两个人就够了，大石头需要好几个人抬。怎么抬呢？用一种叫小炮和大炮的工具，木头做的，有两个头，当中拴石头。拴石头得用铁绳，要不然拴不住。可以四个人、六个人、八个人抬，抬的时候棍子扛不住，得用木头杠抬。小炮是什么样呢？就是一根木头，两头弄两个铁环，铁环里再穿杠子。一个小炮能顶四个人，大炮能顶八个人。大石头就不能用这个办法（抬），因为人多了没法抬。为啥没法抬？人挨着人，脚挨着脚，迈不开步子，使不上力气。后面的人踩着前边人的脚的话，还容易摔倒。大石头就得给锻开，锻开之后就能搬动了。

修桃园渡桥的时候，我记得有块大石头，实在是太大了，我们24个人都抬不动，肩膀都磨肿了，需要套大约直径10厘米以上那么粗的杠，拴着那块石头。找这么大的石头，是用来刻碑的。需要用石头刻一块碑来纪念一下，所以不舍得锻成小块。这就是桃园渡桥，现在这个桥很出名。修这个桥的时候，我当时就在那管供应石头。管石头就得锻石头，要不然大小不合适没法用、没法抬。那时候锻石头可是没什么工具，全是用锤子和钻头锻的，说白了，就是全靠一身力气，一锤一锤地敲。

一心只想为集体

每个工地上有很多毛主席像和毛主席语录，主要学习"老三篇"①。我们一直在学习毛主席语录。虽然我不怎么识字，但我会背"老三篇"。大部分人都不识字，但是大家都会背。晚上开会学习毛主席语录，天天开会学习，学习毛主席的思想，主要是要提高大家干活的积极性。我们干了活也不

① "老三篇"是指《为人民服务》《纪念白求恩》《愚公移山》。

邀功，就是想着给集体干活。集体让干嘛就干嘛，毛主席让干嘛就干嘛。开会的时候要汇报自己今天做了什么好事。我们就天天想着要做一些好事，卖力干活就是做好事。当时的人思想很上进，觉悟比较高，只想着集体，不想着功利。话说回来，我们其实没时间学习，时间都是挤出来的。学习一次时间不长，有时候十几分钟，二十几分钟的，有时候有人领着念，有时候广播员拿着喇叭喊。

那时候搞红旗竞赛，各个公社都在拼命干活。红旗竞赛意思就是谁搞得好就给谁插红旗，搞得不好就给你拔走。其实就是一杆旗，是给公社的、整体的，不是给个人的。自己所在的公社干得好，就把旗插到所在的公社，如果干得不好旗就会被拔走，所以公社都会督促大家干得快一点好一点。

在渠上，天天睡不够觉。早上天刚明就起来了，有人拿着喇叭、号角啥的，使劲吹，就得赶紧起来。起不来咋办？起不来也得起来。修渠也没有什么巧的办法，想要干得好干得快，关键是人，就是人海战术，人多点，多干一会儿。所以不会让怎么休息，都使劲鼓劲，让大家多干点，好拿好一点的名次。不过，拿到红旗大家都高兴，都想着要那个红旗。在渠上干活是不分时间的，早上开始干，中午吃顿饭继续干，直到天黑看不见为止。白天去工地干活，晚上吃完饭，一盖被子就睡了。

有的村白天干完，晚上经常加班。有的村不怎么加班，我们村就不太经常加班。加班不加班，主要是看那个地方危险不危险，危险的地方容易出事，就不能去加班，不危险地方就加班。去干活不是想回家就可以回的。我干的是长期班，一般的节气不回家，只有过年的时候回家。过年能放假半个多月，一般是从年腊月二十几到正月十五。收麦子的时候，虽然是农忙时候，也想着回家，但是只要家里有人收，我们就不能回家。

最害怕点回头炮

最怕的就是点回头炮，这是印象非常深刻的事情。啥叫回头炮呢？就是炮装上了，也点着了，没见它响，回头又去点。有的时候人刚到炮就响了，出事故了，人被炸死，连人都找不到了。

有一次我负责点炮，等了半小时也没有听见吹点炮的号，因为太困了就在那里睡着了。迷迷糊糊中，突然听到了号声，于是我就赶紧点炮，结果是东岗村的号声，后来打听到没有伤到人。还有一回是垒石头的时候，我打的是青石，结果石头崩着掉下去了，那时候桥边正好有不少人在修渠，后来打听到也没有砸到人。

那时候放炮是很危险的活。山很多，石头也很大，很多地方都需要放炮。每个连里都有炮手，专门负责放炮的。有的地方炮手多一点，有的地方炮手就少，不过一般最少有俩，一个炮手干不成，太危险，也累，那是技术活，两人还有个照应。红旗渠的炮可大，一个可能盛几百斤炸药，一炮就把山角炸下来了，崩一个大山角。放炮要是出了事，一般就是大事，人就没了。

我的名字记录在书里

盘阳会议我没有去，参加过县里面的一次总结大会。总结大会就是庆祝大会，是全部渠修好之后开的大会。庆祝大会上发了奖状，还发了一本红旗渠的书，这本书也很珍贵。这本书上边记录了牺牲多少人，修了多长多宽，还有劳模故事。

我自己的名字记录在最后的采桑的那一部分。我为啥当劳模，我不知道，都是上面人评的，也不是自己去争取的。反正我这人老实，修的时候啥活重就干什么活，让干啥就干啥。选我当模范，是看咱实在吧，不挑肥拣瘦，做活不挑，啥活儿都干。

通水庆典场面可大了，全县男女老少都去了，人特别多，乌泱乌泱的。大概多少人我弄不清，有群众、有民兵，还有其他地方的人。有的民兵带着武器。那时候民兵有枪，看起来很威武。每个村都得派人过去参加庆典。我还保存了一本讲红旗渠的书，就是得奖的时候给的那本书。

红旗渠是干出来的

当时也不知道什么是红旗渠精神，也没有宣传过，没感觉有多大不了。在这儿修渠的人，只顾着干活了，也顾不上其他的。那时候全国都不富裕，生出来就在这里生活，没去过其他地方。

修完渠，对我们来说肯定是有变化，我们村以前吃水是很困难的，修了渠，我们就不用吃雨水了，不用去挑水了，庄稼也有水了。没修渠之前，都是看天，主要靠雨水活，人也靠雨水，庄稼也靠雨水。修这个渠浇地打的粮食多，肯定是生活有提高。下雨多，流的水都到渠里了，干啥也不怕没水。现在用的基本上是机井里的水，渠上的水用得不多，有些地方，已经没有水了。

修好一段渠就要刻名字，不过不刻自己的名字，刻公社名字、大队名字。我们好多人还在渠上的石头上留下一点记号，不过时间长估计也找不到了。以前没有想到红旗渠会这么出名，能够得到国家的重视，还能有那么多的表彰。我们就是听公社的，上边让干嘛就干嘛。我们当时修渠的人好多都不在了，有些也随着孩子们搬出去了。修好渠之后，大家该种地种地，该干嘛干嘛，也没和其他修渠的人联系了。当时一个生产队的，可能还低头不见抬头见，其他队的，有些好些年没见过，有些一直没有见过。渠修好后，我也回去看过。去看的人很多。外面人都说红旗渠好，我这亲手干的，也没感觉有什么大不了。

（整理人：陈小娇）

刘新昌：

蹚着河水修渠

采访时间： 2019 年 7 月 11 日

采访地点： 林州市陵阳镇北辛庄村

采访对象： 刘新昌

人物简介：

　　刘新昌，1934 年 6 月生，林州市陵阳镇北辛庄村人。红旗渠建设乙等模范。1960 年开始在红旗渠工作，主要工作是锻石头、做饭、记工分。

既负责做饭又去工地

我叫刘新昌，1934年出生，小学四年级毕业。红旗渠建了十年，我差不多一直都在。1960年开始去，主要修的是一期工程。不同时间干的活不一样，一开始是抬石头，抬河里面的石头，后来换了工作地点。俺这个村小，去了十来个人，就改成了小灶。改成小灶之后，我就开始管记工分和做司务员了。因为人少，司务员既负责做饭，也去工地干会儿活。1962年到1963年修的白家庄这一段，当时每一个时段参与工程的人大概是七到八个人。

因为我们村的地势比较低，所以我们村当时不缺水，但是水也不是特别多。用的是井里的水，井里的水是下雨存的。林县大部分地方都缺水，整体缺，但是局部地区不缺水，要不然不会修这么大的工程。当时不管缺不缺水，有上面的命令，每个人都要去修渠。俺这村小，去的人也少。当时修渠是硬性要求，一个村必须去几个人。有一部分人不愿意去干活儿。如果都不想去，就轮着去，每个人按月去上工，一个接着一个，轮流去。轮到自己去的时候，就必须去，一个月轮换一次。

当时干活是分配干活，每个人有工分，那时候是挣工分。当时养活家庭的话，就是来生产队里，队里统一分粮分菜。我们家13口人，就我一个（男）劳力，得挣工分，要不然养不住家。

去修渠的时候，我媳妇在生产队上干活，孩子们该上学的就上学了，没上学的由我爹我娘帮忙照看着。我有3个男孩，6个闺女，大闺女今年68了。家里有9个孩子生活压力大啊！修渠是有粮食的，管饭的，当时是每天有补助粮。补助粮按人数来补助，人多补得多，人少补得就少。有的家里没劳动力的，孤儿寡母的，孩子多养不起的，可以发照顾粮，但是我没吃过照顾粮。

林县人惜水如命

我们村不缺水，最起码有吃的，但是好多村都缺水。我们村还算过得去。许多村庄因没有水吃，只能去挑水，近的几里地，远的十几里地。排队抢水，都是经常的事情。因为缺水，村里的小伙子娶不上媳妇，本村闺女都嫁到山外，外村姑娘不上山，有的村成为远近有名的光棍村。

因为缺水，林县人养成了惜水如命的习惯。有些山村的农民，平时很少洗脸、洗衣服，到了逢年过节、结婚的时候才干净一回。洗脸是全家用一个盆，大人洗完小孩洗。洗完水不能倒，把脏水澄一澄，下次再用，实在用不成了，留给牲口喝。因为缺水，庄稼靠天收，产量很低，麦子每亩30公斤左右的收成，秋粮每亩产量也不过50公斤。"早上糠，中午汤，晚上稀饭照月亮"说的是一点不假。

腿被冷水冻伤

当时的工具是公社统一发的，粮食自带，到修渠的地方之后统一上交。修渠的时候，一吹号就开工了，天不亮就出发，天黑才回来，中午可以休息一会儿。

修渠的时候我们大队在河口，自己带铺盖，在山崖上搭个棚，前面用帆布堵着，就在那里面睡觉，所有人都共同住。饭是吃不饱的，需要找野菜、树叶来充饥。在工地上看到有树叶的树时，就把树叶放在嘴里嚼一嚼，看苦不苦，如果不是很苦就用来充饥。嫌玉米面疙瘩小的，就配上点野菜和树叶吃。也吃过河草，花椒树上面的树叶最好吃。菜里没有盐，没有油，就只有窝窝头，条件非常苦。当时三个村子几十个人一起吃饭，一起开饭。

修渠的时候，能不能回家主要是由离家的距离决定的，家离得远回去的次数就少，家离得近回家的次数就多一些，这个上面没有规定。修北家庄那一段渠的时候，我每天都蹚着河水修渠，因为水太冷，腿被冻得疼得厉害，结果不能走路了。如果生病的话，就请假找人来替自己上工。那时候每个公社都有一个医生，一个叫牛凤洁（音）的医生看了我的腿，说你的腿不能再让冷水冻了，需要回家休息两天，过两天再回来修渠。我就回去歇了一两个月。休息过之后，我没有再去，我父亲替我去修的。

▲
抬石头过河

刘
新
昌

用铁寨子锻石头

　　我在申家岗锻了几个月石头。当时锻石头是离渠近就开始锻，石头就近用。石头是用两米长的木头棍儿来抬，然后用铁绳子拴住木头，棍儿一般都是用的榆木、槐木，村里家家户户都有。很多人家里都有铁绳，绳子一般磨不断。

　　石头有大有小，大的最少也有一米长，厚一二十公分。如果石头不大的话，两个人一起，如果石头大的话，就四个人一起用双杠来抬。

　　一开始锻石头的时候在西山那里，有那种铁寨子，锻出来一个小口，把寨子往里面一塞，用大锤砸，石头就破开了，即使很大的石头也能破开成小块的。也没有什么技巧，就是把大块的破开成小块的。锻的石头都不平整，需要用钻钻平。打炮眼需要灌水，先凿出一个孔，灌了水之后再砸，一砸一溅。把石头锻好之后，就把石头抬到渠上。垒石头的时候，没有统一的标准，凭感觉约莫的，一层一层垒。

　　锻石头用的工具是铁钻，大概有5公分这么粗。匠人给我们截好，每个人两根，一个小锤子。那里放着还有大锤，好多石头一边是齐的，一边不齐。用大锤一敲，两边就齐了。大锤敲齐，小锤修理修理，把石头就凿合格了。公社里会有领导过来检查，看石头锻得行不行，看垒石头垒得结实不结实。基本上天天检查。有时候站那里看，有时候拿着东西量量，看歪不歪，垒得整齐不整齐。

　　锻的石头差不多都是红砂石，这个石头特别好，比较结实。锻石头没有说具体的标准，全是凭感觉，需要多大的就弄多大，怎么方便弄怎么弄，反正石头多，到处都是，也不缺，这个不行就弄那个。

　　石头有大有小，大的好几个人抬不动，小的没啥用，直接扔了。需要多大的石头就要用多大的石头。需要用啥石头，大家都来回看看，哪个能用，哪个合适就用哪个。挑不到现成能用的时候，就把不规则的石头锻一锻，锻得差不多了，就搬上去开始垒，再把多出来的砍掉。

有时候弄石头会碰着腰、弄着手，虽然也没有什么大伤，但是小伤不断，磕着碰着都是平常事。干的时间长了，手就结实了，上边都是茧，磨得可厚了，就不容易烂了。干活的都这样，干啥活都会，不像现在人。那时候就没有手套，就是有手套，烂得也快。干一天活很累，晚上就不想动了，但是身体也好，没啥病，歇歇就过来了。

石灰是自己烧的

石灰是自己烧的。烧石灰的时候，前期是在坑里烧，后头就是在平地上面先把石头垒上去，就是铺一层石头，铺一层煤块儿。煤是县里统一提供的，是充足的。做石灰的原料是青石。石灰烧好后，抬到红旗渠上。后来才有的水泥，水泥很少，主要是用来勾缝的。烧石灰的窑建在河滩边的一片平地上，底下这一层用石头支开，支开之后用石板腾出来空的地方，再把石头弄到上面，然后下面点着火，就开始烧了。烧石灰是用煤烧的，引火的时候用干燥柴火去引，烧的整个过程主要还是用煤。烧石灰是需要装窑的，我也装过窑。在装窑的时候下面大、上面小，只要石头不会烫着，人就一直能往上堆石头，而且是有专人在烧制的。

石头一烧就成石灰了。烧好了，赶紧晾起来，放到池子里，灌满水，就开始冒泡泡，起来热气，再晾凉就成白的了。具体弄多少没有定量，只要能供上用就行。不过用起来量很大，用得快，做得慢，所以不能停，得一直弄。有人专门指挥，那是队长，他会催着的，该什么时候烧，人家会安排，反正总得供着人家了，不能让人家空了手。人家一直使，你就得一直和了，不能离开那儿。

我没有出过事故，见过在渠上发生的死人的事故。看到过点炮之后十个炮响了九个，有一个没有响，去检查炮的时候，炮响了被炸死的，被炸死的那个战士叫桂营全（音）。

青年洞最难修

我没去修过青年洞。青年洞是修渠最艰难的地方，山高路陡，在山腰的峭壁之上凿渠。青年洞位于任村镇卢家拐村西，进口左侧为一条深沟，西边是一崖壁，像"弓"形，岩石青一块、白一块、紫一块，人称"小鬼脸"。因为难修，找的都是精壮的年轻人，又叫突击队。参加凿洞的是从全县民工中抽调出来的300名优秀青年，修成之后就叫"青年洞"。修青年洞总共花了一年零五个月的时间，终于凿通了。听说通了大家都很高兴，有的人高兴地在洞里跑了个来回，一直不舍得下山吃饭。

我记得最困难的时候是"百日休整"期间，那时候修渠的好多工地都停了，但是青年洞就没有停，留下精壮劳力继续修。一个连抽十几个人去山上挖野菜，回来用热水一泡就吃了。刚开始吃的还够，后来不够吃，找了一拨人没事就去挖野菜，啥野菜都挖。野菜不顶饱，要不了多久就会饿，也没营养，好多人吃了以后身上没力气，有的还会浮肿。尤其是年轻人，饭量大，消化快，怎么可能吃饱？吃不饱，怎么有力气干活？除了干活，还得学习。有时候工作半天，学习半天，有时候抽空学习。学习的时候坐不住，饿得心慌。有力气的一个人就可以扛一袋水泥。有些人开始是两个人抬一袋水泥，后来抬不动了。上坡时候不好走，都走不动，有的就扶住膝盖，扶住膝盖就省力气很多。

273

插红旗搞比赛

当时工地上大家都学毛主席语录，有的地方有毛主席像。工地上贴着标语："下定决心，不怕牺牲，排除万难，争取胜利！"修渠的时候插着红旗。

每个连都有红旗，也有竖起来的毛主席语录。那时候搞竞赛，各个公社都在拼命干活，都想拿第一。队长也使劲催着，要大家拿第一。光荣嘛，谁不想光荣？我们都拼命干活，别的生产队也拼命干活。

在工地上干活，天天睡不够觉。一大早就有人喊起床，有的扯着大嗓门喊，有的拿着大喇叭喊，我们听见就得赶紧起来。声音那么大，不可能听不见，醒了也睡不着了。大家比较自觉，没有说叫一遍不起，叫一遍就起来了。一个公社是一个营，一个大队是一个连，就那样的形式，都搞竞赛，就是想办法让大家多干点。

哪个公社都想要那个旗，白天夜里都干，下雨时候就能歇歇。天热的时候，晚上干活时间长点，白天干活时间短，因为白天太热。晚上凉快能干活，怕中暑，生病了更麻烦。我们队我忘了到底拿过红旗没有，但是争红旗是真的。

我参与修渠到最后

红旗渠是1969年完工的，我参与到了最后。红旗渠建成之后，就可以用渠水来灌溉地。修完红旗渠之后，我当过几年小队会计，我记得是1977年。也去外面采过一年多的铁矿，主要还是以务农为主。

红旗渠修好之后，在县里开了劳模代表大会，然后我才知道我自己被评上了劳模。为什么能被评上劳模呢？我感觉可能跟修杏树洼的时候有一定关系。当时有一部分人不愿意去修，然后在杏树洼的时候，就我自己一个人在那里修，我印象特别深刻。通水的时候，杨贵剪彩，我去了。当上了劳模，有奖状、有红硬皮本，还有一本叫《重新安排林县河山》的书，但是都不见了。红旗渠里的水主要是用来灌溉的，我们村现在浇地的时候还是用红旗渠里的水。现在家用的水是井水和自来水，渠上的水不能用来直接吃。

现在老了，其他修渠的人也慢慢少了，本村还有两个人，也都老了。我和刘吉星（音）是最早一起修渠的，他今年90岁了。目前，3个孩子现在都还没有退休，他们在汽修配件厂上班，现在也有了重孙，对生活挺满意的。

（整理人：陈小娇）

赵子竹：谁说女子不如男

采访时间： 2020 年 9 月 3 日

采访地点： 林州市任村镇任村村

采访对象： 赵子竹

人物简介：

赵子竹，1944 年 3 月生，林州市任村镇任村村人。红旗渠建设乙等模范。16 岁参加修建南谷洞水库，17 岁开始上渠修渠，直到 27 岁才回家生子。

渠上的青春岁月

我16岁就参加修渠，一直修到22岁我才回来结婚，结完婚之后我跟丈夫一起又回去修渠。修南谷洞水库、渠首、总干渠、三支渠、曙光洞、青年洞，这期间一直在参与修渠工作，一直到27岁才回来，回来后才要的孩子。

我四岁的时候就没有父亲了，那时候弟弟才生下来没几天。我从小跟母亲和弟弟一起生活。小时候上过几年学，读到小学五年级的时候因为家里穷，交不起三块钱的学费，母亲就不让我读书了，叫我在家干活，只供弟弟一个人上学。因为家里数我大了，指望着我劳动干活给家里减轻点负担。开始在家就是叫我拾拾柴火、割草、喂驴、喂牲口。那时候穷，我们村没有水，吃水非常困难，需要提着木桶去阳耳庄那驮水。去一次需要走三四里地，来回就要七八里地。那时候全家都去担水。我母亲是小脚，她担水的时候总是摇摇晃晃的走不稳，那水桶里挑不满水，路上洒出来的水多，带回来的水少。我跟弟弟两人抬一桶水。俺父亲在的时候给家里买了一头驴，我们也用驴驮水。

1960年正月十五我就去修渠了，那年我16岁。17岁那年就开始往山西石城去了，在石城修了半年。在渠首的这半年非常苦，人可受罪了。吃不好，没有菜，只能吃杏树叶子，将叶子在水缸里泡一泡，再揉一揉，然后用开水烫一烫或者炒一炒就吃了。还有椿叶，那个苦啊，但苦也得吃啊。那时候没有啥吃，不吃不行，你得吃。偶尔也会改善一回生活。那会儿小队上送点白萝卜、胡萝卜，把这萝卜搁一起炒一炒就算是改善生活了。一个月也就改善一两次，大部分的时候都是吃杏树叶子、椿叶，红薯面、木薯面蒸的疙瘩、熬的稀饭，一个人就一小疙瘩。一般女同志差不多能吃饱，男同志都吃不饱。干的都是体力活，吃点这哪会能吃饱？吃不饱就多喝稀饭，稀饭能多喝，管够，其他的不行。像那红薯疙瘩、木薯疙瘩就不能多吃。那时候生活不好，就没有胖人，都瘦瘦高高的，饭都不够吃。

后来又去修洞，修洞非常危险。我们是用铁锤往上打炮眼，捣眼。捣眼以后装炮，装炮就是装上雷管、炸药把那石头崩开。我没有点过炮，女的点不了炮，点炮得跑得快。我就负责捣眼，把雷管、炸药装进去。捣眼都是有要求的，一个炮眼，平着八寸、深六寸。你捣眼捣了多少，是不是合格都有专门的人来检查，打够尺寸才能够休工，打不够就得加班。那时候是轮班，白天一班人干活、晚上换另外一班人干，就是轮班倒。早上七点上班，中午回来吃饭，吃完饭就又去干活了，一直到下午七点。我们住的地方就是用石头垒的石案板，上面、下面都是石板，我们就在那里面住。地上铺的是麻席，自己带的铺盖，把铺盖往石案板上一铺就在那睡。

我们在干活的时候还会有石头滚落下来。有一回我正在做工，杨贵书记过来了，他看见我就喊我，他说："赵子竹。"我说："咋啦？"杨贵书记问："你在这里做工了？"正说着一块活石头就掉了下来，我没及时躲开，正好砸在我后背上。我一下就摔倒了，跌在那个石头棱上，可疼。受伤以后歇息了两天。工地上有医院，就是在那里让赤脚医生给看看。工地上的赤脚医生不是一直在我们这的，他还要沿着渠线一直转，哪里一出事这医生就得去哪里看病。他来了给我弄了点消炎药吃，吃了消炎药让我休息。休息两天后我就继续上工了。那时候就给我换了个活，不让我抡锤了，让我扶钎。我这个伤因为当时没有去正规医院看落下毛病了。那时候年轻，一心想着修渠，惦记着工地上的活，疼也忍过去了，老了以后疼得厉害了。后来才知道当时砸骨折了，岔开了。那时候我才17岁。

在渠首这半年我没有回过家，弟弟和母亲两个人在家。后来转到青年洞修的时候就离家近了，才回家看过一回，也是给工地上请假回的。那时候都是挣工分了，数我挣得多呢。挣工分就是挣粮食，你挣的工分多，分的粮食也多，挣的工分少，分的粮食也少。俺家就指望我了，俺兄弟比我小四岁，我不上学就让他去上学了，就在咱这村小学上的。我一个人挣工分家里的粮食也是不够吃的，我母亲成天也是在地里拾麦穗。五月的时候白天去拾麦穗能拾一斗，那可是一个麦穗子儿、一个麦穗子儿去拾。

我总共得过三次荣誉表彰，参加过三次劳模大会，其中一次是乙等劳模。第一次得劳模是1961年，我得的是乙等劳模奖，那时候马有金让我去开会哩。我平常都是超额完成任务。参加表彰大会是到县城里去，大家在一起开会，念到谁谁上来领奖。然后喊到任村赵子竹上来领奖，就上去领了。第二次是在柿子岭修渠，具体时间记不清了。那时候部队在我们任村拉练，我给他们做过报告，给他们讲讲我们是怎么修渠的。第三次得奖的时间也记不清楚了，那是在修三支渠的时候，我教外国人勾石头缝，就是白皮肤黄头发的外国人，他们是记者，来参观报道的，还一起照过相。这都是在修三支渠的时候发生的事，这是在外国人面前长咱中国人的志气嘞！

我丈夫叫苏杭山，俺俩都是一个村的。他是党员，当过兵。那时候他表现很优秀，得过很多荣誉。他修渠是在青年洞，他上夜班，我上白班，平时能见面在一起说说话的时间也不多。他在青年洞的主要工作就是点炮，是炮手。炮手工作危险，但他从来不跟我讲这些。

红旗渠修成以后我们就都回来，回来以后就是在家种种地，做做饭，收拾收拾家，看看小孩儿，成家庭妇女了，日子过得安安稳稳。

打钎能手

我当劳模得表彰主要是因为我打钎打得好。那时候我走到哪，谁见我都是说："呀，任村赵子竹。"我这打钎都出名了，每次做工我都超额完成任务。打钎你得使劲了，凿石头你得用巧劲儿才能成。我1959年的时候修过南谷洞水库，在那负责用锤头打钎。我干活快，大家也认可，任羊成都知道有个小姑娘可会捣，大家都知道我，十六七岁，可有劲了。

当时马有金也知道我，一说就把我调到渠首了，在那干了五六个月。后来因为修青年洞，我又去青年洞打钎了。修青年洞的日子非常艰苦，可以说我就没受过那罪，太难了。最后两个人一班轮换着捣洞。它不是那样往下砸，而是往上咚咚响地捣了，这个不好用劲。平着捣好捣，这个往上打钎不顺手。每天干到天黑就回去睡觉，早上听那个号嘀嘀响了就起来去吃饭，吃了饭背上工具就走了。这干活的工具都是公社分的，要是谁的钎用坏了，不快了，渠上有专门的铁匠给你打一打，回来之后去认领就行了。自己做的都有记号，是谁的就是谁的，不会拿错。干活累的时候我们也喊喊号子，就喊那个"哼唉！嗨！"一起喊啊！抖劲儿干啊！在渠上如果有工友完不成任务，他们都喜欢找我帮忙。我这个人特别热心，谁找我，我就帮他捣捣。我在渠上这么多年，每次分给我的任务我都完成了。

工地上的活可多，女同志一般都是打钎，男同志抬石头、推石头。干活的时候，我们女同志用钎把地凿开，一放炮就崩出来活石头，然后把这些石头运出去，运出来以后还要再往上钻钻，就是看看哪个地方不平整的，就钻钻，把不平的地方弄齐整了。

（整理人：赵翔）

桑文现：

只要苦干，就能征服一切困难

采访时间： 2020 年 9 月 3 日
采访地点： 林州市任村镇桑耳庄村
采访对象： 桑文现

人物简介：

　　桑文现，1938 年 3 月生，林州市任村镇桑耳庄村人。中共党员。红旗渠建设乙等模范。1960 年参加修渠，在红旗渠上工作五六年之久。当时是村里的青年支书，并且在红旗渠修建中担任连长一职。

不怕吃苦

修这个渠很艰苦。我当时在大队是青年支书，头一批我没去，第二批我去了。头一批在石城，第二年我去了卢家拐，我修过的地方有好几个，山西东庄，河口、卢家拐。

修建红旗渠远比当初想象的难。修渠工具、炸药、粮食等物资从哪里来？人们刚到渠线上就面临着各种各样的问题。在困难面前，我们没有退缩，有困难就解决困难。我们一切靠自己。先在悬崖峭壁上劈开一条简易的公路，在漳河上架起一座简单的木桥，以保证后勤的供应。解决了后勤问题，又有新的问题来了。几万修渠大军没有房子住怎么办？大家不怕苦不怕累，任劳任怨，利用一切可以利用的条件自己去解决面临的问题。有的住在山崖上、睡在石缝里，有的用石头垒石庵、开挖石窑洞、搭建席棚。5000名民工在一片乱坟岗子上搭席棚住了下来，当地人风趣地称之为"林红庄"，意思是我们这些修红旗渠的人住的村庄。每逢刮风下雨的天气，大家伙总是把身子缩成一团蹲到地上打盹儿。

但凡经历过那个时代的人，都对饥饿有着刻骨铭心的记忆。当时我们修渠每天只有6两的粮食，却要承受繁重的体力劳动。因为微薄的粮食不能够支撑繁重的劳动，我们稍有空闲就上山挖野菜，野菜挖完了就摘树叶吃，连树叶都吃完了就去打捞漂在河里的河草吃。我们就是凭借着这样低的吸收，释放出了改天换地的最大能量。

以前多缺水。没修红旗渠之前这个村吃水都去黄崖沟打水。去那个黄崖沟打水，人多，明了黑了都（有人）去打水。我们住的地方离水源地有十来里地。早早地起来，担着桶到那个地方去，走上十几里地去打水，排着队打水，用个瓢子就往里面舀。回来的时候就不知道几点了。冬天放了学以后，大冬天就把那个雪倒井里，下雨的时候把那个水流到井里面，吃那个水。刚开始去修红旗渠我们村去了280人，后来就减少了，280人就剩五六十。当时在大队，我是团支书，青年团支书，管青年的。

当时每天天黑了去开会，开会主要是通报你的进度、你的任务完成多少，你得报报情况。整个村是统一领导。到那儿以后，按照小队种地面积、按着整个人口、用地分任务，你地多去的人就多，地少去的人就少。

当时困难多了，困难比如说吃水。在东庄修渠，一清早，就是早上得到河边担水，只担一担水。路远，担了水一路往山上爬。那时候修渠有三项任务，第一项是修渠开沟崩山，第二项是石匠砌石、打石头，第三项是烧石灰，一共三项任务。那时候水供应不上，去山里打水的人，歇也不能歇。

那个时候不想干的没有，一个人干一个月就回来了，一个月一换，有的人是两个月一换。他为啥两个月呢？他有吃的，他干一个月就没走，一直干到两个月，吃喝都在渠上，在连上都够吃的。

都在渠上干一天活儿了，回去都躺那了。想想那个时候修渠可不容易，这一天一天的，整个干活，人家领导都可忙。小工放炮放到12点，两个人替着，每个人都可忙，一有时间就想歇着。每天小工放炮炸山，他不放炮，你就没法工作。我们都说脚下沾有多少泥土，心里就有多少真情。我们做了大量的修渠工作，修筑红旗渠时的生活经验和生活故事让我一辈子都难忘。很感谢你们这些孩子们用手机、电脑的形式记录下来，将我们这些修渠人说的话整理、保存，形成资料，方便以后进行这方面的研究。在那个特定的年代里，无论男女老少都为红旗渠的建成作出了不可磨灭的贡献。修渠人执着坚忍、自立自强，技艺高超、善于动脑，一心为公、无私奉献的身影一直印在我脑子里。

发挥智慧，克服困难

那时候施工人员顾不过来。当时营部给你整一块石头，上多少米，下多少米，他给你画在石头上，一路给你画。你要崩山，要崩到这个石头就没有底儿啦，你就要把这块石头移到它崩不到的地方。不然到时候崩石头，一崩就把这个石头崩了，这个点就没了。没了这个点，自己找就不好找了。

修建红旗渠工程浩大，我们的工具太过简陋，经不起如此巨大工程的消耗。在没有工具的情况下，就从修渠的民工里挑选出来那些铁匠、木匠自己修制工具；在没有炸药的情况下，人们就去找来一些硝酸铵、干牛粪、锯末、粉煤等用来制作土炸药；没有水泥，就自己办水泥厂造水泥；没有石灰就自己烧；没有抬筐就自己编。充分利用一切可以利用的物料，节约一切可以节约的东西。筐子破了我们自己修补，实在不能补了就把一些可以用的荆条拆下来用来编新的筐子，一点都不能用了就拿过来当柴火烧石灰。各种木制的生产工具都是这样，反复利用，直到完全不能用了才拿去烧火。每每遇到困难的时候我们就会这样安慰自己："苦难是死的，人是活的。只要苦干，就能征服一切困难。"

（整理人：周义顺）

王富山：修渠像打仗一样辛苦

采访时间： 2019 年 7 月 12 日

2020 年 9 月 2 日

采访地点： 林州市东姚镇李家厂村

采访对象： 王富山

人物简介：

王富山，1940 年 3 月生，林州市东姚镇李家厂村人。红旗渠建设乙等模范。作为点炮手，主要负责点炮、弄导火线、捻炮捻儿。

"点炮"是我的责任

我在20岁的时候参与的修建红旗渠，距离现在已经有五十多年了。因为年头比较久远了，我只能记得我是1960年后去的。我去参与修建的时候刚好赶上红旗渠工程的开头，所以我就先在渠首修渠，一直往山下面修，一直修到了公社。

我当时在渠上的工作是点炮，那个时候点炮年纪大的人不行，都需要年轻人。那时候也没有用绳子吊在山崖上，就直接顺着山上的斜路往上跑。现在想想就跟打仗似的。点完炮之后，再用绳子拴住自己去除险。我一天最多的话能连着点三十多个小炮，其他不点炮的时候就造火药。用的是自己的小米糠，配上硝酸铵，碾碎混到一起，配着使用。再不行就是配一把盐，配煤也行，起爆炸作用就行。那时候的炸药也不够用。在山洞点小炮崩小石头，点大炮要装四五千斤药，这么些炸药能崩20米那么宽，一下子就崩个大坑。也有时候用别人家支援的炸药。那时候的炸药都是领导负责的，我们每天去安全炸药库领炸药。当时的炸药库都是县里跟公社管的，然后我们都是按地区成片儿划分去领，全县都划分了片儿。领导会提前给我们安排，一个村来多少号人，分多少米，都是有阶段性的。我们都是各村管各村的，全公社各个大队都有各个大队的炮手，所以我只负责李家厂村的工地。①

① 红旗渠总指挥部发布的《关于红旗渠总干渠上段垒砌石施工须知》中规定：在爆破方面，公社、大队从民工中挑选一批工作热情负责，并有一定技术知识的党、团员和积极分子分别担任安全员、保卫员、司号员、炮手和爆破物资保管员等职务。同时，还以大队为单位成立爆破组，以公社为单位成立爆破组，专职负责爆破工作。各级领导经常组织他们学习政治，学习操作规程，提高阶级觉悟和业务技术能力。

当时主要的工作就是弄导火线，再制造几个捻儿，再去当地除除险。炮捻儿都是自己弄的，雷管、导火线需要多长剪多长，小炮都是三米长。这么长的炮捻一般都往小石头里崩，它没有多大的威力，前面点了后面就响了。一个人点二三十个炮，从这头到那头。这小炮也不崩多大，就光崩石头，能崩开就行。崩开之后想用哪个就用哪个。我们村里一共有三个炮手，但他们现在都不在了。我们这三个炮手当时年龄都差不多，数我的年龄最小。那时候要找的人都是手脚麻利的年轻人。我当时是被领导挑的。有的人就不愿意干这种活，嫌太危险，但都戴着柳帽，其实最多就砸他的柳帽一下，不会造成什么危险。当时一直修到家门口，差不多修了十年。我一直都是炮手，但搬石头、垒渠什么的也是会做一些的。

我在的那个地方没有发生过危险的情况，但是其他的地方有被石头砸到的事。那时候造好炸药之后每天去领，有多少洞就给多少（炸）药。这种东西不能自用，这属于危险品，不能让各人自用，必须得集体化。

修渠的人可多了

当时修建红旗渠的时候上去了很多人。我们大队里有13个小队，会干活的都去了，留家里的都是不会干活的，还有各个小队的领导在家。但是家里有孩子的妇女是不用去的。修渠的时候，其实一个人也没有多少补助。因为大家都想喝到水，所以都想把渠修好。但在渠上一般都比在家吃得饱。那时候各乡各村都有吹号声，下工都是统一下工的，上工统一上工。在工地上点炮也吹号，但一般都是等人家回家了，我们再点炮，十分钟或者半个小时后，过了这个点就统一点炮。

早上起床也吹号。在工地上的不全都是壮劳力，连学生也都要去上面的小渠干活，但是大渠那里也有学生，我的兄弟在上学的时候就去过大渠那里。

当时渠上也还有女同志，一个队里有五六个、六七个。当时的女同志也是很能受苦了，要往渠上走到石城，先打个土窑，再钻进去，晚上睡觉也要钻窑里，打的洞刚好能盛下一个人。但一般的窑洞里都能住三四个人，打着地铺都挤着睡。那时候根本没有偷懒的，上面也一直有人看着，所以根本不可能偷懒。再加上，大家都想赶紧喝到水。会有小部分人偷懒，但是大多数的人还是很有干头的，互相加油鼓气，有时候也会边干活边来首歌，鼓舞鼓舞士气。

我不怕危险

每天三十多个炮，一天点两次，上午一次，下午一次。每天到十二点就响起咚咚咚的炮声。人家都不愿意去弄这个，害怕太危险了。（其实）去地里劳动抬个筐，打钎、打个炮眼都没有那个危险。那就像打仗一样，但是我觉得没啥可怕的，爆破号①一响就等于来了命令。

见过了这么多的炮，我从来都没遇到过哑炮。点了这么多，炮都响了。没有哑炮，那就没事了。如果遇到了哑炮，那就把雷管抽了。万一哪挨着了，把它弄响了，就不好了。炮统一点，炮捻儿的长度是统一

①爆破号有三种：一是戒严号，二是点炮号，三是解除号。

的。要是不响，你就再捡回来。如果检查没有就没事儿了，如果有就处理掉，处理了之后把雷管弄出来。

采访我的人很多

我记得大渠修完了，那一天在原来的老剧院开过一次表彰大会，杨贵带着我们开过一次会。那个时候哪有什么证书啊，只开了一次会，啥都没发。就开了一天的表彰大会，结束后晚上就回家了。早上到县政府坐了坐，开了个会，中午吃了个饭，就好了。还在戏园唱了一次戏。红旗渠修完了，总结总结经验就这样。主要就是说大家在修渠的时候吃苦了，修渠跟打仗一样，大家都辛苦了。

我现在只有杨贵单独的照片。杨贵现在不是去世了么，林州市的记者拿了一张照片给我。我也没上过学，也不认识字。14岁的时候父母就不在了，那时候除了干活，啥都不会。总得有一项长处吧，不识字读不了文章，就得干体力活。

之前有很多的人也过来采访过我，向我打听修建红旗渠的时候，点炮的一些事情，有宣传部的，也有一些记者，学生也经常过来，都是一群一群的。

修建完红旗渠后我就一直没有去过那里。我从那儿回来以后被村里安排到王家沟去挖矿，结果去采矿那边安排的工作还是点炮。在那边干了两年，后来调到安钢了。我在安钢一直干到55岁退休，有退休工资。安钢在咱河南省来说算是有名的。我这实际上是乡里照顾的，我离家早，然后给的照顾，才能去安钢当的工人。

（整理人：张锋）

付月梅：
幸福是辛辛苦苦换来的

采访时间： 2019 年 7 月 11 日

采访地点： 林州市东关大药堂（国珍店）

采访对象： 付月梅

人物简介：

　　付月梅，1949 年 4 月生，林州市姚村镇坟头村人。红旗渠建设乙等模范。参与红旗渠三干一支渠建设的收尾工作，主要负责背石头、打钎等工作。

付
月
梅

我背的石头多

　　我是15岁开始去修渠，给他们碾炸药、看牲口。那时候我年龄太小，他们不让我干。后来到17岁，去修那个三干一支渠。修三干一支渠我是主动去的，当时我们都是主动去，主动去挣的工分多。那时候条件艰苦，都是凭工分吃饭。当时条件也不好，早上很早起来，有时候喝点水，吃那个红薯面、玉米面、糠窝窝。中午吃萝卜条，就是那白萝卜条和红萝卜条。有时候吃点干饭，就是用那米焖成稠饭或者干饭汤。主要吃干饭和胡萝卜条，没有吃过面条，馒头也很少。隔几天改善一顿，没有吃过好饭。那时候生活条件太差了。

　　但是，当时我能干。我15岁就长得很高。我背那么大的大石头，两个人给我抬到肩膀上，我都能背。戴上那个垫肩，我们都是一天背好几方的石头。数我干得多了，也数我背得多，从来没偷懒过。后来因为我能干，这才推我当模范。每天喇叭就专门说，谁表现得最好。人家一测方就说我，每天背石头就数我背得多，像一排房子这么高吧。我在队里干活，上山割草，或者割蒿子，都是背100多斤。我们回来称斤的，都是背的100多斤。

　　修渠的时候住在施工工地，后来就是住到修三干一支渠附近。就住到盘山呀、后峪呀。也没有什么娱乐活动，反正吃过饭就去睡觉了。有时候还坐在家里，拿着袜子给它上个底子。给袜子上底儿就图它结实，要不每天劳动，容易（被）磨烂。

　　修渠也没什么难忘的事，就是我们每天吃苦耐劳。但那时候也非常高兴，没有说过苦，能多挣点工分就行。我们没说过苦，也没有犯过懒。饭好坏都行，吃什么都行。小时候我们都是一天吃两顿饭啊！

在家里边也吃两顿饭。到冬天吃红萝卜条，中午不叫吃饭，就是早上吃点稀粥，吃点那个萝卜条、红薯啊。晚饭就是到了下午，到每天下午五点钟吃第二顿饭。都是只吃两顿饭，中午习惯了，也不饿。开始都没有吃过米呀，没有吃过干饭，也没有好好洗过澡。就是哪个村都有那个大池吧，山上流下来的水，我们每天要从地里回来路过那池边，走到那个池岸边洗个脸啊，洗个脚。就从那池里洗完脚才回来，回到家不舍得用水。我们那都是山区，我们姚村公社都是山区，不是平原，种地也得上山。

我们不怕苦，不怕累

我们就是想着赶紧把红旗渠修好，叫我们干啥我们就干啥。把水引入咱们林县，咱们林县人就享福了。工具上主要用的就筐子、大锤、钎子，都是从自己家里拿的，都是家里有啥拿啥，都没有怨言。那时候干得非常有劲。往地里头去干活，都是雄赳赳气昂昂的，有的背着镢头，有的背着锄头，有的背着榔槌或钎子。有几个人管打个洞，有几个人管抬着筐，有几个人抬土……每个人都是那样，给你派什么活，你就拿什么工具，就这样都没有怨言，都干得很有劲。虽然吃得不好吧，但都是非常有劲地干活，比现在的人都干活有劲。现在的人吃得好了，他们身上没劲，谁去地里受呢？当时我们还有小口号，每天就是"雄赳赳，气昂昂，跨过鸭绿江"，就是走着也都是唱着歌吧，都是非常高兴。俺女的不能比男的干得少，非得超过他们。干活的时候就都不吭气了，光顾自己一天能打多少个炮眼儿就行了，打得多挣得多。没有嫌过苦，不偷懒，每个人都不偷懒。有的人会休息啊，但我们都没有休息过。中间也没有人偷溜着回家，

　　那时候都没有那样做的，都是争先恐后地干活，就是你干得多，你挣的工分多。

　　不怕苦，不怕累。林县人民能全部吃上红旗渠水，用水浇地，就是最大的愿望。吃苦耐劳，我们不说苦，这都是应该的。当时炸石头，我们在山下搬石头，都得看着石头。炸石头了，找个大石头躲躲，等石头落下来我们才走。当时也是害怕，也有不少人被炸伤或炸死，那都是避免不了的。后来也都习惯了，遇见落石头躲着，避过了也就没啥事儿了。当时心里面就只想着干活，修好红旗渠。当时修红旗渠我们辛苦了，后来又享福了。浇地呀，吃水呀，这些幸福都是劳动人民辛辛苦苦换来的。以前都没有水，上老远老远的地方去打一点水。那个时候的人非常困难，后来咱们也吃上了红旗渠水。

（整理人：郭永正）

张泽根：
当队长要赏罚分明

采访时间： 2019 年 7 月 14 日
2020 年 9 月 4 日
采访地点： 林州市茶店镇山拐头村
采访对象： 张泽根

人物简介：

张泽根，1935 年 9 月生，林州市茶店镇山拐头村人。红旗渠建设乙等模范。1961 年 2 月开始参加红旗渠建设，曾在任村公社石贯等工段修渠，负责抡锤打钎、做饭、搬石头、放炮等工作。

两次出险

我就上了一年小学，我也不识字。上红旗渠哪一年哪一日我也记不清楚了，光知道当时的修渠情况。

修红旗渠有两次出险的情况，差点要了命。有一次出险是那石头掉下来了，砸得哪儿都是疼的。后来还住院了，住了多长时间，也记不清了，从医院出来就好了。第二次是开山点炮的时候，我忘了号令了。（点炮）号令一共分三次，第一次是准备，第二次是点火，第三次是点炮。第一次我就把炮给点着了。炮点着了以后就开始冒黄烟，上面也顾不上吹号了，就开始喊弄错了。但是炮也点着了，大家也不知道该怎么办了。我就赶紧回，准备回去点回头炮。我把引线给拽了，不然就把我给炸死了。炸死我一个不要紧，把大家炸死了咋办啊？那线特别长，跑到跟前就已经很短了。有人叫我去吃饭，我吓得心里直扑腾，也顾不上理他。等我缓过劲儿来以后，我跟工友说我点错炮了，我得去点回头炮。这一次也是悬了。我在红旗渠上，也就出过这两次可怕的事。

苦难的童年

有　年收成不好，闹蝗火，去地里遍地都是蚂蚱，一层一层的。那天傍晚，蚂蚱过来了，我从地里回家以后，那锅盖上都是一层蚂蚱。晚上大人们从地里回来，一摸一堆蚂蚱，他们就挑着担子拿着麻袋去跟蚂蚱抢谷子。小的时候家里有坟地，坟地上有两分地，种的是谷子。我和我爹挑着篓子去跟蚂蚱抢收。到地里，好多谷穗叶子已经被它们吃掉一半了，赶紧抢了些。弄得差不多了，说回去吧。我在前边挑着担，我爹在后边抱着篓子。有个滑坡，我娘走在我爹后边，发现我爹滑倒在地上。我就让我娘搀着我爹走了七八十米。遇见一个放牛的老头，那个老头说别让你爹走了，快让他歇歇，去端一碗吃的给你爹。我就去找人要，要回来一碗吃的喂我爹吃，我爹那时候已经不会吃了。

七月份我爹就去世了，过了几个月，腊月里我娘也去世了。我叔叔和姑姑把我养大的。我长大以后就把我送到了合作社，教我打土坯，干农活。

修渠生活很艰难

我干活干得好，当了3年副队长，后来当了队长，后来就去修红旗渠了。去（修）红旗渠的当时是一个小队，我是生产队的队长，我老婆也去了。但是我去的时间不长，家里需要我，我就回家，修渠需要我，我就又上去了，两头跑。修渠时一共有10个人，我负责做饭，干活的是9个人。分到东岗公社卢寨大队，修的路是80米长，6米高。原来那儿是一个土坝，一车一车地把原来的土推掉，清出去，然后再垒起来。

困难的时候，当领导就得带头。活儿是很累啊！我的腿上都是包，是在水里干活凉的，筋都爆出来了。修渠自带粮食，我们从家去的时候是推着红薯这些东西上去的。在修渠的时候是以工代粮，工做得多就给的粮食多，然后这样就不用来家推粮食了。干得好了就提出表扬，干得不好就提出批评。

我走的时候，司务长给我炸了点油条，这就是奖励。青壮年一天一斤粮食。当时人们的生活水平低，八毛钱伙食就算高了。早上小米饭，中午面条汤，下午这一顿有大米饭，有菜。我们那支书管得也可以。

度过艰难岁月

修渠之前全村就一口井，吃水就靠它。早上和夜里赶着挑水，不耽误白天干活。那时候要是下雨就浇地，不下雨就不浇地。我们村吃的是井水，而且水还比较甜。有一次有当兵的路过的时候，一听说我是茶店公社山拐头村的，就说你们村的水很甜呀，很出名的。我当时在渠上除了点炮，就是搬石头、凿石头、打钎，在山上都是这活儿。

睡觉都是在地上挨着，我挨你，你挨他，没有床铺。睡觉的时候也发生矛盾，比如睡觉打鼾，有人睡觉翻身，这些情况都是不断的。有的人睡觉好动，那个伙计就说："干啥呢？""睡觉呢！""你折腾啥？"当时渠上有女同志，妇女住一个岸崖，男的住一个岸崖。

夏天那么热还有蚊子，这都是小事儿。那时候只说吃不好，是大问题。那时候苦寒的呀，可不是像现在这样，脸吃得圆鼓鼓的，那时候每个人都是黄皮寡瘦的。被子吧，那时候都比较紧缺，就那一床。困难吧？那时候就这样度过。冻得人暖不热脚，他放到他身上，他放到他身上，互相就这样暖暖脚。

（整理人：郭永正）

秦兰梅：依靠自力更生修渠

采访时间： 2020 年 9 月 3 日
采访地点： 林州市桂林镇南山村
采访对象： 秦兰梅

人物简介：

　　秦兰梅，1944 年 7 月生，林州市桂林镇七泉村人。红旗渠建设乙等模范。1962 年开始参与修红旗渠，主要负责担水、拉车、抬筐、抬石头等工作。

自力更生样样有

修建红旗渠工程量很大，村里只要是没有事情的人全部都去帮忙，不论男女。工地上全是石头，车进不去，只能依靠人力去抬石头，还要把石头垒好。刚开始林县县委对引漳入林的艰巨性认识不足，认为"上7万人，每人1米，2月初动工，大干3个月，5月1日就能通水"。开工后不久才发现，已有近4万人摆在水渠的沿线上，却看不到有多少人。领导、劳力、技术力量分散，漫山放炮。有的挖错了渠线，有的炸坏了渠底，工程质量、安全都没有保证，进度十分缓慢。特别到山西段，群众意见很大，纷纷反映"白天黑夜炮声不断，碎石满天飞，毁了树，砸了瓦，牲口吓跑了，房也震裂了"。

原想着几个月就可以完成，这才清醒地意识到，这么浩大的一个水利工程，必须要打持久战。我们自己动手，想尽各种办法解决住的问题。大家找不到合适的地方住，就睡在山崖下、石缝中，有的垒石庵，有的挖窑洞，有的露天打铺，睡在没有房顶、没有床、更没有火的石板上，薅把茅草当铺草，真是"铺地盖天"。几块布撑起来，就是指挥千军万马的指挥部。

在十年的修渠中，住地再难再苦，可是整个工地上没有任何人用修渠的钱盖过一间房子。我们带着家里的铁镢、铁锹、小推车上了工地，用这些原始的劳动工具，开始了修建红旗渠这样的大工程。修建红旗渠石灰用量非常大，石灰供应不上成了修渠的主要障碍。指挥部发动群众，在全县招收烧制石灰的能手。东姚公社的"烧灰王"原树泉，自告奋勇献计烧石灰。

河顺公社在学习原树泉烧灰法的基础上又创造了明窑堆石烧灰法，彻底解决了工地用石灰难的问题。石灰难问题解决了又出现了炸药难的问题，于是县委、县政府从全县58万人口中招聘制造炸药的人才。经过考核选拔，确定了人员，办起了工厂，解决了炸药难的问题。

要办水泥厂，首先得有技术人才。听说合涧公社有个老人，曾在太原水泥厂当过工程师，现在退休在家。指挥部工作人员不辞辛苦，翻山越岭徒步90多里登门邀请。老人凭着对家乡人民的无限崇敬，不顾自己年迈，下山筹办水泥厂，奉献出自己的光和热，保证了建渠的顺利进行。

红旗渠是用两只手修成的

开始修建红旗渠时，我就去跟着帮忙搬石头。那时候每天都有领导检查，垒石头垒得不好了还要重新再垒。什么活都干，一整天都没有怎么休息。我当时修的是总干渠，但是我记不清楚是哪一年了。因为渠比较长，这段时间可能修这一段，过段时间可能修下一段。参与了很多段修渠，我记不清楚时间了。我当时主要就是抬石头、抬筐、挑水，什么都干，领导让我干啥我就干啥。最开始抬石头的时候，肩膀疼，后来抬着抬着也就习惯了。

石头当时是两个人合伙抬，抬筐也是两个人一起抬。挑水是一个人。推车上坡的时候我们就管拉，下坡的时候我们就拽着一点不让它溜下去。整个过程对我们来说有些吃力。在渠上白天天一亮就上工，晚上天黑了就下工，都是吹号。晚上休息都是就近住村里，男的在一个屋，女的在一个屋。当地的村民都是免费提供房子的，当时的老百姓觉悟很高。吃饭一开始在渠上是吃不饱的。只要有锅，锅里有点什么东西就舀着吃，人家做啥我们吃啥。到后来分了大队，伙食才有了保障。

每天干活时小事故也很多。好多人被石头砸伤，其他大队还有被砸死的。还有当时比我们大的，在半山腰上，用绳吊着打钎，磨得身上都没有了皮，胳膊和腿都有伤。他们都是英雄人物，红旗渠的成功建成有他们很大一份功劳。上世纪70年代，周恩来总理曾经自豪地告诉国际友人："新中国有两大奇迹，一个是南京长江大桥，一个是林县红旗渠。"不同的是，南京长江大桥的建设是举全国之力，而红旗渠是我们用两只手修成的。

（整理人：郭永正）

郝顺才：要发扬红旗渠精神

采访时间： 2018 年 7 月 12 日

采访地点： 林州市任村镇皇后村

采访对象： 郝顺才

人物简介：

　　郝顺才，1946 年 10 月生，林州市东姚镇下庄村人。1960 年参与红旗渠建设，主要负责帮助运沙子、采野菜和对工人进行考核。1968 年至 2007 年，在红旗渠管理处从事管理、宣传工作，退休后义务宣传红旗渠精神。

郝
顺
才

红旗渠是1960年正月十五动工，一直到1969年的7月份，全部竣工。总干渠长70.6公里，加上支渠、斗渠和农渠[①]，一共是1500公里，修的建筑物也是很多的。红旗渠建设过程中形成的红旗渠精神可以用16个字概括，大家都知道，这是1990年林县县委在庆祝红旗渠通水25周年的时候，总结的16个字，就是"自力更生、艰苦创业、团结协作、无私奉献"。

说到红旗渠精神，因为现在咱们也不（用）再去修建红旗渠了，现在的主要问题是下一代如何发扬红旗渠精神，把红旗渠精神运用到各个方面。这是我们的愿望，也是我们的主要责任。

首先我来说"自力更生"。自力更生是什么呢？就是把自己的规划和建设计划放在自己力量的基点上，不兴伸手向上要，主要靠自力更生去完成自己的计划。我们在施工中间，进行了大量的自力更生。（缺）水泥呢，我们（就）建了一个林县渠库水泥厂。红旗渠工地用的水泥大部分都是我们水泥厂自己造的。再一个（是）红旗渠的内墙，一米多厚的内墙里面都是用的土和白石灰和的泥，所以用的石灰是挺多的。在这个烧石灰上面，我们自力更生。考虑到省煤、功效高，我们创造了一种堆石烧窑法。我们传统的方法就是在地上挖个坑，弄一个跟咱们做饭的灶一样的坑，里面装上石头，烧石灰。但是我们的堆

①总干渠、支渠、斗渠、农渠：农村水利技术术语。总干渠是指灌溉系统中灌溉的主水渠。支渠是由总干渠分流出去的灌溉沟渠。支渠是干渠下一级的渠道，简单说是分支的输水渠道，再下一级是斗渠。斗渠是指由支渠引水到毛渠或灌区的渠道。农渠是指从斗渠中将水引流到各个田块的渠道，下一级就是各个田块中的毛渠。

303

石烧窑法，是在河滩上堆石头，最多一窑可以烧2000吨。为什么呢？
这样可以提高出灰率。同样是一斤煤，用窑烧可能出一斤灰，如果用
堆石法可能出两斤。堆的热量集中，它不分散，热量集中了，温度高
了，烧得就多，这样既节省了煤又增加了石灰。

现在我们是讲市场经济，当时那个社会叫计划经济，一切都是列
入国家计划。我们吃饭有粮票，穿衣服有布票，生产水泥、钢材、木
材，都纳入国家计划，比方说，（生产）一台电动机一个拖拉机，还
需要经过中央的工业部批准。国家都是年初把计划分下来，你这个厂
产多少的东西，你产的东西分到哪个省，这个省几辆那个省几辆，都
是直接分下去的。刚开始时，红旗渠建设没有列入国家计划，所以都
是靠我们自己。我们自己到处求援。我们到解放军后勤部求援，他们
给了我们100多吨炸药。这个炸药还是很少，不够用。我们就靠什么
呢？靠每年国家分配给的硝酸铵。硝酸铵是农业肥料，往庄稼地里一
撒，一下雨，它就变黑了，庄稼就长得可快，所以说硝酸铵的肥料效
益很高。但是那个肥料我们舍不得用。我们捡锯末，（混合硝酸铵）
自制炸药。放炮的时候，一个大炮可以装2000斤自制炸药。为了提高
大炮的爆炸率，增加它的热量，所以加盐，另一个加牛粪。在山上拾
回来的牛粪，牛粪晒干，碾成粉，也加到里面。牛粪一燃烧就增加它
的热量。修红旗渠的时候人很多，有三万七千人，沿渠人的大便也很
多。我们专门派人把人的大便也都收集起来，也找个山坡晒干。人的
大便晒干后也碾成粉装到炮里面，增加它的热量，增加它的燃烧率。
里面一燃烧，气体一扩张，因为有盐，它的爆炸力更大。我没有装过
炮，也没有当过炮手。炮手他们说，牛粪等问题都不大，就是人粪太
呛人了，苦。当时那个装炮的戴两三个口罩，装完炮都苦得不行，
装过炮之后都呕吐，太呛人了。所以说当时的炮手很辛苦。再一个
（是）我们的工具。我们在工地有铁匠炉，就是造工具的炉子，把铁
烧红造工具用的。把铁烧红之后可以做很多工具，可以做钎，可以做

镐头，可以做锤。每个大队都有自己的铁匠炉，铁匠们自己造工具。我们的抬筐是用柳条编的，还有荆条编的。上山上采荆条，把荆条子割回来，编成筐。那个抬杠和锨的把儿都是我们上山砍回来的，工具都是自己搞出来的，这就是自力更生。我们红旗渠的群众社员上红旗渠的时候都是自带口粮，自带工具，没有工资，回来在生产队记工分。你在渠上劳动了几天，回到家里在生产队记工分，可以参与生产队分配。那个时候我们的工资都很低，当时一般都是一天一毛多钱，两毛钱就是高工资。自力更生咱们大致就说这么多。

下面就是"艰苦创业"。艰苦创业就是在艰难的环境中不怕吃苦、不怕牺牲，去完成自己的事业，为子孙后代谋幸福。艰苦创业体现在很多方面。首先，没有菜吃，上山采野菜，下河捞河草。按说一天吃一斤半粮食，一般来说也就该差不多，但是（修）红旗渠（的时候）不行。红旗渠怎么不行呢？劳动时间太长。早上四点钟就起床，吃过饭往工地走，一直到晚上，一般是天黑了才下工。所以说，凭我的记忆，一辈子也忘不了红旗渠上的天太长，早起熬不到中午，中午熬不到晚上。这么大的劳动强度，一斤半粮食根本不行。

再一个，说这个住的。1960年3月10号盘阳会议以后，民工全部集中在山西，全部三万七千人集中在山西，先修山西这20公里。山西修20公里这好说，但山西这段才石城和王家庄两个公社，人家才两万常住人口，我们一下子给人家增加了三万多，没有地方住呀！住什么呢？一个呢，住山崖。第二个，住席棚。再一个，就是住土窑、猫耳洞。我们到红旗渠工地以后，参加劳动，晚上睡觉的时候，就有人说："我们晚上下工，该睡觉了，到什么地方睡觉？"人家就说："拿着你的被子，拿着你的锨、镢头，跟我来。"结果到那以后，一个土坳，很高很高，一个有一二十米的土坳，坳下人家用树枝什么的画了一个圈，说："你们就住这里，你们带着镢头自己挖。"第一天挖，可以钻到里边，第二天、第三天，逐渐逐渐，猫耳洞就挖成了，以后就躺到那里面睡觉了。当时山西贫农对我们很支持。不是说山西贫农不让我们住房，山西贫农也让我们住房，腾出来很多的房子。当年王家庄有个老师叫王振霞，现在这个老师已经去世了。当时人家五口人，三个孩子，两个大人，住了五间房子，人家就腾出四间，五口人挤到一间房子里。就这样也是不够住，所以我们住山崖、住席棚、住窑洞。鸬鹚崖东边有个树林，在树林下边有一个大坟场，这个地方是我们林县的地方。我们修渠的时候在大坟场上搭了席棚。搭席棚的民工们呢，是很风趣的，他们就给这地方起了名字，叫"林红庄"，含义是林县人修建红旗渠住的村庄。这是一片坟地，坟地上都是席棚。

再一个就是生产条件差。红旗渠在太行山上的半山腰，半山腰是悬崖绝壁，我们施工的时候都是从山顶上系绳子下到半山腰。半山腰一开始没有地方站，整个人都是悬空的。在空中就是打钎，打一打，掏一掏。打一个地方就装炸药，放一炮就可以炸一个坑，炸一个坑，脚可以蹬着这个坑了。就这样，把一个8米宽的渠底就炸出来了。一直到1960年的6月份，在谷堆寺的城关公社槐树池大队，出了一个事故。上面一个比这个桌子还大的石头，一下子掉下来了，下边人山人海，当时砸死了九个，三个重伤。这个事故发生了以后，县里总指挥部决定成立除险队，每当放过炮之后，上边活的石头都把它除下来。当时负责点炮、放炮、装炮的任羊成参加了除险队，担任除险队的队长。有一次在崖上，正好掉下来一个小石头，掉他嘴上，砸掉了三颗门牙。任羊成深知除险这个工作太危险了，因此，他每天起床以后，在上工前把被子包起来，用绳捆住。他这种举动让别的民工发现了，就认为任羊成觉得除险这个活太危险了，准备当逃兵，准备不干了，要逃跑了。他每天是这样。这个事情传到指挥长马有金那，马有金汇报给杨贵书记。杨贵书记一听，说："是不是呀？我去看看。"到工地见到任羊成，说："任羊成，你在什么地方住呀？"任羊成说："我领你去看看。"当时领着他去看看。当时杨贵一看就是有一个被子，包得好好的，说："那是谁的被子呀？"任羊成说："我的呀。"杨贵书记问："那你怎么把它捆起来了？"任羊成说："书记呀，我干这除险活有多危险，万一有一天我从这山上掉下来了，粉身碎骨，在这个时候，我的东西都包好了。"原来他每天做好了牺牲的准备。这样，杨贵才充分认识了任羊成这个人，有多了不起呀。这个同志有多好。所以，杨贵对任羊成就重视了。新华社的老社长穆青对任羊成也是挺关心的。穆青来兰考采访过焦裕禄，写了《县委书记的榜样——焦裕禄》之后，就来到红旗渠采访任羊成，写林县的文章。他来到红旗渠工地以后，问任羊成："你除险有什么痕迹没有？"任羊成就给他看。一看绳子拴的地方都是印儿，（死皮）一层一层往下掉。老社长一看之后，就背过脸，就哭。从那以后，老社长对任羊成可挂记了。《安阳日报》有两个记者到北京采访穆青，穆青专门给任羊成弄了一袋大米、一袋白面，表示敬意，让记者帮他交给任羊成。他还亲自邀请任羊成到北京，把任羊成领到那新华社最高的顶层平台上，看看北京市。所以说，穆青一生都没有忘记任羊成。这是艰苦创业。

再说"团结协作"。在红旗渠建设中，山西省委和群众都支持我们。山西省委春节都不休息，专门开会讨论引水点的问题。我们的修渠民工有病了，人家晚上都要给他做一碗汤，送到工棚里边，对我们红旗渠修建是相当支持的。再一个说我们自己，建设红旗渠所有的公社，所有的大队，所有的村都参加了，不受益的也参加①。再一个，（是）全国对我

① 当时林县的极少数地方并不缺水，刚开始修红旗渠时，这些地方的百姓也为修建红旗渠出工出力。从1960年10月总干渠二期工程起，根据上级指示精神，在修渠劳力安排上，本着"谁受益，谁负担"的原则，按工程任务和公社受益面积的大小，将任务分配到各公社，再落实到各大队。

们红旗渠的支持。在我们的红旗渠修建中，正是计划经济时代，刚开始时修建工程没有纳入国家计划内，一切东西国家都不供应。我们要派好多采购员去求援，求人家给我们一点。我们派采购员去沈阳，沈阳有个拖拉机厂。跟人家工厂一说，求援，一开始根本不行，说你们没有计划，这个计划年初就已经分配到全国了。林县采购员把我们的干旱情况给他们讲了讲——我们如何缺水，怎么逃荒，怎么饿死人。他们很同情，但是没有指标，最后，说："这样吧，我们沈阳拖拉机厂产的第一台拖拉机放在仓库，这个拖拉机可以用，就是声音太大。"采购员说："我们不怕声音大，只要能拉东西就行。"采购员把这个科长给感动了。到年底的时候，分配到全国的指标，有的没有钱就不要了，就不买了。科长马上给林县打电话，说："今年年底还有15台拖拉机，他们没有钱不要了，看看你们有钱没有，要不要？"一听，这个是好消息，我们求之不得，赶快给人家汇钱，把15台买了。我们在全国到处求援钢材，到济南解放军后勤部去求援，也去钢厂求援。部队用的那个钢材，那是挺硬的。

再一个是"无私奉献"。在修总干渠和三条干渠时我们一共是牺牲81人，这是无私奉献。无私奉献就是为了后人的事业，为了林县的事业不顾个人的利益，甚至献出了自己的生命。这里我给大家说一个人，是一个技术员，叫吴祖太。他是河南省原阳县白庙村的，是河南黄河水利专科学校毕业的，毕业以后分配到新乡地区水利局。吴祖太那个人，是一个高个子、长得很漂亮的小伙子，形象很好，事业心又强。他不在新乡地区水利局，他要来林县。他说："我是学的水利，加上林县干旱缺水，正是我发挥才华的地方，所以我要到林县。"所以他就调到林县来了。调到林县来了以后，为林县的水库建设出了很大的力。红旗渠的设计一部分是他做的，像空心坝的设计就是他做的。考虑修建空心坝的时候，可以建个大坝，也可以搞个渡槽。但是呢，为了不消耗水，他就搞了个空心坝。再一个，1959年冬季搞测量的时候，吴祖太就带领一帮农民，让当时初中毕业、高中毕业的青年跟着他学测量。当时有个李铁根，修渠的时候就是技术员，他协助吴太祖培训新的技术员，一边工作一边培训技术员。吴祖太为了林县的水利建设，做了很多工作。他媳妇是淇县的，叫薄慧珍。他们要结婚，家里给他定了三次典礼的日子，结果他在红旗渠上都没回去，说："我在这儿忙，回不去，往后推推吧。"一直到1959年的春节，他爱人才从他家找到南谷洞水库，在南谷洞水库举行的结婚典礼。结婚以后他爱人就回去了。后来他爱人在铁路上救一个小孩不幸去世了。他回去安葬了，很快就回来了。（1960年）3月28日，在王家庄，都下班了以后，吴祖太听人说，王家庄的隧洞有塌方的预兆，光掉土，上面有裂纹，可能要塌了。他一听这个，就和姚村公社卫生院院长李茂德往工地跑。两个人一进洞里，塌方了。一个原阳县的人、外地人，为了林县的水利建设，献出自己年轻的生命，这是无私奉献。

（整理人：冯思淇）

靳法栋：在总指挥部当办公室主任

采访时间：2019 年 9 月 5 日
采访地点：林州市开元街道瓦窑街
采访对象：靳法栋

人物简介：

靳法栋，1935 年 7 月生，林州市五龙镇中石阵村人。中共党员。曾任红旗渠总指挥部办公室主任、红旗渠管理处党委书记等职。

红旗渠引水点是怎样测出来的

　　1959年秋天，吴祖太带领技术人员对红旗渠引水点进行了第一次测量。他们第一次定的是从侯壁断引水，但是侯壁断要修电站，就又定到了侯壁断下引水。当时技术人员大都是外县人。田伟民是许昌的，商国富是安阳的，卢公亮是新郑的，魏富悦是新乡的，这几个水利学校毕业生是第一次测量的主要人员。当时他们带着经纬仪、水平仪，从渠首到坟头岭找水平线。找水平线是个技术活儿，一点也不能错，弄不出来红旗渠就开不了工。50米一个点，70公里也不知道有多少个点，险要的地方20米一个点，都是这样一米一米测量出来的。这些人为红旗渠的修建出了大力。

　　水平线测量出来以后还要测出来方量，算出来工量，不算出来没有办法分工。后来他们实在忙不过来了，林县县委从县里调了一批懂技术的人去帮忙。即便这样人还是不够，于是测量到哪里就再去各公社借人。这些测量员白天不进城，去山里干活弄得身上太脏不想让别人看见，都是忙到晚上才回去。测量这个事情，越艰苦的地方，测量的次数越多，还不能出问题，一出问题，整个渠线就完了。他们测量的这批人，青春靓丽的年纪，献给我们红旗渠了，献给我们林县人民了，确实为林县作出了巨大的贡献。

你们吃的这些水草，老牛都不吃

①细粮：一般指大米和白面等食粮，与粗粮相对而言。我国各地区的细粮，根据生活习惯，也有所不同。

当时（20世纪）60年代还流行交公粮，所以细粮①基本上全部交给国家了，老百姓手里只剩下粗粮。粗粮里面红薯面多一些，玉米面相对少一些。当时细粮产量很低，一亩地打麦子才打七八十斤。要是哪户人家一亩地打了一百斤的麦子，今年的收成就算可以了。不是说修渠不让你吃细粮，是县里面根本就没有细粮，但是林县县委也是尽量保证修渠民工的伙食。

1960年6月之前，红旗渠总指挥部的粮食品种和生活还是可以的。虽然粮食不多，也没有什么菜，但是伙夫会把饭给民工做熟、做好。我们经常到工地检查、到伙房检查，就是为了保证民工吃饭的质量。但是到了1960年6月份以后，就不行了。6月份以后粗粮多，细粮少，没有菜。刚开始上渠的时候，县里面想办法让修渠的民工吃饱吃好，但是后来物资供应短缺，6月份以后生活就开始差了。当时红薯面多、玉米面多，白面就已经很少了，大米根本没有。刚开始动工时，伙食要求是70%粗粮，30%细粮，细粮就是白面，但是后来细粮就不让吃了，两个馒头需要四两的粮票，玉米面吃得多一点。

1960年10月份的时候，中央要求各地"保人保畜"，所有工厂停产，学校停课，红旗渠工程就下马了，只留下青年洞的300个青年。直到1961年6月份"保人保畜"结束，红旗渠第二期工程才又上马，红旗渠总指挥部搬到了卢家拐村。这个时候伙食还是不行。当时指挥部40多个人，专门派了郭林虎、李安勇两个人去挖野菜，搞好生活。郭林虎当时是水利局的干部，李安勇当时是福利部的干部，他们两个不是本地人，哪里有杨桃叶，哪里有野菜他们也不知道。找不到野菜，他们看到河里面有水草，捞回来以后就切成一段一段的，放点盐，放点醋，我们指挥部的人就天天吃水草。但是水草咬不动，太硬了，后来当地老百姓看到了以后就说："你们吃的这些水草，老牛都不吃，人根本就不能吃。"所以第二期工程开始的时候还是比较困难的。后来总指挥部转移到回山角，生活就开始好转了。具体时间我记不清楚了，大概就是1961年10月份前后，但是当时还是没有菜，副食少，主食也不好，还是粗粮多、细粮少。

周绍先的关键作用

红旗渠总指挥部成立的时候，盘阳村就是总指挥部所在地。杨贵一直是总指挥部的政委，第一任指挥长是周绍先，周绍先之后是王才书，王才书之后是马有金。

周绍先起到的关键作用就是坚持集中力量打歼灭战。当时县委是如何研究的我不知道，但是周绍先就说，修渠上10万人，5月1号之前通水的想法是行不通的。事实上，工地上到4万人的时候就受不了了，路上都是石头，人山人海，路也不行，吃住也不行，工具也不够，工地上、后勤上、技术上困难都很大。这个时候，周绍先和王才书坚持集中力量打歼灭战。我认为周绍先在这一方面还是起了决定性作用。周绍先担任指挥长的时间不长，后来他就去信阳扶贫了。周绍先走了以后，当时的副指挥长王才书就接班了。

王才书在工地上落下了职业病

王才书担任指挥长以后，漳河的汛期就来了。我们之前修渠搭建的木桥就需要撤掉，否则大水会把木桥冲掉。当时指挥部在漳河的北面，我们的工地是在漳河的南面，每天上工下工都是蹚河过去。王才书会游泳，工地、指挥部来回跑，一天数不清需要蹚几趟河。就因为他经常下水才落下了坐骨神经痛的病，导致走路都困难。

修渠修到卢家拐的时候，他的身体已经不行了，没法走到工地，只能走到卢家拐旁边的一个小山坡上去看工程进度。每天上工、下工的时候，他就拄根棍子站在那里，工人从旁边过去他就问问人家修渠的事情。随后县委就从南谷洞水库把马有金调来当指挥长。王才书回到县里以后，经常跟马有金说："老马，我的身体不行了，工地上有啥事情，后勤有啥需要的，你就跟我说。需要配合的，我尽全力配合你。虽然我不能走了，但是我还能打电话帮你协调。"

我和李贵打过三次交道

红旗渠后勤保障的钱、粮都是李贵在管理。我曾经因为红旗渠的事情见过李贵三次。第一次去找李贵是因为红旗渠工地上没有钱了，王才书就让我到县里找李县长。我早上起来，坐着红旗渠上拉煤的卡车就去了。到了以后，李县长正好在洗脸。我也不知道人家认识不认识我，我就介绍说："我是红旗渠上来的，王部长让我来找您。"李县长就让我坐了下来。他出去一会儿回来了，让我跟才书说，钱很快就到了。这是第一次。第二次还是因为钱的事情。工地上没有钱了，又去找李县长。这次是下午去的，他正好在家。我去了以后，李县长就问我工地的情况咋样。我就跟李县长汇报了一下工地的情况："工地现在情况很好，民工情绪很高，各公社派的都是强将，都是各公社的社长、副书记，搞得很不错。"李贵又问："工地现在都有哪些问题？"我说："工地近期出了一些事情，王部长压力很大。每出一个事，六七天情绪都很低沉。"李县长没有再问别的，就安排我回去，还说最近县里也不宽裕，但是红旗渠修建需要，没多有少，他一定把钱给我们转过去。第三次就是李贵自己上红旗渠了，我又见过他一次。

在红旗渠管理处那些年

1978年的时候，我被调到红旗渠管理处任书记。在这之前我是在石门水库。从1978年到1981年，我一直在红旗渠管理处，随后又到县文教局，1984年到了县农机局，一直到1995年退休。

关于红旗渠的管理。一到管理处我就叫上傅银贵，顺着红旗渠渠线走了一遍。渠上都分着段，走一段就停下来，与该段的护渠队交流一下，听听他们的意见。护渠队最害怕的就是红旗渠决口。走到山西段的时候，我要求他们与山西群众搞好关系，山西那边有什么要求，咱们尽力办到。另外，我要求在红旗渠沿线种了很多泡桐。

红旗渠管理处平常看着没事，但是一出事就是大事，所以必须操心。我在红旗渠上经常开灌区代表会，制定了灌区管理制度，管理得很严格。有一次给东姚放水，采桑的管理处在中途放水、偷水，我就严厉批评了他们。即便这样严格管理，王家庄、赵所还是出现过几次决口事件，出了问题。只依靠护渠队解决肯定不行，我向就近的公社借人，男女老少齐上阵，在县委的统一领导下，完成维修的任务。

（整理人：张利华　王超　李俊生　王勇）

康加兴：参与红旗渠定线测量

采访时间： 2018 年 3 月 28 日
采访地点： 安阳市清馨园小区
采访对象： 康加兴

人物简介：

  康加兴，1937 年 12 月生，林州市合涧镇小寨村大安自然村人。中共党员。师范毕业后，开始在林县水利局工作，从事水利测量工作 16 年。曾先后参与淇南渠、淇北渠、英雄渠、要街水库、石门水库、红旗渠等水利工程的定线测量和施工。

走上工作岗位

我叫康加兴，原来在林县水利局工作，从事水利测量工作16年，曾参与过淇南渠、淇北渠[①]、英雄渠[②]、要街水库、石门水库、红旗渠等水利工程的定线测量和施工。可以说，我见证、参与了林县水利事业的发展变化。1954年12月份，我从林县师范毕业，1955年元月份参加工作。我搞测量也是从参加工作开始。师范毕业以后，合涧区当时研究决定让我在本村任教。那年元月份以后，县里面有6个脱产干部名额。通知下到合涧，合涧又把通知下到小寨乡，小寨乡有三个名额。我和我妹妹及河西的曹天增占了三个名额。当时县里面水利干部、粮食系统干部和商业系统干部比较缺乏。没有多长时间，我就接到通知让我到县里组织部报到。

我报到那一天，三个局的局长就在组织部等着领自己的干部。水利局局长是段毓波。当时，组织部的人把调令给了我，告诉我说，从今天开始我就是水利系统的干部了。随后，局长段毓波就把我带到机关里面，当晚找我谈了话。他说："杨贵书记前几天刚跟我座谈了。以前他是在地委办公室工作，也来林县调查了好几次。他认为，林县贫穷的主要问题就是缺水的问题。只要这个问题解决了，什么问题就都解决了。"

①淇南渠、淇北渠：位于淇河南北两岸，是林县修建较早、规模较大的引水灌溉工程。1955年10月动工，1958年2月竣工，淇南、淇北干渠及支渠全长105.9公里。

②英雄渠：位于浙河流域，是林县20世纪50年代修建的大型水利工程。该工程由1条干渠和4条支渠组成，全长203.8公里。

　　杨贵书记责成水利局、农业局、林业局、粮食局还有统计局这几个单位抽出人来，除了《林县志》上记载的东西之外，再把各公社的碑文调查一下。段毓波局长让我和田伟民利用10天时间参加调查。调查完以后，就让我去淅河渠建渠委员会，那里有一个测量培训班。这个培训班的主要任务就是培养一批水利上的技术干部，让我们几个年轻人学习测量技术、仪器操作。

　　我们先把县志给看了一遍。看了县志以后，杨贵又特别指出来三个地方要调研：一个是采桑公社土门村，一个是合涧公社小寨村的一个碑文，还有就是任村公社桑耳庄的一个悲惨事件。先去调查这三个地方，然后再一个公社一个公社去调查。当时杨贵就跟段毓波说，调查完以后，就找一个书法写得好的，把这些调查结果整理成文，整理好以后就交给县委会办公室主任李广平。田伟民这个人书法很好，也是水利技术人员，调查的材料都是由他整理的。整理好以后保留了三份，我自己保存了一份，但是在"文化大革命"的时候丢了。田伟民保存了一份，段毓波保存了一份。这份材料完成以后，我就回到了淅河渠建渠委员会。

　　我到那里以后，培训已经开始了。培训的老师是地区派来的。来学习的有我、李天德、李福来、杨崇喜等共6个人。当时学习的时候，老师给了我一本培训教材《快学快用水利技术测量》，我就是通过这本书学会测量的。培训开始，就是学习仪器的操作，经纬仪、水平仪、平板仪这些仪器的操作。当时是半天学习，半天去野外测量。老师测一遍，我们轮替测一遍。当时就是快学快用，学用结合，培训结束以后就得独当一面去搞测量。

去南京修仪器

完成淇南渠、淇北渠的测量工作以后，县水利局就决定把我留到淇河渠道管理所。

为啥把我留到那里呢？因为当时淇南渠、淇北渠都已经竣工了，财务上有一点尾工还没有跟人家结清。当时有个会计，家里是安阳的，是林县银行的，他的手续由我来接管。当时也没有多少钱。后来，元增调到了淇河渠道管理所当所长。有一天他找到我，说杨贵要求把参加淇南渠、淇北渠的测量人员和测量设备进行逐项登记。开始我也不知道原因，心想可能是对我们管理所的人员和设备进行财产登记，后来才知道是为了给测量红旗渠做准备。

当时，我们这里有三部机器，一部经纬仪，两部测量仪，还有一部测量仪是坏的，不能用了。他问我能不能修，我说能修，需要去南京跑一趟。元增当时就说："县里面现在就是缺人、缺仪器。咱这里不能有坏的，你就去跑一趟吧。"当天晚上我就跑到了临淇镇。当时也没有公共汽车，正好临淇运输站有个司机叫徐党喜，要去新乡办事。元增就给司机说了说，让他把我先捎到新乡，然后再坐火车去南京。

区里当时给我准备了30块钱和15斤全国粮票。当时这可是一笔大钱。到了南京以后，人家一检查，说中轴已经坏了，得一个月才能修好，当时我心里很急呀。那个修机器的就把我带到厂长办公室，我把林县如何缺水，如何缺人才、设备，现在如何大兴水利，如何修渠的情况给人家说了说。厂长听了以后就鼓励我说："那你在这里住两三天，我们开会研究一下，看能不能给你尽快修好。"

当时我也坐不住，一天去厂里跑一回。到了第三天下午四点钟，有人通知我到厂长办公室。到了办公室以后，厂长就跟我说："你说的情况我们都清楚了，知道你们现在水利工程急需。我们研究决定，支持你们一部新的测量仪，你把旧的留到这里。"听到这个消息以后，我真是激动得不行。

从南京回来以后，我先到临淇区政府，把情况详细给元增汇报了一下。元增又给段毓波汇报，想以县里的名义给人家仪器厂写一封感谢信。后来我到淇河渠道管理所报到以后，吴祖太正好就在管理所。我把去南京的情况跟他说了说。他非常高兴，当场表态说："这部仪器以后谁都不能用，就让你自己用。你也算立了一功，取走个坏的，拿回来个好的。"

成了抢险救灾英雄

1959年7月份，要街水库竣工，正好下了一场暴雨，水库的蓄水量达一亿多方。水库大坝是用石子和黏土筑成的，新坝经不起库容的压力。水库底部有两处漏水，开始有碗口那么大，后来口子越来越大。全部开闸泄洪以后还在出水，压力很大，结果就把淇河一下子灌满了，把两边的电线杆全部冲倒了。情况紧急。我在渠道管理所的电话机旁边24小时守着，不能离开。

我在值班时，看见一个人推个车子，穿着雨衣，身上背着一捆电线，身后挂着一个电话机。我走到跟前一看是副县长马有金。马有金顾不上说话，问我有啥吃的没。因为电话打不通，为了了解这里的情况，马县长一晚上没有睡觉，昨天晚上没吃饭，早上也没有吃饭，骑自行车从辉县绕到我们这里来了。他自己带着电话，想从我们这里找个能游泳的，带着电话和线游到要街水库那里，把东西送过去。因为水太大，都不敢去送，找不到人。当时我心里犹豫了半天，虽然自己会游泳，但是也没有把握。看到马县长为这个事情发愁，我就自告奋勇说我能游过去送东西，其实当时自己心里也是很害怕。马有金问我："李家寨那里能不能过去？"我说："那里不行，那里河面太宽，走不到头就把我冲得没影了。李家寨往上有个将军潭，虽然水很深，但是水面窄，可能过得去。"到将军潭以后，看到地面到水面有一个五六米的落差，当时马有金说："这里不行，太高了。"

当时我也就不害怕了，直接说："你别管了，没事。下面是水，能游泳就能跳，能跳就能游泳。"我就脱了衣服，光穿了一个背心和裤衩，把电线缠在腰上跳了下去。跳下去以后发现坏了，选错地方了。那个地方下去正好有一个大漩涡，我正好跳到漩涡里面了，跳到里面怎么游也游不出来，整个人就在里面转圈。我心想完了，今天出不去了。正好这个时候过来了一个大浪，一下把漩涡打散了，我就赶紧游了出来。出来也不敢直接往岸边游，我就斜着游了20多分钟才游到对面岸上。从河里上来以后，我身上的衣服被河水冲得什么都没有了。村里当时有很多人在河边看水势，正好有个我认识的，就赶紧让他去给我找了一件衣服穿上。上岸以后，我让村干部找了一辆自行车去要街水库报信。我见到王才书、秦太生后，向他们汇报了情况。他们马上组织人员把电线架通，恢复了周围几个村子的通信。马有金马上赶到李家寨的总机那里，通知这几个村子赶紧转移财物和人员。两个小时以后，大坝就垮了，一亿多立方米的水一下子就把大坝下面的村子冲没了。幸亏转移得及时，才没有造成重大人员伤亡。

当时自己也没有多想。谁知道这件事情后来被大家知道了，我也算立功了。本来打算要登报表扬的，后来觉得大坝被冲，出了这么大的事情，登报表扬不太合适，就没有登。领导问我想不想入党，我说我早就写了入党申请了。秦太生向县里汇报后，第二天就跟我说："从现在开始，你就是预备党员，等到红旗渠工地开工以后，正式给你举行入党仪式。"

我和老伴的婚事

组织和领导十分关心我，让元增问我成家了没有，我说没有。当时我25岁，年龄也不小了。他们问我对媳妇有啥要求，我说对女的没有要求，只要身体好，能出力，能劳动就行。因为我家里有一个老父亲需要照顾，也没有劳力。元增就回去向领导汇报。领导就让从女劳模里面看看有没有合适的，后来就介绍了我现在的老伴儿。我在淇南渠测量的时候，她是渠上的甲等模范，号称是水利战线上的穆桂英，都上过报纸的。当时也没有让我们见面，通知让我去水库看看有一个推小车的女的。那天我看见一个女的推着一个小车，推的东西还不少。正推着呢，车一下子就翻了。我一看车翻了，就赶紧去给人家扶车。扶好车以后，她看了我一眼，我看了她一眼，都没有说话就回去了。回到管理所，秦太生问我行不行，我当时就说行。秦太生后来又去问了问女方，她也说行。双方都同意了，这件事情就算成了。当时管理所打算为我们举行婚礼，秦太生副书记当证婚人，也写好了贺词："抢险英雄和治水模范喜结连理。"

一切都准备好了，这个时候县里突然来了通知，要求我们去测量引漳入林。我就去跟老伴儿商量。老伴就说没事，说他们也接着通知了，也要去引漳入林工地。现在办不了就先不办了，修成引漳入林以后我们再结婚。我后来也去找领导表态，我们先去修渠，修渠完成以后再结婚，就这样才把婚礼取消了。

当时通知下得很急，通知我们几个技术人员要在第二天晚上12点之前赶到任村公社。临淇到任村有100多里地，全都靠步行。第二天，我们几个就背着铺盖往任村走。走到原康的时候，实在走不动了。正

好碰到一个赶汽马车①的，他拉着煤往引漳入林工地
上送。我们坐着汽马车到了县城后，又步行往北走，
走到任村的时候差不多两点了。我们刚到任村，段毓
波局长就给我们分配任务。当时也顾不上休息吃饭，
开了一个短会，分配了一下任务，就开始了引漳入林
工程的测量。

①汽马车：专门用
语，胶轮马车，一般由马、
骡子等大牲畜拉车。

赶着汽马车运物料

当时引漳入林定线测量分成了七组，我跟杨崇喜、董凤林、张秀花一组。我们的任务是盘阳到南谷洞这一段的测量。田伟民当时已经把这一段的坐标点弄好了。我们第二天天一亮就去把坐标点看了一遍，吃了饭就正式开始测量工作。我们的测量任务三天就完成了，七个组的测量一共用了一个星期。这是引漳入林工程的定线测量，定线测量就测量了一次。

在工地上，我跟我老伴儿因为修建红旗渠没有结婚的事情后来被指挥部办公室的田永昌知道了，登在了简报上。第一期工程完成以后，石城至河口段通水前几天，红旗渠指挥部总指挥长王才书给我安排了两个事情：一个是党员预备期到期了，你可以入党宣誓了。第二个就是让我在指挥部登记结婚。当时心里知道工地上也困难，但是不愿意辜负组织的好意。很快就在王家庄总指挥部举行了宣誓仪式。登记结婚以后，她就回村里的工地了，我就回我的岗位了。只是简单登记了一下，也没有举行什么仪式，就在工地办公室登记了一下就算结婚了。

向上级争取 500 吨炸药

在工地上干了一段时间，有一天晚上，红旗渠总指挥部通知我第二天到后勤指挥部报到，说有新的任务。李贵当时是管后勤的指挥长，秦太生是副指挥长。马有金当时不想让我走，因为我在测量上还是能出力的。但是秦太生非得让我去后勤指挥部，想让我去郑州负责向省里要一批炸药。第二天我又来到工地，当时杨贵和马有金正在打钎。马有金问我咋又来了，我说我过来移交一下测量使用的仪器设备和一些过去的测量数据。

离开工地的时候，领导交代我说："你到郑州以后，要多跟领导接触，多宣传汇报红旗渠的施工情况，林县缺水的历史也跟领导汇报一下。一共需要多少炸药也跟领导说清楚。领导肯定会理解咱们的困难，我相信你一定能完成任务。"

到后勤指挥部以后，我就去跟李贵和秦太生报了个到。秦太生还把红旗渠相关的一些数据、预算、文件等东西交代了一下，说需要炸药1000吨。李贵听了以后，说不用那么多，能要回来500吨就算完成任务了。再配上咱自己制造的炸药，整个工程就差不多了。

到郑州以后，我就住在水利厅的招待所里。整整住了六个月，快到阳历年的时候，还没有一点消息。有次水利厅的通讯员给我透露了一个消息，说我申请的炸药有希望了。洛阳市洛宁县故县镇有个水库①，那里有很多炸药，现在那个水库停工了。第二天我就去找水利厅厅长，直接跟他说，我在这里住了快半年了，工程上急需要炸药。厅长让我第二天再来，我心里觉得这次有门儿。

当天，我一晚上没有睡好觉。第二天一早就去水利厅，在门口碰到通讯员，他说："好事，很可能要给你炸药了。"到办公室以后，厅长也跟我开玩笑，说："今天给你个好消息，你在这里住的半年没有白住，昨天已经研究批准给你们500吨炸药。"厅长说："从故县给你们，离林县大概有300多公里。我给你开个调货单，你直接去那里提货。"厅长没有多说，直接给了我一个调货单。拿到单子以后，我就赶

① 即故县水库，位于河南省洛宁县故县镇、黄河支流洛河中游，距洛阳市 165 千米。工程以防洪为主，兼有灌溉、发电、工业供水和生产饮用水等综合效益。

紧给县里打电话，首先给段毓波打电话汇报。他就赶紧跟李贵和秦太生汇报了这个事情。秦太生赶紧让段毓波到郑州，来时还给我带了5斤炒面和5斤花生饼子，算是犒劳我，对我的奖励。

和杨贵的三次会面

从参加学习班到红旗渠修建结束，我和杨贵书记见过多次，其中三次我记得比较清楚，这是我一辈子难忘的。

第一次见面是在合涧区政府，我们测量英雄渠完毕后，杨贵要求我们测量队赶到临淇，去测量淇南渠、淇北渠。当时先到合涧区政府报到，在那里吃了中午饭。中午吃饭的时候，杨贵跟我们见了个面。杨贵跟我们说了一个故事，以前他老家汲县有个大户人家，想修一条渠，有个技术人员就去给人家测量。结果完工以后，水通不过去，这个技术人员就上吊自杀了。这个故事提醒我们，测量工作对水利工程的重要性：如果测量工作测不好，就影响整个工程的质量。当时我们就跟杨贵书记表态：现在的测量都是用的先进仪器，测量都是非常准确的，一定完成任务。

吃完饭以后就到合涧运输站，找了一辆卡车把我们六七个人拉到临淇区政府。区政府区长是元增，后来到淇河渠道管理所当过所长。区委书记叫袁克勤，党委秘书叫贾守信。到那里以后区长和书记都接见了，介绍这次的主要任务。晚饭吃的水煎包子和绿豆米汤，当时算是非常好的饭了。我们第二天就开始工作。

大概用了一个多月的时间，我们就把淇南渠、淇北渠和五六条支渠的测量任务全部完成了。当时从合涧来的时候，李天德、常志斌几个同志就跟我们分开了。当时也不知道为什么，后来才知道杨贵安排他们去进行引漳入林的勘测。他们几个就往北走了。那是1955年的时候。这是刚开始的勘测，还不是正式的测量。正式的测量是我们去的，勘测路线是从山西引水点，一直到分水岭。

第二次见到杨贵是红旗渠开始修建的时候。我参加了引漳入林工程的定线测量和复测。1960年2月份，全县召开了广播动员大会。当时的测量比较仓促，图纸都没有出来。各公社的开工都比较仓促，都迅速赶到工地。没有图纸，工程怎么开工？就靠我们测量队给各个公社出一个单子，单子上都有各个渠段的地高、设计高、挖深填高。各公社的施工队就是按照我们的这个单子开挖。但当时上了几万人，施工人员也少，现场比较混乱。民工上渠以后不认识桩号①和坐标点②，都把这些东西挖掉了。最后就乱套了，找不到桩号，也不知道挖的是什么。没有办法了，又通知我们这些测量人员到各自的施工段。我分配的是盘阳到南谷洞水库这一段。当时没有办法，只能重新开始测量，测量以后再把各个桩号给补齐。补齐以后再交代给施工队，交代给谁，谁再开工。因为当时是全渠线开工，70多公里，测量人员只有20多个人，根本顾不过来。

二次测量到河顺公社的时候，刘银良当时是河顺公社的社长，后来是我们县的副县长。中午我们在河顺分指挥部吃饭的时候杨贵也来了。杨贵当时就说，他就是因为这个事情来找我们的，问我们是维持现在这样的施工方法还是需要改进一下。刘银良当时就说："这个情况我也考虑了，现在这样的情况比较

①桩号：指渠道沿纵向中心线某一点距渠首的距离，用于对该点进行定位，与公路中的里程桩号类似。

②坐标点：指桩号的坐标点。

乱，也不好管理和掌握质量，施工进度也受影响，看看能不能分段集中力量进行施工。"杨贵就说："我们想到一起了，我正想跟你说这个事情，有你这个意见的话咱们俩就统一了。我再去其他的指挥部看看，听听他们的意见。"当时我们才知道杨贵早就心里有数了，早就有办法了。我们当时也知道现在的情况根本行不通，不好管理，人也乱，一天测量好几次根本就不行。我们就把这个想法告诉了杨贵，杨贵马上就把我们的意见记到了自己本子上。后来才知道，杨贵是一个公社一个公社征求过意见的。当时我们在厨房吃饭，杨贵就邀请我们一起到院子里吃饭。那天吃的是红薯面窝头、玉米面糊糊，还有点萝卜咸菜。我们大家一起吃的。那次见面我的印象非常深，深刻理解了啥叫同吃、同住、同劳动，那次的感触非常深。后来就召开了盘阳会议，决定集中兵力打歼灭战，把工程分成四段。

第三次见面是在第一期工程完成以后，第二期工程河口到青年洞刚开始修建的时候。青年洞的西北面有一段挂壁渠段，马有金当时就在那里负责。有一天段毓波通知我们说，马县长让我们去测量，有一段平台已经完成，让我们去放线，垒砌渠岸。当时去的时候有我和张秀花，她是给我当记录的。还有一个叫董凤林的，他家是任村赵所的。到那里以后，杨贵也在工地。杨贵在扶钎，马有金在抡锤。马有金安排了一下任务，我们就去放线了，把渠高的尺寸都给人家排好。当时完成放线以后，杨贵就不让我们走，说还有事情跟我们说。

杨贵问我们："你们把线给他们放好了，石头从哪里来？"我们就说石头需要从下面90多米的地方（找），漳河边找到石头，民工再抬过来。杨贵说："我都看到了，民工都非常辛苦，也非常出力。如何解决这个问题，我想找你们商量一下。能不能就地取材，不用去下面背石头，解决砌渠用的石头问题？去背石头存在安全问题、费工问题，我们研究一下。"

田伟民提出组织一个攻关小组，由领导、技术员、民工三结合。

杨贵任组长，马有金是副组长，我们这些技术员是组员，专门解决垒砌渠岸所用的石材问题。解决这个问题有三个内容，首先就是要解决加快速度打炮眼的问题。当时那里的石头很硬，打炮眼的速度很慢。如何解决这个问题？说到这个问题，杨贵非要自己去抡锤试试。他去抡锤，马有金就去给他扶钎。技术人员在旁边看着，觉得两个高个子抡锤不如矮的抡锤快。高的抡锤弧度大，抡锤半径过长，抡锤接触到钢钎的时间慢，效率就不高。后来田伟民就说高个还是扶钎，矮个负责抡锤。矮个抡锤弧度小、半径短，接触点密，这样打钎效率高。杨贵听了以后觉得很有道理。后来就决定抡锤的要准备三个矮个，轮流抡锤，因为这个出力比较大。扶钎的不用换人，扶钎劳动强度不大。就这样解决了第一个问题。

第二个问题就是如何获得石头。放炮炸山的时候一下子崩得到处都是，但是能用的不多。如何解决放炮不起碴，光开缝的问题？田伟民提议，这个问题需要从打炮眼的深度和炸药的药量上考虑。他的意见就是深打炮眼浅装药。当时用的都是黄药，这种火药威力大，你浅装药效果也不行，也出现飞碴的现象。这是不行的，必须达到只开缝不飞碴的效果。后来马有金提出来，咱们自己炸药厂生产的"黑炸药"威力小，效果应该可以。后来经过试验，效果果然可以。就这样第二个问题也就解决了。

第三个问题就是把山石开缝以后如何切块。马有金原来是石匠，这种事情他有经验。马有金说我们工地有铁锹，有水锤，有钢钻，有八磅锤。先用手钻在开缝的石头上打上眼，然后用八磅锤增宽，再把石头撬出来。撬出来以后，再根据你需要的石块的大小，再次打眼破石头，这样才能解决问题。这样的方法经过试验也成功了。最后攻关小组又提出来，为了方便用开出来的石头垒渠，每块石头的大小不得超过30公斤，保证每个人都能搬动。以这个为标准，每块石头控制到30公斤左右。破好的石头还要进行打磨，打磨好的石头保证得有一个光面。光面的石头需要朝向渠里，保证水的畅通，没有阻力。如果石面不光，引水的时候容易造成水的阻力，渠里的水容易往回顶。所以当时对石匠的要求就是必须把光的一面朝向渠里，保证水的流向畅通。

攻关小组解决完问题以后，杨贵多留了我们半天，要求我们把这次会议的精神总结、整理好，然后在工地推广。这次会议以后，红旗渠工程的全部挂壁渠段统一采用这样的方法施工。

（整理人：崔国红　陈广红　李振清）

崔梅英：
渠水不通不回家

采访时间：2017 年 9 月 13 日
采访地点：林州市采桑镇南采桑村
采访对象：崔梅英

人物简介：

　　崔梅英，1941 年 1 月生，林州市采桑镇南采桑村人。修渠工地上"十二姐妹十二英"之一。在红旗渠工地负责抡锤打钎。

"十二姐妹十二英"的来历

我叫崔梅英，采桑镇南采桑村人。1960年正月的一天，我接到生产队队长通知，让我去修渠工地。当时，大队还在一个戏台上举行了欢送仪式。欢送会后，我们同村几个人早上出发，用了一天时间，直到傍晚时分才走到任村公社盘阳村。

为什么叫"十二姐妹十二英"？真实的情况是这样的。营部①觉得我们南采桑的干劲儿冲天，然后从我们大队抽调了24个年轻女人，妇女连长王金花就是我们的领导。这24个人中名字中带"英"字的有12个人，就叫"十二英"。没有带"英"字的有12个人，大多都是带"梅"带"花"的杂名，就叫"十二姐妹"，合起来就是"十二姐妹十二英"。当时，我们采桑的干劲儿可真厉害，一说哪里有硬活儿②，我们采桑的带头苦干。别的公社都还没有修成呢，就数我们采桑完成得最快。

有一次修渠工地上出了安全事故。第二天一早，不让我们上工，开了一个会。金花带着我们参加了会议，在那里听了一早上的会。会议的内容也就是追悼那位炮手，表扬他的功绩，说他是团员里面最好的一个，要我们向他学习。

我们工作的时候，不像其他民工固定在一个地方，直到完工。我们是流动性很大的工种。你比如说

①指采桑公社分指挥部。

②硬活儿：就是危险、难干的工作任务。

哪里出现了硬工程，需要抬石头、抬筐子或者背石头、打钎，就从我们中间抽调几个人过去帮忙。别看我们是年轻女孩，告诉你们，我们可不比男人差。当时广播上宣传："红旗渠修成之后，咱林县就能浇上水，吃水再也不用靠老天爷可怜的那点雨水了。"这不，人们听了之后干劲儿那可是相当大的。

为什么干劲这么大？就是因为我们那个地方缺水。到干旱年头，每天早上起五更去担水，到傍晚还排不上一担水。就像我的老头子，当时是个长期工人，早上天不亮就去担水，到天都快黑了还担不回来一担水。只要漳河水能流到林县，我们不怕苦、不怕累，下定决心，不怕牺牲，就算是瘦得身上没了肉，只要能抢起锤子，我们也要干下去。这就是我们的决心。因为没有水吃，把林县人的心都给伤透了。有的地方老天爷不下雨根本吃不上水，只能等到老天爷下雨，接点房檐上的水。就算是黄汤子也要吃，不然根本没水吃。我记得当时我家打了一口井，国家还补助了30块钱。

虽说在红旗渠上比在队里干农活儿还累，但是我也绝不回去干农活儿。我们当时的口号就是："不修成红旗渠，坚决不回家。修建红旗渠，甩掉身上十斤肉，也不落软骨头。"人们只有一个想法，只要能吃上红旗渠水，再苦再累也不怕。在渠上，直到"最坚硬的骨头"啃完之后，我们24个人也没有回家，后来又到洪峪参加了修建红旗渠二支渠的工作。

有些人肯定要问，女孩子家就不想回家看看吗？我可以这样斩钉截铁地说："我们24姐妹根本就没想过家，除非渠水通到我们村，不然坚决不回家。"那几年我们全都是在搞水利，包括修水库、抬老夯。别看我老太婆现在的样子，当时12个人一架老夯，那砸的渠道可结实得很。

▲ 演绎抬老夯的场景

抢锤打钎的青春岁月

在盘阳修渠时，有一天上午，采桑公社分指挥部和我们的队长侯福奇（音）就指派我们去凤凰山上劳动。当时队长领着我们，高举红旗，队长在前，我们在后，到了工地整整打了40分钟钎。为什么我记得这么清楚？因为当时给我印象最深的是，我们在坡上打钎，领导在我们正前方8米远的地方看我们表演凤凰双展翅。我记得那时工地上还有胶卷机，估计是在拍什么电影。在盘阳修了差不多一个月时间，上级通知让我们转移到了山西平顺县青草凹工段，直到那段修成之后，我们才收工回家。

我们在那段的主要工作就是打钎，自此才有了"十二姐妹十二英"的叫法。而当时我们就没在本队上受过，全都是营部调派我们。哪里活儿硬，我们就被指派到哪里抢锤打钎。我们"十二姐妹十二

抡锤打钎 ▲

英"里的人，都是肯干、实干的人。

　　刚开始在青草凹的时候，我记得有个老炮眼任务很艰巨。我们负责打钎的人，从早上一直干到中午12点，下午又有一班人接着打，可以说是两班倒。我们也能休息半天时间。我们整整打了7天7夜，才把一个7米深、3米宽的老炮眼给打了出来。

　　打成后，老天爷又下起了雨，记得当时下得可大了。炸药放在漳河北岸，而我们在漳河南岸上施工。虽说下雨，但这个老炮必须得炸，不然白天民工们就没活儿干。当时，领导决定让我们去山上砍下直径10厘米粗的树枝，扎到漳河里做成个简易的帐篷，防止炸药运输途中被雨淋湿。整整用了两个多小时，才把打老炮所需的炸药给传过了南岸。当时青草凹的老百姓讲迷信，白天不让放炮，到晚上才能放老炮，所以我们晚上加班加点地工作。第二天天刚亮，看到整整炸下了半个山头，这样民工们就有活儿干了。我们还有一项任务就是处理跟床一般大小的石头，全都把石头凿成适合垒渠的料石才算完工。

每次回想起当年修渠的事情，真的觉得很辛苦。每天八两粮食。清早起来只能吃上十来岁孩童的拳头般大小的两个黑疙瘩。当时做饭的是我二舅，水都是他先挑回来的。他住的那个地方也就三间小草房，院子周围还栽种了好多的花椒树。每天都是做的白稀汤。每次都是捋下一把花椒叶子，然后放到锅里。用直径10来公分的小马勺盛饭，用刮板刮得平平整整，每人两勺。让再去加饭的时候，我们女人家就不去加了，想着让给男人吃。男人力气大，也比我们这些女人受的罪多。男人们干的都是抬石头的重体力活儿，我们也体谅他们，所以就都没有去加过饭。这是中午的饭。晚上的时候，也就是喝能照到月亮的稀汤，吃的是那种连皮带面磨成的小糠饼。没有蔬菜。有时候我们还吃榆叶、杏叶和杨桃叶。队里面也往工地上送菜，送的菜也就是干红薯秧子。有的还拣拣，有的就不拣直接放锅里炒。虽然真是艰苦得很，但是没有谁因为饿得不行了，就不干活了。大伙儿全都是干劲儿冲天，也绝不叫累，更没有说抡锤的时候在那里做做样子。

有一次领导让我们几个人去帮男人们洗衣服，走到漳河边准备洗的时候，就发现衣服褶皱处全都是老虱子，那可是一抓一大把。包括住的地方，被子上、铺底上全都是老虱子。就在那样的生活条件下，民工们也没有任何怨言，只要渠能修成，只要能吃上水，这些困难算啥！

哪里工程硬，哪里就有我们的身影

我们"十二姐妹十二英"，不是说光在我们公社所包片儿干活，可以说其他公社我们都跑遍了，哪里工程硬哪里就有我们的身影。像卢家拐那段儿，本不属于我们公社，但只要营部一发话，我们坚决服从领导安排，扛着锤、钎没二话就走。我们的工作就是打钎，另外还专门有人给我们捻钎，这样节省了我们打炮眼儿的时间，更缩短了工期。别看我们有这个称号，但是我们和其他民工们吃的都是一样。不能说让我们吃好的，让民工们喝稀的。在那个年代大家都是一视同仁，要吃啥都吃啥，根本不搞特殊化。也不能说我们吃得多了让男人们少吃点儿。坚决不行的。男人们同样都是抡老锤、抬石头，有的饭量大的还吃不饱。

在打钎过程中遇到最困难的事情就是打炮眼儿，因为出的力多不说，还很不好打。那个时候，我们抡锤打钎可以说闭上眼睛都能找准钎头。也不是我吹，因为成天干的就是那种活儿，算是熟能生巧吧。要说到最艰苦的地方，就是在卢家拐那边。主要是卢家拐那儿的渠线在半山腰上，打钎的时候还得吊着绳子在半空中打平炮眼儿。每次炸药炸的石头也不是很多，说白了就是耗时间。

最最艰苦的时候就是在山西省平顺县青草凹那里。每天打完炮眼儿，我们还得负责背炸药，每天都得从水里经过。阴历九月天，天气已经冷了，河水更是冰凉。年轻时不知道，需要下水就下水，老了都成了一身病。现在我这两条腿每到阴雨天气就要腿疼，有时疼得厉害，根本就走不动路。

当时我们24人吃在一起，睡在一起，根本就没说过什么泄劲儿的话。我们每次说得最多的话题就是什么时候水能通到咱林县，再也不用过那种没水的日子了。1966年4月份，在红英汇流处举行三条干渠竣工大会，我还去参加典礼了。那个时候高兴得手都拍红了。人们看到红旗渠水流过来了，甭提有多高兴了。像我们村以前都得跑到十里地外去挑水，自从修成红旗渠，渠水流到我们这里，又能浇地，又能洗衣服，还能洗脸，你看看这有多好！

多亏共产党派下来一位好领导、好干部。要不是人家杨贵，咱林县也就不会发生这样的变化，真是要感谢共产党，感谢人家杨贵书记！

（整理人：陈广红　李俊生　杨晓青）

王朝文：
在工地负责安全工作

采访时间：2017 年 5 月 11 日
采访地点：林州市黄华镇杨水洼村
采访对象：王朝文

人物简介：

　　王朝文，1937 年 6 月生，林州市黄华镇杨水洼村人。在红旗渠工地上，担任城关公社分指挥部保卫部部长，负责安全工作。在修渠工地上工作了三年。

上渠前照了一张照片

我是1955年3月入伍的，也是新中国第一批义务兵。我带头报名参军，参军后就随部队前往朝鲜，成了一名光荣的中国人民志愿军战士。1958年元月，我退伍回家，正赶上成立人民公社，我就服从上级分配，到城关公社武装部当了一名干事。1960年2月11日，我第一批走上红旗渠工地，担任城关公社分指挥部保卫部部长，负责安全工作。我最难忘也最揪心的事就是在鸻鹉崖发生的民工牺牲事件，最深刻而且最自豪的就是红旗渠的建成。

2月7日上午，我新婚的妻子常雪荣从陵阳铁厂回家休假。春节时，我在公社值班，妻子在厂里上班，两个人都没有在家里过年。

妻子对我说："你知道不知道，引漳入林工程快动工了？到时候你要上渠时告诉我一声，我回来送送你。咱结婚时没有照一张合影，现在去补照一张吧。"

当时，城关公社就在现在的老新华书店附近，我们两个人一块去照相馆照了一张黑白照片：我戴着帽子，妻子短发，围着方巾。照片左上角写着一行字："把青春献给祖国，1960.2.7。"

这是我上渠前照的唯一一张照片，也是我和妻子那个年代照的为数不多的一张照片。那个年代谁轻易去照相馆照相呀？

几天后，我就匆匆上了修渠工地，根本就没有时间和妻子见上一面。

因地制宜分任务

我现在也老了，有些东西记不太清楚了，说得有点凌乱，你们多体谅。

1960年2月份，城关公社社长史炳福带领全公社的民工走到了一个叫林红庄①的小村子，召开了一次会议，会议的内容就是如何分配任务。会议的前一天晚上，史炳福找到了我，跟我说："朝文啊，你家是城关的，你对城关的熟悉程度肯定比我强。我虽然在城关任职，但我没你熟悉这个地方。鸻鹉崖工程是渠上最艰难的工程，你说这个让谁来负责？"我便说："我现在一时半会儿回答不了您，还没有考虑这个事。"他便说："我也不让你这个时候回答我，等第二天吃饭的时候咱俩再说。"我说："可以，但我个人的想法是可以因地制宜，山区上长大的孩子，多分点山上的活儿，平原长大的像城关、下申街的，就分配比较平坦的地方。"他说："那咱这样吧，天也不早了，都早点休息，晚上再具体考虑一下，明天我找你。"

第二天早上，我找到他说："史社长，我想好了，劈开太行山，还是必须由太行山人来主办。郭家园、四方垴他们离太行山近，让他们来主攻鸻鹉崖。"史社长说："你这个想法很好，我也是这么想的。"我又说道："鸻鹉崖分主攻、左攻和右攻，

① 林红庄：实际为林县修渠人在一片坟地上搭席棚住下来的地方。

这是我选出来的三个大队，桃园、宋家庄、郭家庄。这三个大队的人都是在太行山脚下长大的。"史社长说道："好，就按照你的想法布置。"我紧接着说道："这三个连不能让他们挑，必须得任命他们来完成。召开连长会议的时候，首先把鸻鹉崖的任务分配给了这三个连队。这就是命令，你干也得干，不干也得干。"史炳福就这样给连长下了命令。问他们有没有把握，全部都齐口同声说："保证完成任务！"

鸻鹉崖那里可真是猴子都爬不上去的悬崖峭壁。那山有的往里凹，有的还往外凸，都是挺着个大肚子，人爬都爬不上。在那个地方工作，全部都是一个人一条绳，都得腰系绳索工作，不管是打钎子还是抡锤。所以桃园、宋家庄和郭家庄这三个大队定到鸻鹉崖工段后，其他大队的就好分配了。这就是开工分配的过程。

但是开工头一步，没有道路。我们就组织人员先修了民工上下班的道路。哪里上哪里下，哪里需要开路，全都很明确。最关键的是在道路两旁还得建立个公厕。有的地方走三里地还解不了手，因为男的居多，女民工就有点麻烦了。我当时不知道，后来从红旗渠下来，走访修渠人的时候才发现这个事：好多姑娘修渠的时候都尿了裤子。她们说："朝文啊，现在老了可以跟你说说了。当年还是个黄花闺女，俺们一个帐篷的十个人就有十个人尿过裤子。"我说："这是为什么啊？"她们说："工地上都是男的，不是悬崖就是上不去的地方，我们去哪里解手啊？"我就说她们："你们为什么不跟我说，跟我说的话我肯定会想个办法替你们解决的。就是让男人们躲一躲，让你们围个圈也不能让你们尿裤子啊。"说得她们哈哈大笑。

鸻鹉崖特大伤亡事故

我记得修渠的第一年是在河口，第二年是在木家庄，第三年是在石界村，但是最艰苦的还是河口段。

1960年，在我手下一共死了15个人，发生了三次事故。第三次事故是槐树池一下子死了9个人。我想这是塌天的事故。这几次事故都是我亲自在场指挥的。我当时想，我的责任重大，也尽力去补救。

我就具体讲一讲那次事故吧。头天晚上，工地上放了三个老炮。我首先到别的地段，从东面巡视渠线，让除险队把松动的石头处理完，再施工干活。到出事故那个地方也就快到上午9点了吧。我一看放完老炮的地方，看着对面山上都是张牙咧嘴的石头，看到下面的民工都在出碴土，4个工作面，站的地方都不大。当时连长采取的是20个人一班，干一个小时，换另一班人继续干。那天是1960年6月12号，太阳很毒，南边背阴，他们都想在南边避暑。我想着在工地上闲坐着不好看，也危险，就让连长把一部分人撵到北边有太阳的地方休息。他们都不愿意去，是我强制命令他们过去的。

见人都分散了，我又准备到别的工地去看看，因为槐树池是城关公社最西边的一个工地段。我刚走了有100米左右，就听到后面在大声呼喊："快点吧，出事故了！"我赶忙跑过去一看，当时乌烟瘴气的什么都看不清。你想啊，从80米高的悬崖上掉下来的红石头全都分崩成小块儿了。我一看这种情况，连忙让下申街连长李怀山快点找些青壮年劳力去抢救、去挖人。我就往回跑，到分指挥部拿起电话报告。那个时候河顺公社分指挥部报告得早，县里已经知道了消息。我报告说："我是王朝文，谷堆寺这段发生大事故，具体不知道伤了多少人，正在抢救挖人，赶紧让领导和医生过来。"然后，总指挥部指挥长王才书带着医生过来，查看了尸体，然后才抬过漳河北岸运回老家。

至于怎么安排后事，我当时又不能回去，这段我是不清楚的。你们想想要遭多大的困难啊！80米的高空，碾盘那么大的石头，从凹崖上掉了下来，下起了石头雨。这事怎么就那么赶巧呢！就是这次事故，把我给吓成了神经官能症，还一直做噩梦，半夜醒来，身上出一身冷汗。

安全工作没小事

红旗渠开工的时候，像选择修渠的地方，哪个地方该弄安全队，炮手点炮往哪里藏，怎么能安全，这都得考虑到。再像每个连都有一个铁匠炉，捻钎子、捻锤子都得找个安全地方，不能让放炮的把它给炸了。所以说就这样，建立安全队、修建厕所以及建立各种设施起码得用两天时间。就这样有序地进行，红旗渠才算开工了。

开工以后，粮食采购运输困难。我们都知道魏家庄有辆马车，但是上不去，路窄没办法，只好等那段路修好了以后才能上去了。后来，汽车慢慢地拉着少量的货物也能上去了。就这样，修渠才正式步入正轨。对城关公社的民工来说，不想跑远路的就住山崖，想跑远路的就住西丰村（今牛岭）。当年城关公社住在西丰的就有1000来个民工。再怎么说也是老百姓的房子，还是比较可靠的。

修红旗渠那几年，正是国家三年困难时期。工地上人倒是不少，就是没有钱。在修建红旗渠的过程中，真是遇到了好多困难。像炮手，他们肚子饿了，吃不饱。没办法啊，粮食（多少）是规定了的，也只能饿着。后来我跟连长说："能不能你们少吃点，分给他们一点粮食，让他们装老炮的时候有力气？"连长也没有答复我，怕民工们有意见。后来也就是明不明、暗不暗地让那三个装老炮的炮手多分了一点吃的。当时拿过来的东西都是经过我的手，直到他们装老炮的时候才分给他们，要不然怕他们早早吃了又叫肚子饿。这种放老炮的洞那可是耗费两个月才打出来的，必须要重视才行。你们再想想，不管是炸药箱子，还是炸药包，那都得有力气去搬啊。再加上洞里的空气质量不好，光炸药那一种味道都能把人给呛晕过去。想想当年啊，炮手穿的衣服都是被炸药染成的黄色。每天和炸药打交道，所以变成黄色也不稀奇。说句笑话，衣裳黄色也就一个好处，夏天蚊子不咬，味道呛人。

再给你们说一件当时违规操作出现的事故。那次是逆河头的一个叫余长增的人在装填黑火药。我们都知道黑火药最怕碰到火星子，而他嫌用手捧着装黑火药慢，就用铁锨铲着装填。一不小心黑火药碰到了红石擦出了火花，把他烧的全身着了火，40斤的黑火药全部燃尽。抬他回家接受治疗，我听说就隔了两天，人就不行了。说起这个人，他的思想还是进步的，经常说在红旗渠上要好好干，然后加入中国共产党。我为什么现在还记得他呢，就是因为这个人灵活又精干，所以我才让他当炮手。

打炮眼的全都是20多岁的小伙子，上进心非常强。一晚上让他们打几寸，他们怕打不够，放完炮不等烟跑完，就下去清碴。第一个没上来，第二个看见了很是着急，那可都是门前门后的邻居。结果第二个下去的人也没有上来，第三个也下去了，也没上来。第四个正要下去，突然冲出来一个将近60岁的老汉一把给抱住说道："你不能再下去了，你要是下去肯定活不了。"这个人算是被人拦着没有下去。一下子牺牲了三个人。

到红旗渠工地以后，家里根本不知道情况呀。一次送菜的人过来，我就让他给我父母捎个信，告诉他们我在红旗渠上一切安好。媳妇当时也不知道。打电话吧也没办法接通，我就只好写信邮给她。我说："咱见面第三天我就上红旗渠了，我对不起你。"

我本人在工地上三年，没有请过一天假。因为我在这里看人命呢，如果出现安全事故，你不在工地谁负责？你在工地看着是一个样，不看着又是另一个样。这是我的责任啊。我也根本就没有脸去请假回家办私事。虽然是很年轻的一对夫妻，三年来我们见面机会也很少。

（整理人：崔国红　秦天云　李俊生　王勇）

345

侯丙英：毅然决然去劈开太行山

采访时间： 2017 年 11 月 8 日
采访地点： 林州市原康镇龙口村
采访对象： 侯丙英

人物简介：

　　侯丙英，1940 年 3 月生，林州市原康镇龙口村人。红旗渠早期修建者，主要工作是打钎、捻钎。

打钎、捻钎的经历

因为1958年大搞钢铁，我们原康钢铁厂就有了很多铁匠。1960年，刚过完年，领导通知我们四个人上山修渠。那时也没有什么动员会之类的，领导一句话，我们四个就背上行李、工具出发了。

我们早上从原康出发往任村公社阳耳庄村，步行一天时间就到了。我们到得还不算早，其他工友到那儿都三四天了，住在阳耳庄一户人家。到地方之后，盘起炉，生起火，一待就两个月。我们四个人的主要任务就是打钎，起初在阳耳庄的时候是在村子里，后来转移到山西省平顺县东庄村。在东庄，我们吃住全在渠下边的空地上，自己临时搭了个工棚，能挡雨就行。

印象中那时候对钎的需求量特别大。当时的运输全部依靠人力，没有车子，没有缆绳。将铁钎背到半山腰上，实在累得不行了，歇也不敢歇，生怕一歇就会走不动道儿了。还有一个原因就是你半路一休息，铁钎不能及时扛到工地上，整个连队就得歇着。队上的任务又赶得特别急，一刻都耽误不得。那时候会有人专门负责定期汇报工程的进度，各个连队干了多少，完成了多少进度，还差多少任务，都有人专门负责统计。尽管每个连队每个人都努力地干活，但每个连队的进度还是不一样。

那么长的铁钎，打着打着说断就断了。其实钎的质量还是可以的，不一样的是石头的硬度不同。石头硬度大了，钎就容易断。我们那里的石头硬度还是比较大的，这样钎就易磨损。那时候出现最多的情况就是钎被磨损得钝了。钎钝了，打洞就没那么快了，这个时候就需要再捻一下钎头。拉着自己带的风箱，烧着炭火，把钎头重新打得尖锐无比，这样打到那些比较硬的石头，也就不会因为磨损钎头而耽误打洞了。有些钎磨得实在太狠了，也就不能用了。刚开始打钎一般都会用短点的钎，方便打洞，随着洞越打越深，钎的长度也越来越长。一组至少得准备四五根钎，只有这样才能保证工程顺利进行。准备得少了，随时有停工的可能。一根钎，两个人打，打一下钎就得转一下，这样的话打洞进度才能快一点。那时候掌钎的都是妇女。有些时候钎要是短的话甚至得趴到地上扶着钎，随着洞越打越深，钎的长度也越来越长，扶钎的才慢慢能站立起来。妇女们还到河里成袋成袋地扛沙子。看她们那样子干活，我们真是于心不忍，但又有什么办法呢？

我们还不算是最苦最累的，说到苦与累，应当数人家石板岩的人了。为了在山腰上打炮眼，他们全部是在腰上拴上绳子，不管是打钎的还是拿钎的，都是拴着绳子在半山腰上作业。没有落脚的地儿，打钎的就用不上力气，依靠的只能是腰上绳子的晃荡产生的一个冲击力去打钎。拿钎的也需要相当小心，因为没有着力点，拿钎的手是晃动着的，打钎的人也是晃动着的，一不小心，钎就很容易打到手上，为此受伤的人实在太多了。

说到这，不得不提一下捻钎。经常打钎，钎难免会有损耗，损耗了怎么办？没有别的办法，只有把钎放到炭火里重新捻。何为捻？就是把钎放火里烧得通红，然后再用锤子打。捻钎是个技术活儿，钎不能烧得特别靠上，只单单把尖端部分烧到通红就行。打的时候也得特别注意，用力不宜过大，也不宜过小。用力大了钎会碎，用力小了捻不出什么效果。其间不断有被捻碎的钎。那也不要紧，打碎的钎还可以用来改成手把钻，然后再捻个钻尖，直接就是用手抓着用了。那时候手把钻是工友们最不愿意使用的，握在手里，打洞的时候震得手那叫一个疼。夏天还不算什么，要是到了冬天，用手握着冰冷的钢筋钻，震破手是常有的事情。手上的皲裂伤是伴随一整个冬天的。记得我一个表哥在队上是医护人员，治疗皲裂伤的惯用办法就是拿当时的那种粗布当纱布去裹一下伤口。得靠时间让伤口愈合。那种彻骨的寒冷现在的人无法体会。也许你们会问，那个时候就没有手套吗？我会非常直接地告诉你们，没有。无论是拿钎打炮眼还是搬运石头，无论是夏天还是冬天，全部是光着手干活。即使是这样，我们依然是争着抢着去干活儿。你不干，他不干，让谁干？

艰苦的生活条件

到后来看修渠的电影、电视，修渠人都吃着黄糠。估计那已经是到修渠末期了，那时队里都会有补贴，伙食各方面较之前好很多了。想想我们那个时候，哪里能吃得上黄糠？吃的多半是一些玉米糁稀饭。有件事我至今记忆犹新。记得那次我生病了，早上没有吃饭在工棚里躺着。后来房东老赵打饭回来，他见我躺床上没有吃饭，就让我吃。当时房东跟我们不是一个伙房，他们的伙房早上有硬饭。老赵是山西当地人，山西人那时候伙食就比较好了，起码早上会有像样的饭菜，最重要的是顿顿都可以吃饱。不像我们，每顿饭只吃六分饱，还得干一天的体力活儿。那时候会时不常地羡慕人家山西人。

吃不饱不是最重要的，没水喝才是最要命的。这也就能解释我们为什么来修渠了。那时候打钎打累了，打得出汗了，唯一的办法就是在村子上找到一个茶壶，到附近的小河里盛满水，架到火上烧开饮用。

环境恶劣，工作量大都不是最重要的，最重要的是生活条件的艰苦是平常人所无法理解的。印象最深的是在渠上时缺水，下工之后的洗漱就成了大问题。开了一天的石头，身上那叫一个脏。冬天下工之后，吃完饭就躺炕上了，手上厚厚的一层土。放在现在的话简直不忍直视，不过在当时那种环境、那种条件下，大家也就见怪不怪了。

胡子长了，头发长了，衣服破了、脏了怎么办？胡子长了拿把刀自己剃，头发长了等到下工之后两人一对儿，拿推刀互相剪剪。有人会问自己剪的会有发型吗？哪里还有什么发型？！记得那会全部是光头，一是干净利索，再者是为了头发里不藏灰尘。衣服破了自己补，脏了自己洗。那时在渠上基本就不分男女同志了，女同志会的男同志基本上也都会。那时候晚上的照明大部分还是依靠烧火来照亮。也许有人会想到油灯，但油灯不是经常能用到的，煤油在那个时候也是非常稀有的，不是谁想用就能用的。那个时候，我们会时不常地帮助渠下边村里的老百姓打一点铁器，像锄头、铁锨这些东西，来换点煤油、山货什么的。

在东庄干了有四五个月后，我们又被安排去了柳林工地。到那之后我们干的依然是打钎，偶尔几天砌砌墙。那时候没有谁必须得去、谁不用去，厂里一通知我，我就无条件上渠了。我哥那会儿是医生，正好渠上需要医生，他也就被分到了渠上。我们一家就去了四个人，我父亲、哥哥、嫂子，再加上我。那时候，领导一声令下，都无条件前往。

当时不少人心里都有一个疑问：这渠能修成吗？也难怪，因为当时的条件实在太艰苦了。

坚定的修渠信念

时至今日，经常会有人问我："当时是从哪里来的这么大的干劲儿？"我是这样对他们说的：林州那会儿还是叫林县，是典型的山区，四面环山，外面的河水用不了，缺水缺到你们想象不到。一年之中洗脸的次数都是屈指可数的。就是这样，为了林县人民能吃上漳河水，为了林县的土地能有充足的水源灌溉，我们这一代人毅然决然地去劈开太行山，把漳河水引进来。想改变林县的现状，就必须把渠修好。那时的领导都是带头干，吃跟大家一块吃，住跟大家一起住，累活脏活争先干。那时候有一句响亮的口号：大干八十天，引来漳河水！尽管大家知道这只是一个信念，但大家没一个人有过放弃的念头。

功夫不负有心人。作为红旗渠最初的修建者，我们吃过的苦，受过的累，是一般人无法体会的。我想说的是我们那一代修渠人的付出是值得的。红旗渠修成了，漳河水引来了，林县人民的生活彻底得到改善了。这不单单是一条渠，更是林县人民面对困难时的一种态度，一种精神，"自力更生、艰苦创业、团结协作、无私奉献"的精神。

（整理人：李浩　李俊生　李振清）

魏双贵：从不后悔去修红旗渠

采访时间：2018 年 11 月 20 日
采访地点：林州市陵阳镇南辛庄村
采访对象：魏双贵

人物简介：

　　魏双贵，1945 年 11 月生，林州市陵阳镇南辛庄村人。自学生时代起，先后 4 次参与修建红旗渠，在王家庄、杏树洼、井湾等工地推车、出碴，后学习石匠手艺，成为工地上的石匠。

学习劳动两不误

1960年，我在四中上学时，从学校老师那里知道了"千军万马战太行"修建红旗渠的事。后来学校动员我们学生一起参加修渠劳动，就由老师带领我们到分配好的工地上劳动。

记得我们这组分在山西平顺的王家庄工地，去时差不多步行走了一天才到。天都黑得伸手不见五指，才走到了我们所在的工段，吃了当天的第一顿饭。那天正好还在放炮，公社领导让我们赶紧躲到山崖下面，直等到放完炮以后，才通知我们可以通过。

当时带队的老师名字叫陈发茂。我们班里大部分的学生都去了，还有一少部分学生去河顺支援修建铁路了。我们学生在工地上的制度就是上午学习，下午去工地劳动。我当时上初一，学的是语文、数学、地理和历史，上午上课也很简单。记得春天的时候，一座坟旁有棵大柏树，老师就组织我们在树下教我们点文化知识。下午劳动时，由于我们年纪小、力气小，干不了什么技术活，主要就是出碴、背沙。打炮眼、放炮炸出来的土碴，由妇女、学生用小推车往外推。我们有时也从漳河岸边背沙，供工地上用。每天劳动有定量。比如每人需要背够多少趟的沙，铲多少土碴。每天晚上回来也是很累的，磨得胳膊、腿上还蜕皮。有一次我见到一位民工在往外推土碴的时候，一不小心把小推车给摔到了漳河里，后来还是三四个水性好的人把小推车给拉了上来。那个时候的工具可宝贵得很。一辆小推车能推几百斤，能省下不少的劳力。

记得垒砌那一段的时候全都是用的破灰泥，性能上比不得水泥，所以为了保证质量，工地上每天都要检查工程。必需质量合格才可以勾缝，不然就会漏水。当时还编了一首垒砌石头的歌谣："大锤夯、小锤砸，石头缝里挤满浆。"说的就是垒砌时的施工要求。在修建那段渠的时候我们还小，但是听说过红旗渠的技术员吴祖太在修建王家庄隧洞的时候出了事故。这也是晚上我们吃饭的时候，听到民工们在议论才知道的事情。我们听了也觉得十分惋惜。我们差不多在王家庄这里干了有一年的时间。在这一段直到渠墙垒够了高度，我们才又回到了学校上学。

条件艰苦干劲大

要说修渠苦不苦，那时也真是苦，但跟民工们比起来我们学生算是好的了。记得第一天到工地的时候，大家就特别照顾我们，让我们喝的面条汤。虽然没多少油水，但比起大家都吃的玉米糁，这也算是尽量优待我们了，我们也很知足。在工地上都是和石头打交道，衣服破得快。我的衣服破了还是我们队的马茜仙和四队的一个女的帮我缝补。大家在工地上也是互相照应的。

当时是南辛庄大队和官庄大队合用一个伙房，领导是官庄的刘随昌，我们村上的魏科木是技术员，还有李秀昌也在那里负责，他们三个负责两个村。

那个时候年纪小，难免也有点淘气，喜欢爬高摸低的。住的是通往王家庄村的一个石头搭建的地方，我们几个淘气孩子都住在那上面，工闲时还一起玩闹。虽然吃住条件艰苦，但大家的修渠热情很高。

第二年我们就不上学了，随后就听从大队的安排，到工地去修渠。春天的时候在杏树洼工地，从杏树洼完工就到了尖庄，尖庄紧挨着南谷洞水库。在尖庄的时候在一个女主人家住，伙房也设立在那个女主人家。我在尖庄大概一个月时间，负责推土、推沙、抬石头，供给匠人们垒砌渠墙。

工地上有个人非常能干，抬石头很过硬，工地上的民工给他取名为"杠长"。有一次担水，来回得有四里地，中午的时候，领导检查工作量，"杠长"说他担够了。领导都不相信他这么快就完成任务了，核实后才知道这个人确实能干，真的完成任务了。

学习锻造石头，成为石匠

后来我们到尖庄工地干活。我们用小推车从杏树洼把所有工具推到了尖庄。在尖庄的时候，我就开始跟我们队里的军祥（音）学习锻石头和垒砌石头，我们这些学生都喊他哥。每天都学习，学了一个月左右，就基本学会了锻造石头的技术。在工地如果负责锻石头，也是会排方量，每个人的工作都有定量。

在工地干的时间长了，我也逐渐成了熟练的石匠，当起了技工，在工地负责锻石头和起石头。工地上对锻造的石头都有要求。负责技术的人会告诉大家，哪些石头要多大，要多少，都有明确的质和量的要求，这样起石头的时候才会心里有底。后来我还参加垒砌渠墙，当时一干渠的渠宽是6米，渠墙高是3米。

我在井湾上庄修的时间长一些，差不多是正月里上工，到5月份的时候才回的家。那个时候我就当起了技工，没垒砌任务的时候就锻石头，等到能垒砌的时候就垒砌渠墙。

我们还是学生的时候，在渠上见过好几回杨贵书记。在渠上每次见到他，都是笑嘻嘻的，非常和蔼，没有领导架子。马有金的脾气不是太好，经常在渠上听到他的大嗓门，检查工程质量非常严苛。有一次我们村的一个技术员叫魏科木，检查工程质量的时候没有检查仔细，马有金过来了检查了一遍，看到一处有问题，嚷得技术员可狠了，都不敢抬头。

现在要说怎么看修红旗渠这件事，我可以这样说，我从不后悔去修红旗渠，这是值得的。要是没有红旗渠，就没有我们林州人民的幸福生活。

（整理人：郭玉凤　王勇　李俊生　李妍妍）

申伏祥：
虽然艰苦，干劲却大

采访时间： 2019 年 1 月 14 日

采访地点： 林州市河顺镇申家垴村

采访对象： 申伏祥

人物简介：

　　申伏祥，1928 年 4 月生，林州市河顺镇申家垴村人。中共党员。在工地担任连长、营长。先带领民工修建南谷洞水库，之后修建红旗渠总干渠。

带领群众搞建设

我7岁时父亲就去世了，13岁时曾跟随母亲到山西逃荒要饭。后来我报名参加了村民兵组织，白天参加劳动，晚上刻苦训练。由于训练刻苦、表现积极，1946年，我18岁时就光荣地加入了中国共产党。

1959年9月，河顺公社任命我担任9连连长，从魏家庄大队带领500人参加南谷洞水库工程建设。刚开始到南谷洞水库那儿，打地铺需要往地上铺一层干草，防止铺盖受潮。当天晚上大家去山上割草，就出了事儿了。有个十七八岁的民工没看见石头，被绊倒了，结果跌到悬崖下面摔死了。

虽然艰苦，但当时大家还是都坚持下来了。为了激励人们斗志，提高劳动效率，工地上经常开展劳动竞赛。一次，河顺、姚村各组织100多人开展劳动竞赛，每个公社10米路的任务，看看谁10天能完成，甚至更早。我带领河顺的100多人，白天铺路，晚上找石材。虽然辛苦，但大家干劲都很大，不怕苦累，都想争先进。开会时我鼓励大家说："百人一条心，其力之大可断金。"结果，我们仅用6天就完成任务，战胜了姚村公社，受到指挥部表彰。因工作出色，当年10月，我被任命为河顺公社民兵营营长。

服从安排去修渠

1960年10月，我又被组织抽调到红旗渠尖庄段，担任营长，负责修建红旗渠工作。我们分的渠段离南谷洞水库很近。我带领了三个连，大概有千把人，吃住在椹子沟，在水库大坝的西边。每天早上天不明就起床，吃了饭就去上工。

那是刚开始修红旗渠不久的时候，渠线很长，大概有十来里地。领到任务后，我让三个连长过来，把渠段分配好，技术员讲解一下技术要求，又强调了安全和施工的注意事项。连长们回去之后再在各自的连部具体细分任务，每个连部下面分为三个班，每个班有一百来人。分配好任务之后，我每天就不停地在工地检查进度，监督质量，抓好安全，有奖有罚。记得那时开会，我因个子矮，就站到石磨上给大家开会，也没有喇叭，就使劲大声说话，好让大家听到。

刚开始，工地就是不停地放炮、打钎，容易发生安全事故。我就每天在渠上看着，生怕出纰漏，基本上不歇。马有金对我工作负责的态度很赞赏。每天放完炮，必须把石头碴给弄干净再下班。营部有八九个工作人员，有医疗方面的，技术方面的，各负其责，没有闲人。

有一回，在渠线附近路上有一块大石头，挡住了路。让东岗公社的人处理掉这个石头。他们拿着钎子，打了三天，也没锻开这个石头。我们路过这个地方时，我到前面看了看，就想了个办法。大家走后，我就喊来我们同村的伙计，让他在这块石头底下挖了一个一米大的坑，我去找来炸药，填进去，让他看着周围没有人的时候，我就把这个大炮给点着了。只听砰的一声，路上的大石头变成了石头碴，就这样处理了这个大石头。大家知道了，都鼓掌夸我说"伏祥真有技术"。

舍己救人不犹豫

有一次我在渠上受了伤。当时我们的工地上有几十个人，背的背，抬的抬，山上也在施工，不时有落石下来。安排了一个人专门负责看石头，石头要是下来了，就喊话让大家赶紧躲。我作为营长，去工地查质量。刚到工地，就看见一个大石头快要落下，我就赶紧喊他们躲石头。有个人没听见，我就往他那儿跑，到那儿用力推开他。那个大石头擦着我的肩膀砸下来，砸到脚面上，脚骨都碎了，到现在还有伤疤。后来，我因救人受伤，组织让我去医院休养，一天让我吃一斤米、一斤面。粮食是县里面奖励的。当时都比较务实，没有啥奖状，吃饱就算了。

医生说让我休息三个月，但是我不能休息这么长时间，工地工作还得继续，不能影响工地上的施工。后来我就挂着拐杖上渠指挥。效率上不来不行，上面有指挥部，要经常检查工程进度。马有金带领各个营的营长和各个连的连长，每过多长时间检查一次。我就在工地来回一直指挥，看看施工的地方危险不危险，从哪里干活省劲儿，各个方面操心比较多，工作不能落后。

有一次我听说，炸药里面加上人畜的粪便，爆炸效果就会更强。指挥部也不知道，我就先干了起来。山上没有厕所，人们都是找个背人的地方大小便。我就让大家捡来粪便，集中到一起搅拌到火药里面。后来试了试，果然效果大了不少，很管用。

生活艰苦不退后

在工地上生活艰苦，平时吃不饱，一天就是一斤粮食，都是粗粮。过年就放三天假，从年三十到初二。有时下雪下得很大，把渠线整个埋住了，只能刨开渠线施工。手冷脚冷，还没有手套，人们手上都是裂口，但大家还是坚持施工。

营部有裁缝，负责补衣服和补鞋底，但不是免费的。还有理发的，也不免费。韩医生是工地医生，伤工不用付钱，算工伤，其他吃药都得掏钱。

每天晚上开会，把连长们都叫过来，每天的任务上报，没有完成的晚上加班，或者扣除工分，再安排第二天的任务。在工地上时刻都要严格管理，出了一点差子，就会引发更大的失误。比如说有十米的工程，三个连根据人数平均分配，一天完成什么样子，五天完成什么样子，都有标准，提前都设计好了。完成之后，收工的时候完成快的就表扬，完成慢的就批评，促进工作的开展。

我管理的人没有拉后腿的，出现什么不好的苗头就要及时纠正和改进。有一回，有个人请假回家了，请了一天假，但他在家待了两天才来。来了后我就处分他，让他站到门口不让他进来，面壁思过。只有这样，奖先罚后，才能让大家都保持干劲。到年末回家，村里让我在家当干部，我就在村上工作，没有再去修渠。

现在想想，要不是共产党领导得好，就不会过上现在吃不愁穿不愁的好生活。

（整理人：郭玉凤　马凯　李俊生　李雷）

符拴柱：
在渠上管粮食当会计

采访时间： 2019 年 2 月 15 日
采访地点： 林州市姚村镇三孝村
采访对象： 符拴柱

人物简介：

符拴柱，1946 年 11 月生，林州市姚村镇三孝村人。参与修建红旗渠总干渠最后一期工程建设（第四期），担任工地的司务长和会计，平常负责保障民工的生活口粮，协助连长对工程的进度和工人的工程质量进行监督和管理。

在工地管粮食

我是初中毕业，在工地上算有点文化，是我们公社的司务长。司务长的职责是管理工人从家里带的粮食、干菜，都得记清楚，哪个队里带的粮食不够，你得补多少，工地有多少人，营部应该补助多少粮食，都得登记好；还要去粮仓领粮食、下村里收口粮等。

司务长去营部领补助粮，一周领一次。营部给的条子上写得非常清楚，包括哪个工地，领多少粮食。领粮食这个活很复杂。首先去营部开一个条子，说清楚你工地有多少人，需要领取多少补助粮。人家不会写多少细粮、多少粗粮，都是根据当时的情况，按照一定的比例给你。比方说你要领一百斤的粮食，条子上写的一百斤粮食，到粮仓以后，人家就会给你20斤白面，80斤玉米面，有时候还掺杂一点小米，有啥吃啥。领了条子以后再去县里的粮管所盖个章，盖完章以后就可以去粮仓领取自己工地的粮食了。领粮食也是个辛苦活。我们工地距离粮仓有8里多的路，我当时16岁，自己一个人推个车就去了。根本就拉不动车，毕竟年纪还小。当时全指望老岳，人家帮我一起装上车，再送我一段，我才能一个人把粮食给拉回来。拉粮食回去的路也不好走，到处都是鹅卵石，推车很困难。

除了领粮食外，我还得去村里各家各户收口粮，收一些干菜。干菜就是一些干白菜和干萝卜条。当时没有新鲜的菜，都是干菜。到冬天了才能吃点新鲜的萝卜、白菜，那就算好菜，夏天只能吃干菜。不管晴天还是雨天，都得完成自己的任务，因为当时的口号就是"抢阴天，战雨天，淅淅沥沥当好天"。六月份的天气经常下雨，我们也得照样下村收粮。

工地上司务长的事情非常烦琐。每天工地有多少人，伙房今天做饭要用多少粮食，其中多少细粮、多少粗粮、几天改善一次生活、改善生活吃点啥、粮食怎么分配、菜怎么吃等，每天都要向连长汇报。汇报完了以后，我就去伙房跟做饭的交代，早饭做多少，中午做多少，晚上做多少。不能做得太多了，每顿都是有严格标准的。因为工地上一共就这么点粮食，你不计划着点，说不定哪顿就吃不上饭了。现在红旗渠纪念馆讲解员说的民工需要从家里带6两粮食到工地，其实这只是一个平均数。好地方的生产队可能带得多点。像我们三孝村属于好地方，我们大队就带了8两。有的地方粮食产量低，就带4两、5两，标准是不一样的。后来为了方便宣传就统一说成是6两粮食。我在工地当司务长的时间不算长，就一年时间，但是中间没有回过家。别人一两个月换一拨人，我是长期在工地，但也没有怨言。

会计是个细活

当时我还兼着工地的会计。会计管的事很杂，负责登记出勤量、工作量、工人补助等，还管营部领钱的事。

会计每天需要对工人的工作量进行登记。由连长带队，和会计一起看看工地上谁出工完成任务了，谁没有完成。当时我们工地的连长是符东期，我们俩就去查看抬石头的、出碴的、锻石头的、背沙的出工量。每人每天都有任务，工作量登记有时候靠发纸条，有时候靠划正字。工人的工作量是各个公社定的量，指挥部看了以后，派人过来检查。连长手里有两个本子，一个记着你的上工，是早上记的，一个记着你今天干了多少，是晚上下工的时候记的，非常详细。

工地上的工人补助是按照工作量补助的。比如说今天你出勤了，出勤以后补助半斤粮食，里面包括两毛钱的生活费。如果该上工的时候你没有上工，还要扣除你的半斤粮食。工作量从两个方面来考核，一个定量，一个出勤。这个办法是治懒人的。有人想偷懒，不要补助不干活，这肯定是不行的。给你的任务，你必须不折不扣地完成。

领钱是按照做工多少和出勤数量算的，一天就两三毛钱。领钱的时候是按照出工数领的，不是按人头领，但扣钱的时候就按照人头扣。领钱的流程和领粮食差不多，营部开条子，找营部会计领钱。但是这些钱也不一定能到工人手里，里面还存在工地上的一些支出。比如说，东姚的人给我们营部拉了点煤，我们就得给人家把拉煤的运费拿出来，还有补助粮的钱[①]，乱七八糟的费用一扣，民工手里根本就没有钱。会计从集体的钱里扣除掉集体支出，剩下来的钱买油盐酱醋就剩不下了，民工也领不到钱。当时国家没有钱，县里面也没有钱，所有的收入、支出都是在生产队内部产生。有的工地实在没有钱，工地的收支不能持平了，就只能从你公社里面出。好一点的工地补助和支出持平，不好的基本上钱都不够。

① 当时白面按一毛二一斤计算、玉米面按九分钱一斤计算。

在渠上受伤

我在渠上受伤是一次意外。1966年六七月份的时候，我们在后石村北面的山上干活。当时我和我们村的一个人在备料，从山上抬着石头往工地上送。我们抬着石头在毛渠的渠线上面走，上面垒的石头还没有垒稳，石头抬得也不是太稳，石头一下子就把我推到渠线下面去了。掉下去的时候我心里很清醒。我用手一摸，拉住一颗柿树的树枝，树枝没有承受住我，但是好歹缓冲了一下。掉下去以后我赶紧往前爬，我们抬的那块石头也紧跟着掉了下来。如果我掉下去不爬的话，石头就砸死我了，幸好我往前爬了几步。石头掉下来砸住了我的左腿。幸亏当时的渠线不高，三米多，石头没有要我的命。能保住命当时就觉得万幸了。工地上的人把我送到了焦家屯指挥部的红旗渠医院。抬到医院以后，人家就说我的骨头断了，把我转移到姚村医院去接骨头。接好骨头以后又把我送回焦家屯的医院。当时也没有石膏，就用竹子固定了一下，动也动不了。医生让我休息49天就可以下床了，但是我躺了50多天也没有见好，坐都坐不起来。

后来总指挥部要搬到桑园，我也跟着他们继续在渠上，但伤也不见好。后来去县医院拍了个片子，一看完了，骨头是长好了，但是两个骨头长成九十度的直角了。跟我一起来的两个医生就把我抬回医院。他们去给马有金汇报。马有金当时非常生气，因为我当时才20岁，人家年轻小伙子你把人家治成这样。随后把我送到上级医院去治疗，最后到了郑州。住进医院以后整条腿已经发炎了，已经不具备做手术的条件了。又在医院等了20多天，消炎以后才做手术。我是农历十月十六生日，正好那天的时候医院通知我做手术，不让我吃饭。我记得非常清楚。手术一共做了10个小时，等我清醒以后已经是第二天的事情了。我在郑州住到年底，就从医院回来。回来的时候腿上打上石膏，一直到第二年的5月。后来腿上的肉感染了。直到现在我的两条腿粗细、长短都不一样，只要到阴天下雨腿就疼。这辈子落下了这样的毛病。

一直到（20世纪）90年代的时候，因为在红旗渠上受的伤，我开始在卫生院领药。领了没几年，卫生院改革，就不再领药了。后来改成因为修建红旗渠致伤致残的人员领补助。虽然因为修渠我的腿残了，但是我自己也觉得还不错，毕竟和那些修渠丢了命的比起来，我还算捡了一条命。人得知足。

（整理人：张利华　李振清　李俊生　杨晓青）

田合阳：红旗渠上的『砌石能手』

采访时间： 2020 年 9 月 2 日
采访地点： 林州市开元街道北关村
采访对象： 田合阳

人物简介：

　　田合阳，1933 年 1 月生，林州市开元街道北关村人。中共党员。1960 年接受组织调配前往红旗渠修渠。修渠期间主要负责搬运石块、开山崩石、吹号、垒石等工作。

旱井接雨水

在修红旗渠之前，林县是十年九旱，太缺水了。那个时候有的跑十几里外去担水，有的起早贪黑才挑一担水，还有的干脆搬家，到有水的地方去住。有的人去打水，恐怕在路上别人喝他的水，就把树叶和土撒在水桶里。刚解放那几年，马家山村有一户着火了，但是没有水去救火，就眼睁睁地看着五间草房烧成了灰烬。因为缺水，很多人平时很少洗脸、洗衣服。

林县流传这样的故事，说林县的女人一生洗三次澡，一个是出生的时候，一个是出嫁的时候，一个就是去世的时候。我们以前只是在过年过节、赶庙会、走亲戚的时候才洗把脸。洗脸还是全家就一个盆，大人洗了小孩洗，小孩洗了还要把洗剩下的脏水澄澄下次用，一直到用完。刷锅洗碗也是上顿用了下顿用，今天用了明天用，直到水成了黑乎乎的，最后让牲口喝。俺们打有旱井，如果感觉下雨的话，就把井赶紧扫一扫，让雨下到井里存起来。以前院里都喂着鸡，就是那小鸡。下雨之后赶紧把小鸡圈起来，把地打扫干净，然后让这个水就流进旱井里面，就可以吃那个水了。这样的水吃了还不是太卫生，不过只能这样了。我们这因为缺水，吃水不太卫生，所以有很多地方病和传染病。在石板岩那里，很多人得了大脖子病。只要爹娘是大脖子，生下的孩子不是哑巴就是聋子，这个病主要是因为身体内长期缺碘。现在没有这病了。

一天到晚就是干活

我是1979年加入中国共产党，入党40多年了。修渠之前，我是在城关公社干的，1960年去修的渠，主要在渠上负责垒石头。我是出了名的垒石头垒得好、垒得高、垒得快。那时候我当队长。说到这做工啊，那都是有好也有赖的。那时候在队里做工一天就几毛钱，我在渠上干一天也就是几毛钱。我当队长的时候，在那几个队中还数我们六队工资最高了。当时我们修的主要是一干渠。

当时我们修渠的时候不容易啊，吃的都是粗粮，像小米、窝窝头就算是好的了，喝的是用干红薯叶煮的汤。在那时，小米是成品粮，红薯是原粮，四五斤红薯才换一斤小米。吃的小米干饭都是按量分的。那时的小孩放学回来饿了，就吃干红薯秧。在工地吃不上饭时，就把那红薯叶和稀汤一扒拉①，就那样喝。在渠上司务长做饭，让谁吃多少就是多少，不让多吃，都是分好份的。那时候都吃不饱啊，也没有水。白天做活，晚上背沙子。背沙子还没有布袋，就用破旧的裤腿儿扎住口子装沙。住的地方也都是掏的洞，也住过民房。

后来慢慢吃的就好点了，有时候也能吃上馒头，基本上就是一个人两个，就两个。馒头是玉米面做的，也有白面做的。一天都是三顿饭，这比以

①扒拉：河南方言，就是和着吃的意思。

前好点，能吃饱。那时候在那边修渠，人也多，到处都是人，还数我年龄小呢。白天做活儿都是这么过的，吃饭也就这个样子吧。若停下来休息的话，那什么时候才能完成呢？

说到睡觉啊，早上是天不亮，一吹号就起来了，赶紧起来吃饭了，然后开始一直忙活不停。晚上，就是天一黑，吃了饭就开始睡觉。早睡觉早点起来去干活。那时候吃的东西少，随便弄点什么将就一下就行了。会弄点红薯叶什么的。也没有啥娱乐活动，就是忙着垒砌渠墙，很少有空闲时间，可不能让别人看见了你没在做活儿。

带伤上阵不退缩

渠上的活儿分了好多段，有的段需要先用石头把土给它夯平，所以俺们就得一起抬那大石头夯土，也就是用绳子把石头拴好，上面有一根棍，一抬一扔这样夯土。这时，俺们就会喊着口号一起使劲儿。后来，我还当了炮手，就是去炸石头。一吹号就赶紧点，十几个炮，一个人点。主要使用导火线点的，十几个得挨着点，点完就赶紧跑。在点炮时，我没有受过伤，点完我就赶紧跑了。但点炮时不小心也会有人受伤的。有一个人点着炮了，但炮不响，实际上里面还有火，再跑回去点它时，结果它响了，把人炸死了，这就是回头炮。回头炮不少炸人。

当时在修渠时我也受过伤，就是在桃园的时候砸过脚，把鞋都砸破了，当时砸的是我的左脚。虽然脚受伤了，但还在干活。只要咱的骨头不坏事，皮外伤都不算事。脚啥时候好了也不知道，反正就是一直在干活。修渠时俺们都是轮流去的，一个人去修一个月，一年也得去好几次。要是任务多了，就都得去。当时在修渠时，没啥大的伤亡。你如果有了病，人家就给你治病，没啥事儿的话，就给人家干活。

修渠后的生活

修渠之前没有水浇地，修渠之后灌溉农田都很方便了。那时候工地人很多，人多力量大。没有人，修不出来红旗渠。你别看人多，任务量也大。那时候没有机器，全是人工。各个大队、各个公社，都分的一截一截的，再分到各个大队，各个大队再分到各个生产队。现在都用红旗渠的水来浇田。俺们现在用的那个水就是十二支渠的水，现在全部用来浇地。

修好红旗渠之后我就没有再去过。我自己去修过的渠，我知道它多高多宽，知道它啥样，就没再去过。今年过年的时候，孩子们非拉着我去红旗渠那转转。我说不去，他们非让我去，就在十二支渠那边看了看。人家现在修的挺好的，成了景区后①，现在也开始收钱了。

我去修渠之后，我家里面的老人、孩子那会儿不用照顾，都归大队管，那时候有人照顾。后来我们修完渠之后，林州市对我们有一些工资或者福利补助。那个时候修红旗渠，挺高兴的，因为知道以后有水吃了，就算休息一会儿，也是在想办法怎么赶进度。想着办法用帆布袋子，把它弄得像现在机械化的那个传送带一样，从山上让那个碴子从帆布

①红旗渠风景区是国家 5A 级景区，面积为五平方公里。红旗渠风景区是由红旗渠分水苑和青年洞景区组成，主要有红旗渠纪念馆，分水闸，络丝潭瀑布。红旗渠被称为"中国水长城"，在国际上被誉为"世界第八大奇迹"。1996 年 9 月，被六部委联合命名为"全国中小学爱国主义教育基地"。2009 年，被国土资源部授予"国家地质公园"称号。2016 年 10 月，获批国家 5A 级旅游景区。

上流下来，这样碴子自己就流到渠下面去了。想通过这个办法，来加快运碴的进度。通水的时候，我就在那里。当时通水的时候，水里面还有鱼，之后我还去捡过鱼。

修好渠了之后，留在那边护渠的人，后来人家就都在那儿上班了①。那地方之前谁都不太愿意去，后来就不一样了，都成了好地方了。修好了之后在那边看渠的人，人家就一直都在那儿干着，一直干到退休。我是修成以后，我直接就回来了。

（整理人：冯思淇）

①指的是红旗渠灌区管理处，前身是林县漳河库渠管理所。1965年，成立林县红旗渠管理所；1966年，更名为林县红旗渠管理处；1990年，根据水利部关于"30万亩以上灌区设管理局"的要求，更名为林县红旗渠灌区管理局；2002年机构改革，更名为红旗渠灌区管理处。

常天喜：
任劳任怨修青年洞

采访时间： 2020 年 9 月 4 日
采访地点： 林州市东岗镇东冶村
采访对象： 常天喜

人物简介：

    常天喜，1939 年 9 月生，林州市东岗镇东冶村人。红旗渠修渠民工，主要修青年洞部分，参与打炮和除险的工作。

惊险的爆破和除险工作

　　我是1960年参加红旗渠修建的，主要修的是青年洞，参与放炮和除险工作。可以说，青年洞的凿通对红旗渠总干渠的修建具有重大意义。总干渠从渠首修了27公里后，被陡峭的狼牙山所阻挡。当时也曾考虑过绕过大山修建明渠，但明渠线路长，费工费料。后经过论证，还是决定凿洞。青年洞岩石极为坚硬，钢钎打下去便火花四溅，往往打不了几下，就得更换钢钎。为此，总指挥部专门组织了300名青年，就是这么一支青年突击队，义无反顾，担负起了凿洞的艰巨任务。因此，后来把这个隧洞命名为"青年洞"。

　　青年洞位于狼牙山山腰。二十余名青年悬空作业，打钎放炮，开出了旁洞，这样一来把工作面由原来的两个增加为十二个。旁洞的开通为当时的出碴和排烟提供了较大的便利。实践出真知。为了加快工程进度，我们也想出来了很多好办法，如三角炮位的"药壶爆破法"[1]，这种爆破方法也是我们林县人民的创造。原来爆破采用的都是"钻小孔，放小炮"的方法，这种方法有个弊端，就是效率太低，每天只能推进0.3米。后来我们创造了"药壶爆破法"，用这种方法，工程效率大大提高，相比之前的每日推进0.3米，现在每日可以推进一米五左右，效率整整是原来的五倍。当然，还创造了其他更多更好的方法，

　　[1]药壶爆破法：简单地说，就是把三个炮眼放在顶部和两侧的位置上，炮眼中心距隧道开挖面约为0.5米，眼深为1.5米到2米，在爆破时，让下面两个炮先爆破，紧接着，上面一个再爆。

如"连环炮""立切炮"等爆破方法。爆破除了讲究技术和方法外，安全管理也特别重要。一旦管理不好，就会出事故。为此，各公社专门成立了爆破队，并且还挑选认真细致的人员担任安全员、司号员、保卫员和炮手等。在施工中，由于爆破点比较多，为了不相互干扰，还需要统一放炮时间。总指挥部规定每天放炮两次，一次是在中午下班后，另外一次是在下午下班后。

除了爆破，也来说说除险，因为当时爆破和除险我都参与了。险石指的是由于放炮，受到震动而变得松动，但是还没有滚落下来的石头。这些松动的石头一旦滑落，就会酿成严重的工程事故。为了确保人员安全，必须消除这些安全隐患，除险队也应运而生。除险工具有锤子、除险木杆以及撬杠等。飞绳下崭，每组一般有4人，一人吊在山腰，负责除险，称为下崭，崭上有负责看绳的两人，负责掌握大绳的降落和停靠，还有一人站在山崖下负责指挥，观看险石情况。在操作过程中，负责看绳的人必须保持注意力高度集中，认真听下崭人的呼号。呼号有放绳、定绳和急停等几种。除险工作我记得还是很清楚，当时我被拴在一根绳上，负责看绳的人开始把绳子往下放，我随绳子往下移动，一悠一悠的。我喊出"呜呜"的声音，山上的队员就把绳子给往下放，每次放一段，按段除险，直至放到山底。除险是带有一定危险性的。说实话，刚开始的时候我挺害怕，不过时间长了，就不害怕了。万幸的是，我在除险过程中没有受过伤。不过，在除险过程中有队员不慎死亡的。曾有个队员正在除险，不料头上边的石头坠落，被砸死了。

不畏生活艰苦，坚持修渠

当时领着工人修建青年洞的有付新顺、石玉杰和雷金华等领导，其中石玉杰以前当过水利局局长，负责设计工作。当年修渠，生活条件特别艰苦，大家天天吃的是玉米糊涂、小米稀饭、红薯叶、杏叶、萝卜条、玉米皮、灰灰菜、苋菜、柳叶等。由于当时国家正处于经济困难时期，修渠工人每天只有六两粮食，加上工人干的基本都是重体力活，多数时候粮食是不够吃的。有时候还要派人去山上挖野菜。吃饭的时候，饭量小的支援饭量大的，女工人支援男工人。缺少粮食，吃糠咽菜也要干，修渠工人从来没有抱怨过，可以说是任劳任怨。

在艰苦恶劣的条件下，领导干部不搞特殊，始终与群众站到一起，和修渠工人一样吃糠咽菜。当时住宿条件也比较简陋和恶劣。青年洞在半山腰上，上下多有不便，离村庄也较远，修渠工人只好住在青年洞周围，把茅草堆在一起就是床铺。遇到天冷的时候，三四个民工就挤在一起，相互取暖。

在施工过程中，青年洞里的石头全靠手搬和肩扛，修渠民工的手上布满了厚茧。各个班组之间还开展劳动竞赛，你争我赶，即便生病和受伤也不离工地。功夫不负有心人，先后经过1年零5个月的努力，青年洞隧洞被凿通了，这对林县群众来说，是一件激动人心的大事情。

智慧修渠，"土"法办大事

修建红旗渠的时候，正值国家经济困难时期，物资非常紧缺。困难难不倒智慧的林县人民。在修渠过程中，采用了一些"土"法。

方法虽"土"，但是解决了大问题。这里举几个例子。一是用"水平尺"和"水鸭子"解决测量问题。说到这里，就要提到一个人，这个人就是路银。路银是林县合涧公社人，石匠出身，被大家誉为"农民水利土专家"。路银到红旗渠工地后，从事测量工作，测量也是他的长处。当时缺乏测量仪器，他就采用"土"方法，用"水平尺"和"水鸭子"测量。这些方法虽土，有人看不上这些方法，但在当时确实解决了实际问题。 二是把煤、盐和炸药按照一定比例混合用来崩山。当时修渠炸药也比较紧缺，我们把盐、煤和黑炸药混合放到炮眼里，一次放三四百斤炸药，一炮就能崩开半边山。

（整理人：陶利江）

李德昌：

红旗渠精神是一锤一铲筑成的

采访时间： 2020 年 9 月 3 日
采访地点： 林州市任村镇皇后村
采访对象： 李德昌

人物简介：

　　李德昌，1941 年 11 月生，林州市任村镇皇后村人。1960 年自红旗渠开工以来，在红旗渠担任医务人员，主要负责给受伤的工人包扎伤口，除此之外也会在闲暇时背石头、出碴。

思政工作激斗志，干劲冲天

修渠战斗打响后，广大干部和群众不畏艰难，勇往直前，但是也有一些人不相信修渠能够成功，表现出一定的畏难情绪。为了提升革命士气和激发革命斗志，整个工地的思政工作搞得有声有色。哪里有民工，哪里就有宣传队和宣传员。思政工作^①主要有几个方面：一是开展组织纪律教育。1962年1月10日，红旗渠总指挥部发出《民工应遵守的十项制度》，主要涵盖遵守劳动纪律、注意施工安全、发扬阶级友爱精神、严格遵守群众纪律、爱惜公共财产、积极参加政治学习等方面。二是开展向先进典型学习的活动。深入开展向向秀丽、雷锋、焦裕禄等先进典型学习，提升大家做事创业的信心和精神境界。经过学习，大家的干劲更强了。一些民工在石头上刻下誓言，如"头可断，血可流，不修成红旗渠不罢休""为了渠道早通水，争分夺秒抢时间""宁愿苦战，不愿苦熬；苦战有头，苦熬无头"等。三是开展学习毛泽东著作的群众活动。修渠群众也需要理论武装，当时以工段驻地为单位，在工地党委的领导下，配备学习员，开展学习毛泽东著作。通过学习《为人民服务》《纪念白求恩》《愚公移山》《反对自由主义》等理论文章，帮助人民群众提升革命干劲。 四是红旗竞赛和标兵评选。红旗竞赛也是当时思政工作的一种形

①工地的思政工作，本篇整理人参考《红旗渠志》做了整理。

式。各个工地开展比质量、比安全、比干劲等方面的劳动竞赛，哪家表现得最好，就可以夺得红旗。工地上形成了你追我赶的施工热潮。除了红旗竞赛外，还开展了"五好干部""五好连队""五好民工"的评选活动。五是开展文艺活动，把党的方针政策融入剧团表演以及电影等艺术形式当中，使群众潜移默化地接受党的方针政策的熏陶，提升自身斗志。通过深入的宣传和政治教育活动，修渠群众发挥出了冲天的干劲。如采桑营的"英雄十二姐妹"战斗班，这12个姑娘，从最初的一人双手扶一根钎子，到一人双手扶两根钎子，一人扶钎，两人打锤，干劲十足。

下定决心修渠之后遇到的困难

当初我们林县领导们决定修渠是需要很大勇气的，因为修渠面临着很多的困难和未知的风险。在当时，这样的情况每个修渠人都心知肚明，但即使这样也没有使我们林县人退缩和动摇修渠的决心。大家反而直面困难，支持修渠引水。面对困难，一步一步地克服。解决缺水问题是我们修渠最大的动力，所以这些困难在缺水面前都不值得一提。

修渠所面临的其中一个问题就是工人问题，这个是基础性的问题。我们林县人在修渠的时候，都知道这将会是一个庞大的工程，是需要成千上万人参加的大项目。这个时候需要考虑的问题不仅有工人们是否愿意参加的问题，还有工人来了后，这么多人面临的吃饭问题。这些都让我们心里犯嘀咕。这些问题不解决好，那就没有勇气开头。好在修渠之前先开了动员大会。出乎意料的是开动员大会的时候，大家都争先恐后地参与，我还没有听说过有谁不愿意参加的。在动工之前，每个村里都会开动员大会。动员大会开下来也很顺利，先不说在那些极度缺水的村里得到了积极的响应，就连我们村都积极参与，因为在当时我们村不是特别缺水。我们是住在山上的，会比山下的好很多。修渠修好之后，我们村也几乎用不到红旗渠的水。即使这样，我们大家也都乐意参加。因为我们知道渠修好之后会使更多林县人受益，不仅解决大家的用水问题，甚至是造福子孙后代，所以我们村的人也愿意参加。得到群众的支持也为我们修渠开了很好的头，所以现在每当想起动员大会的场景，都让我很感动，也很骄傲我当时成为修渠的一员。

修渠的另一个困难就是技术问题。当时的条件有限，修渠又是一个相当困难的工作，有很多的困难在没有机械的情况下是很难想象的。但当时我们林县为了修渠，在没有技术条件支撑的情况下，我们一项一项克服。记得当时国家派下来了各方面的专家，测量专家亲自去测量，为我们提供了修渠需要的准确数据，设计师们夜以继日地勾勒红旗渠的轮廓。这些都为我们修渠提供了极大的信心。在我们修渠

▲ 参与测量的人员在小憩

的时候，面对重重叠叠的高山，在没有任何挖掘机器的情况下，我们自制炸药和水泥，开山凿洞，排除万险去修渠。用炸药开山弄下来的石头修渠，人工搬石。这些我们都克服过来了。给我印象最深的就是我们工人中有人用绳绑着自己在山上除险，用铁钩敲打石头，看看有没有松动的石头，为工人们的安全排除风险。看似最危险的工作，但在我包扎过程中很少见到有人因为除险受伤的，所以这一点还是比较好的。这样的困难我们也克服过来了。

就是克服了这么多困难，才有了现在的红旗渠。记得当时修渠开工的时候大家的兴致都很高昂，好多人都积极地干活，即使再累也都坚持着。

学医过程和修渠经历

我当时因为学了一些简单的医学技术，所以在1960年开始修渠的时候在渠上负责包扎的任务。那个时候受伤的人不是特别多，我也只处理一些小伤口，帮他们消个毒，包一下伤口止血。碰上大的伤病问题就有人把他们拉去医院，就不在我这处理了。所以平时几乎事情不是很多，一天也碰不上几个需要包扎伤口的。领导们都对工人的受伤情况很重视。我记得有个人出了问题，就包飞机去别的地方的大医院去治疗了[①]。这是我在渠上遇到的印象比较深刻的受伤事件了。这件事情对我的触动很大，我们都看到了领

①即李改云被直升机送去郑州治疗。

导们的认真和负责。

我去渠上做包扎，我现在想来也是觉得比较幸运的。我们家里世代行医。我跟着叔叔学习了一些，后来又去卫生院学习专业的知识，学习了三个月。这一段的学习经历让我有很多的收获，不仅让我继承了我们家族的传统，而且还能在修渠过程中发挥我的作用，这对我来说是非常自豪的。在修渠的过程中能够贡献出自己微薄的力量，让我到现在都很开心。这都和我当时的学习过程有千丝万缕的关系，也感谢那个时候的自己坚持学习医疗知识。

在修渠的过程中我虽然是包扎工的身份，但是做的工作也不只有包扎，因为在当时所有人都努力的情况下，渠上是不允许有闲人的。每个人都全力以赴地工作，无论做哪方面的工作都是相互配合。当时的工人都是非常自觉的。在包扎之后的空闲时间里，我也会做其他相关的工作，比如背石头。由于当时的技术条件有限，所以在修渠这样庞大的工程中大多数工作都是需要人工的，包括背石头，全靠体力把山上大块的石头搬到修渠的地方，以便其他工人垒。

在渠上除了做背石头的工作，还会出碴，把修渠过程中的碎石碴清理干净。反正平时除了包扎就是做背石头、出碴这些工作。大家都在干活，谁也不好意思闲着。而且本来就是做的有意义的事情，即使做完自己手里的一些工作，也会找些其他的事情做，有啥活做什么。我也是做得比较杂的，看见什么做什么。当时的工人都是这样的，什么都做。我们当时是在牛岭山那一段修的，这里属于红旗渠的总干渠，当时我们村里人几乎都是在这一段修渠。

想起这段修渠经历是真的很苦，大量的工程需要用到体力，不像现在很多都机械化了。那个时候哪有什么机器？全靠劳力，身体上需要承受很多。每天早上天不亮就起床去干活，晚上天黑回来，每天都是这样过来的，年复一年日复一日的。当时也没什么念头，只想着赶紧修完。那个时候的苦现在的人都受不了。当时吃饭都是在食堂统一吃的，也没什么吃的，很多人都吃不饱。有时候吃树叶，有时候吃野菜，每天早上一人吃一两疙瘩菜，中午有时候能吃几两小米，还有野菜。

因为（能）吃的东西太少了，所以这样的条件也是我们在修渠过程中需要面对的一大困难。现在回想起当时修渠的经历还历历在目，觉得那个时候对我们最重要的就是修渠了，睁眼闭眼都是修渠，真的是印象非常深刻。

记忆中的领导们

当时修渠的时候工人们都认识杨贵书记，知道他认真负责，也知道他一心一意地为工人着想，所以大家见了都很尊敬他。而他也很友好，每次来到渠上都认真询问工作，关心工人的工作状态。这样的举动也让我们工人从心底里感动，所以在一定程度上也让我们的工作有了动力。杨贵书记很忙，平时不经常来，但是每次来都很认真，也没有当官的架子。有时候跟工人们一块工作体验修渠的辛苦，工人见他像见朋友一样亲切。他人很好，大家都这样评价他。我印象中的杨贵书记有着多重面孔。在我看来，他是有时面带着笑容和工人们开玩笑、缓解工人们的劳累、帮助我们放松的好人；也是认真严肃、不放过工程中的每个小细节、不放过任何的工作懈怠和蛛丝马迹、绝对不允许有任何的偷工减料的领导；还是那个鼓励大家加油干的啦啦队队长。他是值得我们爱戴的。尤其是碰到工人的问题时，他会极力维护我们，帮我们争取应有的权益。大概是他明白修渠的辛苦，懂我们的不容易，能够站在我们的角度去考虑。所以，想到红旗渠就能想到我们的这位大领导杨贵书记，直到现在我对他的印象还非常深刻。

红旗渠有现在的样子，也离不开我们的马有金副县长。马有金副县长本身就是我们林县人，在1958年开始担任我们林县的副县长。他作为我们林县人，目睹了林县的干旱和贫穷，这些都是他努力的动力。在工作之后他积极响应县委的号召，投身到红旗渠修建的工作中，和我们这些工人一样干活，同吃同住，一起搬石头、修渠道、挖井。这些工作他都认真地做。在红旗渠上哪里都有他的身影，所以在我的脑子里仿佛现在还有他在渠上干活的背影。

在和工人一起干活的过程中，他经常带领工人们喊口号，鼓舞大家的斗志。他说的最多的话就是"加油干""我们尽量早点修完"之类的。大家在他的带领下都干劲十足。他对工作非常严苛，什么都尽量亲力亲为，亲自检查工程，尤其不能容忍一丝一毫的偷工减料。碰到哪里修得不合格，他不仅会当场给予严厉的批评，还会直接推倒让工人重新修。这些事情都是平常会有的。每次碰到问题，他都会语重心长地对工人说："我们干的是祖祖辈辈的千秋大业，是要载入历史、造福千千万万人的，我们已经体会到这样的辛苦了，所以不要等到我们过世之后，还要让子孙后代受二茬罪。"这是他对工人们说的。马有金副县长每次讲到这里的时候都是非常动情的，因为他把红旗渠看得很重，想要通过红旗渠改变林县的面貌，所以他付出了很多的心血。他和我们一起吃野菜，无数次下到冰冷的河水里干活，和工人们一起出碴。我们看到他的认真，也会向他看齐，加油干。他家里有个失明的老母亲，他一心为了工作，把母亲委托妻子照顾。他的母亲去世他回去办了葬礼，后又赶紧回到渠上工作了。所以对于我们大家来说，他是认真负责的领导，不仅关心工程，还关心大家的安全问题，讲得最多的也是安全问题。每天各班的班长都会讲安全。就是因为领导的重视，所以大家把受伤的风险降到了最低。作为包扎工，这样的情况我是最清楚的。对于我们工人来说，他也是我们的好工友。大家在渠上的时候一起吃野菜，一块睡觉，因此大家跟他都很亲近。我对和红旗渠有关系的这两位领导都是非常尊敬和感激的。在我印象中，他们是认真负责，严格要求的。正是他们的付出和坚持，才会有现在的红旗渠。

我当年在渠上一共待了四年，在这四年中看到了修渠过程中的艰难。当时几乎都是人工拉石头，所以付出的体力是现在你们难以想象的。很多人到现在总会问对当时每天的工作有没有什么印象深刻的。对于我们来说，每天的日子都是很平常的，因为我们每天都要做同样的事情，日复一日年复一年，也没有觉得什么特别的劳累和辛苦，都成了习惯。

我虽然是做包扎工作的，但是我的工作时间也是和普通工人一样的。我们都是早上刚亮起床去渠上开工，到了晚上天黑回去，吃饭也都是在渠上一块儿的。所以可以说渠上的很多事我也都是亲眼看到了的。修渠是真的辛苦，不过好在医疗用品也都是足够的，因为都是分配的。上面领导也是很重视，不够的话可以去领，不用担心不够用的情况。我们的医疗箱都有个统一的管理。我每天就是早上去的时候到卫生院拿着医疗箱到渠上，到了晚上回来的时候再去一趟卫生院把医疗箱送过去。

领导们从上到下都很重视安全问题。在我印象中，几乎每天晚上都有班长开会讲安全，提醒大家注意安全。这也就逐渐融入到了我们的日常。那个时候每家都要派人到渠上，我就是代表我们家去的。大家都知道修渠是很辛苦的，但是没有人偷跑回来，都愿意干。有时候谁有事的话需要给领导说一下，只有领导同意了才能回家。大家都很服从管理。过年都会回到家里过年。修渠虽然累，但对我们林县人来说这不是个人的事情，是我们林县所有人的事情。很少有人偷懒，大家都齐心协力，只希望快点完成这个工作。可能是缺水缺怕了，想通过红旗渠改变生活，造福子孙后代，这是我们的动力。

　　每天提着医疗箱去渠上，到晚上回家，偶尔会在包扎的时候和工人们聊两句，这是我在渠上四年的主要工作。除了我每天的日常工作外，还有一个画面在我脑子里挥之不去，现在想起来都会很感动。记得红旗渠总干渠和三条干渠竣工通水的那天，早早地就看到很多人起来往渠上赶。早上去的时候人都很多，排了很长的队。大家都很高兴，好像之前修渠的辛苦都没有过一样。当时剪彩的时候有的人不自觉欢呼了起来，有的流下了感动的泪水。大家期盼这一天太久了，最宝贵的水流了进来，从此这里的生活将会发生改变，村民们不会再因为水遭受那么多的苦难了。之前修渠的动力都是为了这一天，所以大家的激动心情完全没有办法形容。当时的场面也让我没有办法忘记。在我们的眼里，流进来的不是普通的水，而是我们的生命之水。总之，每当回忆起在渠上的日常和这样的场景，都会让我觉得修渠付出的辛苦是值得的，也是让我感到骄傲的。

修渠前后生活的对比

　　修渠成功之后，我们林县用上了红旗渠的水。通水那天大家像过节一样欢呼庆祝，有的人甚至激动得哭了起来。这种泪水是喜悦的。只有我们林县的人才知道这一天有多么来之不易，也只有我们林县人才明白通水之后对我们意味着什么。红旗渠修成之后，对于我们来说，可能不会再因为缺水对生活和生命有遗憾，也不会再因为水让我们经历苦难的岁月。这样给你们说可能感受不到，我从几个方面给你们谈一下，你们也会感受到的。

　　从温饱方面的变化来讲，可以说修红旗渠之前我们这里非常的贫困，每家都面临着吃不饱饭，没有粮食的情况。林县几乎都是山区，我们吃饭都是靠自己种的粮食来解决的。由于我们这太缺水了，粮食每年收成都很少。这样的情况下，大家有时候会找些野菜来吃，或者树皮，严重的甚至因为饥饿而失去生命。这样的事在当时缺水的林县并不足为奇。但是红旗渠修建好了之后，水开始通到我们林县，老百姓可以用红旗渠的水灌溉，粮食收成也逐渐提高了，我们的温饱问题也因为红旗渠建成之后得到了解决。这样显著的变化是我可以感受到的。

另一方面，从用水方便的程度也可以感受到变化。在我们林县修红旗渠之前缺水的情况下，每家每户为了每天能吃得上水，都需要天不亮就出发拿着担子去到有水的地方挑水。当时的山路非常的难走，不仅非常狭窄，而且地面都是崎岖不平的石头路。这样的条件下需要走一二十公里去挑水，挑到水之后往回走也到天黑了。那时候我们要是能挑上两桶水，回来的路上都是小心翼翼的，大步都不敢迈。不是怕摔倒，那个时候根本不会担心自己会不会摔疼，而是怕水洒出来。如果水洒了，还要重新排很长的队才能挑到水，这样的情况真的是太艰难了。红旗渠修好之后，就不用这么麻烦了。像我们现在用水都是直接打开水龙头就可以流出来，不需要跑出去接水。洗衣服、做饭、浇菜都可以随时接，省去了我们很多的麻烦。我们这里住在山上，一般现在用不到红旗渠里的水，像山下还有其他的村现在用的还是红旗渠里的水，所以可以说红旗渠为我们带来了很多的便利。

从经济方面来说的话，红旗渠也给我们林县带来了非常大的经济利益和资源。红旗渠这个伟大的工程可以说是奇迹，现在也成了我们林州著名的旅游景点。来自全国各地的人都来这里参观和学习，也因此让我们林州发展为一个旅游城市。可以说红旗渠是我们林州的名片。红旗渠成为旅游景点之后，也为我们拉来了游客，带动了整个林州的发展，人们的生活水平也有所改善。不像我们以前，那么缺水，别说经济，就连吃都吃不饱，更别谈什么其他的了。修渠前我们完全不敢奢望会过上现在的生活。有了红旗渠之后，我们真的是最大的受益者，我们也很珍惜现在的生活。

当然，红旗渠不仅从温饱、用水、经济等方面为我们林州带来了变化，也为我们林州乃至全国提供了精神财富。像我们国家提倡的红旗渠精神，那真的是我们林州人一锤一铲筑成的，这种精神是值得现代人去提倡和学习的。（修）红旗渠几乎挑战了我们的极限。我每次都要向子孙后代们讲这一段修渠的历史，告诉他们要珍惜现在的生活，要节约用水，学会吃苦耐劳，尤其是在当代社会要努力为国家和社会做贡献，所以我们那一代修渠人也可以算得上红旗渠精神的弘扬者了。

尤其是现在，我看到很多人学习我们红旗渠精神，我为这样的现象感到很开心。这样的精神就是应该有所传承和弘扬。现在看到红旗渠不仅是我们林州的名片，也成为了我们中国的名片之后，我还是为我，为我们所有修渠的人感到骄傲的。

（整理人：陶利江）

付爱莲：

干活儿迎着苦的上

采访时间： 2020 年 9 月 3 日
采访地点： 林州市东岗镇东岗村
采访对象： 付爱莲

人物简介：

　　付爱莲，1935 年 2 月生，林州市东岗镇东岗村人。中共党员。25 岁参与修建红旗渠工作，修渠中主要负责运输石头碴子、抡锤打钎等，主要参与红旗渠干渠段修建。

出征红旗渠

从我记事儿起便懂得了水贵如油。平时饮水都很困难，遇上干旱，粮食收成更是少得可怜，终年过着"早上糠，中午汤，晚上稀饭照月亮""一年四季忙到头，吃了上碗没下碗"的贫困生活。

改造大自然，小手小脚不行，必须大干快上。在太行山上开凿一条水渠，把漳河水引入林县，彻底告别"水缺贵如油"的历史，这是杨贵和县委给我们林县人民指出的一条通往温饱和幸福的大道。以县委领导为先导的三万七千名修渠大军，扛着工具，挑着行李，推着锅灶，向浊漳河汇集。当时在施工中所用的很多工具都是民工自带，县里毕竟满足不了工程所需。那时候杨贵、马有金，他们都亲自去工地，不是坐在办公室里的。从县委书记、县长到各级干部，扛起工具与群众一起干。抡大锤、锻石头、垒渠墙、烧石灰、修工具、造炸药、放山炮，到处都能看到干部和党团员的身影。杨贵当时在渠上也经常出力干活。书记、县长都和我们群众吃的一锅饭。杨贵经常战斗在第一线，一度饿晕在工地上。有一天，炊事员给杨贵书记偷偷煮了一碗小米干饭，他看到后很生气，说："群众吃啥我吃啥！这米饭谁煮谁吃！民工们那么累还吃不饱，我怎么能开小灶？"最后，这碗小米饭被倒进了锅里搅拌匀，30多个人分着喝了。

我这人，一直想去外头。开始搞钢铁，搞了三年钢铁我一直是第三连连长。后来去陵阳，我一直在陵阳待了三年呀。我们这儿有个大机械厂，我之前在机械厂工作两三年，后来在幼儿园看小朋友，最终才到红旗渠上工作。

我20岁入党。修渠当时都是按队来的，一个队上去几个人都是规定着的。那时候都得依靠劳动挣工分。我是村里让去的，正月十五跟大家一起走了。当时去的是高圪台，住在河岸的豆口指挥部。我去的时候还没有小孩，很利索。当时修渠的有老年人，有青年人。当时都是腰上捆上绳子，头上戴着柳帽。不戴帽子不让上去，因为石头一直往下掉[1]，就像电影上演的一样。

我喜欢在外面，不喜欢在家里坐着。我成天都去上工，不分活的轻重，每天都去。我修的是山西那一段，主要就是抬碴。我在队上当妇女队长，在红旗渠修建工程中我主要负责运输石头碴子，把炸下来的石头碴子运到需要的地方。当时也有除险的。当时我在里面年龄算小的。

我的婆婆也参与了劳动，都六七十岁了。当时去的路也不好，修红旗渠的时候才修的路。那时，去豆口基本就没有路。我去了三次走了不同的三条路，只有一次走了盘阳。我是25岁开始上渠的，代替了一个走路一拐一拐的老人，替他做了三个月的活。当时妇女们都回来了，只把我留了十几天，就回来了。我们是先修路，五六个人在一路，在盘阳，一直修路。

人往渠上一走，家里就不用管了，到渠上就有管的人了。当时修渠确实很困难，吃不饱饭。当时香椿都发芽了，年轻人就去山里摘香椿。吃住都在渠上。当时吃饭都是在食堂吃。修渠时不用从家里带口粮，队上都带着了，就是从生产队里面带着南瓜、萝卜条、粮食米面过来。队上一直有人送，用牲口驮着送过来。不像现在用车拉，那时候都是用牲口，用马车去拉。晚上我们女同志住的地方也不在一块儿，这家

[1] 落石和塌方，是红旗渠工地上最大的危险。为排除这样的隐患，指挥部成立了排险队。除险队是建设红旗渠的开路先锋，为建筑大军开路，以保障民工施工安全，避免伤亡事故。他们最常见的姿态，是用绳索捆住腰，从悬崖顶上垂下去，手持长杆抓钩，身上背着铁锤、钢钎等工具，凌空除险。他们有时像壁虎一样伏在悬崖上，有时像雄鹰一样在蓝天下飞来荡去，用抓钩和钢钎把悬崖上的被炸药炸酥了、震松了的石头一块块撬下来。这个工作和排雷一样，是置身最危险的境地去清除危险。

给你安排住两三人，那家给你安排住两三人，谁家地方多就多给安排住几个。我住在那小屋棚里，都挤满了吧，算算有五六个人。女的住一块儿。

当时修渠一个村分一段，都是按人按村分的，一个村子分一部分。一般都是一家去一个，队上让去哪儿就去哪儿。我们干活不分组，都是一起干的，都是一个村子里的人。一个村去了，这个活就都是这个村的。我们干活不用动员，该去就去了。那时候的学生也是要去的，去干半天。干部也一直在工地上，也在干活。修红旗渠时，在我们这个公社，没有逃兵。

那时候修红旗渠可难了，就是一个钎子、一个锤子、一个钻，都是人工出力干活。现在再去看看，都是一锤一锤修出来的。

1965年4月5日，庆祝红旗渠总干渠通水典礼大会在分水岭隆重举行，我参加了通水大典。当时人可多了。看到漳河水引到林县，特别高

▲
娘子军锻石头

兴。姑娘们都穿着节日盛装，中学生和青年们骑着自行车。老年人眼流热泪，千年想、万年盼，干旱缺水的日子总算熬到头了。漳河水流进来，我们就不用再过水缺贵如油的日子了。看着毛主席的巨幅画像立在主席台中央，我觉得做这一切很值得。当时去看的老百姓特别多，都拍手欢迎。杨贵说这是全县人民的大喜事，是林县历史上的奇迹。

红旗渠精神代代传

现在社会发展了，实现了机械化，不用人工出力去做。时代不同了。现在我们这里也不用红旗渠水浇地了。现在都有机井了。要是干旱的话，红旗渠水还能往下放，还都能用。我十几年都没去过红旗渠上了。渠自己去修过，也不用再去看了，都在心里了。我老伴儿当年也去修红旗渠了，他修的是下面这些。他是正月初四去南山上打活水井，打了四五天，就去南谷洞水库了，正月初九去的。当时都还是年轻人。如今，我们那时候的人都不在了。当时陈德鑫在这里领导，我是三连连长，还有西街的梁泽英，都不在了。那时候他们已经四五十了，我才二十几岁。

当时我们一起修渠的时候，工作比较单调。我也不喜欢跟人家说话，都听人家说。我们妇女因为毛主席说的"为了建设伟大的社会主义社会，发动广大的妇女群众参加生产活动，具有极大的意义"备受鼓舞。在渠上，我们发扬"一不怕苦，二不怕死"的革命精神，任务专拣硬的拿，干活儿迎着苦的上，妇女硬是撑起了红旗渠的"半边天"。

修红旗渠给我们这代人留下了太多的感受。最直接的感受就是自己能浇着地了。现在不仅能浇着地，而且交通方便了，能从别的地方运粮食。当时交通不便，粮食进不来，所以得自己想办法。能浇着地，不仅庄稼能吃水了，能种玉米、小麦、谷子，还能种核桃、花椒、柿子、花生等。还能搞林业，发展经济林和生态林。我们这里的特色现在是建筑业、商业和养殖业。现在渠上开发了旅游，也开了旅游饭店之类的，盖着大楼，我也没去过。但是听我的孩子们说日子过得如何如何好，心里面是感觉到很自豪的。

我们这些人是不怕苦、不怕累的。我们做的是过去不敢想或者想了不敢干的事情，只有一个信念，让水尽快流进村里，由此爆发出无穷的干劲儿、无尽的力量。修渠激发的是林县人自力更生、改天换地的革命精神。许多干部群众，每逢遇到困难时，总是说："再难，能难过修红旗渠吗？红旗渠都修成了，这点困难算啥？"这就是修渠的精神。这就是红旗渠精神的力量，它一直传承着。

（整理人：邢淑莲）

江双金：
修渠教师营里的班长

采访时间： 2020 年 9 月 3 日
采访地点： 林州市石板岩镇郭家庄村
采访对象： 江双金

人物简介：

　　江双金，1938 年 12 月生，林州市石板岩镇郭家庄村人。1960 年全县组织 270 名教师参与修建红旗渠，22 岁的他成为 270 名修渠教师中的一员，参与修建渠首段，主要工作是打钎。

"投笔从戎" 修渠首

修红旗渠的那一年，我22岁。在修红旗渠之前，我一直是这儿的小学老师。当时我们这地方一直都是复式班，小学一年级到六年级在一个班。那个时候因为文化人才很少，初中还没有毕业，学校就抽了我们十几个人，插进教师队伍，在农村教学，我们四五个人去教学了。我们是解放以后第一期的公办小学学生，我们也是当时中学里的第一期学生。

我们当时一共组织了270个教师去参加修红旗渠，是县教育局统一派的。当时不管是教育界还是卫生界都组织去了。我当时不是党员，是团员。去修渠的教师都是思想进步、能吃苦、能干的。我们当时是城关公社深沟大队，去的时候都需要自备一部分粮食，然后由县里补贴一些。

"全民皆兵" 修红旗渠

那个时候最困难了，吃的没有，穿的没有，经济条件也不好。1960年2月10日，在经过各方面的筹备工作后，引漳入林广播誓师大会在傍晚时分召开，并向全县人民广播，"引漳入林动员令"正式下达。引漳入林工程于1960年2月11日正式开工。李运保发了一个动员令，"全民皆兵"修红旗渠啊，下至十四五岁的学生，上至六七十岁的老人，像我娘，那个时候都是小脚妇女呀，六十多岁，都上红旗渠去修渠了。社员们扛着锨、镢、钢钎，背着行李，推着粮食、炊具，大小车辆，人欢马叫，冒着早春寒风，踏着霜冻，迎着朝阳，雄赳赳、气昂昂地奔赴各自的修渠岗位。老百姓修红旗渠都是义务去的。那时候也记工分，一天四毛钱。我跟我娘不在一个村，她在东庄，我在城关公社。我们教师到那儿之后就插到那个公社里去了。县里把任务从红旗渠渠首一段儿一段儿分到各个大队、乡。

我是第一批修红旗渠的，1960年正月出发，修的是渠首。当时咱们林县人修的时候，第一期修的主要是山西段，上边八十多里地，都是在山西省。住的是山西人的地方，修渠也是占的山西的地方。从上边开始往下修，按人头分的任务，分到林县平顺交界地，人就安排完了。那时是一米二一个人，一米二必须分到一个人。

那时候我们去的时候，路上的人哪，都是挑着铺盖、推着小车，小车上面放的席子、被子、粮食。当时在家里面的人都吃不饱，一天七两粮食，根本不够吃。我们到那儿以后县里面有补助，连长一天补助一斤粮食，我们还是每人一天七两粮食。晚上的粮食只有一两，配上野菜熬成稠糊涂。我们在那儿住了一年，没有吃过一顿面，也没有吃过一顿大米，都是吃的小米、玉米。我们在那个地方（粮食）不够吃，每天派上几个人到山里边采点儿野菜。弄回来以后，放在熬的小米粥里，可以使小米粥变稠。吃得快的就吃饱了，吃得慢的晚了，人家就不打饭了。

在河口，到那没有房子住，就在河塘边石头上搭的帐篷。我们每天晚上开会学习，九点以后学习。九点之前每天开会，表扬先进批评落后。晚上，蚊蝇、跳蚤咬得人根本睡不着。但是，不管睡得好还是睡不好，早上天刚亮就得到两里多外的修渠工地去干活，一直干到开饭。

修渠的时候还是挺危险的，都是悬崖峭壁。当时打的那个炮，一个炮距离十来米远，一个炮都是二十来米深。要放炮的时候，"砰"一下山都劈了。

修渠要肯吃苦。我当时修的主要是河口到牛岭山①，当时是在河口扎的营部，吃饭的地方离牛岭山相差十里地。中午有人去送饭，是在工地上吃饭，晚上再回来。吃饭以后，我们留一个人在后面收拾碗筷。一路上都是跑步，吃晚饭都得跑回来，要不然就不能及时吃饭。没有饭你就吃不成了。当时都是按点开饭，都是军事化组织。当时粮食都是分配的，饭你打完没有了，那就真的没有了，就不再重新做了。国家的粮食当时都是有数的。那时候经济、粮食等都非常的困难。当时都是烧的石灰来代替水泥。那时候跟现在不一样，不是机械化的，都是用一锤一钎来干革命，是用人工打炮眼。

①牛岭山：林县任村镇的一个行政村。地处豫、冀、晋三省交界处，有"鸡鸣一声闻三省"之说。

打钎效率最高的班

我们教师队伍里分了三个连，一个连里又分了六七个班。我当时是因为思想进步，在教师营里当了一个班长。因为我小时候是生在农村，常参加体力劳动，比较能干，所以当教师以后他们劳动素质不如我。我能吃苦，也能干。当时的口号是五一通水。我的主要工作是打钎，是在悬崖上崩渠线。我们这里都要画好线路，计算好多大坡度。我和马利清、王海成、孙喜成四个人使一把钎子。一把钎子四个人用，一个人扶住钎子，三个人打。可以说全红旗渠，我们打的速度最快，打的质量最高。为啥呢？一个就是抢时间，一个就是出力。我们一天能打一米六，全红旗渠第一，就这样到五一的时候，评我们班是模范班，我又是班长，所以是模范班里的特等模范。县里边召开大会，通过指挥部，各个组都评比模范。当时毛泽东思想武装下的人，很积极。

我们从河口那边吃了饭到谷堆寺去上工。十里地，我们上工都是跑步去的。六点钟吃过饭跑步就去工地，中午送饭，晚上回来又是跑步。为啥晚上跑步回来呢？因为饭是有限的，你跑得慢了，吃饭在后边，吃不饱饭就没了，所以回来的时候跑回来。要上一里多高的沙坡，我一路就跑上去了，我每次都吃得饱。我能跑，我们县里边开过运动会，三百米跑步、一百米跑步、打篮球，我都参加过。我跑步速度还是很快的，所以我回来以后在红旗渠上事事处处都跑在前边。

家乡大变样

修渠以后咱林县都能浇得上地了。从分水岭分了三条干渠，一条往南到合涧，一条往东到东岗，还有一条往东南到河顺。那边的地都全面灌溉了，实现了水利化。修了红旗渠之后，基本上全县70%的庄稼都能灌溉了。全城皆沟嘛，水流到哪儿，哪儿都修的有大池，不用水的时候把水蓄到池里面，到旱的时候就能全部浇一遍。到汛期的时候水用不完，就把水沿着红旗渠蓄到各个大队的大池里，旱的时候红旗渠水不够浇，就利用大池里的水把地浇了。

现在，红旗渠也带动了林州的旅游业。像我们现在的石板岩镇，也是发展的旅游业。红旗渠是全世界驰名了，对我们生活也是有益的。过后看了这个工程，也是非常的伟大。修好红旗渠以后，从这个河口到下面，红旗渠全线我都到过，就是在路上走一走看一看。路宽了，群众生活好了，发展变化说也说不完……

我们班在石板岩就是模范班，我是模范班的班长。当时是发的劳模证，然后发一个奖状，发了一个本盖了一个公章，所以还是挺光荣的。现在好多人都来学红旗渠精神。什么是红旗渠精神？我感觉到，当时我们林县人，学习毛泽东思想，毛泽东思想是领导人的思想，非常好的。那时候人的觉悟就是不考虑挣钱，都是自愿的，一说修红旗渠，你不用上家催，他们都自觉去修，不用去家里面叫。一个县的，不管是哪儿，受益不受益的都去。那个时候的人都不自私，讲的就是那个奉献精神啊。当年我们学习毛泽东思想就是当无名英雄，不图什么名利，也不图什么福利。直到现在还是这个指导思想，不向上头伸手，自力更生、艰苦奋斗。

修完红旗渠渠首后我就回来了，继续当老师。我当教师13年。后来孩子们多啦，挣的钱太少，一个月挣18块钱，就当了代教，代教是一个月32块钱。32块钱也不行呀，包括子女的生活费，在学校吃，加上其他的花费，每个月落不下一个钱。领着三四个小孩儿没法生活，给领导说说，就这样回来了。从学校出来以后，因为我父亲是一个建筑工人，就跟着我父亲去干活。出去打工回来以后，（我们家）盖房子，从打石头到搞设计，全部是自力更生。

当时是实干。不经过艰苦奋斗，怎么能够到现在？现在我们是搞卫生、搞环保，都是搞实际工作，还是要发扬红旗渠精神，自力更生、艰苦创业、团结协作、无私奉献。

（整理人：邢淑莲）

王白果：

遭罪也要修好渠

采访时间： 2020 年 9 月 4 日
采访地点： 林州市河顺镇栗家沟村
采访对象： 王白果

人物简介：

　　王白果，1941 年 12 月生，林州市河顺镇栗家沟村人。1960 年参与修渠工作，主要参与红旗渠总干渠的修建工作，其间成为本村"铁姑娘突击队"队长。在渠上主要是抡锤、打钎、打炮眼、推车。

饱受缺水之苦

我们全县的村庄可以说有八成都在山上。耕地一般分布在山坡、沟边或者悬崖上，地块很小，不容易耕种，更谈不上灌溉。在我们这里流传着一个传说：一个农夫大清早上山开荒，到太阳快落山时共开了八块荒地，但怎么数也只有七块地。数了一遍又一遍，就是少了一块地。他怎么也找不到那一块。没奈何拿起地上的草帽准备下山回家，这才发现，原来第八块地就在草帽下面。这些靠天吃饭的小块土地，不易耕种，更谈不上灌溉。因为地表水难以有效利用，地下水挖不出，一旦遇到了干旱等自然灾害，就会颗粒无收。没有水灌溉，农作物产量十分低。修渠之前，旱得已经很久吃不到粮食。

我是家中老大，母亲身体不好，自小都是天不亮就去一里地以外的小泉舀水，有时候甚至是抢水。舀回来的水根本不够吃饭、洗脸、洗衣服这些用，得非常节约着用。不能像现在一样，一件一件地洗洗（衣服），要是攒得多了就去小泉那边洗洗。担水担的多了就没水了，就得去外村弄水，那就是远道了。刷锅、刷碗水也舍不得倒掉，用来浇菜或者让牲口喝。实在太脏了，还要留着和煤用。不是不讲卫生，是太缺水了。

先修水库再修渠

17岁那一年我就往南谷洞水库去了，给人家拉着车修水库，后来就上渠了。我就在那修了两季，一个冬天一个春天，主要是打地基、抬杠、拉车。拉的排车，就是一种平车，三个人，当中是个男的架车，两边是女的在前面用绳子拉着，就成天干那活儿。

水库还没修成我就被派去修红旗渠了，当时是1960年，我快20岁，已经结婚了。我从十六七岁出去，一直到二十二三岁，一直在外面干活。当时修渠可难了，没少出力。

刚到渠上时，草长得有一人高，都过不去人，拿上镰刀成天割。当时在渠上割草都是从家里拿来镰刀，先割草，再修路，后来就修出来一条路。我当时去修的是总干渠，在任村、盘阳、谷堆寺。在盘阳我住在南山那里，现在还有那个地方。

我们的活都不一样。一开始就是在那割草，后来就是用国家买的钎子、锤干活。我们当时就是五个人一个班，两个人打一个人扶着[①]。最开始我们也不会，打的时候直打手。当时打锤的也没少哭，打手呢，没技术。学了一段，打得手疼、胳膊疼的。女孩儿家都还小呢，能不哭吗？到后来学会了就多半熟了，受惯罪了，就一点点学会了。后来学会就不打手了。也一直有人参观，那时候参观的人也很多。

那时候就在山上的大石头那里打眼，还有就是用炮崩出来以后往外铲碴子。当时都是有工具的，不用自带工具。

我当时是我们村铁姑娘突击队的队长。女的去的不少，扶钎、抡锤有六个人。我手劲儿出名，能吃苦。我们当时会和男同志比赛打擂台。我在打锤

① 抡锤打钎一般每组三个人，一个人扶钎，两个人轮流抡锤。为了增强打钎的效果，抡锤者每打一下，扶钎者就要转动一下钎子。如果需要在一块大石头上打两个炮眼，为了节省人力，扶钎者就用双手各扶一根钎子，每根钎子仍由两个人打。这样一来，每个组（班）就变成了五个人。

里面就算打得好的。我虽然长得小，但我用得上劲儿。我的手指已经伸不直了，都是拿着锤子抡的，就是出力出过了。在半山梁打炮眼，"铁姑娘队"都成天打炮眼、打钎呢。当时就是给我们有固定任务，像我们就是给我们安排打多少个炮眼。每次收工前都有专人检验进度，进度快的受到表扬，进度慢的要受批评。

晚上加班，在漳河边运水、送料、送东西。在北漳河边上推车，成天推。人家给一个小馍馍，是白馍，加班的话给你俩。从北漳河到南漳河，我就是推着那卷的天线①，就是用这东西往上运的。我就是卷那个绳子往上带东西的。

当时修渠也没有什么吃的，吃的也差。饭都是定量，端着碗给你舀一勺子汤，给你添一勺子饭，也就是那种软稠饭，一人一份。也不让光喝汤，也要给你加一些吃的东西，添点干红薯叶，椿树、榆树、柳树的叶子。不让吃多，因为吃的不够。有时分罢饭后还有剩余，炊事员就让大家再添点儿。考虑到男民工干的活儿重，应该多吃点儿，女民工们虽然没吃饱也都不再添饭了。那时候几天送一次菜，萝卜这些都是让生吃的。当时往渠上送粮食送的倒是及时。

这都是国家的任务，你不做也不行。一个大队多少米，这都是有任务的，每个公社也都分着任务。因为是从半山腰上修渠，活儿很艰巨。那时候都没有什么吃，吃红薯面疙瘩都算吃得好了。漳河很宽，我们在谷堆寺上，在盘阳南山上，我们在那里住着。我当时晚上去运水，给我们每人发一个馒头。半天活之后

① 在施工中，技术人员同民工中的老工匠，研究出了许多替代机械，节省了财力、物力和人力，提高了工效和质量。这里指的是利用老鹰上下飞翔的原理和绞水的轳辘发明的"绞车"。就是在几十丈高的山崖上立起几根木桩，固定一个转盘，转盘上端缠绕着像筷子一样粗的铁索绳，转盘下方安装一根碗口粗细的木杆，由四个人推着木杆转动。这根铁索绳从河滩的料场起，一直到半山腰的渠线。往上运行时是重载，往下运行时是空载，上下不停地循环着，把垒砌渠墙的物料源源不断地运上了修渠工地。

回来端着碗，给你舀点稀汤。饿着但也得一直干活，可受罪了。①

我们当时也没所谓愿不愿意去修渠。在家的时候都是集体化，外面也是这样，都得去干活，干活才有工分、才有粮。我不是党员，但是我在这村里最能干活了，这可是出了名的，在家干活也是经常得奖的，出力的活我什么都干过。我也没想过中间不干了的事情，修渠劲儿是很大的。当时想着能通水，就不用去别的地方担水浇地。当时人家也一直说通水的好处，想着那多好呀！当时割草的时候就想着这能通水吗？领导干部也总是说："你们赶紧干活吧，马上就要通水了！"给我们鼓劲儿。我们刚开始想的是，这能通水吗？但是后来说通也就通了。

当时的人是都干活的，领导干部也是一样干活。杨贵我没有见过。刘银良是我们河顺公社社长，1960年2月红旗渠工程动工后，他任河顺公社分指挥部指挥长。他年龄不满30岁，长方脸，是个个子高大的铁汉子，就是他率领我们河顺公社的3000多名社员，在红旗渠工地开山修渠。在总干渠最艰险的白杨坡工段、谷堆寺工段施工中，为了加快工程进度，提高工效，他和民工商量，革新技术，采用土办法，在悬崖峭壁上架起空运线，既减轻了劳动强度，又加快了垒砌进度，闯过道道天险，提前完成任务，连续夺得优胜红旗。

①刚开始修红旗渠的时候，正值国民经济三年困难时期，粮食十分紧缺。为了解决粮食不足的问题，就派专人（岳茂林、元志吉、赵启和等人）到周口地区的沈丘等县去采购红薯干，作为民工的补助粮。修渠期间，参与修建红旗渠的干部和民工克服困难，利用工余时间，派人上山挖野菜、采树叶、下漳河捞河草，拌少许粮食，放在蒸笼里蒸熟充饥。全县留在机关工作的干部，为了支援红旗渠建设，也将每人每月的粮食标准由原来的29斤降为27斤。

前人栽树后人乘凉

修渠是受了罪了，但修渠好啊。那时旱很久，吃不到粮食，现在，你就说这种菜吧，要不是这水你就吃不到这菜。渠好啊。我们这儿用的还是三干渠的水。

我在红旗渠修了5个月。1960年，城关公社分指挥部承担的谷堆寺工段发生了事故。一场爆破过后，公社的一部分民工正在山下清理现场，突然间一块活石滚了下来，石砸石，伴随着一股白烟冲下来，人们眼睁睁地看着一位刚满18岁的小姑娘被石块砸中，血流满地，触目惊心。一时无人敢上工地，工程一时无法继续。就是因为这个原因，领导让女同志都回来了。村里边的"铁姑娘队"回来以后都在队上。我在生产队上依旧担任妇女队长，成天去地里干活儿。1966年往后那些配套工程我就不用再去了。"铁姑娘"队评了一二十个模范，当模范那时候给个手套，帆布手套，还有奖状。

我们修渠没有合照，但修渠的经历对我来说，记忆犹新。我一直记着修红旗渠的样子呢。

现在的人都不知道呀，修红旗渠受罪呢，艰苦着呢。但是，我不后悔。我们受罪了，但是我们的后代却享受了，我经常跟我孙子就这样说。现在回忆这段经历我还是非常自豪的。虽然受了罪了吧，但渠能灌溉了，下辈儿就有水吃了，地能浇了，出过力了不后悔。那时正年轻，没黑没白地做活儿呢。现在看到红旗渠，我特别开心，就会回忆自己去过的很多地方。红旗渠是我们数万林县人吃苦受累、流血流汗修建的。盼了好多年的漳河水终于流到了家门口。这也是我们为之做过贡献的大渠，我心里还是觉得特别的自豪和幸福。

（整理人：邢淑莲）

李会堂：党群同心攻坚克难

采访时间： 2018 年 7 月 12 日

采访地点： 林州市陵阳镇北陵阳村

采访对象： 李会堂

人物简介：

李会堂，1941 年 1 月生，林州市陵阳镇北陵阳村人。1960 年红旗渠动工时就积极参与其中。1968 年以后，从事护渠工作和宣传工作。

排除万难，一往无前

修红旗渠的过程其实特别艰险，冬天大风吹，夏天烈日晒，雨天照样出工，甚至晚上也不休息，经常加工赶工；设备匮乏，几乎全靠人力；工作也不是很安全。这一系列的困难和障碍都没有让林县人民退缩。

大家一般都是早上去上工。天都没亮，四点半左右吃完早饭就往工地走，晚上回到家天都完全暗了。但是，我们那个时候修渠是不分白天夜晚。冬天更是辛苦，一般会更晚。那个时候往坝基上推土，路不好走，前面三个人拉着，我在后面推，特别沉。弄完这个以后，我们就上到上面的西崭了。到西崭往下面下的时候坡度很大，前面两个杠子别着，我在后面推着。当时那个情景没办法形容。下雨天也不能停。"哗哗"下着大雨，那个老李给马有金当通讯员，说雨下这么大给他拿了雨衣披到身上。马有金就扔了，说这么多干活的人都没有穿雨衣，他也不穿。

还有，就是夏天的时候天气太热了，太阳当空照射，溢洪道又是一道沟，没有一棵树，没有一点荫凉，真是如在蒸笼里。别说劈山、推车、出碴了，就是不干活也是满身大汗。当时工地没有女民工，大家都是只穿着一个裤衩，脖子上搭一条毛巾，连草帽都戴不住，因为倒碴时会被山风刮掉，甚至被刮到山崖下。但每个人都是争先恐后，推着小推车一溜小跑。因山崖高，风力大，倒碴时被大风卷起的沙土落在脸上和身上，被汗水浸湿逐渐成了稀泥，又被汗水冲着从身上往下流。夏天，蚊虫的叮咬也是个大问题。在当地有一种特别罕见的蚊子，蚊子身长一指半，叮在羊的身上，羊都疼得满地打滚，何况是人呢。而且往往夏天会下雨。小下还可以，大家就找一些盆、桶从窝棚里面接着点，但是一下暴雨就不行了。外面大下，里边小下，下到半夜，有的人没办法睡，只好把铺盖卷起来抱在自己的怀里，把头放在铺盖这儿打盹。有一天，睡到半夜的时候，突然下起了暴雨。干了一天活累啊！刚开始我们不觉得，突然有个小伙子就说："不得了，我怎么到水里了！"他这一喊，大家点灯一看，所有的铺盖卷已经泡在了水里。第二天，工人们上工了，漫山遍野都晒着被子。当时我们的老书记从外地开会回来以后，来到了工地，到工地上发现所有的民工下面垫的铺盖底下没有席子，就发动县里的机关干部给民工捐席子。

在红旗渠上面修渠时工作的种类很多。1960年红旗渠开工的时候，我负责在尖庄劈山，下土方。每天都有任务。从斜坡上把线一扔，开始是多高，往里又是多高，每天都会测量，以方为单位测量。如果任务完不成，晚上就要加工。在1964年修二干渠的时候，垒的时候我负责锻石头，挖土的时候我负责抬土，后来有车了就用车推土。施工方式也一直在变。

修渠修到尖庄村的时候，有个人正在下土方，想去查看一下有没有裂缝，就往前头稍微那么一蹿，谁知道就掉下来了，被滑坡的土埋住了整个身体，只剩下了一个头。当时情况很危险，大家都不敢用机械挖，全部用手扒拉土。当时如果刨得快的话还行，刨得慢他就死了。还有，我们在南谷洞那儿，为了采集修渠用的石材，在山上弄得石头像泥石流一样，哗哗地往下流，有的人就顺着石头被卷下去了。还有，用炸药炸山时更危险。有的人在炮响后，为了赶工程进度，顾不上等硝烟散尽就急着下去施工，由于极度缺氧，都是瞬间就没了。但即使大家心里都明白修渠有多艰辛甚至可能会丢掉性命，也还是充满干劲，因为大家都知道闯过了这一关，水就要流进林县了，就有水吃了。

那个时候，虽然条件很艰苦，但是要求很严格，为了不耽误修渠大工程的进度，完不成任务要加工是常事。大家心里却是没有怨言，一心期待修好渠。可谓是，修渠时，大家不畏艰险，团结一致，排除万难，一往无前。

党群同心，造福子孙

修渠的时候大家都吃得不好，吃不饱是常事。当时的情景就是，通常都是生产队往上面送粮食，送菜，一般都是些红薯、土豆等。因为那个时候很穷，各家各户的补贴很少，修渠的时候也不给钱。那时候会有营部，会给大家考勤，记工分。比如在红旗渠上30天会给你记30个工分，最后工地根据你在红旗渠上干了多少天，给你写个条子，那个条子就代表工分，以工代粮。在渠上那时候就开始实行定额工补助生活费用和粮食了。杨贵那时候规定，吃粮食每人每天暂定一市斤或一市斤半，我们民工自带口粮，不足部分由集体储备粮补足，蔬菜由生产队统一送到工地。然后各社、队还可以根据自己的情况，适当安排劳力和工具设备，为的是保证能够按期完成任务。其实当时这种责任制职责分明，特别能调动大家的积极性。这样一来，我们这些修渠民工不仅在经济上能得到粮食和生活费补助，还可以回家算工分，比在生产队干活划算多了。而且大家伙都明白这是在为自己干活，这也就不会出现那种干活大呼隆①的现象了。

　　除了男人参与修渠，女人也能顶半边天。在修渠的时候，还在读书的十六七岁的女学生也参与其中。大多数情况都是半工半读，基本上都是干半天活休息半天，就去上课。女学生除了背沙，有时候也去背石子，推小轮车，在修建红旗渠的过程中发挥过很大作用。

　　在修红旗渠的过程中，党群情深。林县的党员干部深入群众，与修渠民工打成一片，在工地与群众同吃、同住、同劳动，同群众风雨同舟，血肉相连。大多数的修渠人都见过被称为"黑老马"的马有金副县长。马有金虽然是红旗渠总指挥部指挥长，（但是）由于红旗渠建设资金十分紧缺，民工生活口粮标准很低，为鼓舞民工的斗志，他身体力行，与大家同甘共苦，同劳动、同吃野菜。他曾数次跳进冰冷的水里，还带头挖石、出碴。他既当指挥员，又是战斗员，率领民工攻克了许多艰难险阻。杨贵书记也是深入一线。为了帮助民工解决修渠中的实际问题，提高工效，加快工程进度，经常参加劳动。他对修渠质量要求非常严格，发现谁弄虚作假，偷工减料，当场给予严肃批评，立即掀掉，坚决返工。杨贵多次在工地召开现场会，给大家说："我们现在干的是祖祖辈辈的千秋大业，即使我们以后过世了，我们的子孙还要吃水浇地，必须提高工程质量，绝不能让他们受二茬罪。"因此，不少干部参加修渠后的收获是：晒黑了脸皮，炼红了思想，增长了知识，锻炼了身体，解决了问题，推动了工程，团结了民工，保证了质量。

　　　　　　　　　　　　（整理人：叶先进）

①大呼隆：林州方言，指干活时大家一起上，管理混乱，出现浑水摸鱼、出工不出力、不讲究工作质量的情况。

王旗学：红旗渠的修建是人民战争的胜利

采访时间：2018 年 7 月 12 日
采访地点：林州市东岗镇北丁冶村
采访对象：王旗学

人物简介：

　　王旗学，1943 年 7 月生，林州市东岗镇北丁冶村人。1960 年开始参与修建红旗渠，几乎全程参与，主要负责炸山、背石头、背沙子等工作。

克服困难，依靠群众

1960年红旗渠开工的时候，我就去修建红旗渠了。当时年纪小，主要是帮工。刚开始主要是搬石头，还有修钎子，后来也就什么活都干。

那个时候我也不上学了。有一个叔叔在修建红旗渠。有一次我和其他人一起去给他送生活补给品，还赶了三头毛驴，毛驴身上驮着煤、粮食、菜。那个时候，从家到工地有一百多里地，几乎都靠步行。去修渠的人全部都是用工具挑着铺盖卷。夜间我们在盘阳住了一晚上，第二天才继续走到修渠的地方。因为那时候我叔叔又有了个孩子，就让我叔回家了，但每家都得出劳力修渠，就这样我顶替成了修红旗渠的一分子。

红旗渠的修建是人民战争的胜利，是林县人民智慧的结晶。县委相信群众，依靠群众，充分发挥群众的聪明才智，克服红旗渠修建过程中的种种困难。

修渠的时候主要的困难是物料缺乏。俗话说，巧妇难为无米之炊，但这也难不住我们。

没有住的地方自己建。修渠民工自己动手，想尽各种办法解决住的问题。大家找不到合适的地方，就睡在山崖下、石缝中，有的垒石庵，有的挖窑洞，有的露天打铺，睡在石板上，薅把茅草当铺草，真是铺地盖天。

没有石灰自己烧。修建红旗渠石灰用量非常大，石灰供应不上成了修渠的主要障碍。指挥部发动群众，在全县招收烧制石灰的能手。东姚公社的"烧灰王"原树泉（音），自告奋勇献计烧石灰。河顺公社在学习原树泉烧灰法的基础上又创造了"明窑堆石烧灰法"，一次可以烧400吨石灰，彻底解决了工地用石灰难的问题。

没有炸药自己造。石灰难问题解决了又出现了炸药难的问题。总指挥部从各社队物色制造炸药的能工巧匠，开办了炸药厂，碾炸药造雷管。还有的社、队把分配给自己的硝酸氨肥料运到工地，掺配锯末、煤或牛粪，制造土炸药，解决了炸药难的问题。

没有水泥自己制。要办水泥厂，首先得有技术人才。听说合涧公社雪光大队有个老人，曾在太原水泥厂当过工程师，现在退休在家。指挥部工作人员不辞辛苦，翻山越岭徒步90多里登门邀请。老人凭着对家乡人民的无限热爱，不顾自己年迈，下山筹办水泥厂，奉献出自己的光和热，保证了建渠的顺利进行。

没有工具自己带。民工们带着家里的铁镢、铁锹、小推车上了工地，用这些原始的劳动工具，开始了修建红旗渠这样的大工程。比如抬土石没有筐子，大家伙到15公里外的深山割荆条编抬筐，或者买荆条自己编抬筐；抬筐坏了自己修补。有的还把坏掉的抬筐泡到水里，泡软以后把长条拆下来再编新筐。有的抬筐修了一次又一次，实在不能用了，才拿去烧石灰。

缺乏木料，我们甚至把自己家准备盖新房用的木料送到工地，还自带口粮和工具。还有，家家户户的碎铁碎钢也集中起来，打成铁锤、钢钎，源源不断地送往修渠工地。我们自建营房，自起炉灶，自己制造修理工具。铁人王进喜说的一句话真不错："有条件要上，没有条件创造条件也要上。"水渠都在山上，山非常高，但是我们在修建过程中基本没有动用机械。随着桥墩越修越高，高空运料越来越困难，有人建议到外边租两辆吊车来。很多人不同意这种意见。大家说："两辆吊车一天就得好几百元，要是渠要修几个月，就是十几万元。还是用土方法节省。"几天时间，试制成了"土吊车"。就是用4条大绳把一根立杆固定起来，地下边安个地轳辘，把绳子一头拴在轳辘上，另一头通过立杆上的滑轮，把料吊上桥墩。这种土吊车有的5到

6个人推，有的用电动机带动，一次起重千余斤，工效提高4倍多。

红旗渠的修建虽然以男劳力为主，但是女人也能顶半边天①。那个时候结了婚的女人顾不上家里，也得去修渠，把孩子放家里让老人负责照看。没有结婚的"铁姑娘"们自然也是奔赴工地。有的女人在工地上干不了重活，就打个钎子，还有看绳子磨损了以后还是不是安全，相当于安全员，还有的是保洁员。也还有不少姑娘练就了双手握钎供四个人同时打锤的绝技。每打一锤就必须转动一次铁钎，不然的话铁钎就会嵌在石头里拔不出来，每一锤都会把虎口震得生疼。特别是天寒地冻的日子，手上本身就有冻疮，加之虎口震开的裂口，姑娘们的手上常常是血肉模糊。抡大锤的民工中也有许多姑娘。据说那铁锤有10多斤重，姑娘们可以连续捶打五六十下，个个手上磨出了血泡，胳膊也打肿了，以至伸不进棉衣的袖子里，夜晚休息的时候浑身上下就像散了架一样。

修渠虽然吃了很多苦，但是看到现在渠水能浇地了，老百姓都过上了幸福的日子，觉得值了。修渠时，啥都没想过，只想着有共产党的领导，这渠一定能修成！

① 修建红旗渠一共投入了10万名劳力，在这10万名劳力中有1万多名妇女。

417

修渠前和修渠后的变化

修建红旗渠真的给我们带来了很多便利。最重要的就是，解决了吃水难的问题。没修建红旗渠前，我们都是靠天吃饭。都知道林县是十年九旱的地方，降雨量非常小，各村都挖有旱井来积攒雨水。没修渠之前我们需要去安阳县的东水村挑水吃，后来我们村通过渡槽，水都流过来了，农民种地浇地不成问题，粮食产量极大丰收。

没修渠之前，根本就没有小麦。即便种上小麦，天不下雨，到收获的季节，小麦长得非常矮，只比人的脚脖子高一点点，小麦种子干瘪，面粉产量极低。有的年头，吃水都困难的时候，就把它拔掉了。修渠之前，我们一般都是到了雨季，再种谷子、玉米，每年就种这一季粮食。

后来渠水一通就年年丰收。收成好了，能吃上白面了。水渠修成了，能浇地了，为什么不种小麦？现在秋天照样能浇地，浇了种玉米。所以说，小麦收割完之后就种上玉米，一年两季可以产粮食，一年一亩地就收一千多斤了。一千多斤和以前二三百斤对比什么概念？你说？肯定不一样。特别到后来改良品种以后，小麦基本上一亩地收个千儿八百斤呢，玉米也是一千斤。所以想想，先前吃水都难，后来渠里水好，不管天下不下雨，都能保证收成。我们村使用了红旗渠的水，给老百姓的生活带来了极大的便利。之后，咱们国家各方面发展得很快，开始机械化生产，村里面都打上了机井，家家户户通上了自来水，再也不用出门挑水。水质干净卫生，老百姓的生活更加方便。这就说明，任何时候都得听从党的领导，紧跟党的脚步，生活才能越过越好。

（整理人：叶先进）

杨新榜：

红旗坚定信念、凝聚力量

采访时间： 2017 年 7 月 19 日

采访地点： 林州市东岗镇丁冶村

采访对象： 杨新榜

人物简介：

　　杨新榜，1936 年 9 月生，林州市东岗镇丁冶村人。1960 年开始参与山西省平顺县渠首段的修建，一直到红旗渠修建完毕，几乎全程参与。在工地上的工作是放炮、除险、垒石头、抡锤打钎等。

放炮炸山，凌空除险

在修建红旗渠时我的主要工作是放炮和除险。放炮时震动比较厉害，用的都是老炮，山体的石头就被震松了。修渠时上面都是悬崖，为防止悬崖上的石头掉下来砸到人，所以先除险。除险必须下崭。山里人流传说："下崭下崭，和阎王见面。"当时没有什么先进的技术和工具，除险人员每人揣了根粗绳拎了根钢钎就下了崭，有时像壁虎一样伏在悬崖上，有时像雄鹰一样在蓝天下飞来荡去，用抓钩和钢钎等，把悬崖上的险石、活石一个个撬下来。

飞绳下崭每组三四人，一人吊在山腰，负责除险，叫下崭；崭上看绳和操作的两人，在山崖上掌握大绳的停、降，叫看绳；一人在山崖下观察险石情况，并负责指挥。我们每次下崭前，首先要具体了解崭势险情。哪个地方险石有多少，属于什么类型，崖崭成什么形状，对这些清楚之后，根据情况决定下崭的办法。需要携带适用的除险工具，努力做到胸中有数，有的放矢，不打无准备之仗。随着对深崭、浅崭、峭壁、倒崖的逐渐摸索以及对不同险石的不同处理，逐步掌握了下崭除险的本领。

除险就是绳子一头系人下崭，另一头由山上看绳人双手紧握，徐徐放绳下崭。看绳人必须全神贯注，听从下崭人的呼号，及时定绳或放绳。下崭人从山顶开始往山脚清理松动的碎石，腰系绳索，凌空飞荡，手握带钩的长钎荡向不时哗啦啦掉石块的悬崖。由于装备和准备工作麻烦，所以中途不能下绳休息，半天的时间都在绳上和空中度过，直到把所有险石除完为止。怎样利用除险的空隙进行休息，成了一个大问题。后来，我们又学会了休息的方法。把钢钎插到石缝里，人往上边一坐，让绳子从悬崖上面一直掉着。休息之后，拔掉钢钎，又在空中飞荡，工作起来。那个时候没电话、没手机，离得近我们是用喊叫的方式和山顶的人交流，离得远就听号声。呼号有放绳、定绳、急停等几种，我们都得提前分辨清楚。炸过的山体上的石头，凹凸不平，在绳子上荡来荡去，半天时间都在一根绳子上，很容易受伤。这项工作非常危险，难度系数高，不知道什么时候就有危险。除险前，有时候有的同伴正在修渠时，上面突然有坠石；有时候炸完的山体还没有除险时，刮大风会使松动的石头掉落，容易砸到人；有时候大风还会把悬崖边上的人吹走。由于麻绳是拴在人的腰上，除险人的腰上和腿上都被磨了很多老茧，用手掐都没有什么感觉。所以说，这项工作对人身体的损伤还是比较大的。

号称"飞虎神鹰"的特等劳模、除险队长任羊成是我的老师。他将生命融进了红旗渠，除险技能就是他教给我们的。他一般是一次教两个学生，他在中间，我们学生在两边，他照看着我们，看着我们怎么除险，手把手地教。遇到难度大、不容易清理的地方他主动除险。梨树崖、鸻鹞崖、老虎嘴、鹰嘴山、小鬼脸等，光听这些名字就觉得阴风飕飕。这些悬崖绝壁都留下了任羊成凌空除险的身影。红旗渠有56处险要，这几处是险中之险。鸻鹞崖在山西境内，这段山崖长600米，任羊成每天都要悬挂在长绳上，飞荡在山崖间。那段时间任羊成常受伤，门牙磕掉，小腿撞断……每天早上上工前，任羊成都仔细捆扎好自己的行李卷，他随时做好了再也回不来的准备。由于他长年累月地在山崖间飞来荡去，腰部被绳子勒出一道道血痕，经常血肉模糊地粘在身上，连衣服也脱不下来。工地上便逐渐有了这样一句顺口溜："除险英雄任羊成，阎王殿里报了名。"

红旗的力量

红旗渠，意思是高举红旗向前进。靠着红旗的指挥，才有了来之不易的红旗渠。工地党委始终把思想政治工作放在首位，做到了哪里有民工，哪里就有宣传员①。这些宣传员随时搜集工地上发生的好人好事，办墙报、写黑板报、演小戏、放幻灯，形式活泼，即编即演，深受民工喜爱。在宣传工作的鼓动下，大家虽然生活很苦，却精神饱满，斗志昂扬，处处开展劳动竞赛，个个按时完成生产定额，先进集体、模范个人纷纷涌现，工程进展日新月异。

我们在修建红旗渠的过程中很少有物质奖励，一般都是精神奖励。除了有文艺会演如快板②、唱歌等，记忆比较深刻的就是抢红旗比赛活动。就像我们现在评先进单位一样。我们那会儿评红旗就像现在小学生评红旗一样，也没有说非要去抢到红旗，主要就是起到宣传作用，鼓励大家的积极性。

这面红旗是有寓意、有作用、有力量的。第一，坚定了我们的信心。修建红旗渠的过程中有不少人质疑红旗渠是不可能通水的，这些人不仅仅是老百姓，还有一部分干部也对此项工程持怀疑态度。事实证明，不仅通水了，解决了全县人民当时吃水困难的问题，还造福了子孙后代，功在千秋。如果没有这面红旗坚定信念、凝聚力量，我认为此项工程不会成功。第二，指明方向。红旗立在这里，说明我们党的方向就在这里。红旗在工地，思

①修红旗渠的时候，工地建立了143个宣传队，413个宣传组，共有3897名宣传员。

②红旗渠修到哪里快板就带到哪里。当时有著名的快板诗人路永修、快板大师秦易，以及多才多艺的刘中生，其创作的《红旗渠上好铁匠》一直传唱至今。

抢到红旗的队伍 ▲

想就在工地。思想不乱跑，行动听指挥。跟着旗的指挥，跟着旗的方向，就不会栽跟头。

党员带头，众志成城

在修建红旗渠的过程中，在工地上根本分不清谁是干部，谁是群众。从县委书记到各级干部，党团员和干部始终冲在最前面，干最苦最累的活，到最困难最危险的地方，扛起工具与群众一起干。与民工们同吃、同住、同劳动、同学习、同商量，共同研究解决问题。领取补助比群众少、完成任务比群众多。

修渠开始时正值三年困难时期，粮食不够吃。他们和群众一起将

423

干红薯秧弄湿，拌上少量小米蒸一蒸，这种做法就叫"小米增量"。有时也吃榆树皮、榆树叶、杨桃叶、槐叶及各种山野菜，采摘后经过焖、蒸、煮后才能食用。但这些东西吃多了，很容易浮肿。甚至更困难的时候，干部和群众一起下漳河捞河草充饥。

在红旗渠分水闸这一段，林县副县长马有金视察工程进展，刚好轮到我上工，就和他一起抡锤打钎。党员和领导们的辛苦，大家都看在眼里，暖在心里，再苦再累也紧紧地跟在党员干部的身边，并提

▲
红旗渠总干渠分水闸

出了响亮的口号："干部能搬石头，群众就能搬山头；干部能流一滴汗，群众的汗水流成河！"这个顺口溜是干群齐心的最好诠释。

红旗渠带动致富

说起红旗渠给林州带来的深刻变化，林州人喜欢用"四部曲"来概括。第一部，（20世纪）60年代"十万大军战太行"，修建了红旗渠，孕育了红旗渠精神；第二部，（20世纪）80年代"十万大军出太行"，修建红旗渠的民工们走出林县，组建了一支浩浩荡荡的建筑队伍，在全国各地承建工程；第三部，（20世纪）90年代"十万大军富太行"，出去搞建筑队的人们赚了钱又回到家乡，带回资金和信息，大办乡镇企业，使林县富裕了起来；第四部，新世纪"十万大军美太行"，林州人民把有100多万亩的荒山变成了郁郁葱葱的山林。

红旗渠工程受益最大的领域是农业。红旗渠建成以后，一直都在浇地、灌溉，彻底改善了林县人民靠天等雨的恶劣生存环境，也解决了当地吃水问题，结束了林县十年九旱、水贵如油的苦难历史，改变了林县的"天旱把雨盼，下雨冲一片，卷走黄沙土，留下石头蛋"的恶劣环境，也改变了林县人民的生产方式。以前我们都是靠单一的农业生产养家糊口，甚至养不活家里人，粮食得不到丰收，出现了闹饥荒的现象。老百姓常言道："不吃山西粮，不能过时光。"有了红旗渠之后人们发家致富的门路变多了，搞企业，种植果园，养猪、养牛、养羊的人变多了，花椒、山楂、核桃、柿饼就是我们这里的土特产。我家就是养猪的，家里养了50多头老母猪，生活比以前好太多。吃不完的粮食还可以拿去卖，经济条件有所提升，不再完全依靠国家。

还有，林县乘着改革的东风，响应国家号召，还兴办了一些工厂，像钢厂、玻璃厂、水泥厂等等。这些产业的建立不仅让老百姓有钱了，也让林县政府富裕了。土路变成了柏油路，秃山变成了翠绿山。林州一大批能工巧匠的培养、产生主要得益于红旗渠。（20世纪）80年代，越来越多林县人走出太行山，在外从事建筑业。凭借在修渠过程中练就的精湛技艺，加之踏实的做派、厚道的人心，还有那一股不服输的"犟"劲儿，林州建筑队伍在大江南北渐渐叫响了名号①。

现在的林州已经发展为旅游城市，红旗渠景区吸引越来越多的游客，是旅游的核心部分。有的人依山傍渠开办了农家乐，守着红旗渠，在家门口就能致富。每天看着清清的渠水，真是感觉到幸福天天来，长流常不断。当初修渠的时候万万没想到，为解决饮水困难的一道渠能变成著名的旅游胜地，一想到这里我就觉得很自豪、很骄傲。

我常常对孩子们说，红旗渠日夜流淌的是一代人的青春，一代人的精神，一代人的希望，更是一代人对未来的深情祝福。红旗渠已经成了镌刻在太行山腰的一座丰碑，留下了红旗渠精神，就是自力更生、艰苦创业、团结协作、无私奉献。修渠时，靠着这股精神排除万难，一往无前；渠成后，红旗渠激励着中国人的精神，给人力量，催人奋进。现今，这种精神已经是中华民族的精神象征。

（整理人：叶先进）

①林州有"中国建筑之乡"之称，现如今，建筑业已经成为林州富民强市的基础产业、支柱产业、特色产业。

卢林书：
老百姓和干部同甘苦共患难

采访时间： 2020 年 9 月 3 日

采访地点： 林州市任村镇盘阳村

采访对象： 卢林书

人物简介：

    卢林书，1939 年 2 月生，林州市任村镇盘阳村人。1962 年参与修建红旗渠，在总干渠王家庄段修渠，主要工作是打钎、放炮。

回忆修渠的故事

"三库一渠"，一渠是红旗渠，三库是要街水库、弓上水库、南谷洞水库。

从分水岭往上都是总干渠，总干渠渠底宽八米，渠墙高四米三。到了分水岭之后，就又分成了三大干渠。因为在这个地方红旗渠一分为三，所以这个地方叫分水岭。

当年修渠的时候，最困难的日子主要是从1960年到1962年这个时间段里。红旗渠总共修了10年呢。不论是修渠还是种地，都是集体的，实行人民公社集体化。那个时代，是十分艰苦的，跟现在不一样，现在人的生活条件都好了。

那个时候去红旗渠都是轮班去，大概一个月换一次班。如果都去的话，那就没人种地了，得留一部分人搞农业。有的人抽到了渠首，他们就在渠首组建成了一个突击营。那些身体健壮的青年，就到突击营里边儿打洞、挖渠。

在修建红旗渠之前，我们这四个村已经以"入股"①的形式修建了天桥渠。天桥渠是从山西引漳河水，全长17.7公里，辐射盘阳等四个村。当时修渠的时候，就想着有了水之后旱地变成了水田，就不用吃糠了。那个时候因为是集体的，人们都不求报酬，但是不管怎样都得劳动，在家种地就去地里劳

①入股：指按照"谁受益，谁负担"的原则，按工程任务量和受益面积的大小，将任务按一定比例分配。1956年8月，中共林县县委、县人委召开会议，决定兴建天桥渠。当年11月，在盘阳乡党委的领导下，由盘阳、卢家拐、木家庄、赵所4个农业生产合作社的2000余人开工修建，于1958年5月竣工通水。渠道建成后，由盘阳、卢家拐、木家庄、赵所4村抽调干部成立管理委员会对渠道进行管理。

动，如果修渠的话就上渠劳动。

天桥渠总共浇了2800亩地。一百亩地为一股，600亩地就是6股，盘阳这1600亩地就是16股，木家庄500亩地是5股。天桥渠修成之后，1957年的冬天，水就到盘阳了，1958年的时候，有些地方就能种上稻子了。杨贵书记看了之后，对这个旱地变水田非常好奇。后来杨贵书记组织我们全县的三级干部到盘阳开会，会上提出盘阳这边都开始吃稻子了，咱们那边连水都没有呢，怎么才能解决？全县500多个大队，咱们就不能修个大渠？后来干部们都同意修，提了引漳入林的设想，让时任林县县委书记处书记的李运保回去传达。到了1960年，10万大军战太行，这样开始修红旗渠。当年林县修建引漳入林工程时，没有现代化机械设备和钢铁、水泥材料，就靠着社员自家带去的简易工具，用双手，车拉肩扛，一锤一钎开凿出群山间的"玉带"。

修渠的工具那可多了去了，有撬，撬分大撬和小撬。（修）红旗渠也是按人口按地分配人的。当年我们十万修渠大军天天学习马克思主义、毛泽东思想，"进场先进校，开工先开课，工地设课堂，'充电'在现场"。整个工地人山人海，红旗猎猎，钎锤铿锵，号声震天。到处传颂着"北风当电扇，飞沙当炒面，为引生命水，不怕苦和难"的豪言壮语。大山深处人烟稀少，我们把"窝棚搭在半山腰，锅灶支在山上烧。盖着天、铺着地，高粱、玉米来充饥，采把野菜来调剂，艰苦创业力无比"。在隧洞施工时，为了减少技术交底、图纸会审等烦琐程序，设计人员不顾家庭困难，纷纷"下楼出院"，挑着行李、仪器亲临一线，精心定位，盯死看紧。民工们"头顶淋头水，手舞翻花锤，保证日进尺，洞里笑声飞"。条条隧洞一气呵成，没有一处错位。在红旗渠建设中，这些可歌可泣的动人场面和感人事迹数不胜数。为了建红旗渠，我们有很多同志献出了宝贵的生命，不少人负伤致残。可以说，红旗渠的通水是建设者们用汗水、鲜血，甚至是生命换来的。

我有个孙子，他今年20岁了，考的海南大学，很愿意听我讲红旗渠的事情。

百姓干部同甘共苦

当时干部也轮着班上渠，干部也是要去的，也不少干。公社当时不记工，后来记工。如果你在村上当干部，在红旗渠上就是连长或者副连长，或者是连里面的施工员，要干活都一起干活。领导开会的时候都去开会，不开会的时候就和劳动人民一起干活，都是同甘苦，共患难。那时候老百姓和干部的关系都可好了。那时候杨贵书记提出："抢晴天，占阴天，淋着小雨当好天，小雨不停工，大雨顶着干。"抢晴天就是晴天好好干，阴天吧，凉快了，我们得正经干，小雨不停工，大雨顶着干。真正下得没法干了才吹号让你停工，不吹号不能随便停工。

老百姓和干部都是同甘苦共患难。修红旗渠的时候就是需要你做你就做，根据你的工种，石工你就需要打钎子，还有人放炮、抬石头、垒岸。往渠上抬石头的时候很慢，那都是人工。那时候什么活儿都干，说不定干什么，需要抬你就要抬，需要你去挑水或者去和泥，就去干。

当时修渠的时候，也很苦。那时候红旗渠组织的宣传队，有的会说快板儿，有的会唱两段，唱戏啥的。我也喜欢搞文艺，爱听音乐，后来我就打鼓。回来以后，我们民兵又组织了一个宣传队排样板戏，俺这个村里面有在外面搞专业剧团的，原来的县文化馆馆长张生义是我们村的。他们回来给我们排样板戏，我就在宣传队负责打鼓，去全县，石板岩、姚村啊、城关啊，后来发展到去鹤壁演出。

林县是极度缺水的，面对这么恶劣的生存环境，我们所有的修渠人发扬了中原传统的愚公移山精神，只要坚持下去，就一定可以凭借我们的双手改变林县缺水的现状。因此我们数万林县人民排除艰难险阻，发扬自力更生、艰苦创业的精神，与悬崖峭壁作斗争，奋斗了整整10年，在太行山上修出了一条"人工天河"。这样改变自然环境，将漳河水通过红旗渠引向林县，从根本上解决了林县人民缺水的难题。改变大自然这么艰难的工程，林县人民靠着自力更生、艰苦创业的精神支撑了下来。

（整理人：周义顺）

孔繁有：

事要是做成了再难也不觉得难了

采访时间： 2017 年 3 月 30 日

采访地点： 林州市任村镇盘阳村

采访对象： 孔繁有

人物简介：

　　孔繁有，1935 年 4 月生，林州市任村镇盘阳村人。曾先后参加过红旗渠总干渠、支渠配套工程建设，还作为民工代表参加了盘阳会议。在红旗渠渠首截流战役中，他与其他民工一起跳进冰冷的河水中，用自己的身体拦住湍急的漳河水，使漳河水改道，流进了红旗渠。

出发修渠

1960年刚过完年，具体日期记不清了，任村公社就派人到我们盘阳村下通知，叫我们全村的修渠人到山西省平顺县石城公社去修渠。当时，公社领导动员鼓励我们，说我们村修的是红旗渠的源头工程，意义重大。上级把最重要、最艰巨的任务给了我们村，这说明上级领导信任咱，我们也觉得非常骄傲。

一听说去山西修渠，村里很多人都非常高兴，因为他们没有去过，有的也是第一次出这么远的门，都想着去外面见识见识。村里有些年纪稍微大点的就担心：咱们去人家那里修渠，怕人家为难咱们。总的来说，大家还是很高兴的，根本就没有想过什么困难。

第二天，村里的一群年轻人就说说笑笑地往山西省平顺县走了。当时没有什么交通工具，主要是靠步行，况且当时往山西平顺还没有可通汽车的公路，都是疙里疙瘩的羊肠小路。我们村在任村公社，在漳河边是个大村，有3000多人，上渠的民工共有500多个人。我们差不多走了两天才到了石城公社崔家拐村。

"小米增量"和"帐篷屋"

一到崔家拐村，任村公社领导就召集我们开了大会，给每个村分了具体的任务，还让我们尽量不要麻烦当地群众，不要随便拿别人的东西等。大致意思就是要和山西群众搞好关系，出了问题就是两省之间的大问题，纪律要求很严格。

要说吃饭，那个时候正是国家三年困难时期，各连伙房抽的都是些半不老①的人，管去山上找野菜，像杨桃叶、杏叶、灰灰菜等都能吃。回来之后，起了个好听的名字叫小米增量。小米少，加上野菜掺和到一块就多了，这就是增了量了。吃上一碗，这就算是充了饥了。当时也不觉得苦，光想着修渠了。只要能把渠修好，咱林县人能过上好时光了，咱就高兴。

当时，修渠民工有的住在当地老百姓多余的房子里，有的住在帐篷里。没有帐篷，就从当地老百姓的地里拿点玉米秆，找个背风的小旮旯，那就算是墙，然后垒个大篷，上面搁上雨单②，就成了帐篷屋。中间插上玉米秆，再在中间吊上席子，遮住点，这头是男人住，另一头是女人住。那个时候困难很大，但是咱不能让困难吓倒。让困难吓倒了怎么修渠呢？千军万马来修渠，只要能修成渠，那就算完成任务了，吃住的好坏没有人在乎。

谁管啥、谁做啥，各有各的任务。谁领了多少任务、谁做了多少任务，各办其事、各人完成各人的任务。我当时负责在一号洞打炮眼。打洞是从两边开凿，24小时轮班。都是手工打炮眼，每天都定有任务量。打炮眼你一天打多少，上个班你打了多深，赶到装炮的时候，就会来给你检查，看看你完成任务没有。让你打5寸，你打了4寸，那不就差1寸吗？就会给你记到本子上。谁没打够，到了第二天，你还要补出来这1寸。那就得加劲打。就这样，我们打打眼、放放炮，干得热火朝天。

①半不老：林州方言，年龄在50岁左右的人。

②雨单：林州方言，就是塑料雨布，用来遮风挡雨。

当时为了鼓舞大家的士气，工地上还编了不少口号，像"河南人民意志坚，不怕千苦和万难；下定决心、不怕牺牲，排除万难，争取胜利"。那个时候真是越喊越有劲。白天上工，晚上还得学习一会儿。学习的内容就是"老三篇"。还学习毛主席语录，有人领着学、领着念。

参加渠首截流

再给你们说说渠首截流的事。当时，截流时找的都是漳河边的青壮年，有古城村的、前峪村的、盘阳村的、木家庄村的。我们这边的人守着漳河，从小在河边长大，都会游泳。如果不找这些会游泳的人，漳河水急，一下去被水冲走了怎么办呢？会游泳的就不怕，不怕漳河水流速快、水量大。我们村里现在参加过渠首截流的活着的没有几个人了。

大坝合龙的时候，刚开始大家都不太敢下水。虽然说我们会水，但是没有领头的大家也都怕，心里不吃底①。当时不知道听谁突然喊了一句："指挥长下水了！"大家听了非常激动，一下子就都下去了。大家都是光着膀子下水的，要是穿上衣服就不行了，穿上衣服拖累着你就不行。你穿着衣服到水里，这个衣服吸水了，然后活动就很不方便。截流时女人没办法下水，她们的工作就是在那里负责抬麻包、运送麻包、运送砂石挡口子。

① 不吃底：林州方言，就是心里不踏实，吃不准的意思。

435

截流的时候，坝基里面的水才刚刚到腰的部位，要是一涌就淹到胸脯这里了。前面人用身体挡住水，后面的赶紧垛麻包。越挡水越深。那个时候工地还有广播员在那里动员大家，广播里喊着："你看看女英雄们都抬着麻包，扑通扑通往下跳水，全都抬着麻包下了水了。"男女都不怕羞、丑，只要能修成渠就好。女人穿的衣服湿漉漉的，下工之后赶紧跑到工房里脱下来拧干。那个时候就是这样，分给谁任务谁就得完成。然后在人墙后面垛了五层麻包，堆成了，就这样才把水给截住了。坝基合龙截住水，把水逼到南边的洞里这才算截流成功。

截流的时候还是阴历四月天气，具体日期记不太清了，反正那时候天还很冷，水里更冷，修渠的人还穿着薄棉衣、棉裤。我们村的申金柱（音）、卢录俊（音）、张明生（音）等几个人都参加了渠首截流。当时，工地上放着好多白酒，让我们下水的人喝酒暖暖身子。河水冻得人直打战，下水时，每个人得先喝两口白酒，驱驱寒气。下水的时候，就得我挎着你的胳膊，你挎着我的胳膊，这样胳膊套胳膊，不就冲不走了嘛。如果不相互挎着胳膊，那水流劲儿大得很，一下子就把你给冲跑了。几十人在水里组成几道人墙挡住水，岸上的人赶紧往人墙后放麻包沙袋。

就用人墙挡水这种方法，一行行排了五层人，后边的就管垒砌麻包，才把河水给截住了。截住水流之后，又赶紧把那个坝基给打住了。

我们整整干了三天，白天黑夜不停工，才把漳河水彻底给截住了，河水才流进了渠首洞里。

参加了盘阳会议

渠首截流完成以后，我就随队伍到了鹰嘴山修红旗渠。在河口把洞钻通了以后[①]，才调到三干一支渠上，修了一段时间。随后又到坟头电站上修电站，修成后又转移到南谷洞水库上。到水库上后，我曾担任过连长。我在南谷洞水库工地上干了半年，后来天下雪了，不能干了，民工们就收工回了家。

在渠上的事可多了去了，要说印象最深的事，那就是在俺村参加的盘阳会议，大概是阴历二月份，开工后不到一个月。

杨贵书记当时来盘阳开会，我们都去参加了，有好几百人呢。杨书记人长得老高，大高个子。当时开会的时候，人家就说一个村都能修成天桥渠，全林县难道修不成一条红旗渠吗？其他开会说的内容很多很多，时间长了我也都不记了。

现在变化可大了。以前那是真难，你要是做成了就不觉得难了。有句话不是说吗？"前人受罪，后人享福。"我们那个时候确确实实真是受了罪了，但是今天的人不就享福了吗？现在国家又弄得平平安安的，这不就享福了吗？修成红旗渠以后，漳河水流到了林县，也浇开地了，种开水田了，修了电站，也发开电了。变化大得很。真觉得过上好时光了。

（整理人：陈广红　王超）

① 河口洞，位于河南省和山西省交界处，林州市任村镇牛岭山村。

张生银：
红旗渠是一筐一筐抬出来的

采访时间： 2017 年 7 月 17 日
采访地点： 林州市任村镇南丰村
采访对象： 张生银

人物简介：

　　张生银，1947 年 10 月生，林州市任村镇南丰村人。13 岁上红旗渠工地干活，一待就是 6 年，主要负责抬筐、抬石头。

少 年 上 渠

我很小的时候父亲就不在了，家里兄弟姐妹四人，姐姐当年17岁，我13岁，弟弟和妹妹才6岁多一点，母亲当年41岁，带着我们兄妹四人，日子是没法过的。

我从1960年开始就参加修渠，当时我13岁，但当时渠上根本不要我这么大的小孩儿。村里看我们家可怜，我母亲带着我，连饭都吃不上，就让我参加了红旗渠的修建。我第一次修渠就在渠首。当时我去的时候大概是秋天，具体月份记不清楚了。我就到达了山西崔家拐村。去的时候是没有路的，当时一直是沿着荒山走，先走到侯壁断，然后走到新桥（今河口桥），当时还是铁索桥。

到达崔家拐之后，当时我们有大批民工住在那里，给山西的老百姓造成了很大的困难。当时工地上就研究决定，利用修渠之余的时间，为崔家拐的百姓修建一条发电用的渠。当时工地上分为两拨人，一拨修咱自己的渠，另一拨去给崔家拐的百姓修渠。当时，我因为年龄小，咱们自己工地上劳动量太大，就让我去那里（崔家拐）帮忙。修的时候非常不情愿，心想我是来给自己修渠的，为啥要给他们修。当时想不明白，后来听修总干渠的人说我们修渠受到崔家拐人的很多帮助，觉得自己也是在做好事，也挺自豪的。

当时县委对我们要求是非常严格的，要求我们和山西群众打成一片，不能人家说你两句你就去打人家，这是绝对不允许的。你可以向上面反映问题，县委去帮你协商解决，不能动不动就跟人家打架。只要开会就强调这个问题，要是谁跟人家打架，就要受处分。咱们吃点亏也不能影响团结。自己受点罪，无非就是想要点人家的水。吃点亏受点难听话都没啥，不能影响红旗渠修建。咱那个时候都懂这个道理。

红旗渠都是抬出来的

到渠上以后，我就是负责抬筐、抬石头。现在电视上都说林县的红旗渠是小车推出来的，其实不对。红旗渠实实在在是抬出来的，一筐一筐抬出来的。我们那个时候抬筐，那个筐子上的绳子也长，我就把绳子收短一点，往身上一背。那个时候感觉也是雄赳赳、气昂昂，觉得自己也很威武。

我在工地干了6年，都是干抬筐、抬石头的活儿。因为我年轻，能蹿能跑，就让我去给人家背尺子背了半年，还跟人家抬过四个月的测量仪器。到现在我都记得渠底宽八米四，渠口宽九米二。开始我是真高兴，终于不用抬石头了，后来才知道，这活儿是没人干的活儿，还不如抬石头。因为啥？人家搞测量的，让你去哪里量你就得去哪里。有时候你看见一个地方，但是走到那里就不容易了，有的地方高你得爬上去，爬不上去也得上。一天就不知道跑多少里路。好不容易弄完了，想着营部还能不管饭吗？还能吃点好的。结果，各人回各人的连队吃饭，有时候吃不上饭都是常事，没人管你。每天来回跑，得跑几十里山路，比抬石头累多了。

挖土窑、住羊圈

1962年，我们把渠修到了王家庄段。那个时候我们住在东庄，我才真正体会到了修渠的艰苦。当地个别老百姓叫我们"草寇""老草倭"，想上个人家的厕所都不让。你就能想到当时的环境是啥样了。我们当时就住在村外的荒地里，离漳河不到10米。每个人就在河边的地里刨一个土坑，我们叫它土窑。每天刨一点，刨个四五天，整个人就能躺进去了。头在外，身体在里面，每天下工回来就不耽误睡觉了，也不害怕下雨了。我们住的地方和工地算是离得比较近，就隔着一条河，我们住在河北面，工地就在河南面。为啥不去南面住呢？因为南面都是山，根本没有你挖坑睡觉的地方。当时河上就有一座山西人搭的木板桥，我们每天必须从上面走，才能到工地，但是当地人不想让我们从上面走，怕坏了。后来我们一看没办法就自己搭了一座桥，就用石头（搭的），拱起来半圆形的，就走那样的桥。

到王家庄以后，住宿条件稍微好点了，有的人就能住进老百姓家里。因为我是小孩儿，村里有个青年支书就把我领到一户人家，让我住到了人家的羊圈里。当时住进羊圈是件非常好的事情，你头上起码有房顶了。当时，大部分山西群众是支持我们的，但还是有一部分山西群众看不起我们。我们住在土坑里的时候，想着找点草垫垫吧。村边的草人家也不让我们动，我们只能晚上下工以后跑到山上去找草。当时山上的草几乎被我们拔光了。条件非常艰苦。

烧石灰

当时印象最深刻的就是烧石灰。工地上石灰用量非常大，几十个人在那里烧石灰，根本供不上用。当时烧石灰的压力非常大，那几个烧石灰的民工手上根本就没有皮，都是被石灰烧的。石灰刚烧好，你就得赶紧给人家装，装得慢了影响修渠进度。那个时候人的觉悟非常高，烧掉皮都不吭气。老崔在渠上一辈子，他那双手我这辈子都忘不了，是无名英雄。

当时伙房也有烧石灰的任务。除了保证每天工人们的吃饭之外，每个伙房每天有5斤的烧石灰任务。当时伙房用的都是泵火，用一次需要往里面添200斤煤。伙房每天早上两点钟就得起床，烧石灰、做饭。烧石灰就得用石头。每天伙房做好饭以后就得马上去河滩上找石头烧石灰。太大的烧不透，太小了一烧就都没有了，只能找那些鸡蛋个头大小的石头去烧，烧好以后送到工地。我当时年龄小，我们队就让我把伙房烧好的石灰送过去，实际上是照顾我。送石灰的这段时间，我就能少在工地上做会儿工。

挨饿的滋味

那个时候我还是个小孩儿，一直想去学点炮，（为此）求了连长半天。我说我跑得快，肯定能点炮。连长让我去替一个炮手点一次，可把我高兴坏了。当时点炮你不是点一下就没事了，总共一里多地，隔多远就有一个，你得一路小跑着去点。点完以后，你还得回去看看有没有没响的炮，检查一遍就得小半天的时间。检查完以后还得去跟指挥部汇报一声。都响了你才能走，要是有一个没有响，你就得等着，跟大伙儿一起去看看咋回事。

因为我是替别人点炮的，伙房就没有给我留饭。不可能因为你一个人没吃再去开火给你做饭。没多大会儿，伙房给我送来两碗稀饭。我也没有多想，呼呼就喝完了。第二天上工的时候，大人们见面就跟我说："你昨天喝的两碗稀饭，都是我们给你凑的，你喝的都是大家的'嘴巴子'①"。后来我才知道，我走了以后，伙房找到那些还没有吃完饭的工人，一个倒给我两口，一共找了十好几个人，才给我凑出来两碗饭。

当时的人都不讲究，只要能吃，都不舍得扔。现在没有挨过饿的人，是真不知道挨饿的滋味。我在工地上饿得不行的时候，感觉自己的前胸和后背就像贴在了一起。从王家庄往河口转移的时候，从山上走，有几十里山路，饿得你根本走不动。我们队当时给工地送了一袋萝卜条，在当时就算是好东西了。队里让我背着这袋萝卜条。背这个很轻，不像其他人需要背的东西更多。萝卜条装在一个羊毛布袋里，到地方后倒出来一看，萝卜条上全是羊毛，捡也捡不出来，每根萝卜条上总要有几根羊毛。捡不出来就直接吃了，有羊毛也得吃，不能浪费。

记得有次工地上改善生活，吃面条，每人四根，十个人一组。给你一团面，你要自己抻②好以后自己下锅去煮。我自己不会抻面，抻得都特别粗。别人四根能弄满满一碗，我自己只能弄多半碗，面条粗的就煮不熟。每次最怕改善生活，我自己想吃也吃不好。平常不改善生活，就喝稀饭吃萝卜条。我年龄最小，吃不饱站在那里一直看着锅，别人看我可怜都还能给我点儿，总能吃个半饱；一改善生活，我也不会做，就只能挨饿了。当时吃的菜就是萝卜条。我去的时候已经不挖野菜了。后来红薯就能顶粮食，四五斤顶一斤粮食。困难的时候还说让萝卜条顶粮食，后来县里想办法弄了点粮食，没有让萝卜条顶粮食。

①嘴巴子：林州方言，别人吃过的饭，剩饭。

②抻：拉，扯。抻面，用手把面团扯成面条儿。

443

红旗渠修好了，不用吃雪过日子了

我现在对红旗渠非常有感情。要是看见有人往渠里面扔石头，我就去骂他一顿："你不能干缺德的事情，这渠是我们以前好不容易才修好的！"要说功劳，杨贵有功，没有他带领我们确实修不好红旗渠。但是我认为，修渠的这些人的功劳也是不可抹灭的。渠没修成前，冬天的时候，我们都是把村里的雪集中到吃水池里，化开以后凭票去领水的。当时雪化开的水也不是啥好水，从地上送到池里都带着土，化开的水也是黄汤子，不能直接吃，还得澄半天。红旗渠修成以后，接了根管子到池里，不用扫雪吃了。我们这么大的一个村子，就因为没有水，吃雪吃了多少年。红旗渠修好了，不用吃雪过日子了。

红旗渠通水那天，我是在谷堆寺。通水典礼是在分水岭那里开会，杨贵在那里讲话。我们也想去，但是河口那里打来电话，说那里有个窟窿。我们就赶紧去看窟窿有多大。刚开始不大，各家都还用桶接水去浇地，没过多长时间，口子越来越大。那个时候就有了喇叭，就在喇叭里一喊，都来河口这里堵窟窿。老百姓就背着玉米秆子去堵窟窿。堵也堵不住，一堵就冲得没影了。幸好那个时候水已经从河口流过去了，没有影响到通水庆典。后来马有金来到河口，他说："虽然渠水冲了河口，但是冲不掉林县人民的志气。冲毁了河口的住房，但是你们一定会住上新房，政府不会亏待你们。"就这两句话，河口的老百姓就十分激动。他们相信（副）县长说的话肯定会算话。后来断断续续有过几次渠岸被冲毁的事，但是老百姓没有一句怨言。当时的老百姓觉悟是非常高的，冲毁了也相信政府一定会赔偿给他们，还有人主动不要政府的赔偿。他们觉得冲毁房屋、土地跟红旗渠通水比起来就不算事，赶紧垒好渠岸就行。

说实话，最开始修渠的时候，很多人真是觉得根本就修不成。咱家水缸里有一丝的缝，都还要漏水呢，你去给山上弄这么大一个空壳子，它能不渗水？不少人都以为水是肯定过不来的，现在就是瞎出样①，当时很多人是这样想的。结果水第一次流到河口，老百姓算是服劲了。这水呼啦呼啦地流过来，老百姓第一次见这么大的水。要不是水流到河口，就没有人相信渠能修成。现在我还能记得马有金在修成以后跟我们开会说的两句话："将来我们都是林县的有功之臣，林县将来是我们的林县。"以前觉得他是白话②的，现在想想确实挺有道理的。

①出样：林州方言，逞能，硬撑门面。

②白话：瞎说，乱说，没有这么回事。有调侃的意味。

想回去看看红旗渠

现在我也退休了，一直想着有时间回王家庄那边看看。王家庄由两个村子组成，下面的那个村叫河底村，上面的村子叫王家庄村。一直想着回河底看看当年的青年书记，想去看看人家在不在了。

当时河底村还有一个小姑娘，那个时候光知道人家长得漂亮，也不知道人家叫啥。她在工地帮助我们担水吃，咱还小，光知道瞪眼看人家。后来听说嫁给了当地的一个老师。那时我还一直想着娶个那样的媳妇，真不赖！现在就想带孩子回去看看当年我们住过的窑洞，看看改云桥，到那里跟他们说说当年修渠的故事。当年我们转移的时候，那个场面现在想想都激动人心。好几千人的队伍，排成一排，路窄，想并肩走都不可能。有的背筐，有的背锅，大家说说笑笑，（走）四五十里的山路都不觉得累。

最后，我希望不管是林县的还是来这里学习的人，都应该爱护红旗渠，保护好它。它是我们当年花了多大力气才修好的，也是历史的见证。

（整理人：李浩　王超　李俊生　李振清）

田保增：
在红旗渠点了三年的炮

采访时间： 2017 年 11 月 2 日
采访地点： 林州市桂园街道大菜园村
采访对象： 田保增

人物简介：

　　田保增，1945 年 7 月生，林州市桂园街道大菜园村人。学生时代开始参与红旗渠的修建，在工地上抬筐子、当炮手等。

替我爹上了红旗渠工地

1960年，我们城关公社为响应县委引漳入林的号召，组织了一批人奔赴山西修建红旗渠。由于我爹身体不好，家里兄弟姊妹六个，又挣不到工分，所以我就替我爹上了红旗渠工地。

我当时是城关中学的学生，是在农历二月开始上渠的。一开始走的时候不知道有多远，直到走到河口河滩边才知道到达了目的地。那时候我跟着老师、同学先到河口那儿，后来我们又转移到了一个叫马刨泉的地方，还在杓铺村放过炮，干的活不比民工们差。

我记得当时走到河口河滩的时候，河水冲刷过的石头都是光溜溜的，而我们则是住的大屯大队搭建好的茅草帐篷。之后不知道什么原因，茅草帐篷着火了，没办法才让我们又转移到了一个叫马刨泉的地方。后来规定学生归各大队管理，然后我们又回到了本大队。至于当时城关中学去了多少人我记不太清楚了，只是知道我们班的学生有40多人。在当时带队的第一任班主任是常文栓。我们全都是步行，肩挑铺盖，从坟头岭一直往北，只记得当时走到了河口。

当时由于我们还小，干不了重活。一开始在大屯大队承包的那段干了一个月时间，之后上边指示让学生规整到各大队工作，而我们大队则是在马刨泉住宿。只记得从马刨泉出发一直往西走有个叫谷堆寺的地方，这是我们每天上工的地方。

当时起得很早，赶紧吃完饭就往工地上赶。中午吃的那顿饭则是伙夫从马刨泉挑来让我们吃。后来由于我们是学生的关系，制度改成了半天劳动、半天学习。每次学习的时候，我们都要从马刨泉走到河口村去学习。我当时学习的是初中二年级的课程。到上初三的时候城关中学就解散了。

每天我们也是跟民工一样，要什么时候起就什么时候起，起不来的老师还负责叫他。后来到我们大队的时候，吃的真是不好，像喝的稀饭根本就喝不到多少小米粒。有的同学饭量大，也吃得不是太饱。有的学生长得高大，就被分配去抬筐子、出土碴，身体不行的则负责把民工们抬出来的土碴、岸边余留下来的小石头扔到岸下边，这就是我们每天干的活儿。后来吃得就好了，自己从大队带半斤粮食，红旗渠上还补助一斤半的粮食。

当炮手的时光

我在杓铺就开始当起了炮手。刚开始教我们的老师叫岳玉宝，他教给我们怎么样装雷管。渠上有个规定，不准点快炮捻，也不准明火点，点炮全都是用的专用的香。还有就是慢炮捻里面是没有芯的，当炮手的必须知道得让它着够10分钟才行。有时会出现瞎炮，但都是直等到最后一个炮响完之后，停上5到10分钟才能去检查有没有瞎炮。一般情况下不准去看回头炮，但是在不得已的情况下，还是要去检查一下。

后来我到营部当了专业炮手，专业炮手必须是懂一点放炮规矩的人。比如说城关某个大队要放炮，我必须亲临现场看看他们打的炮眼合格不合格，不合格的坚决不给他们装药。虽说营部抽调我当专业炮手，但在营部吃饭可都是买饭吃。像一个馒头都是用饭票才能换取，没有的都是记账，到发工资的时候补上就成。

我的肩膀上还有当时修红旗渠抬筐子磨出来的伤痕，现在还清晰可见。像抬的石灰从山下往山上走，前边的人位置高，后边的人必须用双手用力托举，20公分粗的杠子磨得肩膀肉都长不平。虽说有垫肩，但是就那也不行。我都不知道废了多少个垫肩。工地有供销社，各村有各村的供销社，垫肩用坏了去买就行。我修了那么长时间的渠，木家庄、南谷洞、石贯、石界、杓铺、阳耳庄，一干渠的赵家墁，最后的十二支渠和十四支渠，我都修过。

为啥我去的地方那么多？主要是我家里的情况不好，我又是老大，必须担起这个家庭。干得多年底家里才有粮食吃。平常时候都是我母亲在大队干活。虽然我母亲是个小脚，但是每天也能评上个8分，家里7个人一天也将就着能有口饭吃。在那个时候，队里分配的粮食是一个工三两粮食，有时候还分不到三两，想想都还觉得艰苦。在红旗渠工地，一天12分工，一个月就是36个工，就这样才解决了家里的温饱问题。

我在营部当炮手，炸药和雷管全都是我一个人负责管理。每次各大队来领取雷管和炸药全都是我负责分配。有时个别大队想要得多点，但是我觉得不行，不管于公于私都要按照规矩办事。当炮手必须知道规矩。第一，慢捻必须燃够5到10分钟；第二，坚决不准去点回头炮；第三，每个炮手口袋里都配备了一把剪刀，遇到紧急情况剪断就行。在红旗渠上点了三年的炮，也点出了经验。就像在支援龙头山的时候，让我当炮手，刚点着炮就看到武装部的几位同志要上山。我立马喊停他们，但他们以为我开玩笑。我立马回身就准备剪炮捻，谁知道已经燃到了快捻跟前。我立马跑到了一旁，没多长时间就炸了。这也算命大，也是经验得来的结果。

攻坚克难不留遗憾

要说在修渠工地上苦不苦，肯定也是吃过苦的。最开始我们还在山上捋过树叶、野菜，像杨桃叶等所有能吃的全都不放过，后来山头就捋不到树叶、野菜了。为啥呢？各个大队都知道哪种野菜能吃，全都去采，所以那个时候的山头光溜溜的啥也没有。

在渠上之前是分饭吃的，后来除了你从家带来的半斤粮食，政府还另外补助你一斤半的粮食。补助的一斤半，还有细粮和粗粮之分。那时候就是想着赶紧把水引过来，让子孙后代不再受缺水之苦。

1965年4月5日红旗渠通水典礼，我记得当时是人山人海，锣鼓喧天的，挤不到跟前。把红旗渠修成了，水通到了咱这了，我们修渠的人也没有什么遗憾了。

（整理人：张坤　李雷　李俊生　李妍妍）

马保昌：跟常根虎学点炮

采访时间： 2018 年 11 月 16 日

采访地点： 林州市陵阳镇南辛庄村

采访对象： 马保昌

人物简介：

马保昌，1946 年 8 月生，林州市陵阳镇南辛庄村人。16 岁去山西参加修渠，跟随放炮能手常根虎学习点炮，最多时曾一口气点了 26 个炮。

初到王家庄

　　去修渠时我只有16岁，往山西走的时候，同村的四个女人都是坐的汽马车，走到姚村的时候我实在走不动了，后来就让我坐上了车。路过姚村的时候，四中为了欢送参加引漳入林工程的工人们，分成两排站着很多学生。他们手里拿着水桶，谁渴了就到桶边喝口水。赶到四中这里是10点，赶到任村公社阳耳庄是吃完中午饭的时候，下午才走到了盘阳，天黑得快看不见的时候离平顺县王家庄还有半里地。

　　王家庄北边是漳河，要想到王家庄还必须用船。正好那里有两艘船，都是两头绑定了铁索，拽着铁索就能到王家庄。王家庄村分为两部分，下边只有十来户人家，上边就成了大村。路有一米多宽，全都是疙瘩路①。他们村吃水的话都是去漳河挑水。当时大部分人都过不到漳河对岸。晚上吃的就是从食堂带来的用黄豆、玉米磨成粉熬成的稀饭，就那样一人分了两碗。睡觉就是在附近村民家的大厅里打地铺，就那样将就了一个晚上。早上天不亮就听见人家喊着："起床了，起床了。"当时的连长是刘随张，家是官庄的，负责这几个村的一切事务。

　　第二天，领导分配了每个公社每个村的修渠工段，并告诉我们修完这一段咱就完成修渠任务了。我们这个队有28个人，工段是顺着王家庄村往西南走，

①疙瘩路：林州方言，坑洼不平的道路。

在靠着河的土坡上，工地离王家庄村不到两里地。我们的工地是个斜坡，再往东是石头崖。要说怎么把土碴倒到坡下面，当时的民工想了一个很简便的方法：筐子两头绑上绳子，筐子下面固定上两根杠子，两头各一人拽着绳子就把土碴倒到山崖下了，很方便也很省力气。就那样工作了两个多月。

放炮时放哨看路

当时，我的主要任务就是放炮的时候看着民工，不让（他们）闯进爆炸区域。当时看路的一共有四个人，其中有个老头干活儿不怎么样。我因为年龄小干不了体力活儿，就让我负责看路。当时领导对我说："河岸的山头上有个人负责举大红旗，当你看到大红旗竖起来的时候就不要让人过。"我就负责看了一段儿时间的路，那时候修的路刚好比小推车要宽那么一点。之后领导就安排我跟着他们去推土碴。记得后来修了有8米宽的路，能过去一辆汽车。

当时有个负责找平①的，就记得他们天天找平。找平是这么个找平法，高的地方继续往下挖，低的地方就用石头回填，要是实在太低了就不再回填，然后顺着山的走向继续深挖。当时也没有什么安全措施，也就是领导视察的时候见他们都戴着柳条帽，这就算是安全措施。

①找平：在建筑施工中，用水平仪、经纬仪等仪器，使砌体或者施工物体的表面、侧面等看起来平整，没有坡度。

马
保
昌

跟常根虎①学点炮

领导见我很淘气，就让我负责去点炮。我每天吃完饭也不敢乱跑，就是去营部里领炸药和导火线。当时姚村公社有个叫常根虎的，他是点炮老师。到了点炮的地方，他就告诉我们如何跑、留多长的导火线，打的炮眼炸药装多深就能把石头炸破。刚开始的时候，有上级给的导火线，到后来就是我们自己做导火线，也是为了节约开支。自己做的那种导火线，每次使用时剪下十公分。到装炮的地方，首先是看看地形，先从远处往回装炮，随后又修了个一米五深的安全洞，正好跑到安全洞里第一个炮才响。我记得我最多一次点了26个炮。

①常根虎（1933—1991），林县姚村镇寨底村人，红旗渠特等模范，长期奋战在水利战线上，练就了一手放炮本领。根据不同山势，灵活机智采取放小炮、大炮、拐弯炮、平炮、斜炮等爆破技术，被称为"神炮手"。

最开始点炮的时候，上头给我们炮手每人发了一根又粗又大的香，当看到导火线有火星儿的时候，可继续点下一个。点着以后就要把做标记的小红旗给拔掉，说明这个炮已经点着了。点完以后往回看看有小红旗没有，如果没有，那就说明把所有的炮给点完了。如果看到还有一个小红旗，如果离自己还有10米远，那么就还有时间去点这个炮，如果很远又加上有个炮有要爆炸的迹象了，那就不要再去点了，只要记住地方就好。然后回来坐到石头上数小红旗和听炮声。当听到吹"解放号"的时候，所有的炮手就从安全洞里出来回去吃饭。

后来炸药不够用了，我们就自己造炸药。一斤硝酸铵配三斤锯末，放到雷管里面效率相当可观，后来又有人知道掺和点盐效率更高。点炮的时候有个窍门儿叫"过硬不过软"，意思就是一块非常大的石头打的炮眼最多能打到一米五深，然后放进去炸药最多能炸出三块，但人力还是没办法抬动，这时就不要在这三块石头上打炮眼了，直接找到石头上有凹槽的地方把雷管放进去，然后和点稀泥把雷管固定好，留上10公分的炮捻儿，一点石头就炸成小块儿了，人力也能搬动。还有一种就是拽下点树皮，把雷管绑在石头上，雷管一响，石头就被炸得裂开了，用钢钎戳戳就能撬下来。

（整理人：李浩　李雷　王勇）

王张计：圆满完成推炸药的任务

采访时间： 2018 年 11 月 19 口
采访地点： 林州市东岗镇罗匡村
采访对象： 王张计

人物简介：

    王张计，1930 年 10 月生，林州市东岗镇罗匡村人。1960 年参与修建红旗渠。1961 年被派去洛阳推炸药，后因修渠受伤致残。

到洛阳为工地推炸药

我是1960年3月参加修建红旗渠。

1961年东岗公社一个姓郭的书记安排我们到洛阳去推炸药。我心想干啥去洛阳推炸药？原来是洛阳的洛宁县有个水库在建，把炸药运来了，却因为"百日休整"停工了。当时杨贵书记知道后，就到省里请示，把洛宁的炸药运来，用到林县的修渠工程上。

当时路况能走车，但是山陡峭。那个时候又没有那么多的车。随后大家才想出一个办法，让每个公社出几辆小推车，用火车把小推车拉到洛阳，再换汽车拉到洛宁县长水镇，然后卸下小推车，由大家把炸药推到长水镇。我记得很清楚，总长度是80里，城关和临淇推的是上半截也就是40里，我们东岗、任村、合涧和河顺推的是下半截40里。去的时候一天三斤的米配上红萝卜条。郭书记说："推小车，挂担子，这就是活儿。"

刚开始去的时候，我们村推小推车不是很过硬，比不上人家合涧的人。但是合涧的人也没有多推，90斤的大箱子一车推4个，70斤的小箱子一车推6个。当时推了20多天，带来的粮食也就够一个月吃的。领导还说："就这么多粮食，你们加紧干，不然不会再有粮食吃了。要是提前推完的话粮食还是你们自己的。"为了赶进度，我们增加了载重。推上半截40公里的城关公社的人一车能推12个小箱子，小推车底下都绑着炸药箱子。咱县城就一辆汽车，司机叫何英，是从部队回来的，负责开车拉炸药。当时推的路段不是很好，上半截的40里地有3座山要翻，我们这半截也是3座山，都是上上下下的路。我们听当地的人说，有条小路可以节省15里地，但是山路崎岖不好走。我们想能省点时间也行，就从这里走。每次上到山上，小推车过不去，要三个人抬着小车才能过去。炸药推到长水镇后，由汽车拉到洛阳的白马寺，到那儿则有专门的人负责装火车往回运。

当时我们负责接货的地方就是个大山沟，营里临时搭建了一个帐篷存放炸药。当时规定的是推四天然后休息一天，一天推一趟。休息的这一天我们要去捡柴火，供做饭用。最后我们提前完成了任务，余下的口粮我们还一人分了5斤。

推完了往回走时，小推车全都放到汽车上，然后拉到洛宁县再换车。我们来到洛阳了，都在等小推车。在洛阳等了差不多5天的时间，又回到安阳等了2天，小推车才算被拉回了安阳。随后我们各自推着自己的小推车回了家。我们圆满完成了这次推炸药的任务。

修渠受伤落残疾

后来我又到白家庄、青年洞、三干渠、杨家寨等地修过渠，然后到八角岭修涵洞。有一天从洞里往上运送石碴，我心想着用手抓住绳子就不来回晃悠了。突然一块石头从上面掉了下来，正好砸中了我的左肩膀。伤得比较重。听说附近八角村有个放羊的人会接胳膊，就去了。胳膊是接好了，但是当时不知道手腕不管用了。受伤后疼得厉害，我心想不要这个胳膊算了。后来又听说一个姓路的医生会接胳膊，又去看了一下，但是过了40天还是不见好，就又去问路医生。他说看来不行，你得去南关医院拍个片子。随后拍了片子发现胳膊还是没有长好。

回来后我才跟大队反映了情况。领导带着我到东岗公社去看病。随后医生拿出旱针在我胳膊上扎了几下，最后扎到上半部分的时候才有知觉。医生说："你这个胳膊不行了，就像没有养分的大树会随着时间枯死，不然给你锯了吧。"我说："绝对不行，就算以后废了也不能锯。"随后我们这里的民兵营长带着我到县里的人民医院看。医生说："你的胳膊得调治神经，随后再接骨头。"半年后，胳膊上的神经才调治好一些，然后就是接骨头的事。正好我有个哥在河北矿上，听了我的事情之后把我带到了矿上的医院。后来才知道胳膊里的筋断了，因为没有得到十分有效的治疗，我的胳膊落下了残疾。

之后县里知道我这个事的时候，一年给我120块的医药费，村里照顾一天给一分工，一年365分工。后来，我一年的医药费增加到了240元，不然对当时我家里的情况来讲，根本生活不下去。随后，经过政府、慈善总会的协调帮助，我们这些在修渠工地上受伤致残的人得到了较好的补助，生活也有了很大的改善。

（整理人：郭玉凤　李妍妍　李俊生　王超）

王花平：

要记住年轻人的功劳

采访时间： 2017 年 7 月 17 日

采访地点： 林州市横水镇下洹村

采访对象： 王花平

个人信息：

　　王花平，1942 年 6 月生，林州市横水镇西下洹村人。1961 年去修青年洞，负责打钎、扶钎。

石子在我身上留下很多伤痕

我是1960年上的渠，那时正是国家困难时期。都这么长时间过去了，回想起当年修渠的事，有很多呀。当年修渠的人多了去了，那都是成百成百的人上去，是我们这岁数的都去了。

那青年洞是最难修的地段。开始修洞时，任务重不说，天气还很寒冷。最难的是缺粮食，生活艰难。大家吃不饱饭，就上山采野菜，下漳河捞河草，煮一煮来充饥。很多人得了浮肿病。修渠，真是太难了。

青年洞在任村公社卢家拐村西，进口的地方是一条深沟，真是悬崖峭壁，陡得很。石头的颜色，有青的、白的，还有紫的，人们就把这地方叫"小鬼脸"。说起修渠来，危险得很。我修红旗渠就是在青年洞里面，当时我是放炮的。有一次，在工地上，我差一点就残废了。你看我身上，这石子留下的伤痕，还有很多呢，都是当年修红旗渠受的伤。那时候受点儿伤，也没有条件包扎医治，大多都是自己用土方处理一下。胳膊手脚伤着了，流血了，不是很严重的，就撕一片破布包一下，或者用一些树叶、草叶在嘴里嚼一嚼，抹到伤口上，都是很简单的办法。当时的条件太差了，医生也很少，一个公社没有几个医生。到修渠工地上的就一个"赤脚医生"，现在忘了叫啥名字，他给我包扎过伤口。医生也是起早贪黑的，忙得很。

点炮放炮的，都是队上推荐去的，要年轻跑得快，胆子还要大。我是大大咧咧的那种人，也是憨大胆。队上都知道我腿快，就让我去放炮。开始的时候，也是很紧张，还演习过好多次，慢慢就好多了。我记得，当时放炮的有三个人，一个人当场就崩死了，要不是我们两个跑得快，同样被炮崩了。我们两个活了下来。青年洞，是俺林县那时年轻人的功劳，现在的年轻人要知道这些。

我每一次看到青年洞的照片，就特别激动，也总是想起那时的很多事情。我记得，为了给大家鼓劲，晚上还开会，学习毛主席语录，听听毛主席是咋教导的。还有忆苦思甜啥的。现在还记得，那时大家常常喊口号："苦不苦，想想长征两万五；累不累，想想革命老前辈。"就是加油鼓劲呀。当时大家伙都觉得党中央毛主席是支持修渠的。后来也得到党中央毛主席的赞扬，说林县人民干得好。所以那时吃苦受伤，也觉得很值得，很自豪，没有感到有多少委屈。现在人们的日子好起来了，但是觉得少了修红旗渠那时候的精神头，也是一种缺憾吧！

红旗渠真是奇迹

我记得，那时候李改云是舍己救人。还有一个叫郭福贵的，那也是真厉害。一天深夜，刚放了炮，洞内烟雾弥漫，他就第一个钻进洞内除险，用铁锤打掉活石。就在这时，一块石头滚下来，砸伤他的脚。这是他第七次负伤。大家把他抬进战地医院，可是他争强好胜，离开工地总是放心不下，怕工地出事故，进度慢，还怕流动红旗被别的单位夺走，第二天又一瘸一拐地来到洞内。他也是特等模范，所以他的名字，现在还记得起来。

那时候公社才建起来，大家吃食堂，就是大锅饭。在家就是一个队一个食堂，一块吃饭。在修青年洞的时候，吃红薯，吃玉米，吃红薯秧，去地里面拽的红薯秧，再弄些野菜，炖一炖，就那样吃。都是糠饼，糠疙瘩。糠疙瘩也吃不饱，一个人分两个，吃了之后还饥着，不吃这个就没得吃了。中午就是小米炖的稠饭，就吃这个。

　　修渠时，都是两班倒，晚上一班，白天一班，就那样替换着去。吃完饭，已经很累了，哪有时间娱乐？不是说没有娱乐活动，是顾不上。白天干活，如果完不成任务，晚上就得加班。没有什么活动的工夫。

　　那时修渠，都听安排，上面安排你修渠，你就得去。我们一开始修红旗渠就是修的青年洞。上面专门找的青年人去修，我记得好像叫青年突击队。青年突击队的贡献很大。

　　修青年洞是真艰苦。都在山上，一截一截地修。去了很多人，现在大多都不在了。那时候我们也就十七八，算是比较小的。当时都在青年洞里面打钎，男的女的都有。青年洞还没有这屋宽，也就有这屋的一半，三四个人，三把钎子，挨得都十分近。

　　每个村都有除险队，谁除险，谁打钎，谁放炮，谁该干啥就干啥，分工明确，派你干啥就干啥。每个村都有"铁姑娘队"。修渠的男的比女的多，当时女的也不少。当时修渠都是轮流干，隔一段时间就换一次班。

　　在修红旗渠以前，林县也搞了一些水渠，但是1959年（遇上）百年不遇的大旱，当时河水都旱干了，原来修成的水渠也就没水了，很多人就翻山越岭，跑很远的地方取水吃。红旗渠修了好多年，修好了，能浇地、吃水。

　　当时林县人修红旗渠，依靠的是啥？还不就是人们常说的艰苦奋斗精神？还有那红旗渠，你走走看看，没有人不佩服、伸大拇指的，真是一大奇迹呀！

（整理人：张泽民）

付牛山：
红旗渠是一代人的集体记忆

采访时间： 2017 年 7 月 18 日
采访地点： 林州市采桑镇南景色村
采访对象： 付牛山

人物简介：

  付牛山，1945 年 6 月生，林州市采桑镇南景色村人。参与修建桃园渡槽和盘阳西坡工程，主要负责扛石头、垒石头和扛标尺等测量仪器。

修建桃园大渡槽的经历

修桃园渡槽的时候，我已经结婚了。我到桃园渡槽的时候，已经修了有两三米。后来我们到大岭沟村抬石头，肩膀磨得都是血。抬够了石头以后，就开始垒。先往上垒，统统垒一米支一米架子，一直垒到二十五米高，拐过去才垒成了。搭拱桥费了很大的劲，用了三层的料才做好。我们垒平了以后就回家了，渠岸和上面的路都没有垒，领导又换了后面的一班人来垒。

在修红旗渠之前，我就会垒石头。上了年纪的人抬不动石头，队长就会让他去垒石头。垒石头能稍微轻松一点。我们年轻人主要是干一些重的体力活，例如背石头这种。当时修渠的时候有公社里的领导在监管，修好之后是县里的人来验收。那时候为了保证工程质量，以防漏水，我们工人都不会偷工减料和怠慢，都是尽心尽力按照县里的要求来做的。如果出现垒得不合格的地方就会把不合格的推翻，重新垒起来。我们这些工人凭借铁锤、钢钻所锻的石头，块块精细，每一块都是一件艺术品，而用这些石头垒砌而成的红旗渠，还要保证百年可用不渗水。

一般来说，县里的验收领导会进行过水检验。我们在垒的时候是有划好的一条线的，按照这条线用石头垒好之后，再用石灰水灌好，这样水才不会漏。因为当时缺水泥，我们每个生产大队就自己用煤烧石灰。而炸药这种一般是直接到县里面的指挥部去领取。

我记得那时候修了两个月多，我们当时的大队队长在那领导着。就这样，生产大队不让换人，得一直垒上去，垒上去才让回来。那时候我们这些修渠的人就加班抢时间，一直干，争取以更快的速度来完成。当时高强度的工作，确实也是比较辛苦，比较累，但是为了工程的质量，只能硬着头皮干下去。主要是害怕时间久了木头架子吃不住，一起塌下去。我们当时是走的"之"字形路，来回走了好几个弯，才能把石头抬上去。那时候也是很受罪的。

不过，对我们来说庆幸的是，修渠的时候饮食条件比较好。我们那时候吃得比较好，一般每顿饭发的都是白馒头，而且还管饱。那时候说是粮食产量提高了，储备粮不让我们吃，但是后来杨贵书记让吃了。实在是饿得没有办法了，杨贵书记同意后，各个大队动用了储备粮。

社员愿意去修红旗渠

我们林县的自然环境确实艰苦，最重要的是保证人的基本生存条件的水源都极为稀缺。处于太行山区的林县，县域绝大部分地方都干旱缺水，十年九旱，水贵如油。

当时修建桃园渡槽的时候，是各大队的大队长或者大队书记带着我们这些工人去修的。不管是做哪种活，民工的工分都是一样的，跟在生产队一样，修一天记一天工，到年根回来以后，把工分都弄到生产队，有多少是多少。我们都是为了每天挣工分，去上工。每一月30个工。当时每个队里去多少人，都是公社里面来分的。要修的渠道长就多去几个人，短就少去几个人。我们都是愿意去的，一般没有人不愿意去。不去也不行，没有人接我们的工作。而且，这是共产党带领我们修渠，是我们林县的大好事，都是愿意去做的，因为老百姓都得到利益了。有水了，老百姓每年浇两次地，每年每家每户都能有麦子收。没有红旗渠，没有渠水，就只能依靠老天爷。我记得我自己当时是干了两三个月，是轮流着去的，我干完后，就有下一拨人来接着干，这样往后类推着。修渠的时候也没有什么活动，没有累了一起聊聊天唱唱歌这些。睡觉的话是在草席下面铺着干草，自己铺着自己带的被子。

当时修渠的时候，其实说实话一心想的就是怎么干活，怎么把活干好。那时候大家都是服从村里领导的安排，说让我们去哪个地方干就去哪个地方干，基本上都没有怨言，一切听从安排。

我们当地有几口活水井

在红旗渠修建之前，我们这里一直用的是活水。我们这个地方有活水，有三四口活水井，南营、下庄、梨园那边都有井。只要是旱天的时候，就有别处地方的人拿着大桶来我们这里挑水。他们一般是白天来我们这里挑水。挑水的话是不收钱的，因为乡里乡亲总是要相互帮助的，这样日子才能过得更好。

我们这里的水井是康熙年间打的，是当时的官府打的。现在井里面的水还用着。井口大概直径一米二，40来米深，里面还有很多水。相对来说，与周围的几个地方相比，我们这个地方还不是特别缺水。

和孩子们聊红旗渠那些事儿

红旗渠最开始动工的时候，我应该是16岁，当时还上着学，印象比较深刻。后来我在盘阳的西坡上干活，公社找我去测渠，我就跟去测渠了。我不会测量，只是给人家把仪器背上去，背那个标尺。

盘阳修成之后，后来也变成了风景区，但是修完渠之后，我就再也没有上去看过了。青年洞也是风景区，吸引着很多人去旅游。包括一干渠我都没有再去看过，从放开水后就再也没有上去过了。

现在虽然红旗渠早已经竣工多年了，但是它于我们这一代人来说是心中不可磨灭的一份珍贵的记忆，于现在的青年一代来说更是值得学习的宝贵的精神财富。越是经过历史和时间的洗涤，红旗渠精神与现在的时代内涵相结合，愈显历久弥新。

和孩子们和后辈人聊天的时候，很多时候会和他们聊到当年修红旗渠的事情和经历，希望他们能够珍惜老一辈人留下的宝贵财富，做到"吃水不忘挖井人"。

（整理人：王一平）

郭用喜：

修渠很苦很险，但值得

采访时间：2017 年 7 月 21 日
采访地点：林州市桂林镇南山村
采访对象：郭用喜

人物简介：

　　郭用喜，1928 年 11 月生，林州市桂林镇南山村人。曾 5 次作为连长带队前往红旗渠工地修渠。

回忆修红旗渠时的老战友

我们这个村是一个典型缺水的村子，全村群众赖以生存的水源有两个地方：向北方向，离村5里的康街村有一眼水井，去那里挑一担水来回要走10里；向东方向，有个称万泉湖的地方，如去那里取水来回有近40里的路程。到旱年，北边水源枯竭，只得向东到万泉湖取水。用牲口驮着两个大木桶，早晨不明出发，回到家里已是吃午饭的时候了；若遇到天阴下雨，甚至要耽误一整天的功夫。

我参加红旗渠建设已经是差不多60年前的事了。当时县里杨贵带领大家修渠。他敢带领大家修渠，我就要给他竖起大拇指。这可不是小事，不是谁都敢想的，毕竟是一个大工程。林县严重缺水，小旱薄产，大旱绝产，只有引水才能解决问题。我们这儿整个公社，就数我们这个村派的人多了。我们村派人去修渠，我当过五次连长。一月换一回，这一批回来了，下一批去，再回来，又去一批，再回来。

林县有个除险的，叫任羊成，外号"飞虎神鹰"。他腰上绑了个绳子，拿个杆，负责除险。为什么要除险呢？因为在工地放炮后，经常有松散石头掉下来，给在崖下修渠民工带来很大危险。为了保证施工安全，必须要除险。任羊成被推选为除险队长。任羊成的任务是下崖除险。一般是拴好绳子，手执一根两米长的木杆，背插钢钎、铁锤等工具，吊到半空中，四面不挨。

我们这一代的人，吃了很多苦，但是很值。苦与值互为因果，有苦才能让值成真，有值得才不惧流血牺牲。

还有张买江和他父亲都去修了红旗渠。当时，张买江的四舅是大队支书。他对我很好，叫我去红旗渠当连长这件事，就是张买江的四舅派的张买江的父亲来叫我的。我和张买江的父亲一起到的红旗渠。在红旗渠，月亮不落就到工地，吃饭时间在六七点，直接在工地上吃饭。有一天，我们在一起正吃饭，爆破飞出来的石头砸在了张买江父亲的头上，他就那样牺牲了。张买江的母亲赵翠英悲痛欲绝，但她是一个坚强的劳动妇女。她安葬了丈夫，擦干眼泪，把自己12岁的儿子张买江送到修渠工地，告诉工地负责人："你们不让孩子留在工地干，我也不走了，俺娘儿俩留在工地一起干活。"从此，张买江成了红旗渠工地年龄最小的建设者。他人小志气大，听娘的话，决心实现父亲的遗志——修渠修到底，把水带回来！在工地，别人看他还是个孩子，照顾他做些轻活，但他偏要捡重活儿干，干起活儿来像只小老虎。开始时帮大人背钢钎，把用秃的铁钻收集起来送到铁匠炉上磨尖钻头，再背到工地让大家使用。每天要走七八十里，在各工地之间穿梭奔波。母亲给他做的布鞋不到一个月就穿破了，脚底磨出了血泡。没有鞋就把废旧的汽车轮胎制成鞋穿在脚上，时间长了脚板磨出了又厚又硬的茧子。后来他在工地看护炸药，还管开山爆破。他学会了石匠、铁匠、木匠技术，成了民工中的技术骨干。红旗渠修建了10年，张买江在红旗渠工地整整干了9年。红旗渠修成了，村里头一次放水，水来了让他第一个舀水。

回忆修青年洞的故事

修青年洞的时候，叫我去带领小店南山的英雄汉，带着他们往青年洞走。到青年洞，两头打洞，打到正中间打通了。

修青年洞的时候，我还有一个终生难忘的经历。青年洞西面下来一石头，放炮后崩下来的，有一百多斤重，滚着下来，刚好朝着我这里下来了。我看着这一块石头，咕噜咕噜到了我跟前。我一跳，从我腿下滚下去了，我没有被石头击中！哎呀，真怕啊！也不能早，也不能迟，它刚到我跟前，我一蹦就下来了。早一点跳晚一点跳都不行，特别惊险，我也好生幸运！

（整理人：王一平）

冯有山：
红旗渠精神感染一代又一代林县人

时间： 2021 年 9 月 7 日
地点： 林州市陵阳镇西郎垒村
采访对象： 冯有山

人物简介：

　　冯有山，1945 年 12 月生，林州市陵阳镇西郎垒村人。1962 年参加修渠，主要负责抬石头、担水、和泥、抡锤打钎。三大干渠通水后，又参加总干渠加固工程。

在渠上的日常生活

我们每天到工地的时候，天都还没亮，晚上九点下工，再回来吃饭。基本是长白班，没有轮班。在河口堵豁口是轮班的。当时是自己带着碗和筷子，粮食和菜都是村里给送的。在工地边上支的锅，吃的红萝卜、白萝卜，没有什么好菜，还有红薯面包子和玉米面疙瘩。都是定量的，我们也吃不饱饭。1962—1965年，这几年吃得不好，1965年通水后在分水岭吃得就好了。修红旗渠的时候，只要有村的地方，就住村里面，住的是民房，打地铺睡觉。在河口那个地方，都是在地上铺点草，就这样睡在地上，一个挨着一个，是通铺。青年洞那里没有村落，就住在悬崖下。

在渠上干活，我主要是抬石头。比较小的石头，是两个人抬，比较大的石头，四个人抬；也负责担水、和泥。当时是和的破灰泥。破灰泥也很结实，不会渗水。白家庄那个空心坝可能用了一点水泥。担水的时候用的是木桶，很沉，在阳耳庄从下面往上送，走之字形。一上午可以挑十几二十担。在渠上的时候，我也打过炮眼，一上午规定打多少米就得打多少米。一天的任务，是根据石头的软硬来说。原来在木秋泉，打炮眼就特别费力气。抡锤打钎都干过，天天都会伤到手，手上一直有伤。我的右眼三岁的时候就坏掉了。抡捶打钎的时候，也没啥影响，因为一只眼看东西都已经习惯了。修完渠之后，晚上回去还要看一会儿报纸，还有学一下毛主席语录。还记得当时学过的一句：下定决心，不怕牺牲。也有连长带着学毛主席语录的，因为我是高小毕业，也认识字，所以我基本上是自己学的毛主席语录。

我眼中的马有金

马有金，1958年5月任林县副县长。自从他记事以来，就知道自己的家乡是个非常缺水的地方，所以他参加工作以后，就积极响应县委号召，带领群众一起抡锤打钎修建红旗渠。由于长期风吹日晒，他脸膛黝黑，人称"黑老马"，县长倒很少被人提起。

在红旗渠工地上，看不出谁是干部，谁是民工。马有金是指挥长，特别能干，是个抡大锤的好手，可以抡开12磅大锤，一口气能打几百下。他的母亲常年患病，卧床不起，又双目失明。他自己在工地上，没有办法照看，所以委托他爱人照看。直到1963年8月，接到母亲病故的消息，他才请示县委回家送葬，安葬（母亲）后当即返回工地。

修建红旗渠，他对质量要求非常严格，只要发现有人偷工减料，当场予以严厉批评，立即下令掀掉重建。他对大家伙儿说："我们现在干的是祖祖辈辈的千秋大业，即使我们以后过世了，我们的子孙还要吃水浇地，必须提高工程质量，绝不能让他们受二茬罪。"他在红旗渠工地任指挥长9年，在这9年里，为红旗渠建设作出了非常大的贡献。在1965年红旗渠总干渠通水典礼和1966年三条干渠竣工通水典礼的时候，分别被评为红旗渠建设模范和特等模范。

冯
有
山

我理解的红旗渠精神

有本书[1]里面写到，从1436年到新中国成立，500多年的历史中，林县自然灾害频发，共计100余次，其中大旱绝收高达30次。就是因为林县地界非常缺水，所以住在山上的人们很少洗脸，一碗水可以连续用很多次。（这）导致林县卫生状况不好，各种疾病都有，庄稼也得不到灌溉，收成很低微。可以说水资源扼住了我们林县人的喉咙。干旱缺水就像一把刀刃一样悬挂在我们心头上。

1962年，我是自愿报名参加修建红旗渠的，不是因为上级政府的命令。原来我们这里十年九旱，水贵如油，就想着赶紧把渠修好了，我们世世代代就可以用上水了。林县这个地方十年九旱也有几百年的历史了，但是为什么红旗渠在过去的几百年里没有修成，为什么偏偏在1960年到1969年修成了呢？我认为有很多原因，主要的原因还是干部有所作为，其中最突出的代表还数当时我们的老县委书记杨贵。就是因为当时杨贵心里装着我们，以身作则，不怕吃苦，才使得红旗渠没有半途而废，顺利完成。红旗渠先后有三任总指挥长，他们从来不坐在帐篷里面遥控指挥，而是每天都深入渠上调查研究，检查渠上的进展情况，发现问题立马解决，和普通的修渠人同吃、同住、同劳动、同学习，共同研究并解决问题。红旗渠

①王其善、王宏民、周锐常：《人工天河红旗渠》，中国大百科全书出版社，1998年版。

已经通水使用50多年了，到现在为止，红旗渠精神感染了一代又一代林县人。

记得那是50多年前，我们这里科学技术非常落后，没有任何高科技的东西，但是在那样艰苦的条件下，经过十年的时间，克服了很多困难，就靠人工一锤一钎，硬生生地在太行山腰上建成了"世界第八大奇迹"——红旗渠。不管他是领导干部还是一般老百姓，心里面都装着一个坚定的念头：我要修成渠，我要把渠水引过来，要彻底改变林县"十年九旱，水贵如油"的艰苦条件。正是因为他们都有这样的念头，并且有着爱林县、爱人民的情感作为支撑，正是这种强大的精神力量，才可以修建成红旗渠。如果没有这种坚持不懈的干劲儿，和对林县这片土地的热爱，我敢肯定，红旗渠修十年是不可能建成的。林县县委和林县人民（怀着）对后代的深深牵挂，坚持不懈，最终才完成了这个"人工天河"。

林县人民完成这项浩大的工程，靠的不仅仅是林县人民的艰苦奋斗，还有领导干部的实事求是。为什么这么说呢？原因有四个：一是在林县准备修渠之前，全国大刮"浮夸风"，河南大部分地区盲目跟风，但是林县县委书记却不为所动，仍然坚持实事求是，据实上报我们林县的粮食产量，为修渠积攒了粮食。在修渠的时候，没有发生过一件为修渠而饿死的事例。二是在决定修渠之前，领导干部们亲自去调研，实事求是，与别人商量，做了份研究报告，最后为修渠设计了一条引漳入林的正确方案。三是在开始修渠之后，及时根据当地的实际情况，紧急召开盘阳会议，自我批评，抓紧调整修渠的方法，最后才使红旗渠成功修好。四是将原来依次修建红旗渠的方案更改为

"隔三修四"①，使红旗渠提前通水，让林县人提前尝到通水后的喜悦；鼓励正在修渠的人，让他们保持修渠的热情。这个方案为保护林县人的修渠积极性起了决定性作用，真可谓领导干部的良苦用心啊。

在持续修渠的十年里，总投资高达6000多万的大工程中，吃和住都非常艰苦。条件再艰苦，却没有一个人动用过修渠的钱盖过一间房。到目前为止，50多年前的红旗渠的账本，各项支出、项目都一清二楚。账目的字迹工整，有整有零，非常有条理，让人看得明明白白。粮食和资金补助都非常严格地按照记工表、伙食表、工伤条等单据对照执行，经得起几十年后的今天我们去查任何一笔。都没有出现一丝一毫账目对不上的情况和贪污浪费的现象，没有一个干部挪用修渠物资为自己或者亲属谋取私利。从中可以看得出来，领导干部是真的为我们百姓好。他们自己都吃不好，睡不好，却不动修渠钱的一分一毫。当时要没有我们林县这么好的领导干部，他们以身作则，始终奋战在修渠的工地上，红旗渠的顺利修成是不可能实现的。

红旗渠精神是"自力更生、艰苦创业、团结协作、无私奉献"。这种精神一方面可以说它继承和发扬了中国五千年的优良文化传统，另一方面也彰显了当时林县人修建红旗渠时的不怕吃苦、不怕劳累、坚持不懈的精神。修建红旗渠的过程也是林县人与大自然斗争的过程。在修渠前，林县县委坚持自力更生、不等不靠不要的原则，在极其困难的条件下，还有恶劣的生存环境下，靠着自己的一双手去修建红旗渠。

① 隔三修四：即暂停修建南谷洞水库至分水岭的第三期工程，先把木家庄至南谷洞水库的第四期工程完成。

修渠的过程中，我们那时候吃不饱饭，忍饥挨饿，自己带着工具，自己筹措资金，依靠自己的力量，克服了很多困难。我们还把自家的斧头、铁锨、镢头统统拿到工地上，把自己家的小推车也推到渠上，让建渠人使用。没有石灰我们就自己造。石灰是修渠非常重要的原材料，它的需求量非常大，在原材料供应不足的情况下，怎么办呢？我们七嘴八舌地说想法，最后选择了一个办法，那就是在原有土法烧制石灰的基础上进行改良，创造了新的"明窑堆石烧灰法"，大大提高了石灰的产量，解决了施工中"石灰难"的问题。没有炸药我们也自己造。各个公社从会制造炸药的人中严格选拔，优中选优，还建起了制造炸药的车间，"炸药难"的问题也解决了。经过商量和讨论，水泥厂、石灰厂、炸药车间陆陆续续地在修渠现场建立起来，用较少的钱解决了较多的事情，这样从源头上就解决了资金和物资短缺的问题。

为了早日修好渠，当时我们这里，不管领导干部，或者是老百姓，都是"舍小家为大家"的。他们都不计较个人得失，有的甚至还牺牲掉了自己的生命。大家都有"舍小家为大家"的念头，所以领导班子和老百姓心往一处想，劲往一处使，哪里最苦最累最危险，哪里就有领导干部的身影。我们普通百姓也看在眼里，暖在心里。有时候因为技术上的问题或者其他什么问题，工人们出现情绪低落、不稳定的时候，我们这里的指挥部都可以在第一时间发现这样的问题，并且能够有效地解决它。记得渠首截流，那是在严寒的冬天，工人们顾不上寒冷的河水，纷纷跳入河流之中，用自己的小小身躯在河水中筑起了一道道人墙，才使大坝成功截流。当时我们林县人为了改变家乡贫穷、落后的状况，紧紧跟着党走。现在想想，如果没有领导干部一心一意为了我们，加上我们当时的那股干劲儿，修成红旗渠那是根本不可能实现的事。

（整理人：闫立超）

采访时间： 2021 年 9 月 2 日

采访地点： 林州市任村镇盘阳村

采访对象： 元喜存

人物简介：

　　元喜存，1941 年生，林州市任村镇盘阳村人。1960 年，积极响应政府和公社号召参与修渠工作，负责打钎、截流、和泥、背水泥等。

那时候的人干活不偷懒

作为盘阳人，我还是挺光荣的。盘阳可以说是红旗渠名字的诞生地、红旗渠精神的发源地，红旗渠"母亲渠"所在地。大概是在1960年3月的时候，杨贵在盘阳村召开全体会议，会上把引漳入林工程正式命名为红旗渠，意思就是高举红旗前进。当年林县修红旗渠时总指挥部就设在咱盘阳村里的卢家大院。县里专门派人来盘阳坐镇，指挥着好几万人修渠。

之所以说盘阳是红旗渠"母亲渠"所在地，是因为村里的天桥渠。1955年，咱盘阳和附近卢家拐、木家庄、赵所村在组织的领导下，修了十几公里的引水渠，将山西的漳河水引到了林县。从那之后，盘阳不再缺水了，甚至开始种上水稻了。因为渠道经过河南、河北两省交界处的险道天桥断，就把这条渠叫作天桥渠。在红旗渠工程动工之前，杨贵和一些人看了天桥渠说："几个村能把漳河水引过来，我们一个县就能建一条更大的渠，把更多的漳河水引到林县大地来！"这样，林县县委领导下定了修建红旗渠的决心，这就有了红旗渠。

我是1960年上渠的。当时公社的领导开了修渠动员大会，动员村民上渠，说我们村修的是源头工程，意义重大。其实吧，我也不知道修渠背后的意义有多么重，我就是个干活儿的，就想着为了以后能喝到水。早些时候我们林州人因为喝水问题是吃了不少苦的。没水我们就不能做饭，更种不成庄稼，就只能挨饿。打我记事起，我家里就缺水。全家用一盆水洗脸，大人洗完小孩洗。洗完水也不能倒，把脏水澄一澄，下回继续用。水实在用不了了，最后留给牲口喝。像这样缺水的，不只我们一家，别人家、别的村也缺水。这粮食能收不能，就全都靠天意。那时候姑娘嫁人要先打听一下村里是不是缺水，有水的村就好找媳妇，缺水的就不好找媳妇。

那个时代不论是修渠还是种地，都是集体制，实行人民公社集体化，全村的男女老少一块儿干。修渠的时候，全村人基本上都上渠了。上渠的时候，我们背着铺盖、带着行李步行60多里地到达渠首。因为渠首的地点在山西，县里领导担心我们和山西人相处不好，就经常给我们开会说："要和山西人和睦相处，不能打架。把力气用在修渠上，而不是打架上。要和山西群众打成一片，而不是打成一团。"

我是在渠首、牛岭山河口西坡打钎、放炮。我们打钎三个人一组，一个人扶钎，两个人打锤。每天都有任务量，安排让你做多少你就做多少，干不完还要加班。我当时年轻力壮，劲儿大，做事也利落，干得可认真，没想着偷懒耍滑，所以就不用加班。不过这打钎刚开始也是挺费力的，每天干得腰酸背痛，后来熟能生巧，我的打钎技术也有所增进。现在看来打钎还是有点危险的，弄不好就打住手了。因为我的技术还不错，没砸伤过人，大家都愿意和我配合着干。

这修渠呀，刚开始的时候大家也没想到会修十年，想着几个月就能干完，喝上漳河水。我修渠的时候也没想太多，每天就想着要把每天的打钎任务完成，一天一天就是这样干下去。在工地干活，大家都是十分认真，不偷懒。现在想想修渠是真累人，一天从早干到晚，除了吃饭的时候就没有休息的时间了，寒冬腊月都能干出一身汗。我记得天还没亮，抬头看天上的星星还是明晃晃的，就能听到吹号声"嘟嘟嘟"地叫，我们就起床去吃饭了。吃完饭我们就开始干，一直干到晌午。中午吃过饭稍微休息一会儿，大概一点多的时候又开始干，一直干到傍晚太阳落山。太阳落山就下工。晚饭大概是六七点开始，我们回到住的地方吃饭。虽然修渠很苦很累，但是我从来没有抱怨过，因为大家都是一样的，也没人想着搞特殊。晚上我们还在一起学习毛主席语录，听宣传队的人唱戏。现在我偶尔也会想起当年的情景，耳边会出现"砰砰砰"的打钎声，毕竟经历过就很难忘记了。

我们在修渠首的时候，林县去了几万人，安排住宿都是问题。我们当时有人住在山西的村民家里，有人只能住在土窑里。我就是住在土窑里的那一批人，在渠首高处的土窑里住着，土窑大概有十几米深。为了御寒我们给土窑安装了木门。这个土窑的好处就是冬暖夏凉。冬天的时候，我们十几个住在一起也没感觉到冷；夏天的话，也还好吧，窑洞比较凉快，但是有蚊子、跳蚤啥的咬人。睡觉的铺盖都是我们自己从家里带的，干活的工具倒是不用自己带，都是公家发的。

说到伙食，修渠首的时候正是国家最困难时期，还要还外债，所以伙食不是太好。那时候大伙吃饭也不是那么穷讲究，只要能吃的东西都会吃到肚子里，不会乱扔。平常吃秋豆角的皮和南瓜秧，上午就喝稠饭，也就是那稀不稀、稠不稠的饭，馒头很少吃到。有时候实在没啥吃的，我们就只能吃树叶和野菜。早上有时候吃饭难免会吃不饱，上午干活的时候就会饿得难受，感觉这前胸快贴到后背了。

修渠的时候都不放假，也不像现在有周末，平常也不太容易请假。虽然不太容易回家，但也没听说谁偷偷跑回家的，毕竟大家也算是自愿来的，思想觉悟比较高。我差不多两三个月回一次家，一般回家休整两三天，帮家里干点农活啥的，之后带点东西就又回去修渠了。不回去修渠也不行，少一个人干活出力，活就得拖好长时间。毕竟开弓没有回头箭，修渠都是为了以后能方便喝水、用水。

我在修渠的时候运气比较好，再加上小心谨慎，干活的时候虽然也受过大大小小的伤，不过都不打紧。但我见过有人因为修渠把胳膊弄断了，也有工人放炮把眼都弄瞎了。修天桥渠就出了好几次事情。就拿点炮来说吧，我打钎可累人，但跟点炮的危险性相比就好多了。点炮很危险，弄不好人就没了。记得俺队的元用锁就是被炮炸死了。

当时点炮出现哑炮，他胆子也是挺大的，没有思考太多，就上去准备给哑炮插上旗①，没承想 "砰"一声，炮突然炸了，人当场就没了。后来他的儿子顶替了工作，又在渠上修渠了。

① 修红旗渠点炮时，因炮质量参差不齐，偶有哑炮现象，若为哑炮，会要求插上旗以提示工人此处有炸药。

参加渠首截流

修红旗渠的一个大难关就是要把山西漳河的水拦住，使河水流进我们林县。1960年春天的时候，我们作为突击营就被安排去渠首截流了。这个时候虽然还不是汛期，但是山西地势比较高，河水从上面下来还是比较猛的。刚到那儿的时候，我都愣住了，因为之前在工地上我都是打钎、放炮的，挡水的活儿我没干过。但是我知道这个事情的重要性：我们必须要在汛期之前截流成功，不然汛期来了，上游的水量更大，截流不成就会影响修渠的进度，难度也会更大。更何况大家当时十分需要水，还是早点完成比较好。

用怎样的办法拦水？大家进行了积极的讨论。虽然有不少难题，但是大家都很有信心。记得当时队里就有人说，跟着共产党就没有解决不了的困难！我们就在共产党员、团员的带领下，开始干了。党员们在前面指挥，我心里是十分踏实的。因为共产党是带我们打天下的人啊！党员们在这次修渠的过程中是出了不少力的。所以我相信有共产党员领着干，漳河水一定能引过来，我们也一定能吃上热乎饭。

　　最开始我们想到的办法是用麻袋装一些石碴、石头，扎好口扔进河里挡水。大家的干劲儿都很大，男女老少都不怕苦不怕累。截流的时候还要去山上背石头。我也去了。不少女同志在装麻袋、搬石头的时候把手弄烂了，鞋磨破了好几双，也都没停下来。截流刚开始还好，这个办法是能挡住一些水的，但是水大的时候这些装着石碴、石头的麻袋就直接被水冲走了。看到眼前这种情况可算是把我们在场的人急坏了。石头都挡不住还有啥能挡住呢？大家又开始讨论了。每个人都很着急，眼看着水哗哗哗地往下流。这时突然有人提议让人跳下去挡水。针对这个办法到底能不能行，大家又激烈讨论了一会儿。领导们当时有两个担心，一是害怕河水太凉人跳下去受不住，二是害怕河水太急人站不稳。经过讨论后，大家都一致同意这个做法。

　　当时人也利落，说干就干，一点都不犹豫。在场的男同志都争着抢着往水里跳。我们脱了衣服穿个大裤衩子站水中，大家拉着手、挽着胳膊并排站成了两排，用身体挡水。当时的天气，站在水里还是非常冷的。队里给我们弄了好几箱酒，有些年轻人就会喝几口酒取暖。男同志跳进水里，女同志就在岸上拉着绳子，防止我们被水冲走。当时大家都是一起挡水，不分党员和社员。不过，党员和社员在干活的时候还是有点区别的，党员都是带头往前冲，干在前面。我当时也在水中，心里什么都没想，也不知道害怕，就是想着得赶紧把水拦住，这样我们林县人才有水喝、才有救。

　　截流的时候白天和晚上都有人站在水里，总共是在水里站了两三天。那个时候是有人替换的，谁需要喝酒了就从水里出来，换别的人站进去，不然一个人是不可能在水里站得住那么久的。当时指挥我们的连长叫张国辉，他现在不在了，他对工作非常负责认真。队里也十分关心我们这些干活的人，派人给我们送水、送饭，也会给我们开会，讲的都是安全问题。

　　现在想想之前确实是受了很大的苦啊！但是当时可没觉得苦，

就知道跟着队里干。人工截流总共是花了两三天的时间，最终也顺利把山西漳河水拦住了。没有这次人工截流，漳河水是拦不住的。最终截流成功，我心里也很开心，我们的努力都没有白费。水拦住后我就回去打钎了。红旗渠通水的时候我没有去现场，不过我去看过我们村后面的那段渠。听说当时在场的人很多，有各级领导，也有很多老百姓。我打心底里为能吃到水而感到开心。

憧憬变现实——日子无忧好盼头

"渠道网山头，清水到处流。吃的自来水，鱼在库中游。遍地苹果笑，森林盖坡沟。走的林荫道，两旁赛花楼。点灯不用油，犁地不用牛。不缺吃少穿，不怕灾年头。生活日日好，山区人民永无忧。"我今年虽然81了，有些东西记得不是太清楚，但这顺口溜我随口就能说出。之所以能说得这么顺，是因为我年轻的时候常说。这句句都是我们林县人对美好生活的向往。

咱这红旗渠是由吃水梦而发起的。林县人在杨贵的带领下实干，修成了红旗渠。为了让咱林县人喝上清水、生活日子越过越好，无数个像任羊成、郭秋英、张买江、李改云等这样的林县老百姓上山修渠，填谷凿渠，改变了之前缺水状态。修渠的时候，危险可以说是随时会发生。在红旗渠修建的十年当中，有八十多人牺牲，想到这我真是庆幸，自己身体没有受太多伤害，能安享晚年。

红旗渠建成通水后，我们林县的发展是越来越好了。今天在红旗渠精神的激励下，林州的山、水、人都变了样子。林州百姓的生活也越来越富。如今，我们林州的领导们不断宣传"战太行、出太行、富太行、美太行"的口号，努力建设更美林州。回想当初光秃秃的山头、旱死的庄稼，还有吃不饱的老百姓，简直历历在目。今天吃水难题已经解决了，留下的是永不过时的红旗渠精神，就是"自力更生、艰苦创业、团结协作、无私奉献"的精神。

（整理人：闫立超）

李秋山：给马有金当通讯员

采访时间： 2017 年 7 月 21 日
采访地点： 林州市桂林镇三井村
采访对象： 李秋山

人物简介：

　　李秋山，1947 年 10 月生，林州市陵阳镇北陵阳村人。1959 年参与南谷洞水库的修建工作。从 1959 年到 1965 年，担任红旗渠总指挥部第三任总指挥长、副县长马有金的通讯员。

指挥部里的小通讯员

高罩子煤油灯

我是1959年去修建南谷洞水库的。在那儿有负责推土发牌的，就是推一车土，发一个牌。有一天，指挥部一个办公室主任问我是哪儿的，我说我是北陵阳的。他就叫我去指挥部当通讯员。当时我不知道通讯员是干啥的，他说就是去那儿打扫一下卫生，擦擦灯罩，不擦就是黑的照明不了。那时候没有电灯，都是那种高罩子煤油灯。当时马有金是南谷洞水库建设总指挥长。

1960年2月，红旗渠开工，一下子上去三万多人，物资运输就赶不上。当时修渠就是摸着石头过河，都没啥经验。最后县委决定先修平顺县段，就是林县西边与平顺县交界的地方那一段，把人整个都调到那一段上。当时由于三年暂时困难，国家实行"百日休整"，年底全县农田水利建设停工，红旗渠也要减人。林县县委决定，不管怎么样，再困难，勒紧裤腰带也不能影响通水，所以经过请示，在总干渠任村公社卢家拐村西小鬼脸段留下300名护渠队护渠和钻洞。因参加凿洞的突击队是从全县民工中抽调出来的300名优秀青年，所以取名叫"青年洞"。这段要不打通，整个就影响红旗渠建设了。

红旗渠总共修了10年。1965年4月5日，总干渠通水，在坟头岭举行了通水典礼。当时加上总干渠、一干渠、二干渠、三干渠、支渠、毛渠总共修了10年呀！干了10年，才整个把渠修好了。当时林县县委提出各村都要弄水库，把水蓄到里面。天旱以后，红旗渠没那么多水，就能用自建的水库的水。不用水的时候，都蓄到水库里面，到用水的时候可以应应急。

我从南谷洞水库调到红旗渠以后，每天的任务就是，早上早点起来，把地一扫，扫完之后吃完饭，就步行去任村。任村当时有邮电局，我去把红旗渠总指挥部的报纸、信件都拿回来。回来之后就把这些往各科室分一分，谁的信件给谁，差不多就忙一上午。下午就剪剪灯芯，擦擦灯罩，没油了再添点油。有时间的话，看哪个科室没水了给人家添点水。反正一天的仟务也不轻松。

令人感动的马有金

我当时小，跟着马有金，很大程度上受到了他的影响。跟着马有金，我在工作上面和生活上面很受感动。

今年过年的时候我跟女婿说："听说为马有金修建纪念馆①了，你拉着我让我去看看吧。"凡是我以前在渠上待过的地方我又去过两三次，看看变化成什么样子了。

"马有金纪念馆"在三阳村路北。我到那里去，

① 2016 年 6 月 28 日，马有金同志纪念馆落成开馆。马有金（1921—1989），林县合涧镇三阳村人。1944 年参加革命工作，1946 年加入中国共产党。1958 年 5 月任林县副县长。参加工作后，坚决响应县委号召，和群众一块打旱井、挖渠道、修水库，先后在要街、弓上、南谷洞水库任过指挥长。在红旗渠鸻鹉崖大会战时，县委派他到工地指挥，他率领民工战胜难以想象的困难，胜利地完成施工任务。1961 年 10 月，他接任红旗渠总指挥部指挥长，克服建设资金十分紧缺、民工生活口粮标准很低等困难，身体力行，与大家同甘共苦，同劳动，同吃野菜，抡锤打钎，曾数次跳进冰冷的水里，带头挖石出碴，既当指挥员，又是战斗员，率领民工攻克了许多艰难险阻。

一看见他的塑像我就哭得很伤心，心里很难受，想起跟他在一起的五六年。我给他裱的箱子也还在。

马有金68岁就不在了。他高血压，关节疼，在红旗渠的时候不吃药，捉几只蜜蜂，捏住蜜蜂让它们蜇他的膝盖。我问他为啥这样做，他说这样就能刺激关节让它没啥感觉了，实际上就是麻醉了。这让我太受感动了。

最感动的就是，杨贵曾说，红旗渠要不是有马有金，别说十年，就是二十年也修不成。马有金既是管工程的副县长，又是水利专家。他在林县一直搞水利，很有主意。就现在来说，也没见过那么能吃苦的人。一天睡五六个小时，每天早上五点就起来摇电话给各分指挥部："你们起来了没有？天都多亮了，你们还没起呢？我可起来了，我要往你们那儿走了啊。"他打完电话就要吃饭了，吃过饭就去工地。中午，远的地方他回不来，就用竹制的暖壶装厨房做的稠汤，掂着就去了。晚上也到很晚才回来。

有一次下雨，是暴雨，结果下那么大他一直没有回来。后来捎信说，在阳耳庄北崭。以前也没有伞，我就拿了个雨单，往那儿去。他说："你来干啥？"我说："下了这么大，我来给你送雨衣了。"他问："你拿了几个？"他问愣我了，我说："我拿了一个呀。"我一时不懂他是什么用意，他说："你查查这里有几个民工，就去弄几个雨衣，一人一个。"听他这样一说，我就想，民工都在工地干活，他能披上雨单吗？

后来马有金说，以后不管是下雨，还是风吹日晒，不要送防雨设备和防晒设备。每天去的时候就戴着蓝色草帽，戴着用了好几年的帽子。他是光头，不留长头发。关于他的生活穿衣，我说个最典型的事。他枕的枕巾，中间已经没毛了。红旗渠上有个服装厂，人家支持红旗渠，专门给红旗渠上的人补衣服。人家把枕巾的两边有毛的地方剪下来缝到他枕的地方，枕了几天毛又没有了。我就给他买了个新的，把旧的扔到垃圾池了。结果晚上他睡觉的时候就喊起来了。他这个人脾气很急躁，不管你在哪儿，只要一喊你，你就算离得远也得答应。你要不答应，他就一直喊你。"秋山！""哦，我听见了，我来了。"我就去他屋里了。他说："我的枕巾呢？"我说："你那个枕巾我给你扔了。"我说："你看你那枕巾成那样了，我就给你买了个新的。""你去给我拿过来，你去给我找到，你立马去给我找到！"你看他固执到什么程度。后来我就去垃圾池，都晚上了，知道给他扔到哪儿了，就摸着了。我说："我明天给你洗洗，晒干再给你。"他说："中。"

河顺公社有个人叫观泉（音），在当地管掌鞋。马有金去修鞋，让给他打满掌，新鞋也让给他打上掌。那时候的干部都是穿的打掌的鞋，马有金掌鞋就是全部鞋底都粘满。他穿的裤子，磨破了，有时间就去补衣服的地方，弄一块布把破的地方补上。他到工地就不闲着。他抓着钎就是钎，抓着锄头就是锄头，抓着洋镐就是洋镐，一直干活。他就是一个那样的人。他到工地也抬石头，就算有垫肩，（衣服）也磨破了。破了以后就让用旧衣服剪一截补到肩膀上。就是这么典型的一个人。

原来他不吸烟。1961年，一天九两粮食，那时候也没啥菜，都是吃的野菜，还有那种麦子淀粉，还有玉米皮淀粉，就这样饿得他就开始吸烟了。开始的时候，他说："你去卖报那儿给我买包烟吧。"我说："中啊。"他说："那样吧，你干脆给我买一条吧。"他一月是64块5毛钱的工资，领工资也是我给他领的。当时一个馍是二两粮票，一碗汤一碗米饭是一两粮票。我老是给他买好粮票。他家没有别的劳力，在生产队里面没有那么多劳动，他就得买人家的粮食。到五月或秋天的时候，他就往家里的小队里面送钱了，不交钱就不给他分粮食。后来，我去给他家送钱，他老婆裹着小脚，问孩儿他爹在那儿能吃饱不能。我也怕人家惦记，说他能吃饱。在那儿修渠的人都是吃不饱，他能吃饱？我说他不咋干活，咱也是哄她了，害怕家里惦记了。后来他老婆说："那样吧，我给他碾了一点玉米粉，你走的时候给他带着点。"马有金就弄了一个茶缸，洗干净，把茶缸放到煤球火上面，把它做热做熟，就吃了。他跟别人不一样，别人还买点什么其他的，他非常节省。他的工资要买粮食，家里面要开销，小孩儿要上学，都要花钱。

还有一个最典型的故事。他闺女，是1961年还是1962年，我不是很能记清了，去工地找他了。闺女在合涧公社二中上学，毕业了想她爹是县长，总得给她找点事吧。等去了马有金那儿，她跟她爸说了。他说："中啊，我给你找个事，去上农业大学吧。"他闺女高兴了，说："农业大学，不管你让我去哪儿，叫我去上大学就行。""去三阳上吧！"原来是让她去生产队里面劳动，这就是"农业大学"。早上他叫我，问他闺女去哪儿了。我说她还没起来。他说："我往工地走了。"结果我一推门，他闺女早就不在屋里面了，我赶紧找老马。马有金不让叫他县长，一叫县长他就生气。我说："老马，老马！"他说："咋了？"我说："你闺女走了，不在这儿。"他说："她走让她走吧。我对不住她，她让我给她安排上学，我也没那个本事，我让她去农业大学了。"实际上，他跟他闺女说这话我已经知道了。他说："咱也就没那个钱供她上学，让她回家劳动劳动、锻炼锻炼，挣个劳动日的工分，也就减少我的负担。"他是这样的。

马有金这个人不管在工地还是在哪儿，这人很实在。他在红旗渠上，差不多民工都认识他。抡钎打锤的，一般打得好的人打一百二十个就累了，马有金抡着锤子能两面开工，能打两百下。

红旗渠上啥事都离不开马有金。为解决问题，马有金总是提方案，所以就叫他土工程师了。林县的人一般都认识他，因为他成天在工地跟他们打交道。大家一看到他就说："老马过来了呀。"我们村有一个人，俺家这儿的人都叫他余振东，在南谷洞水库时就认识马有金。结果修红旗渠的时候他也在。马有金也在红旗渠上。一见面他就说："老马你让咱吸了你那个烟头吧。"马有金就掏给他一支烟。余振东说："你只让我吸烟头了，掏给我一盒吧？"马有金就掏给他一盒。

我一直跟在他身边。后来马有金就说我年龄大了，就让我到保卫部了。我是（一九）五九年就跟他在一块了，一直到（一九）六五年。

红旗渠为我们林州带来了变化

我们这儿原来很缺水，修完红旗渠之后，水就从北边能流到我们这儿了。那时候放水得去渠管所开开水证。开好水证，然后大队就组织了24个人，分为12个小队，一个小队两个人，是管看水的。为什么要看水呢？因为沿路不看水别人就把水给截了，就流不上咱这里了。一个口子那里是两个人替换，黑夜白天24小时在那里，替换着吃饭。

以前玉米就长那么高，后来修了渠，地能浇上了，玉米吃透水了，就能听见玉米节儿在那里拔得咯吱咯吱地往上长。

以前修红旗渠的时候真的是受了很大的罪。有一次，办公室主任王文全对我说："你啥时候有空到下陶去一趟，我们批了一点商品菜在那里。"于是，我吃过饭就步行走到了那里，找到了那里的党组长。他说："你们今天下午能弄走的话就弄，弄不走的话，我们就分了。"我就问："你们村有电话没？"他说："有，但是只能打到姚村，但是我知道从姚村能转到任村，从任村就能打到红旗渠上。"我就赶紧去打电话，让找来六个人，推三个推车。他们来了之后就半下午了，然后把车子装好，我们就往回走。那个路又很窄，走到现在的红旗渠展览馆那里的时候，就都走不动了。来的时候，每人带了一个红薯面疙瘩，就是红薯面配着野菜做成的，他们在路上就吃完了。这时候大家都很饿。我说，实在不行，就吃红萝卜吧。那时候也没有水洗，就用萝卜叶子擦一擦，然后就吃。吃完之后，到任村天就黑得看不见路了。在任村的漳河库区管理所有一个叫石贤玉的，修南谷洞水库的时候我认识他。我去找到他，敲开他的门，问他能不能让我们在他那儿待一会儿。但是那天晚上，大家都拉肚子了，到了第二天大家都走不动了。我就又从任村打的电话，于是又派人来帮忙，我们才推回去了。

我有两个儿子，一个姑娘，老大家有了孙子孙女，我现在是四代同堂。过年的时候，我会跟他们讲以前受苦的事情。他们说："我们不想听这。"我说："你们不想听，没有以前的苦，就有了现在的甜了？"你不给他们说，他们就以为天上就该掉馅饼。

孙子们虽然都不爱听我说，但是也知道我在红旗渠上修过，也有点用。首先，他们就不懒了。我自身的行为还是对他们有点影响的。我的孙子们也懂事，他们知道怎么做人。

（整理人：王安功）

王爱成：
林县人的精神令人佩服

采访时间： 2017 年 6 月 1 日
采访地点： 山西省平顺县石城镇王家庄村
采访对象： 王爱成

人物简介：

    王爱成，1947 年 6 月生，山西省平顺县石城镇人。中共党员。18 岁担任王家庄大队队长，后来任王家庄村党支部书记 40 年。王爱成亲身感受到了修建红旗渠的艰苦和伟大，以及两地人民之间的深厚情谊。

红旗渠与王家庄的"缘分"

当时修红旗渠，林县人民历经了千辛万苦。民工都是推着独轮车，扛着铺盖，来到我们王家庄。我们王家庄村400余人，来到我们村修渠的人达到七八千人，那时的口号是"引漳入林"。

整个红旗渠在山西境内是20多公里，红旗渠总指挥部设在我们村。1960年的时候是突击山西总干渠这一段，人比较多，大概是几万的民工，全民动员、全民上阵，医院、学校、粮店，整个后勤机构都在我们村。林县本地的豫剧二团常年在我们王家庄村，一个星期左右去慰问慰问民工，就又返回来这里了。

记得当时民工很多。我家老院有5间房，我和父母、三个妹妹总共六口人，住的楼下三间房，另两间是让给民工居住的，楼上的地方也都是让给民工居住。家家户户都是这样的，能住的地方都让给民工居住。屋子上面的一个小阁楼，空间比较窄，民工晚上钻进去休息。只要能背雨的地方都住着民工，村子外面搭着帐篷，也住着民工。

当时提倡全国一盘棋。林县对民工的教育也很严，和部队一样，不能随便拿老百姓的东西，不能随便去地里摘东西吃。由于修建红旗渠，搭建了林县与山西人民的友谊桥，两地一家亲。因为当时都在我们村住，加深了王家庄和林县的感情。比如豫剧二团有一个叫马梅英的，我们村的一位村民就认她为干女儿，成了亲戚关系。还有一个村民与民工结了婚。这都是发生在我们村的事情。成朋友、姊妹、干亲的人还有很多，整个村子的人和民工都相互熟悉了，大家相处得都很好。

王家庄村地理位置特殊，在红旗渠山西境内的正中间。修渠通过这里的最佳方案是钻个洞过去，工程量小，渠线也短，但是这样需要占我们村的地和山，担心我们不同意。还有一套方案，就是绕过这里，那样工程量是非常大的。经过协商，第一套方案通过了。老百姓都能体谅当时的苦，都能体会到家里没水造成的困难——没有粮食吃，解决不了温饱。林县离这里也不远，很多大人推着独轮车来这换小米，以前就知道他们林县人缺水。

接下来就是安全问题。当时都是手工操作，打锤、钻眼，没有机械设备，完全凭手工干的。当时吴祖太牺牲就是在下午民工休息的时候，他进山洞勘察工程进度，检查安全隐患，结果进去的时候就遇到塌方了，他和李茂德都牺牲了。

林县和平顺县是一家人

在林县修渠民工来王家庄之前，我们王家庄管理区党支部就抽出管理区主任王国英同志到处找房子、打扫屋子。领导让社员们糊窗户，光我们一个庄就腾出了230多间房子。

现在，我仍然记得那时候村里的广播，记得很清楚。那天早上走在街上，就听见喇叭里广播动员讲话。我记得内容大约是这样的：林县引漳入林工程正式打响了，这是一件大事，也是一件好事。我们对林县民工的到来，首先要表达热烈欢迎。同时，我们各个村要做好思想的、物质的准备，从多方面给予支持和配合。社员同志们，现在还是寒冷的冬天，林县民工最需要、最紧张的是住房。大家能挤一挤的挤一下，已经挤了的想办法再往紧处挤一挤，尽量让林县的兄弟姐妹住家里和窑洞里来，让他们感受到阶级友爱的温暖，感受到社会主义大家庭的温暖。这段广播内容现在我仍然记忆犹新。民工们到村里的那天，干部和群众更是热情招待，烧水、拿出来米和面，给民工做饭。好多家都是自己住不好的房子，让林县的兄弟们住好一点的房子。心疼他们修渠不容易。

大家都争着抢着去给民工烧水，尽自己最大努力去给林县人提供方便和帮助。那个时候是真帮忙：林县民工居住，需要房子；林县来的各个机关单位，也需要房子……我们王家庄满打满算就这么200来户人家，全部斜挂在一面坡上，没有可以藏着掖着的地方，一目了然。已经挤得不能再挤了，腾出了230多间房子，还是不够用。为此，我们村的好几个干部愁得吃不下睡不着。林县人当时是真不容易，大冬天的抛家舍业来到我们山西施工，漫山遍野凡是能够住人的地方都住上了人。村子周围好几百年没人住的破窑洞，他们也不嫌弃。他们抓一把干草划拉划拉，再找一捆玉米秆遮挡一下就住进去了。村里好多猪圈因为好多年没有喂猪，也都空着，他们也收拾收拾住下。真的很艰苦，现在你们根本难以想象。

也正是因为修建红旗渠，才有机会看到林县人民艰苦奋斗的决心。那时候的不容易放到现在真的是受不了的。好多民工冻得手上都是冻疮，条件真是太艰苦了。也正是红旗渠的修建，才有了今天林县和平顺县的深厚友谊。

记得当时还有这样一首歌谣："林县和平顺县是一家人，互帮互助情谊深，同心携手搞建设，党把万心结一心。"而且林县报纸上有过专门的报道，大约是说我们王家庄是山西省平顺县石城人民公社的一个比较大的山庄，在这里住着林县1800余名修渠民工。相隔百余里的林平两县群众，虽然是初次相聚一处，但从他们的相处关系上看，却如同亲兄弟。你走到工地和村内，到处可以听到歌颂两县群众亲密的诗歌，都能碰到那些友谊动人的场面。

林县人的精神令人佩服

修红旗渠的时候很困难。最近我去林州看到一个标语写着"崖当房、地当床"，真是当时的真实写照。说起修渠的苦是真苦。我看过《难忘岁月——红旗渠的故事》，拍这个电视剧的时候就是以这儿为外景地，也在这拍了好多镜头，但从电影上，并不能全部反映出当时修红旗渠的艰苦。

那时候艰苦到什么程度呢？首先是吃不饱，一天几两粮食，还得经常出去挖野菜。在修渠的时候红薯叶就是好菜了，杨桃叶等凡是能吃的东西都要采摘回来，补充粮食的不足。修渠生活艰苦，劳动强度大。红旗渠工地许多都在山上，施工用的石灰、水许多需要人来扛。民工戴的都是柳兜帽，称为安全帽，肩上有圆垫肩，有时抬筐、打水都要从山下往上运。

民工晚上经常加班。白天天明上班，有时天黑还没下工。那时也有老百姓说："这怎么能把漳河引到半山上呢？那是不可能的事情。""漳河引到半山腰上，能流水？井修不好都会渗漏，这能引上去？"但是后来就是修成了，也能通水了，老百姓也看到了。对于林县人的这种精神，我就特别佩服。现在去青年洞参观，看到那么艰险的地方也将渠修成了——想想当时在1960年那样落后艰苦的条件下，能在半山腰上修成这一条人工天河，确实是人间奇迹。修成不容易，后来通水的时候，老百姓看到水流过来了，终于相信奇迹成为现实。

参观红旗渠真的能领会到修红旗渠的艰苦奋斗精神，这是最可贵的东西。修建红旗渠用的石灰都是在河滩由民工自己烧的，可想而知当时材料多缺乏。石灰自己烧，炸药自己造，这是我亲眼看到的。那时候经常搭舞台，晚上演戏，王家庄村的百姓在前面看，民工们在周围看。林县人对王家庄老百姓是真的好，老百姓得病了，赶紧给看病，给上年岁的老人端饭。同样要是哪个民工吃不饱饭了，村民也会给他们弄点饭，互相帮助，毫无私心。

当时学校的学生也来工地帮助修渠，半劳动半上课，从河滩往红旗渠上扛石头。修建红旗渠确实是全民动员。

王家庄和林县的关系是不会割断的

1960年，决定集中力量首先修建山西境内的红旗渠。在山西境内修渠，杨贵书记抓准当时的时机，把工程抓得很紧，纪律严格，经常去工地检查安全、开会，想尽早把红旗渠修好。马有金当时是副县长，在红旗渠上是得力干将，个子高、长得黑、声音大。记得当时家家户户都有小喇叭。放大炮的时候得把喇叭关掉，不关就会被震坏。大家一听说放大炮，就都躲到家里，小炮都不当回事。记得有一天晚上，林县专门带着电影院放电影的机器，给我们放电影。两个机器不停转，演的豫剧《包青天》。林县豫剧一团、二团每年都要来唱戏，村民们都很喜欢。去林县的时候，领导也特别关心我们。

林县人民为红旗渠付出了很多，下了很多的功夫，红旗渠也为林县带来了很大的效益。因为红旗渠，王家庄和林县的关系是不会割断的。

（整理人：张坤　李雷　李俊生　李妍妍）

李晓红：我的县长父亲

采访时间： 2021 年 9 月 2 日
采访地点： 林州市人民医院
采访对象： 李晓红

人物简介：

李晓红，1966 年 7 月生，林州市人。中共党员。
林县原县长李贵幼子。

县长父亲的遗产

在父亲去世以后，曾不止一人、不止一次地问过我："你爹去世后都给你留下了什么宝贝？"每次我都是一样的回答："只有两个空空的箱子。"很多人都很惊诧，不以为然，想着堂堂一县之长，家产怎么可能只有两个箱子。每当这个时候我都笑而不语，因为父亲走的时候确实只留下了两个箱子，没有其他任何家产和遗物。这两个箱子里既没有金银珠宝，更没有房产地契，有的只是父亲留下来"绝不能沾公家一丝一毫"的家规和他的两袖清风。

父亲从1956年起到1976年去世，给我们留的全部东西只有两个樟木箱子。不要说金银财宝，父亲自己连套房子都没有。当年的县委领导不分配房子，都是公家给租房子或者自己找房子住。因为我们家没房子，所以一直住在医院的一间病房里。我父亲在1974年冬天病情加重，直至他去世，我们一家一直住在医院专门为父亲安排的病房里。从那时起，那间病房就一直是我们的"家"。与其说是"家"，不如说就是一间病房的里外两个隔间，中间只有一条幔子将一个房间一分为二，那里就是我长大的地方。

我父亲于1976年去世，4年后我的母亲也去世了。父母都不在了，舅舅为我们主持分家。分家的时候舅舅一看，我们的床是医院的，盖的被子、褥子也是医院的，还有写字台、书柜、衣柜上面都写的是中共林县县委，一样也不属于我们自己。他当了20年的县长，还曾担任过红旗渠后勤指挥部指挥长，成千上万的钱从他手里面经过，而他只给我们留下了两个箱子，以及外面欠的好几百块钱的外债。

在那个年代，我父亲一个月工资126元，母亲一个月工资48元，这在当时都算是高工资，虽不说过上富裕的生活，最起码也是衣食无忧。可我和姐姐的童年却从未穿过一件完整干净的衣服，衣服上总是打着一个又一个补丁。我也很纳闷，家里的钱都去哪里了呢？直到父亲去世我才从别人那里得知，原来父亲经常将钱送给有困难的群众。不仅给来访的群众钱，他还有个习惯，每天早上就到县（城）周围的村庄转悠，跟老百姓唠家常，就在百姓家吃饭。转悠一早上，基本就知道谁家困难，谁家需要帮助，然后他就开始自掏腰包资助这些群众。每到过年，他总担心一些困难户无钱过年，便给困难户送去30元、50元、100元。殊不知帮助了大家，却难为了小家，害得母亲总是四处借钱。

其实父亲不只自己清廉，对我们也是严格要求。在父亲病情还未加重时，那时的我们还在老百姓家里住着，冬天没有暖气，因为父亲身体的原因也不能烧煤。县委考虑到父亲的身体，把我们安排到了县委第四招待所。刚到那里的第一天父亲就为我们立下了规矩：不能去招待所的后院。为什么不能往后院走呢？因为后院是食堂。那个时候县委要招待外宾和来林县参观学习的人，都安排在四所吃住。父亲不让我们往后院走，就是害怕我们去偷吃东西。

在那里还发生了一件事，让我到现在依然记忆犹新。有一年冬天的中午，我一点多回家，又冷又饿，结果到家发现家里没人也没有吃的，我就在前院玩。玩的时候遇到了一个服务员，她问我在那里干什么，我说在等家人回来做饭。听到我没吃饭，她就非要带着我去后院吃，还信誓旦旦告诉我说她用自己的饭票买给我吃。一开始我忌惮于父亲的威严，不敢去。曾经哥哥们因为偷偷去后院吃东西而被父亲揍得鼻青脸肿的场景也在眼前浮现。服务员可能是看出了我的害怕，就告诉我，这事她不会说出去，没人会知道的。听到这话的我仿佛是吃了定心丸，在她的带领下我们就去了后院。到厨房后，炊事班曹班长正好端了半盘酸菜肉丝走了出来，问我们来干什么。服务员向曹班长说明了情况，曹班长就让我把那盘酸菜肉丝吃了。看我犹犹豫豫不下嘴，他才告诉我说是别人剩下的菜。早已饥肠辘辘的我就坐在大菜板旁边赶紧端起碗吃。

没吃几口，突然看到旁边的人都站起来了，还听到有人问："李书记，你吃饭了没？"这一句话还没说完，我就感觉到了后脑勺挨了狠狠一巴掌，一下子就把我的脸打到了菜碗里。然后父亲拽着我的衣领子大声质问我，瑟瑟发抖的我委屈地说自己太饿了才来的。曹班长也在一旁拦着说是客人吃剩下的，可父亲仍训斥我："客人吃剩下的，也是公家的！"在我的印象中父亲只打过我这一次，只有一次，我就永远记住了父亲的训诫："永远不能沾公家的。"父亲的清廉不只刻在骨子里，也表现在行动上，更是深深地影响着我们。

虽然父亲已经过世多年，曾经留下的樟木箱子也有了岁月的痕迹，但是每每看到这个箱子，父亲曾经言传身教的一点一滴就会浮现在眼前。虽然箱子空空，但里面装满了父亲留给我们的做人之道，足够让我们受用终身。

一心为民　敢于担当

我父亲出生于深山区，深受交通不便和干旱之苦。1957年上任县长后，他就和县委、县政府一班人积极研究解决深山区群众的生存之路。他们认为，要改变林县的贫困面貌，必须把解决水的问题放在第一位。于是1958年，他就和书记杨贵等领导确认了要街、弓上、南谷洞三个水库的修建。但三大水库修成后，用水效果仍然有限，在这种情况下，一个更大的计划在他们心中酝酿着，就是从境外引水。

为了摸清情况，我父亲和县委的其他领导一起，多次到山西省平

顺县实地考察。当时林县至平顺的道路坎坷崎岖，县
委就只有一辆吉普车，也难以用上。他们整日跋山涉
水，不能吃上一顿热饭、饱饭。那时，我父亲已年近
半百，又患有肺病，更是累得气喘吁吁。经过多次考
察、测绘，终于决定从平顺县王家庄①"引漳入林"。

①非王家庄，应为
侯壁断。

　　引漳入林工程开工之前，我父亲就向县委提出
坚决到最艰苦的第一线去，和群众同甘共苦，战天斗
地。"引漳入林是全县人民的共同愿望，我这个当县
长的应该到第一线去！"杨贵笑着对他说："你上了
年纪，身体又不好，还是留在后方抓后勤吧。当前经
济十分困难，物资又十分紧缺，后勤供应不上就会拖
工程的后腿，后勤工作也一样重要啊。"

　　按照县委的分工，我父亲主持全县的行政工作，
并兼任红旗渠后勤指挥部指挥长。

　　在修渠各种物资紧缺的情况下，我父亲就组织发
动群众，发扬自力更生精神，自己生产抬筐、石灰、
炸药等修渠物资。当时，席子在渠上也是紧缺物资，
因为几万人在渠上没地方住，要在野外搭工棚打地
铺，都要用席子。杨贵和我父亲就率先把自己炕上的
席子捐出来，供工地民工使用。在他们的带动下，全
县的机关干部纷纷把自己家的席子捐了出来。可需求
量太大，我父亲又来到了泽下公社上庄村，这里盛产
芦席。原来生产的芦席纹路很粗，我父亲要求村里编
成二纹席，篾子要细，间隙要小。这种席子在修渠工
地上用途广泛，铺地上能隔潮，搭帐篷不漏雨，装粮
食不漏面，还透气。我父亲督促他们大量生产，为民
工生产生活提供了保障。我父亲还亲自到村里和编筐

子的匠人一起做实验，探索出最适合民工体能的抬筐尺寸。在一次捐献大会上，我父亲动员大家向红旗渠工地捐献物资，当场把自己脚下的新布鞋脱下来捐了出去。对于炸药、钢材、煤炭、水泥、布匹等不能自给自足的急需物资，我父亲每天写几十张介绍信，让工作人员拿着介绍信向曾经的战友寻求帮助。

我父亲虽然是县长，却经常冲在物资供应第一线。一年冬天，供销社一位干部带着一辆卡车，从山西往回拉工地急用物资，可到了平顺县城附近，车坏了。没办法，他匆忙赶回来向我父亲汇报。当时刚吃完晚饭，我父亲一听，急得不得了，马上喊上三位同志，拿上手电，骑着自行车，就往平顺赶。当时的路没有硬化，坑洼不平，后半夜他们才赶到那里，每个人都冻得瑟瑟发抖。我父亲带着大家找到一户村民家，硬敲开门，给了人家一块二毛钱，做了一锅汤给大家喝了，才顶住了寒气。天亮后，我父亲又骑车找到平顺县委，请人家领导协调了一辆车，及时把物资送往了工地，没耽误工程进度。

在修渠期间，恰逢"百日休整"，整个林县境内，各项工程作业被严令禁止施工。在全县禁工的情况下，我父亲毅然决然找到杨贵书记说："红旗渠，必须继续修，一定要把水引过来。"之后，我父亲返回老家，在没有粮食等后援支持的情况下，组织了300多人，自备干粮和工具去修建青年洞。接着，他向杨贵书记汇报了后勤保障工作，说："我们总共有3000万斤储备粮，300万的储备金，每人每天节约1口粮食，那么一年我们就能节约1200万两粮食，再加上红薯干、粗粮，饿不死人，无论如何我们都能把红旗渠修完。"最终林县人民顶着困难和压力，继续修建红旗渠。

尽职尽责的后勤部长

　　杨贵书记曾告诉我说："晓红啊，要是没你爸爸做这个后勤指挥长，红旗渠修不起来。"那个时候红旗渠的修建困难重重，后勤工作更难做。

　　那个时候修建红旗渠面临的最大的困难就是物资短缺。林县什么都缺，我父亲说林县找不到，那就去外面找物资。当时我父亲听说豫东还有山东菏泽这一带没有煤，就拿红薯干当柴火烧，代替煤做燃料。我们林县这边有一个大众煤矿，当时一个双职工的家庭要定量给供应一部分煤。我父亲就给全县做出动员号召，动员大家用柴火代替

杨贵（前排右二）、李贵（前排右一）与群众交流

509

煤，这样，我们就可以用节省下来的煤，去豫东以及菏泽这一带换红薯干，再把这些红薯干送到红旗渠工地，供修渠民工充饥。在去换红薯干的时候，我们还不敢说是给人吃的，只能说是喂猪的，因为这些食物，在豫东以及菏泽一带都是做牲畜饲料用的。

即便有了物资，运输物资也是个不小的问题。后勤部的老人们跟我开玩笑的时候说过："天不怕地不怕，就怕李贵打电话。你不知道，你爹一打电话，我们就慌啊，绞尽脑汁也要把物资往上面送。"那个时候条件不好，没有路灯，道路也是坑坑洼洼，有的地方甚至窄得都不能被称为是路。小车推，人来担，人实在走不过去了，我父亲想了个主意，召集人们把家里养的羊聚集起来，一头接着一头，让羊把物资运上去。

除了我父亲自己在工作中有智慧，能当好修建红旗渠的后勤指挥长，还得益于他人对我父亲的认可与支持。

我父亲于1914年出生，1944年入党。村里的老人告诉我说，我父亲那个时候是林南县①游击队队长、灭蝗队队长、担架队队长和运输队队长，是当时的先进分子，也因此认识了很多人。当时县委领导里除了武装部政委、部长是从外地调来任职的，其他都是林县南边这部分的人，在战争时期和我父亲都有过交集，算是相当熟络的朋友。开始修红旗渠后，那些老县委们都说："让老李干，我们都跟着他干。"他们都很信任我父亲。我父亲就像一条绳子，把大家牢牢地凝聚在一起，攻坚克难，把力量集中在修红旗渠

①林南县：1940年林县被分成南北两部分，北部称为林北县，由共产党管辖，南部（含县城）俗称林南县，由国民党管辖。1946年两部分合并，仍称林县。

这一伟大事业上。

　　除了凝聚林县内部的力量，我父亲也努力寻求走出去的林县人的帮助。在当时物资短缺的背景下，我父亲积极地寻找自己的老战友、老朋友，还有走出去的林县人，利用各种关系来为红旗渠的修建提供坚实的后勤保障。在1944年至1949年，林县送出去27000多人，参加了八路军、解放军，因此当时林县有一个说法，叫作"南下北上"，这描述的就是当时林县南边和北边的人都去参军的情况。也正是这个原因，到了（20世纪）60年代的时候，这里面有一部分人留在了部队，有一部分转业以后当上了地方领导。而这些人，都在红旗渠的修建过程中提供了巨大的帮助。我父亲派人往南走到泉州找了郭有帆，到福建找了张全金、马兴元，还去东山县找到了谷文昌。这些都是南下离开故乡的，是地地道道的林县人。他们一看我父亲写的信二话没说，都纷纷找能用得上的物资，从煤、水泥到电线、炸药，再到粮食、席子，每一个被联系的林县人都竭尽所能地支援红旗渠的建设。红旗渠搭起的每一块砖头、垒起的每一块石头，都包含着全体林县人的心血和努力。

（整理人：闫立超）

梁生廷：
办展宣传红旗渠精神

采访时间： 2021 年 9 月 12 日
采访地点： 红旗渠干部学院
采访对象： 梁生廷

人物简介：

　　梁生廷，1948 年 2 月生，林州市桂林镇平辛庄村人。中共党员。1969 年到林县文化馆工作，40 年间，持续拍摄红旗渠现场图，留存诸多宝贵资料，同时积极参与筹办红旗渠国内、国外的展览工作。

红旗渠的宣传和展览

　　我们林县的水利建设开始时间比较早，修红旗渠之前修了像抗日渠、英雄渠，包括盘阳村和其他几个村一起建设的天桥渠——它在下游部分，水位比较低，建设难度很大。如果没有共产党，红旗渠根本修不成，因为山西那边肯定不同意你引水。但是当时那个年代全国一盘棋，又沾了山西省委书记陶鲁笳的光，才能开建。当时我们要修红旗渠，河南省委书记处书记史向生和山西领导他们都是在太行山区战斗过的老革命、老战友，就让他给山西省写个信，说把漳河水引过来林县。我们要到山西去修渠，然后找到山西主管农业的副省长刘开基。他说："这么大的事，来山西修渠我做不了主，你们跟省长王谦说吧。"王谦说："你这个事情比较大，还是给省委书记说吧。"当时省委书记陶鲁笳说："让他们修吧，我在那个地方住过几年，那个地方确实很缺水。"要是没有他这句话，红旗渠根本就修不成。他之前是太行区五地委书记兼军分区政委，驻地就在林县。2004年在北京搞展览，他也拄着拐棍去了，说："没有我当年那句话，你们这个红旗渠也修不成。"我说："确实，这是实实在在的。"实际上我们应该感谢陶鲁笳。

　　1968年的下半年，我们花费三个月的时间，对劳模进行调查走访，留存了影像资料，以便对这些优秀的人物和事迹进行宣传，像宣传李改云，主题是舍己救人。当时对她的宣传已经取得一定的成效，有以她的名字命名的桥和其他的东西，但是她本人并不知情，这是在她处于受伤昏迷状态下宣传出去的。

展览一般追求写实，像文字、实物、版面照片等是最常见的表现
形式。咱们搞的是展览、陈列并举，下边是实物台，上边是展板。后
来到省博物馆的时候，展览形式基本确定，再之后我们通过中国贸易
促进委员会等组织到国外搞了十多次展览，像德国、日本、丹麦等。
中国贸易促进委员会挑选出很多优秀作品用于组织展览，预先在国内
设计好，然后装船出发，抵达目的地后再雇人布置展会。这种展览主
要是依靠政府的力量。当时去国外展览是分批次的，每次只去一个国
家，展览之后就把展品全部销毁。当时的运输条件不好，需要提前一
到两个月坐轮船去。我的主要工作任务就是配合组织策划展览。水电
部有个展览办公室，他们把我借调过去开展工作。全国农业展览馆有
个单独的馆区叫水利馆，水利馆的展览材料基本是两年更换一批，但
是关于红旗渠那部分的材料却始终位列展览台，一直没有换。

烈士吴祖太的故事

说到红旗渠，有一个人的名字是怎么也绕不开的，他就是吴
祖太。

吴祖太从黄河水利专科学校毕业后被分配到新乡专署水利局工
作。当时豫北只有一个地区——新乡地区，同时管辖着安阳、焦作一
带。后来"分家"以后，安阳、新乡被分为两个地区，焦作归新乡管
辖，鹤壁归安阳管辖。吴祖太虽然牺牲得早，但是红旗渠的图纸大多
都是出自他之手。

1958年，吴祖太主动要求调到林县水利局工作。当时引漳入林工程
还没开工，就把吴祖太分到南谷洞水库，在南谷洞水库当技术员。吴祖
太在红旗渠测绘过程中确实付出了很多。当时条件困难，只有一台经

纬仪、两台水平仪，靠这三台仪器来测量。第二次测量以后，吴祖太将整个总干渠、三条干渠图纸给弄了出来。先是总干渠图纸——山西部分的图纸，是一期工程，后来二期工程等等，一共分为四期工程。

后来吴祖太牺牲之后，我问同在黄河水利专科学校毕业、在林县水利局就职的卢公亮："你们有没有专门保存图纸的柜子？"他说："根本没有，只有吴祖太有个装衣服的箱子，图纸全部在箱子里，他自己保管着图纸，不让外人碰，怕给他弄乱。"这个箱子后来我也见到过，箱子上贴着一张像发票一样的东西，上面记录着这个箱子的购买日期是1954年12月。

我在北京组织展览的时候，很多人包括外宾都询问这个图纸的总设计师是谁，尤其是国外研究这方面的学者，他们都认为这样的图纸只有清华的学生才能做出来，但是吴祖太就是从黄河水利专科学校毕业的。面对这么大的工程能拿出整套图纸很不容易。吴祖太他很聪明，个子很高。他有个习惯，就是每天晚上看图纸。有时遇见问题他就抓头发，瞌睡了他就掐自己。现在很多本科水利系毕业的，拿出难度系数这么高的图纸也不是一件简单的事情。

吴祖太是在1959年春节结婚的，爱人是淇县的一名教师。她在带孩子乘坐火车去参加义务劳动的时候，为了救一个学生，被火车碾压牺牲了。当时谁也不知道吴祖太爱人叫什么，直到有一次我去吴祖太家里，询问过后才得知他爱人叫薄慧贞。薄慧贞去世的时候，吴祖太还在南谷洞水库当技术员，当时安阳水利局直接打电话，让别人通知吴祖太回安阳，因为他爱人去世了。当时的副县长马有金不敢直接给吴祖太说他爱人去世了，就说："老吴你快来，让你去安阳开会。"吴祖太说他现在正忙，让别人替他去。马有金就催促吴祖太让他赶快坐着备好的车回去，后来吴祖太才知道是自己的爱人去世了，之后就把他爱人埋葬在淇县。

吴祖太在世时，在林县水利局有个关系很好的朋友，叫刘合锁。

最后还是刘合锁把他和他爱人合葬了。在吴祖太去世后，他家的里里外外一直是刘合锁在照顾着。每年春节，刘合锁都会送一些抚恤金到他家。刘合锁人品非常好，吴祖太父亲、母亲去世都是刘合锁在帮忙料理后事。

当时吴祖太死在姚村公社工地，水利局的人安排刘合锁去运送遗体。当把吴祖太的遗体运回到村口的时候，其他人建议刘合锁先进去给吴祖太的母亲说明一下情况。刘合锁进去以后，吴祖太母亲问："你哥（指吴祖太）怎么没来？"刘合锁说："红旗渠开工了，非常忙，并且修红旗渠也很危险，经常放炮、钻洞，这次我哥受了点伤，抢救了但是最终没抢救回来。"老太太也理解了他的来意，一下把刘合锁抱住了，说："以后你就是我儿子。"听到这，刘合锁就激动地跪下了。老太太也明白，这是把自己的儿子吴祖太的遗体送回来了。这样，刘合锁才把棺材拉到家门口。

后来，刘合锁几十年如一日，一直在照顾吴祖太的家庭。

最典型的例子是有一年春节，刘合锁给吴祖太的家里送抚恤金，刘合锁发现吴祖太母亲高烧，而且恰逢过年，村里不好找医生。刘合锁就和吴祖太的姐姐两个人找了辆架子车，拉着老太太到了原阳县人民医院。就这样，刘合锁那年春节就没有回家，一直在医院伺候吴祖太的母亲到大年初四，而且也改口称吴祖太母亲为妈。

路银、任羊成、王天生的故事

众所周知，在红旗渠修建过程中，涌现出很多模范。

在我看来，红旗渠劳模含金量最高的是路银，他对红旗渠的贡献非常大。在吴祖太牺牲以后，红旗渠的施工技术基本都是路银在负责。他是一个非常聪明的石匠。修建白家庄段时，计划从河滩上修一个大坝，这个地段河水和渠水十字交叉，如果修一个渡槽会很突兀，也担心山洪把桥冲坏。在具体施工中，路银给大家提供了一个解决方案，把大坝设计成弓形，在洪水冲击下来的时候仅能冲击到大坝弓上最高的地方，然后水的冲击力量向两边分散。还有很多修渠的思路都是路银提供的。

任羊成当时是负责除险，但第一个除险的不是他，第一个除险的是王天生，是红旗渠建设特等模范。他之前是石板岩的一个采药人，经常走山路，对当地的路况比较熟悉。当时红旗渠上其他施工点经常发生工伤事故，总指挥部发现石板岩没有发生过事故，就询问原因。石板岩的人就说："我们的工人在上工之前就把山上的险情都排除掉了。"后来就推广这个经验，哪里有险情就让石板岩的人来除险。王天生一直负责除险，再之后就从各个营部抽几人组建排险队，由王天生负责培训他们。任羊成原来是任村的炮手，也去参加培训了。他当时年轻，很敏捷，学得很快。后来都说任羊成除险水平高，任羊成的老师就是王天生，王天生也是1965年的红旗渠建设模范。

（整理人：闫立超）

周锐常：
不折不扣的渠二代

采访时间： 2021 年 9 月 6 日
采访地点： 红旗渠干部学院
采访对象： 周锐常

人物简介：

周锐常，1965 年 6 月生，林州市陵阳镇西郎垒村人。中共党员。参加工作至今一直在红旗渠灌区管理处工作，长期致力于红旗渠管理和红旗渠精神文化研究。主持了红旗渠纪念馆的规划设计和陈列布展工作，参与了红旗渠申报世界文化遗产的条例起草和红旗渠集团以及红旗渠商标注册等工作。

一生只做一件事

我是一个地地道道的"渠二代"。据我的父亲讲，他是红旗渠上的第一个工程师，与红旗渠打了一辈子的交道。他搜集了大量与红旗渠有关的文献资料，参与执笔编写了《红旗渠志》，人称"红旗渠的活字典"。我从父亲的手里接过这支接力棒，于1984年参加工作来到红旗渠灌区管理处，除了中间在外借调的八九年，一直都在红旗渠灌区管理处。作为管理处的一名工作人员，一生我就做了一件事——看护红旗渠、研究红旗渠、讲述红旗渠。

谈到红旗渠精神的传承，离不开红旗渠灌区管理处这个单位。管理处自1965年8月成立就是自收自支的事业单位，从上世纪90年代开始，由于渠上引水减少，收入下降，为了维持渠道正常管理和运行，我们进行了一些市场化经营，尝试改变经济困境，最后成功开发出了红旗渠景区，从而也找到了适合红旗渠可持续发展的新道路。因为当时投资有限，资金紧张，（20世纪）90年代景区还处于起步阶段，收益增长缓慢。直到2000年以后景区才逐步成为单位的主要经济支柱。红旗渠景区较大规模的开发是在2010年以后，在国家政策和安阳市、林州市委、市政府大力支持下，我们通过银行贷款、职工捐款集资共计1.2亿元，聘请高水平的设计团队进行系统规划设计，对景区整体进行了升级改造。像红旗渠纪念馆，从规划到布展再到呈展，历时5年，到2014年5月才正式开馆。当年红旗渠修了10年，而新的红旗渠纪念馆的建设也用了5年。2016年10月1日，林州市政府为了整合旅游资源，加快景区发展，将红旗渠景区整体划归红旗渠集团管理。此后不久，红旗渠景区在我们的努力下顺利申报成为国家5A级景区。

　　我之前一直分管景区的整体运行管理和营销工作。2002年景区申报国家4A级景区成功后，我们严格按照旅游规范进行运作，整个景区面貌为之一新，经济形势有了新的起色。管理处始终是个踏踏实实做事的单位。受"渠一代"的影响，自己总觉得有一种无形的责任在身。一开始我在单位办公室工作，后来转到综合经营科，再到初创的红旗渠集团进行红旗渠无形资产的品牌化运作，最后又到为了发展旅游专门成立的旅游开发办。我个人认为旅游是所有行业里面最有挑战性的。比如说导游带团，一个小姑娘每天带着不同的人群，管吃管喝管住行，还要处理突发事情，是非常锻炼人的。2014年水利部景区办在南昌召开全国水利风景区工作会议，我代表红旗渠景区参会，并且介绍了提升改造和市场营销的经验。现在红旗渠已由单一的水利灌溉功能，变成水利和旅游兼顾的两大功能。水利是我们的主业，是我们的根，有根在红旗渠发展就会枝繁叶茂；坚持脚踏实地，红旗渠就会行稳致远，走向属于自己的诗和远方。

举办"红旗渠精神展"

　　红旗渠纪念馆建成后，我们进行过多次外出展览。

　　2004年9月29日，为庆祝红旗渠通水40周年，在国家博物馆举办了红旗渠精神大型展览。此次展览由林州市委宣传部牵头，我被抽调过去配合工作。为了提升展览效果，需要一些当年修渠的实物做展品。正好我们单位在分水岭有个仓库，里面保存了大量当年修渠的物品。我把仓库物品盘点整理，挑选了其中一些具有代表性的物品，列出清单，给当时负责和设计方对接的领导。他发了传真过去，我们和设计方一同敲定了最终展览物品。这些仓库里的老物件，经历了公路改线、仓库搬迁，仍然被我们当宝贝一样一直保存了下来。正是这些当年修渠实物支撑起了我们现在的红旗渠纪念馆。

我有幸全程参与了在国家博物馆举行的红旗渠精神大型展览。我到北京后，住的是国家博物馆南边的国博招待所，当时所内有一个旧三轮车，于是我就每天推着它，沿着天安门广场南边的林荫小路往展厅送宣传页、手提袋和书籍等宣传资料。当你站在国家博物馆台阶上往下看时，国庆期间整个广场熙熙攘攘的人群里，每人手里都提着印有红旗渠展览标识的手提袋，那是多么壮观的场面啊！内心自豪感油然而生，十几天的辛苦疲惫被一扫而光。现在回想起来还有点小激动呢。现在红旗渠纪念馆的最后一个展柜里，就有2004年在国家博物馆展览时的部分资料：驻京单位参观展览的介绍信，如国防科工委、北京大学开的；我进出国博的工作证、展览材料；参观红旗渠展览的门票，包括通票、两天一张的单票等一整套都在里面。

那是我参与的第一个大型展览。后续随着红旗渠知名度的提升，我们的展览就多了起来。为宣传红旗渠精神，发挥其实践指导作用，北京艺术博物馆于2014年9月15日至12月7日举办"守望红旗渠，辉煌中国梦"展。该展览由北京市文物局、河南省林州市人民政府主办，北京艺术博物馆承办，林州市文广新局、林州市红旗渠灌区管理处、林州市摄影家协会为支持单位。2015年，我们在北京民族文化宫办了红旗渠展览。2017年，我们在中华世纪坛和中国摄影家协会合办了一个红旗渠摄影展览。展览的图片文字说明最初是我和彭新生老师起草的，重新为每张图片起了名字，并在下面加注了一段文字介绍。在那工作的十几天，我们的任务就是不停地一个字一句话地琢磨，把我们想要表达的都尽可能地表达出来。当时我们总共写了九稿，几乎每天都在不停地修改，稿件铺满了整个桌子。当时中国摄影家协会副主席邓伟是总策展人，对我们的最终文字稿也比较认可，几乎没什么改动。这次展览分为三个部分：第一部分是当年修渠的场景照片，第二部分是修渠人的照片，第三部分是现在红旗渠的照片。如果你看了整个展览，就会通过一张张图片和文字说明，对红旗渠有一个清晰的了解，还能分辨出一个个民工，哪个是放炮的、哪个是和泥的、哪个是垒砌的。2018年，在林州市委宣传部的组织下，我们还在新疆维吾尔自治区哈密市图书馆举办了河南省文化援疆红旗渠展览。

对红旗渠旅游的看法

当年我们开发景区时，社会上就有人认为看渠的做景区开发是不务正业。事实正好相反，恰恰是旅游业的发展，把红旗渠保护得更好。红旗渠已经成为林州人民的生命渠、幸福渠，成为林州人民的精神家园。红旗渠旅游最大的益处就是把红旗渠宣传出去了，精神传承开来了。红旗渠能有如今极高的知名度，红旗渠景区长期的广告效应功不可没。红旗渠灌区管理处的工作重点之一就是宣传景区。从（20世纪）90年代开始，我们就一直致力于宣传红旗渠，组织旅行社踩线、打广告。我们会根据不同的节日，制作不同的产品进行营销，还提出了"以长线带短线，以都市带周边"的营销理念。

我还有个观点就是，发展旅游能把红旗渠保护得更好，包括对红旗渠申报世界文化遗产的看法也是这样。申报世界文化遗产虽然会规范或者约束我们的一些行为，但更多的是能极大地促进红旗渠的可持续发展。我们要立足当下、放眼未来。不能说看到30年、50年之后就很有战略眼光了，生活不只有眼前的苟且，还有诗和远方，我们要看到200年、500年之后的红旗渠。包括我们的研究，我们不能仅考虑现有的情况，也不能仅考虑一个100年，两个100年之后的情况。我们的子子孙孙还要在这片土地上生存，我们要把眼光往长远放，一直放到我们的思维上限为止。

研学旅行"十个一"

红旗渠景区是国家第一批研学旅游景区。为了发挥红旗渠的研学示范作用，在我的带领下，红旗渠灌区管理处和林州市第二实验小学合作开发了红旗渠研学"十个一"特色课程。

课程内容包括：

1.当一次红旗渠讲解员。红旗渠纪念馆是一座全面反映红旗渠建设成就和历史的专题纪念馆，青少年可以通过担任场馆讲解员的方式，历练自己，提升自身理解、表达的能力。并通过向同龄人讲述红旗渠，使红旗渠的故事在同龄人当中得以流传，使红旗渠精神在同龄人中得以传承。

2.看一场红旗渠电影。在分水苑多功能厅观看《红旗渠》纪录片，让学生追随生动、鲜活的黑白光影，走进那段难忘岁月，见证一段艰苦卓著、精神永存、战天斗地的历史。忆苦思甜，对比今昔，获得心灵震撼，激发豪迈情怀。

3.走一次红旗渠。从红旗渠青年洞主入口进入景区，沿红旗渠渠岸徒步行走，通过脚步的丈量，想象1500公里红旗渠的蜿蜒与壮阔。人行渠墙，走近史册。沿途还可观赏到太行回声、号角吹响、测量渠线、推独轮车等修渠英雄雕塑，瞻仰老炮眼、团结洞、劈开太行山等修渠遗迹。

4.推一次独轮车。当年修建红旗渠时，工地上山高坡陡，道路崎岖，独轮车就成了当时主要的运输工具。正是靠着这种推车精神，林州人前仆后继，推出了一条红旗渠，推出了十万大军出太行，推出了今日林州的美好生活。学生可通过推车体验、推车比赛等多种形式，还原当年修渠艰辛执着的情景，领略"后边来的要往前边放"的推车精神的精髓。

5.抡一回开山锤。1500公里的红旗渠是用一块又一块的石头砌成的。这一块又一块的石头是修渠民工用开山锤和开石钻，一锤一钻凿成的。抡起开山锤，击打开石钻，在叮叮当当的凿石声中，在一抡一锤的弧线里，体验荒石变成料石、绝壁变成长渠的艰难过程，让青少年在体验中感受修渠人的精神，在钻开石头时获得成就感。

6.抬一次太行石。太行石，重如铁。当年民工就是通过肩挑手抬的原始方式，用这一块块的太行石垒砌成了今天的红旗渠。红旗渠架设在太行山绝壁的山腰，也架设在修渠民工的肩上。让学生用铁绳抬太行石体验当年修渠民工的刚毅和艰辛，可激发学生的勇气，启发学生的智慧，激励其养成团队精神。

7.吃一次民工餐。（20世纪）60年代，我们的先辈在食不果腹的情况下，勒紧裤腰带修建了"人工天河"红旗渠。作为新时代红旗渠精神的承继人，学生可通过吃一次以大烩菜为特色的民工餐，来感受当年修渠民工的生活，体悟他们用极低能量保障，挑战身体极限的艰辛和豪壮，达到回忆往昔、珍惜今朝的研学目的。

8.看一场"凌空除险"表演。凌空除险是当年修建红旗渠最为壮观和惊险的画面。在青年洞天河亭，由当年除险英雄任羊成亲自指导培训的新一代"除险者"腰系绳索，在悬崖往复飞荡，进行凌空除险表演，是红旗渠最为震撼、惊险的节目。通过观演，学生可以真切感受到当年修渠者迎难而上的战斗面貌和勇于担当的非凡勇气。

9.学唱一首红旗渠歌曲。教唱《定叫山河换新装》《俺的家乡实在美》《推车歌》等红旗渠经典红歌。通过雄壮、激昂的时代旋律荡涤学生心灵，激发爱国情怀，让激情饱满的歌声在血脉中流淌，陪伴其走过未来漫长的人生之路。

10.开一次红旗渠主题班会。展开多种形式的主题班会，就游历红旗渠的所见所闻、所思所想，让每个学生讲述一段红旗渠的故事或者研学的感悟。通过讲与听的互动，写与记的提炼，让红旗渠研学旅游的点点滴滴通过语言和文字更深刻地融到学生的心灵当中。

这"十个一"课程是为青少年量身打造的，目的在于丰富研学旅行活动，增强学生的社会责任感、创新精神和实践能力。

红旗渠是典型的技术支撑型工程

水利工程离不开科技的支撑。红旗渠就是典型的技术支撑型工程。没有过硬的技术支撑，红旗渠的水就不可能流过来。过去曾经有人说，红旗渠的修建依靠的是脸盆来做水平仪，这个说法是不全面的。当时工地上只有两台水平仪，分了两个组，一组一个。"旱鸭子"水平仪也用，它只是一个辅助工具，只能短距离测量，而不是核心技术器材。整个红旗渠总干渠70.6公里，从当时拍的图片可以看到山腰上的一个个点，那是红旗渠的渠体，是用水平仪测量出来的。如果我们看《红旗渠志》第二编第三章《勘测设计人员名录》，就会看到里面有河南省水利厅、安阳市水利局的设计人员，还有河南各地的二十多个技术员，他们来自安阳、新郑、大同、许昌、新乡、浚县、南乐。吴祖太就是二十多名技术人员之一，年仅27岁就牺牲在了红旗渠工地上。在纪念馆的第二部分展柜里，你会看到吴祖太当年使用的设计资料，那本资料是李天德捐赠给纪念馆的。吴祖太去世后，这本资料就传到了李天德手里。展柜上方的图片展现的就是李天德和同事正在搞测量时的场景。这样的布置，意在讲述一个技术传承的小故事。正是有了这么多技术人员前仆后继地工作，十万林县人民才在太行山上创造了这项人间奇迹。

红旗渠有十大工程，在总干渠上有五个：红旗渠渠首、青年洞、空心坝、南谷洞渡槽、总干渠分水闸；一干渠上有两个：桃园渡桥和红英汇流；二干渠上有一个：夺丰渡槽；三干渠上有两个：曙光洞和曙光渡槽。每一项工程都是技术智慧的结晶。像空心坝，红旗渠总干渠穿过连绵不断的山岭沟谷，到白家庄村西时被300多米宽的浊河拦住去路。浊河平时干涸断流，汛期时洪水宣泄上千个流量。由于这儿的渠线较低，没有条件修建渡槽。技术人员经过实地勘查，设计了一个与河道交叉的空心坝，即中间过渠水，顶部过河水，用这种方法解决渠、河交叉的矛盾。空心坝上面有一个马家岩水库，再往南走是南

▲
曙光渡槽

谷洞渡槽，渠墙顶宽一米二，上面可以过人。夺丰渡槽石头锻造之精美，有红旗渠上工艺品之称。红旗渠有51条支渠，都是按照灌溉面积来设计，既满足使用又不浪费资源。红旗渠不都是8米宽，如一干渠的宽度有的地段是6米，有的地段是5米。另外一干渠有许多落差，有时候是五千分之一，有时候是四千分之一，分不同地段。上面宽，越往下越窄。随着灌溉田地的减少，把渠修窄从而减少了工作量。这也是我说红旗渠是一个科技产品的原因。

红旗渠干部学院道路两侧也有十大工程的照片，驻足细看，每张照片都有很多细节和故事。如正在修桃园渡桥的照片，仔细看每个人的身上腰上都拴有保险绳，说明修渠时是非常注重人身安全的。当时抬石头也是讲究科学的，4个人怎么抬、8个人怎么抬、16个人怎么抬，最多是64个人抬一块石头，都有规范。往青年洞走会路过赵所村，那个村西边有个建筑物叫皇后沟渡槽，看上去就像城堡。那个渡槽是红旗渠开始修建后，建设的第一个大型渡槽。它最长的石头是6米，被用作条石，64个人抬了大约1000米才抬到赵所。讲皇后沟渡槽，就要讲路银的故事。修皇后沟渡槽的时候，一天夜里下起大雨，渡槽孔是被堵住的，如果不挖开，洪水下来，就会冲坏桥腿。路银冒着风雨，赶到工地挖渡槽孔。后来民工们也赶过来，人多力量大，挖通了渡槽孔，排走了洪水，保住了渡槽。

那时候都是人工一锤一钎修的。红旗渠每一块石头都包含着智慧，就是它的每一锨泥都包含了不知道多少智慧：石灰怎么烧？生石灰怎么变成熟石灰？和泥怎么和、怎么配比例？为什么比例是1:1、1:2？红旗渠体现的就是人类的智慧。比如曙光洞的竖井开凿法，相传在汉代就有了此项技术。所以说红旗渠是一个科技产品，是科学指导、技术支撑的一项伟大工程。

正是红旗渠的魅力，深深吸引了靠近它的每一个人。2019年中国教育电视台来拍了一部纪录片叫《重返红旗渠》[①]，以法国著名影视文化学者克莱蒙和密歇根大学在读钢琴博士王宸为主角，从他们的视角，讲述一中一西、一老一少各自怀着不同的目的踏上红旗渠，并一起完成一段短暂而富有收获的旅程

① 《重返红旗渠》是中国教育电视台制作的纪录片，2021年，该纪录片入选国家广播电视总台庆祝建党100周年重点纪录片。

的真实故事。1974年2月，作为法国无国界青年代表团一员的克莱蒙先生，和他的爱人一起走上了红旗渠，用摄像机留下了一段很珍贵的红旗渠影像。我也曾看过那段录像。这么多年过去了，克莱蒙先生再次来到红旗渠，所以影片名字就叫《重返红旗渠》。我也有幸被摄制组邀请，参与了该片的策划和拍摄。该片于2021年6月30日晚，庆祝建党一百周年之际，在中国教育电视台首播。目前，该片已在国际、国内获得很多奖项，据说还准备上院线。

（整理人：闫立超）

附　录

红旗渠史料（摘选）

一、红旗渠工程基本情况

红旗渠以浊漳河水为源，渠首建在山西省平顺县石城镇侯壁断下。总干渠墙高4.3米，宽8米，长 70.6 公里。 在分水岭分为3条干渠，南去北往延伸林县腹地。第一干渠长 39.7公里，第二干渠长47.6公里，第三干渠长10.9公里。红旗渠灌区共有干渠、分干渠10条，长304.1公里；支渠51条，长524.2公里；斗渠290条，长697.3公里。合计总长1525.6公里。沿渠还兴建"长藤结瓜"式的一、二类水库48座，塘堰346座，提水站45 座，利用红旗渠居高临下的自然落差，兴建小型水力发电站占45 座。

红旗渠总干渠的修建：红旗渠总干渠分四期施工：第一期修渠首至河口山西省境内的渠段；第二期修河口至木家庄段；第三期修南谷洞至分水岭段，目的是让南谷洞水库通过这段渠道，先发挥蓄水效益；第四期修木家庄至南谷洞段。

红旗渠第一期工程从1960年2月11日动工到10月1日基本竣工。勤劳勇敢的林县人民，斩断 45 道山崖，搬掉13座山垴，填平58道沟壑，拦住奔腾不羁的浊漳河水，凿通王家庄安全洞，炸翻飞沙走石的石子山，斩断登山要比上天难的太岁峰，制服横空而立戳破苍穹的鸹鹁崖，闯过峭壁凌空的狼脸崖、老崖峰、红石崭、风沙崭等艰难险阻，凿透总长600余米的隧洞7个，建筑渡槽、路桥、防洪桥等大小建筑物 65 座，共完成挖土石445.65万立方米，砌石42.86万立方米，投工448万个，在太行山的悬崖陡壁上修成了19公里长、8米宽的盘山渠。

承担和完成第一期工程任务的公社从渠首开始依次为：任村1190米、横水1480米、东姚 699 米、采桑897米、东岗606米、合涧1052米、原康504米、石板岩318米、小店616米、临淇1368米、茶店840米、姚村2038米、泽下1923米、河顺2219米、城关3250米。

红旗渠第二期工程从1960年10月开工到1961年9月30日竣工，使太行山腰的红旗渠总干渠向林县又延伸了10687 米。为了加速渠道通水，从本期工程开始，先修建渠墙高2.5米、底宽8米的小断面渠道，待三条干渠修成后，回头再加高加固，达到原设计标准。

这时，正处于国民经济暂时困难时期，红旗渠工地经济和粮食更加短缺，每人每天的口粮仅6两至1市斤(各生产队农民口粮标准高低不等)。按照上级关于实行"百日休整"的指示精神，县委决定从全县修渠民工中抽调300名青年组成突击队，在漳河库渠管理所干部岳松栋带领下坚持开凿青年洞，其余民工全部于1960年11月底下山回家休整，渡过灾荒。

红旗渠第三期工程从1961年10月1日开工到1962年10月15日竣工，将南谷洞水库蓄水输送到分水岭以南，民众提前受益。本期工程打通了分水岭隧洞。

在红旗渠总指挥部第三任指挥长马有金的带领下，工地改进了施工办法，分成凿进、垒砌、备料三个责任组，实行领导、技术员、劳力"三固定"，分工协作，相互促进。

红旗渠第四期工程从1962年10月20日开工到1964年12月竣工，本期工程打通了盘阳洞，修筑了皇后沟渡槽、白家庄空心坝、南谷洞渡槽。

城关、合涧、原康、小店、东姚、采桑、横水、河顺、东岗、姚村等 10 个公社承担此期任务。工地共上民工 9200人，每人每天生活补助费由0.2元增至0.5元，粮食品种搭配细粮多于粗粮，民工生活较前提高，早上吃蒸红薯，喝米汤，中午吃玉米面疙瘩，喝面条汤，晚上吃红薯小米稠饭。每隔三天，中午能限吃两个二两面馍(白面、玉米面)。在施工中，整顿和划分了作业组，每组2—3人，配备工具，明确包工定额，验质收工，多劳多得，多得多吃，提高了工效。

1963年12月25日，国家计划委员会委托水电部作了《关于引漳入林红旗渠灌溉工程续建任务书的批复》，批准续建该工程，并指定引漳入林灌溉工程的设计由河南省计划委员会审批，报水电部备案。从此，红旗渠工程被正式纳入国家基本建设项目。

红旗渠三条干渠的修建：总干渠建成通水后，林县县委决定集中力量，先修二干渠。1965年4月，总指挥部移师二干渠畔的姚村公社焦家屯大队。从1964年12月到1965年10月，二干渠分水岭至庞村段建成通水。其间修建了桃园渡槽、夺丰渡槽，凿通了曙光洞。

1965年9月起，三条干渠工程建设全面铺开。一干渠从姚村水河至合涧，由姚村、东姚、原康、城关、采桑、小店、合涧7个公社承建。二干渠从庞村渠段起修至横水公社张家井，由河顺、横水两公社承建。三干渠从分水岭至曙光洞东口，由任村、河顺、东岗三公社承建。总指挥部移师一干渠畔的城关公社桑园大队，分片设分指挥部，现场指挥。1966年4月，三条干渠全部竣工，共完成挖砌土石和浇筑混凝土方量291.43万立方米，修建大小建筑物469个。

三条干渠施工的特点是人数足、速度快、质量高。据1966年3月统计，上渠劳力达40659人，其中一干渠27098人，二干渠7471人，三干渠6090人。另外，还有参与运输等后勤服务的约3万人，共计7万人，占受益社队劳力总数的59%。

总干渠加高加固：红旗渠的续建工程，列入国家基本建设项目，于1966年10月动工，历时两年(中间停顿一段)，到1968年10月结束。从此，红旗渠总干渠全线达到原设计标准。

总干渠加高加固工程以青年洞入口为界，分两段施工：第一段从渠首至青年洞长27446米，由城关、合涧、原康、小店、河顺、东岗、任村、姚村等9个公社承建。于1966年10月15日开工，到1967年6月竣工，共投工86.6万个。第二段从青年洞到分水岭止，长43189米，在上述参加承建的9个公社的基础上增加横水公社，共10个公社承建。

支渠配套工程： 从1968年10月开始，到1969年7月止，斩断1004座山头，跨越850条沟壑，修建渡槽90多座，新凿较大过水隧洞70多个，基本完成了红旗渠支渠配套工程。

二、关于红旗渠建设的"十三项决议"

1960年3月10日，总指挥部在盘阳村召开引漳入林全线民工代表会议，到会182人。会议由引漳入林总指挥部副指挥、引漳入林党委副书记王才书主持。杨贵作《要多快好省地完成引漳入林任务》的报告。杨贵说："要迅速完成修渠任务，有几个工作必须搞好。一是自力更生，勤俭建渠；二是迅速做好定线工作；三是提高劳动效率；四是搞好工地和当地群众的安全工作；五是全党动员，做好物资供应；六是加强建渠领导，健全责任制；七是做好政治思想工作和工地民工与当地群众的政治思想工作。"

在充分发扬民主，走群众路线的基础上，全体代表一致通过如下13项决议：

1.引漳入林工程在林县是一项最大的工程，根据杨贵的提议，全体代表一致通过正式命名引漳入林工程为"红旗渠"。

2.整个工程分为两期完成，先完成渠首至河口一段，之后再搞下一段。"六一"坚决完成第一期工程。渠底要挖够宽，铺好底，夯实渠岸，在修好根基的基础上，砌到一、二层，大小建筑物设法完成，以便通水灌浆。第二期工程突击完成渠帮，做好工程扫尾。提前于

"五一"完成第一期工程的单位，总指挥部给予庆功贺喜。

3.迅速完成渠线，这是一项十分重要的工作。目前全线绝大部分渠线已开挖，但有的地方还没有找见渠的正线和底平线。因此，各分指挥部、连、班，均要本着多快好省的原则，对于整个渠线三天以内重新审查，找见渠底平，从渠底平着手进行开挖。渠线有错的迅速纠正过来，以免走弯路。

4.备料，这是力争工作主动的一项重要环节。随着工程的进展，备料工作必须迅速赶上去。根据工程情况，首先，备好石灰料。每公斤煤按烧3.5公斤石灰计算，每砌一立方米料石按 60 公斤石灰准备。其次，备料石。采取见料石就备的措施，把渠线上能用的石头统一留下，以备砌渠使用。防止把石料掀到山下，用时由坡下往坡上抬。其三，备沙料。选择好取沙基地，发动民工上工时往工地捎沙。施工中遇见很好的红黏土，也要留下。水泥做好精确计算，并在工地大办水泥厂。特别是城关、河顺、姚村、东岗、石板岩、任村等公社在备料上，更应采取积极有效措施，备好料，以防河水暴涨断绝交通造成困难。

5.物资供应要及时。由于工程大，渠线长，时间紧，不仅需要物资多，而且运输量大，这一工作的好坏，直接影响整个工程的进度。全线仅水泥一项即需要2000万公斤，炸药150万公斤，烧石灰煤3000万公斤。因此，物资供应、交通运输等，必须迅速赶上。从目前起到3月15日止，保证供应到20万公斤炸药，3月15日至月底，供应到40万公斤，4月1日至20日，如数完成150万公斤。其他钢钎、铁锤、抬筐等一切材料，都必须迅速赶上去。总运输任务量约计 7500 万公斤，在"六一"前必须提前运到工地。因此，要很快修好道路，发掘一切运输车辆的潜力，力争主动。

6.认真贯彻党的"三主"治水方针，勤俭办水利。首先，应充分发动全体民工开动脑筋找窍门，广开勤俭节约门路。在放炮上要选好炮眼，打深，适当装药，大放松动炮。并本着节约精神，大力推行食盐、牛粪等代用品的先进经验。在生产中要节约时间。在工程上保证质量第一的前提下，开动脑筋，只要在6月上旬能钻通的洞子要钻通，不仅可省工、省料，而且渠道好护，减少流程，扩大纵坡。在烧石灰上大推合涧高空砌窑、每公斤煤烧 3.5公斤石灰的经验。总之，要克服一切浪费现象。

7.建立安全组织，保证施工安全。全线所有民工要开展3月份安全月活动。首先在干部和民工中加强安全教育，不断批评麻痹思想和粗枝大叶满不在乎的作风。其次，放炮时必须统一点炮时间、信号，严禁飞碴砸坏民房和造成事故。放炮时严禁来往通行，加强岗哨。因此，各分指挥部均要选择工作积极、政治可靠、责任心强的共产党员来担任岗哨职务。特别是城关、横水、泽下等三个公社，因都在公路以上施工，更要加强岗哨，防止落石飞碴滚下。对于悬崖绝壁等险要施工场所，要严禁面向里搜根刨挖等不安全施工方法，确保民工施工安全，精神旺盛。

8.大抓技术改革、生产责任制两配套。根据全渠线任务大、工程艰巨、劳力不足等特点，完成这一任务关键在于大搞技术革新和技术革命，巧夺高工效。因此，各分指挥部、连、班都必须因地制宜地大搞工具改革。在目前基本实现车辆化的基础上，迅速实现半机械化和自动化的施工方法。其次，在开石上要提高爆破技术，扩大爆破工效。要实行定药、定方，一般要求每公斤药必须平均开石达到10 立方米以上。其三，搞好包工定额和验质收工，执行好奖惩制度。其四，合理摆布劳力，加强劳动管理，杜绝窝工、返工、费工等现象，以提高劳动效率。

9.严格工程质量。红旗渠是林县大型建设工程，必须保证质量，达到千年不倒，万年不漏，永久无损。因此，必须按设计的规定进行施工，保证通水25立方米每秒的流量；灌浆灌足、灌透，渠道明墙，座底宽保证2.7米，高4.3米，收顶1.2米；里墙凡是有影响流水的均要分别情况，加强护坡，土渠墙保证底宽5.4米，高4.4米，堤顶宽2米。为达到上述要求，要以各分指挥部、连、班为单位，在工程交界处，刻碑留名，以流芳后世。

10.开展竞赛，广树标兵。这是提高工效，加速工程进度的一项重要工作。根据大家意愿，任村与东岗，石板岩与姚村，河顺与城关，横水、采桑与合涧，原康与小店，茶店与东姚，泽下与临淇等，开展对手赛，不定期地进行参观评比，检查督促，相互学习，取长补短，共同努力完成任务。

11.加强工地政治思想工作。所有党员、干部在工程上要进行分段包干，一包到底。在妇女中开展学习舍己救人的共产党员李改云的英雄事迹，在学生中学习采桑的"三只小老虎"，以做到不断提高民工政治思想觉悟。

12.贯彻两条腿走路的方针，生产、生活一齐抓，把生活调剂好。在供应标准内要保证吃好、吃饱、吃省、吃得干净卫生。对于工地的伤员、病员，领导同志和所有民工要经常对他们进行慰问，以安定其思想，使病情早日痊愈，投入生产。

13.搞好住地群众关系。首先，教育所有民工和当地群众搞好关系，特别是住在山西的民工，要遵守群众风俗习惯和纪律。不经当地机关和群众同意，不拿群众一针一线。对于说不友好话的严格批评。其次，爱护麦田，严禁走捎近路踩坏麦田。对麦田已走成道的，要迅速掘松修整，并严禁掀岸，以达到保护生产，促进生产。其三，对破坏群众生产和群众风俗习惯的要严加处理，以密党群关系。

三、红旗渠修建的组织领导

1.加强领导，统一指挥。

红旗渠工程在林县水利建设上是史无前例的，为了统一指挥，加强党的领导，县委把红旗渠建设作为社会主义经济建设的中心工作，列入议事日程，坚持书记挂帅，全党动手，全民动员，实行党的"一元化"领导，充分发挥"战斗司令部"的作用。引漳入林工程动工伊始，县委就拟定了建渠筹备委员会、工地党委会和总指挥部以及后勤指挥机构，主要领导职务由县委第一书记或县委常委担任，并把这些领导机关置于县委常委领导之下。县委常委随时听取汇报，随时研究，随时作出决定。同时各公社党委和农村、厂矿、机关基层党支部，都坚持书记挂帅，党政群团都置于党委统一领导之下，全力支援和服务红旗渠建设。充分发挥基层党组织的战斗堡垒作用和党员先锋模范作用，上下团结一致。领导亲自冲锋陷阵，苦干实干，成为"千军万马战太行，全力修建红旗渠"的领导集体。

县委利用党校分期分批组织县、社干部学理论、学哲学。通过学习毛泽东《实践论》《矛盾论》《中国革命战争的战略问题》《党委会的工作方法》等著作，进一步提高了每个干部的理论水平，促使他们学会用哲学观点去观察处理问题，去指导红旗渠建设的实践。同时还对农村、厂矿、各企事业的党支部书记，普遍进行培训，使大家树立了彻底为人民、坚决依靠广大群众，发奋图强，自力更生，克服困难，夺取胜利的雄心壮志。舆论是变革生产力的先导。县委主办《林县报》和《学理论》刊物，大造舆论，鼓舞全县干部群众劈山引水，向山区进军的革命斗志。

中共林县县委既有革命的胆略，又有实事求是的科学态度，密切联系群众，深入进行调查研究，高瞻远瞩，审时度势，科学决策，及时调整战略部署，方法灵活地指导施工，推动工程向前进展。比如红旗渠修建时，全线摆开"长蛇阵"的施工方法，因领导、技术、劳力、物资跟不上，出现被动局面，就及时召开盘阳会议，调整为四期工程，分段建设，建成一段渠，通一段水，以水促渠。注意长远和当年农业生产的关系，坚持农忙小干，农闲大干。领导干部解放思想，实事求是，从林县实际情况出发，正确贯彻执行中央的方针政策，全心全意为人民谋利益，无私无畏，坚持真理，顶住歪风，为民造福。

中共林县县委始终保持战争时代那么一股革命精神，带头与群众实行"五同"(同吃、同住、同劳动、同学习、同商量)，经常背着钢钎、镢头，到红旗渠工场和民工们一起清基出碴，抢锤打钎，吃一锅饭，啃窝窝头，过艰苦生活，使广大群众深受感动。如年过半百的县长李贵，虽然长期患有心脏病，但在生活上，不讲特殊待遇，数次带病到红旗渠工地检查民工生活。他看到大家粮食标准低，吃不饱，就派人到南方采购木薯干帮助渡过饥荒。总指挥部副指挥长、法院院长郭法梧，当时34岁，每天肩扛大绳上山选下崭地点。别人下崭，他负责看绳，民工们风趣地说："法院院长变成了除险队长。"在县委艰苦朴素、带头参加劳动的影响下，各级党政领导干部踊跃到红旗渠第一线去，和民工一道挥汗苦干。基层干部和厂矿职工也积极参加红旗渠施工，到最艰苦的地方，经风雨见世面，接受锻炼。

红旗渠总指挥部的领导和干部采取分工包段的办法，组织指导施工，并与民工实行"五同"，解决施工中的难题。如在开凿青年洞时，指挥部的领导和凿洞民工共同创造"三角炮"和"药壶爆破法"，摸索了爆破后排硝烟的规律。干部赵华年(横水公社南屯大队人)学习下崭技术，和建渠民工一起飞崖除险。有许多干部以渠为家，长期坚守阵地，不下战场，如河顺公社副社长、分指挥部指挥长焦保绪(山西晋城人)，东岗公社副社长、分指挥部指挥长傅生宪(东岗公社东卢寨大队人)，姚村公社党委副书记、分指挥部指挥长郭百锁(原康公社东掌大队人)，小店公社党委副书记、分指挥部指挥长张立根(城关公社北关大队人)，逐渐根据工程特点，掌握一定的施工技术，成为红旗渠上的领导骨干。还有许多干部通过红旗渠建设的锻炼，晒黑了脸皮，炼红了思想，增长了知识，锻炼了身体，团结了民工，保证了工程质量，为红旗渠建设做出贡献。总指挥部干部谁都怕自己所包的工段进度慢，出事故没法向组织交代，责任心特别强。起五更搭黄昏，早晚两头见星星，每天晚上直到放完炮，工地民工都下工了才回住地，夜里还要和连队长谈当天施工情况，研究第二天工程怎样干，将工程安排妥当才去休息。总指挥部干部彭士俊(任村公社盘山大队人)、郭贞(合润公社郭家岗大队人)、王文全(合涧公社三羊大队人)、田永昌(城关公社南天大队人)等除本职工作外，积极参加劳动，同民工一起抬石灰、扛工具，民工一身汗，干部一身泥。

2.组织机构

（1）红旗渠总指挥部

1960年2月7日成立，初名为林县引漳入林总指挥部，同年3月10日改名为林县红旗渠总指挥部，到1969年7月止。

（2）红旗渠总指挥部工作部门

总指挥部下设一室七股，均成立于1960年2月7日，即办公室、工程技术指导股、宣传教育股、福利股、财粮股、物资供应股、交通运输股、安全保卫股。各股设股长、副股长和办事员若干人。从县直各部门抽调干部149名，其中有县委委员4名、党员64名、团员18名、科级干部13名。县委要求每个参加公旗渠建设的干部做到与群众同甘共苦，不搞特殊，始终保持艰苦奋斗的传统本色，步调一致，努力工作。总指挥部各股、室制定了具体职责。

办公室的职责是：协助指挥部掌握全渠整个工程进展情况；协调各股的工作；及时向下联系，向上报告；总结推广先进经验；办理各种事务。

宣教股的职责是：做好整个工地的政治宣传工作，不断提高全体民工政治思想觉悟；开展工地红旗竞赛，定期进行检查评比；组织领导好工地文化娱乐活动，活跃民工情绪；深入工地，及时表扬好人好事；搞好工地政治文化学习，提高民工政治文化技术水平；建立防疫卫生机构，贯彻"防重于治"的方针，搞好工地民工住室、食堂等环境卫生；做好医务人员的政治思想工作，并经常组织医务人员深入工地进行防疫、巡回治疗工作，保证民工身体健康。

工程技术指导股的职责是：加强技术指导，保证工程进度和质量；本着因陋就简、勤俭办水利的原则，搞好设计和施工；组织领导好技术研究小组，听取民工意见，采取技术人员和群众相结合的办法，研究和改进工程技术，杜绝主观主义和窝工浪费、返工现象发生，努力创造新设计和施工方法。

劳调福利股的职责是：做好劳力调拨工作，保证所有民工按时到达工地；保证民工质量，老、弱、病和患有各种神经病的人不得参加；调剂好民工生活，保证民工吃好、吃饱、吃省；在住室方面，搞好防寒、防风、防潮工作，保证民工身体健康；搞好整个民工的其他一切福利事业；要在林县城、姚村、任村、盘阳、河口分别设立服务招待站，解决好来往民工的吃、休、住问题。

物资供应股的职责是：保证工地物资供应，做到要啥有啥；做好物资保管工作，杜绝丢损现象发生；在全渠民工居住的地方建立百货商店等日用品供应机构，供应民工日常生活用品的需要；盘阳、桑耳庄、卢家拐等村分别建立物资供应基地；工地分别建立掌鞋和理发等服务项目。

粮食供应股的职责是：保证全渠民工粮食、蔬菜、油、煤等供应，并做好粮食加工、粉碎工作；要在沿线分别建立粮食供应站；解决全渠每天一切物资所需经费开支。

工交邮电股的职责是：搞好全线的工具改革，实现施工半机械化和机械化；保证沿线汽车、马车来往畅通无阻；渠线修到哪里，公路必须通至哪里，保证一切物资提前运到所需地点；总指挥部和分指挥部要设电话总机，各营设单机，并保证做好线路维修工作；指挥部所在地和较大的隧洞工地要利用水力、动力建立发电站，保证照明和昼夜生产；搞好书报发行和信件投递工作。

治安保卫股的职责是：训练爆破手，改进爆破技术，提高爆破工效；做好工地治安保卫工作，首先要教育所有民工，时刻提高警惕，注意安全，严格遵守工地秩序和纪律，杜绝一切工伤事故发生，及时打击坏分子的造谣破坏活动；做好防火、防盗、防止坏人破坏等工作，保证工地安全；搞好工地民兵培训工作，实行组织军事化、行动战斗化、生活集体化、管理民主化。

四、红旗渠修建的后勤支援

在红旗渠工程施工中，实行"全县一盘棋"，全力服务中心。总指挥部各股室之间，分工协作，互相配合，县直和各社直有关部门及各行各业，同心协力，拧成一股绳，全力进行支援。前方有求，后方必应，成为红旗渠建设的坚强后盾。引漳入林刚开工，兵马未动，粮草先行。总指挥部工交邮电股首先配合2万名筑路大军，苦战三天三夜，完成了任村至渠首40公里简易公路建设任务，保证建设物资运输按时到位。同时抽调17辆汽车、10台拖拉机和190辆畜力汽马车为骨干，组成运输专业队，仅第一期工程就完成货运量达3.8万吨。县"八一"拖拉机站站长李占文、总指挥部工交邮电股副股长李皂邦负责运输，啥时要物料，啥时到，有力地服务了后勤供应。根据工程进展情况，及时架设和转移电话线路，设立流动邮递服务站13个，安装总机4部、单机25部，架设电话线路总长145公里，保证了前后方的联系，服务了前线指挥。

物资供应股为保证工地物资需要，共建立随军商店22个。在1960年各种物资最紧缺时，仅半年就设法供应炸药90.5万公斤，导火线2.5万米，雷管63万个，炮捻63万根，八磅锤2.8万个，镢头1.7万把，铁绳2.2万条，铁撬1.2万个，钢钎3.4万根，帆布棚433块，苇席1.1万顶，抬筐1.9万个，各种麻绳1.75万公斤，食盐47.5万公斤，煤1250

万公斤，总价值 454万元。财粮股积极筹措资金，供应调剂粮食，力求不耽误工程需要，保证民工生活。

县医院紧密配合中心，派出医德好、技术高的医生侯林(合涧公社合涧大队人)、李金宾(河顺公社上坡大队人)、李青兰(女，河南南阳人)、尚克元(采桑公社狐王洞大队人)等到工地服务。他们不怕条件艰苦，在工地搭个工棚就是"战地医院"和"手术室"。总指挥部领导多次表扬说，李金宾医生是个模范共产党员，是白求恩式的医生，工作积极负责，不讲任何条件，把心完全倾注在医务工作上。一次采桑营下川连两位民工受重伤，不省人事，李金宾为伤员进行人工呼吸抢救。这些医务人员夜以继日地深入工地和民工驻地巡回治疗，除医治好 1350 余名轻重伤员外，还为当地群众服务，治愈了许多患病人员，受到群众好评。

全县各条战线和各行各业争相支援，前后方担子共同挑。商业局、物资局、工业局等各部门，都指定一名副局长专职负责红旗渠施工服务工作，经常到工地问所需，赴城市跑货源。林县大众煤矿动员职工加班加点，节假日不放假，多出煤，出好煤，支援红旗渠建设。拖拉机站、交通局在车辆少运输量大的情况下，多拉快跑，昼夜赶运物资。县邮电局派出得力技术人员到工地架设指挥通信线路，培训话务人员。县商业局局长刘友明在物资紧缺的情况下，把县供销合作联合社的重要物资仓库直接建立在红旗渠总指挥部盘阳村，确定得力的采购人员到外地重点采购施工所用物资，还动员县联社和基层供销社组成货郎队深入工地，供应民工日常生活用品。县直机关厂矿的干部、职工主动拿出篷布，从床上揭下 5000 张席子，送往工地搭席棚。林县服装社动员职工向红旗渠民工献爱心，晚上加班加点赶制手套、垫肩，无偿支援工地。县豫剧团和电影队经常深入工地进行义务演出，鼓舞民工斗志。陵阳机械厂向红旗渠做贡献，无偿送大锅 100个，水桶 200 付。在林县工作过的老领导、部队老首长、林县南下干部都成了求援对象。他们伸出友谊之手，努力为家乡建设做贡献。在粮食最困难的时期，县委派刘德明(采桑公社舜王峧大队人)长期住福建省漳州和龙溪地区，向解放战争时期林县南下干部张金堂(小店公社流山沟大队人)、傅四有(东岗公社后郊大队人)、罗全贵(合涧公社东山底大队人)等领导求援。他们四处奔波，为红旗渠民工采购了大量的木薯干。到湖南省找省委领导人万达(临淇公社孔峪大队人)，到广东省找省委领导人赵紫阳(河南省滑县人)，帮助筹集了一批碎大米，为红旗渠民工生活解决了很大困难。还让原红军团长顾贵山(原康公社下园大队人)和军队转业干部等到部队找老首长老同事，到安阳钢铁厂找党委书记、曾任林县县委书记的董万里，批给了施工中亟须的钢钎等。中国人民解放军9890部队和驻豫部队，利用在林县进行汽车拉练和培训之机，给红旗渠工地拉煤、送水泥等。河南省水利厅第二机械施工队、洛阳矿山机械厂、安阳钢铁公司、中共安阳市委和市政府、安阳县政府、安阳汽车运输公司、白壁棉站等及全国各地都伸出友谊之手，在各方面给予了很大的帮助和支持。

五、红旗渠修建带来的变化

1969年7月6日，林县革命委员会召开庆祝红旗渠工程全面竣工大会。林县革命委员会主任杨贵在《庆祝胜利，展望胜利》的讲话中说：（红旗渠的修建）给全县的工农业生产带来很大变化：一是抗旱防涝能力大大增强；二是发展了水电生产；三是为发展工业生产提供了优越条件；四是培养了大批的建筑人才；五是既修了渠又通了路；六是促进了卫生事业的发展。

（以上史料摘选自河南省林州市红旗渠志编纂委员会编：《红旗渠志》，生活·读书·新知三联书店，1995年版）

后 记

　　红旗渠精神形成于20世纪60年代，是中国共产党人精神谱系在社会主义建设时期的典型代表。1960年红旗渠工程动工，至今已然过去63个春秋。根据2016年掌握的情况，当年"战太行"的十万大军在世的已经不足3万人，其中各级各类修渠劳模只有100位左右，而且大多都在80岁以上。从这个角度来看，开展红旗渠精神口述史的整理与研究工作，既是为深入研究与弘扬红旗渠精神获取珍贵文献资料的抢救性任务，也是建构红旗渠精神社会记忆的紧迫性责任。

　　2016年以来，我们依托河南师范大学中国共产党革命精神与中原红色文化资源研究中心，组织马克思主义学院师生开展了5期"红旗渠精神口述史"实践调研活动，先后有37位教师和近200名研究生参与其中，访谈对象大部分为在世的修渠劳模，还有颇有建树的红旗渠精神传承人。至2021年，5年多时间，调研组克服部分劳模信息不详、林州方言生涩难懂、道路不通或路线不熟等各种困难，先后访谈126位修渠劳模和相关人士，共获得11300多分钟的视频、音频材料，整理出近120万字的访谈内容，最终成文117篇，入书72篇。

　　本书是国家社会科学基金重点项目"基于口述史的红旗渠精神生成逻辑与当代价值研究"（18AKS019）的阶段性研究成果。成果的取得是课题组成员集体攻关的结果。课题主持人、河南师范大学马福运教授负责口述史实践调研活动的统筹安排，以及全书的结构设计、统稿定稿等工作；安阳市委组织部常务副部长、红旗渠干部学院原常务副院长刘建勇，河南师范大学马克思主义学院院长蒋占峰负责调研活动的总体推进和协调；河南师范大学马克思主义学院教师闫立超、冯思淇、张锋、周义顺、陈小娇、赵梦宸、郭永正、韩艳、李东明、刘永强、胜令霞、米庭乐、陶利江、王聪、王会民、曲培栋、焦浩源、石晓倩、李小宁、王一平、邢淑莲、姚广利、叶先进、张泽民、赵翔、郑蓓、王安功、孟祥科、洪玉娟等，以及红旗渠干部学院的元涛、崔国红、陈广红、郭玉凤、李浩、黄成利、张利华、李戬、李玲、张坤、李柯凝、郝淑静、周锐常、李俊生、王超等，参加了口述史的采访和整理工作；河南师范大学马克思主义学院2016级、2017级、2018级、2019级、2020级部分研究生参与了多次采访和文稿校对；红旗渠灌区管理处办公室的宋玉青老师、当年拍摄红旗渠的魏德忠老先生、红旗渠干部学院的周锐常老师给予了大力支持，并为本书提供了大部分照片；访谈对象所在地的村干部也提供了无私帮助。本书成稿后，湖南人民出版社编审周熠和各位编辑老师精益求精，倾注了大量心血进行编辑校对工作。在出版社和我们的共同努力下，历时两年，本书得以出版；北京师范大学中共党史党建研究院院长王炳林教授、湘潭大学中国共产党革命精神与文化资源研究中心主任李佑新教授给予指导并热情推荐；红旗渠干部学院党委副书记、常务副院长刘芳，副院长石瑞峰也对本书的出版给予了极大关注。在本书即将付梓之际，谨向所有给予关心、帮助和支持的前辈、同仁和朋友，致以崇高的敬意和诚挚的谢忱。

　　由于口述史是通过采访对象的口述还原历史真实，我们本着尊重历史事实和本人意愿的原则，对口述内容进行了甄别与考证。虽然编辑以及参与的老师们和同学们为此倾注了大量的时间和精力，但囿于学术水平和实践经历，一定还有很多不足之处，敬请各位专家和广大读者多提宝贵意见。

编　者

2023年12月

图书在版编目（CIP）数据

太行记忆：红旗渠精神口述史 / 马福运，刘建勇主编. --长沙：湖南人民出版社：岳麓书社，2024. 1

ISBN 978-7-5561-3095-5

I.①太⋯ II.①马⋯ ②刘⋯ III.①红旗渠—水利工程—史料 IV.①TV67-092

中国版本图书馆CIP数据核字（2022）第206251号

TAIHANG JIYI HONGQIQU JINGSHEN KOUSHUSHI

太行记忆：红旗渠精神口述史

主　　编	马福运　刘建勇
策划编辑	周　熠
责任编辑	贺正举　周　熠　周家琛　马淑君
装帧设计	杨发凯
责任印制	肖　晖
责任校对	丁　雯

出版发行	湖南人民出版社［http://www.hnppp.com］
地　　址	长沙市营盘东路3号
邮　　编	410005
经　　销	湖南省新华书店

印　　刷	长沙超峰印刷有限公司
版　　次	2024年1月第1版
印　　次	2024年1月第1次印刷
开　　本	787 mm × 1092 mm　1/16
印　　张	35
插　　页	2
字　　数	487千字
书　　号	ISBN 978-7-5561-3095-5
定　　价	128.00 元

营销电话：0731-82221529　　（如发现印装质量问题请与出版社调换）